城市更新实施决策与指引

中国建筑第八工程局有限公司
深圳市城市规划设计研究院有限公司　组织编写

白　洁　王萍萍　主　编
胡佳林　彭　建　刘　欢　副主编

中国建筑工业出版社

图书在版编目（CIP）数据

城市更新实施决策与指引 / 中国建筑第八工程局有限公司，深圳市城市规划设计研究院有限公司组织编写；白洁，王萍萍主编；胡佳林，彭建，刘欢副主编. —北京：中国建筑工业出版社，2022.6

ISBN 978-7-112-27183-2

Ⅰ.①城… Ⅱ.①中… ②深… ③白… ④王… ⑤胡… ⑥彭… ⑦刘… Ⅲ.①城市建设—研究—中国 Ⅳ.① TU984.2

中国版本图书馆 CIP 数据核字（2022）第 040815 号

本书是面向全国的、广义的城市更新研究，定位为对老旧小区、历史街区、老工业区在更新过程中涉及政策、流程性、技术性问题的经验性总结与指导。共九章，分为：广义的"城市更新"；我国"城市更新"的地域特征；我国典型城市的城市更新制度体系；城市更新决策地图；典型的城市更新操作流程；城市更新项目流程性问题；老旧小区；老旧厂房；历史街区。

本书主要面向城市更新开发企业、编制单位技术人员，以及从事城市更新研究的在校师生。

责任编辑：王砾瑶
文字编辑：王　治
责任校对：李美娜

城市更新实施决策与指引

中国建筑第八工程局有限公司
深圳市城市规划设计研究院有限公司　组织编写

白　洁　王萍萍　主　编

胡佳林　彭　建　刘　欢　副主编

*

中国建筑工业出版社出版、发行（北京海淀三里河路 9 号）
各地新华书店、建筑书店经销
北京建筑工业印刷厂制版
北京市密东印刷有限公司印刷

*

开本：787 毫米 ×1092 毫米　1/16　印张：22¾　字数：429 千字
2022 年 6 月第一版　　2022 年 6 月第一次印刷
定价：**78.00** 元

ISBN 978-7-112-27183-2
（38808）

本书编委会

主　　编：白　洁　王萍萍

副 主 编：胡佳林　彭　建　刘　欢

主　　审：吕　华　王陈平　王　展

编　　委：王金川　牛　皓　梁文馨　刘　萍　隆　垚　俞庆彬

　　　　　胡　辰　洪得香　樊君健　杨朋超　孙　宇　何　平

　　　　　张德宇　李天鸣　于洪军　王静雅

组织编写：中国建筑第八工程局有限公司

　　　　　深圳市城市规划设计研究院有限公司

"遵循城市发展固有规律。以新替旧，从'有机更新'走向新的有机秩序"，才是旧城发展的正确方向。采取适当规模、适当尺度，依据改造的内容和要求，妥善处理目前和将来的关系，不断提高规划设计质量，使每一片城区的发展都达到相对的完整性[1]。

——吴良镛

---

[1] 吴良镛. 北京旧城与菊儿胡同 [M]. 北京：中国建筑工业出版社，1994：68.

序1

我国《中华人民共和国国民经济和社会发展第十四个五年规划和2035年远景目标纲要》中明确提出"实施城市更新行动",将城市更新上升为国家战略。这是中央根据城市发展的新阶段、新形势和新要求,对进一步提升城市发展质量作出的重大决策部署。

城市更新进入门槛高,政策影响深,项目体量大,实施周期长,产业链条多,参与主体广,操盘风险高,属"重资产、长周期"模式,与传统地产"短平快、高周转"模式差别较大,适合规模较大、全产业链企业布局。对中建八局而言,城市更新内涵丰富,商业价值和社会效益巨大,为企业服务国家战略、发挥全产业链优势、培育新业务提供了重大机遇。

中建八局积极践行国家战略,体现央企责任担当,在城市更新领域深耕数十载,目前已经历六个发展阶段。起步阶段,以旧区改造为主,以土地熟化联动二级开发,先后实施了济南中建文化城、中建文化广场等项目;规模化发展阶段,以片区开发为主,以"大型国企对口大型基地"的模式进行定向开发,先后实施了浦东惠南民乐大居项目、浦东曹路区级保障房基地等项目;提速增长阶段,以土地一二级联动开发模式,实施了上海浦东张江、康桥城中村、青浦重固毛家角城中村、崇明城桥镇城中村等改造项目、青岛双星老旧厂房搬迁项目等;多元探索阶段,实施了上海青浦重固新型城镇化项目、南京鼓楼铁北片区PPP项目、南京永宁PPP项目;稳步发展阶段,开展文旅运营,实施了3.85km² 的南京牛首山金陵小镇项目;顶层推进阶段,于2021年成立局城市更新中心、城市更新研究院,在顶层统筹开展城市更新业务,落地济南市五院片区城市更新、景德镇陶溪川三期片区改造、何垛河主题休闲片区EPCO一体化项目等,整合全局资源,加速城市更新业务发展。

为进一步研判城市更新市场,提升城市更新能力,中建八局立项企业战略课题"城市更新综合技术研究与应用",与深圳市规划设计研究院就城市更新中不同地域特征、政策、操作流程,以及城市更新潜力空间等内容开展合作研究,并就老旧小区、工业园区、历史街区更新改造等特色产品进行研发。深圳是我国城市更新领域的桥头堡,深规院在城市规划领域造诣深厚,中建八局与深规院的合作成果丰硕,为企业市场开拓、项目落地提供了富有价值的参考与指引。希望本书的出版可助力更多的企业投入城市更新,面向 V

新时代发展目标，共同建设宜居、创新、智慧、绿色、人文、韧性城市。让城市更有特色、更具活力、更加安全、使广大市民能够享受更加便捷、更有品质的城市生活。

中国建筑第八工程局有限公司总工程师

二〇二二年六月于上海

序2

　　城市是我国各类要素资源和经济社会活动最集中的地方，空间资源的优化配置是城市发展关注的核心问题之一。在全面推进生态文明建设的背景下，"框定总量、限定容量、盘活存量、做优增量、提高质量"成为新时期提高城市发展持续性、宜居性的重要路径。伴随着全国各地土地空间开发保护利用新格局的建立，城市发展逐步由外延扩张式向内涵提升式转变，如何实施存量、减量发展成为城市发展的重中之重，基于此，城市更新上升为国家战略。

　　中建八局参与我国城乡建设事业近七十年，为我国城镇化发展做出了巨大贡献。如今，在由"增量推进"到"存量发展"的城市发展模式转变形势下，中建八局积极响应新时代的需求，率先推动由传统的"城市建设型企业"向新型的"城市发展服务型企业"的转变，主动承担全新的国家使命与时代责任。这其中城市更新无疑将成为中建八局持续参与城市建设、助力城市发展的突破点，这既是一个复杂的战略命题，又是一项全面的行动举措。

　　聚焦城市更新行动，立足企业发展转型，中建八局与深圳市城市规划设计研究院强强联合，共同展开了城市更新实践范式的研究。一方为实施城市更新行动，需要建立从战略到响应的城市更新全过程运作路径；另一方作为城市更新政策制度和技术方法的供给者，结合多地多年多类城市更新项目的实践经验，可以提供富有前瞻性、并兼具可实施性的路径支持。这样从供需两端相互匹配形成通路，从而搭建了城市更新决策实施的完整框架。作为这一合作的思想结晶，《城市更新实施决策与指引》得以出版。

　　本书基于对粤港澳、长三角、京津冀、西部四个地区二十多个城市的城市更新实践研究，分析我国城市更新的地域特征、更新制度体系构成、更新实施机制、更新运作模式等，详解城市更新操作流程及技术要点，还原城市更新规则的生成逻辑，这一逻辑可以作为国内实践单位参与城市更新的决策指南、流程指引、技术手册。决策指南，是指本书通过对全国目标地区典型城市的城市更新市场成熟度进行分类研究，形成一套企业参与目标城市更新实践的宏观决策指南；流程指引，是指本书通过对城市更新项目全流程体系及常见重点问题解决方案的梳理，为企业推进不同类型的城市更新项目提供流程参考，并对可能遇到的关键问题提供前期预判；技术手册，是指本书聚焦老旧小区、老旧厂房、历史街区三大类研究对象，围绕不同更新对象的自身特征与更新需求，结合案例经验，发掘共性、规律性的内容及实践方法论，为企业在具体城市更新项目中提供分门别类的技术指引。

本书是中建八局率先从"城市建设型企业"向"城市服务型企业"转型而探索的宝贵成果，也是深圳市城市规划设计研究院基于多年城市更新实践的经验总结，从此意义上看，两方联合共同完成的这一成果，开创了国内城市更新协同研究的先河。

值此书付梓之际，谨向中建八局及其城市更新研究团队表示祝贺，并期待本书中所涉及的内容能在往后的更新实践中不断地得以丰富和完善。也衷心期待这样的合作可以更加广泛、更加深入、更加持续，为更好地推进全国城市更新工作，实现更加美好、宜居的人民城市，贡献我们集体的智慧。

是为序。

深圳市城市规划设计研究院有限公司院长：

二〇二二年二月于深圳

前　言

　　空间资源始终是城市发展需关注的核心问题之一。尤其在新型城镇化和生态文明背景下，伴随着全国各地国土空间规划编制工作的开展，各城市既要框定发展边界，保证生态安全；又要提升城市品质，改善人民生活质量。在此背景下，中国城市正在进入存量内涵发展的新时代，存量发展已成为未来城市发展的大势所趋。如，深圳十年前就已提出"空间资源难以为继"的困境，北京、上海近年陆续提出减量发展目标，其他大中城市也正争相开展有关城市更新相关政策与技术体系的建设探索。可以说，存量、减量已成为实现城市可持续发展的重要前提，其实践方式也成为城市建设、城市管理等领域的重要研究热点问题。

　　近年，国内各城市均陆续开展了"城市更新"探索实践，即针对城市发展过程中结构和功能衰退，通过结构与功能调整、环境治理改善、形象重塑等手段，使城市重新保持发展活力，实现持续健康发展，并提高综合竞争力。但在此探索实践过程中，各城市均立足自身特征与务实发展需求，"城市更新"内涵、政策、流程、对象等呈现出极大的地区差异。

　　本书源于2020年中国建筑第八工程局有限公司与深圳市城市规划设计研究院有限公司联合开展的一项面向全国的城市更新课题研究，地域涵盖环渤海地区、长三角地区、粤港澳大湾区、西部地区20多个重点城市（济南、青岛、天津、北京、石家庄、大连、上海、南京、苏州、杭州、无锡、宁波、合肥、深圳、广州、珠海、东莞、西安、成都、兰州等），重点聚焦老旧小区、历史街区、老旧厂房三种城市更新对象，对城市更新实践过程中可能面临的部分常见流程性、技术性问题进行提炼梳理，并相应提出关注要点或解决对策。

　　中国建筑第八工程局有限公司参与国家建设七十年，如今在由"增量推进"到"存量发展"的宏观发展模式转变背景下，八局也正调整企业战略从曾经的"城市建设型企业"向"城市发展服务型企业"转变，主动承担全新的国家使命与时代责任，为国家建设持续贡献。深圳市城市规划设计研究院一直是国内城市更新领域的开拓先锋，其立足深圳，亲历了深圳城市更新制度体系从摸索、酝酿到建立、完善的全过程，现也同时致力于将深圳的城市更新经验总结和反思输出全国，在城市更新的政策体系搭建、技术规范制定、空间规划设计等领域均有大量实践积累——二者均立足实践，站在亲历者视角，城市更新将作为持续跟踪城市发展的突破点。

在全国尺度下的"城市更新"研究，既是一个战略命题，又是一个技术命题。但受制于国内各城市的差异，本书虽曾吸纳多位专家学者建议并经历多轮批阅修改，自觉仍是对"城市更新""片面"的研究。概括说来，本书期望能在以下四方面为从事城市更新研究或实践的读者提供参考或给予启发：

（1）作为决策指南，针对国内各地区城市更新特征迥异的现实情况，通过对目标地区典型城市更新市场成熟度的梳理研究，为企业依托城市更新参与新型城镇化建设与城市运营提供战略决策参考。

（2）作为流程索引，针对国内多数城市城市更新制度体系尚不健全的现实情况，通过对城市更新项目实施流程及常见重点问题解决方案的梳理，为部分城市搭建城市更新制度体系提供参考，并为相关主体在城市更新实施中可能遇到的关键问题提供前期预判。

（3）作为产品手册，针对老旧小区、历史街区、老旧厂房三种城市更新对象，以问题为导向，在实施环节提供分门别类的技术指引。

（4）作为趋势总结，通过对大量一线实践经验的总结，提出存量城市开发中需要重点关注的新理念、新技术、新趋势，以面向未来的姿态探索可持续的高质量发展。

城市，记录了发展的历史；城市更新，不是为了忘却历史，而更应是饱含记忆地书写未来——我们坚信，"城市更新"将是我们探索美好的长久议题；我们已然在路上，且将愈走宽广。

目　录

下篇　老旧小区、老旧厂房与历史街区的城市更新指引

上　篇

城市更新的地域与流程决策

第1章 广义的"城市更新"

从本质上来讲,"城市更新"即是一种针对城市既有建成空间的改造行为,但鉴于该行为所处的时代、针对的对象、采取的方式、实施的目的等差异,"城市更新"本身的称谓、内涵、范畴均不尽相同。

可以说,"城市更新"始终伴随着城市的发展,只不过在城市加速发展、城市病凸显的过程中,"城市更新"作为应对手段而被逐渐视为一类技术方法、实践经验和制度体系的集合。尤其,在我国由"增量发展"到"存量发展"快速过渡时期,城市的"拆-改-留""产-城-人"等关系正发生转变,制度体系、技术规则、实施监管等机制问题正逐步完善,"旧城改造""有机更新""城市复兴"等不同理念下的实践探索正迭代涌现……

我们立足于对"城市更新"广义的理解,坚信在多元语境下,对城市发展综合效益最大化的追求,必然将成为"存量发展"背景下对城市高质量发展的共同趋势。

1.1　"城市更新"溯源

　　技术革命是推动城市建设和发展转型的根本动力。长久以来居于主导地位的现代主义城市规划范式就是基于福特主义生产方式革命的驱动,聚焦于土地经济的产出,注重规模经济、聚集效应的实现。即,在价值论下,若土地资源不足以支撑未来发展,通过"城市更新"进行大规模的资源注入、功能和人群的置换,以求重新加入优胜劣汰的区域甚至全球竞争——这一直是长时间以来城市发展建设的基本逻辑[1]。

　　但随着技术革命的迭代,世界城市的发展动力和诉求不断发生转变,曾经源于西方的、以资本驱动的"城市更新",也不曾停止过对新趋势的追求探索。

1.1.1　国外"城市更新"发展历程

1. 历程概述

（1）萌芽粗放时期

　　自发的城市更新作为城市的自然生长代谢过程自古有之。18世纪工业革命后,城市快速增长,城市病凸显,当时的"城市更新"尚未被明确定义,只是一种旨在解决贫民窟问题的城市拆建手段,且深受"形体决定论"思想影响。如,1853年开始的奥斯曼的"巴黎改建计划",虽在城市交通、公园、市政等方面极大缓解了巴黎快速发展与其滞后功能结构间的矛盾,并奠定了巴黎城市风貌基调,但其粗暴的大拆大建方式依然饱受诟病;1925年,柯布西耶出版的《明日之城市》(The city of tomorrow)提出了一个可容纳300万人口的巴黎中心区改造方案,阐述了更为高效的交通、绿地、建筑布局模式,虽其超前的理念像极了当今城市,但其功能至上的理性主义也曾后来学者的批判。

（2）战后探索时期

　　源于19世纪末霍华德"田园城市"理论及20世纪初恩维的"卫星城"概念,在远程交通运输快速发展推动下,城市开始了郊区化现象。这种人口的分散使城市中心失去了经济活力,加之凸显的城市病问题,萧条趋势明显。为了恢复城市活力,吸引人口回归城市,同时振兴经济、文化发展,在20世纪中叶,即第二次世界大战后,欧美国家开展了大范围的"城市更新"计划。

　　1958年8月,荷兰海牙召开城市更新第一次研究会,提出"生活在城市中的人,对于自己所居住的房屋的修理改造,对于街道、公园、绿地和不

---

[1] 刘佳燕. 城市更新背景下的社区规划.

良住宅区等环境的改善，尤其是对于土地利用的形态或地域、地区的改善，形成舒适的生活环境和美丽的市容……所有这些有关城市改善的建设活动，就是城市更新"[1]——这是对"城市更新"概念的首次权威界定。

在此之后，以简·雅各布的《美国大城市的死与生》（1961 年）、柯林·罗的《拼贴城市》（1975 年）、彼得·霍尔的《城市和区域规划》（1975年）为代表的学者相继察觉并批判用大规模整体规划来改建城市的弊端，同时在城市多样性、小规模改建、城市记忆延续等方面提出诸多更加有机、人文的城市发展新理念，为后续"城市更新"行为影响深远。

（3）可持续发展时期

早在 1961 年，芒福德便在《城市发展史：起源、演变和前景》中提出了注重城市长期发展的可持续发展理念，内容涉及经济、政治、文化、宗教、社会等多方面。之后，随着市民参与城市建设工作的积极性高涨，以社区组织为代表的"自下而上"的公众参与意识逐步加强，在"城市更新"领域曾经以经济效益优先的"功利主义"，也逐渐融入更多发展诉求。

尤其在 20 世纪末，可持续发展已经成为世界共识，在此阶段，诸如环境保护、资源配置、社会经济等更多学科理念开始融入"城市更新"，经济效益、社会效益、个人效益的平衡发展是"城市更新"的新目标。2016 年，联合国第三次住房和城市可持续发展大会在厄瓜多尔首都基多举办，会议通过了《新城市议程》，主题为"全人类的永续城市和住区"。可以说，通过多方合作的包容性增长[2]，构建平等的"公民社会"，实现可持续发展，让此阶段的"城市更新"演进到了一个更高的阶段。

2. 以英、美两国为代表的城市更新趋势概括

英国作为工业革命的起源地，也是最早面临"城市更新"问题的国家。19 世纪至 20 世纪中期，英国的工业化、城市化速度和规模空前，城市化率从不足 20% 跃升至超过 70%。由于工业化程度高和现代主义建筑思潮对高层建筑的青睐，加之英国政府对旧城改造为多层、高层住宅的补贴和资助，在二战后至 20 世纪 60 年代间，由地方政府组织实施的贫民窟拆除重建行为大规模开展。至 20 世纪 60 年代中后期，城市问题集中凸显，在中产阶级经济水平提升的同时，市区环境持续恶化，在战后政府鼓励人口分散到新城镇的相关政策下，中产阶级的郊区化达到高峰，城市人口大量流失，工厂、企业倒闭或前往郊区，城市出现大量废地与空房。同时由于战后移民浪潮和种族问题，留守城市的居民贫富分化日益严重，社会问题也日益尖锐。在此背景下，自 20 世纪 60 年代中期开始，英国政府陆续出台一系列政策，旨在通

---

[1] 方可. 西方城市更新的发展历程及其启示 [J]. 城市规划汇刊, 1998（01）.

[2] 李和平, 惠小明. 新马克思主义视角下英国城市更新历程及其启示——走向"包容性增长"[J]. 城市发展研究, 2014, 05.

过不断优化调整"城市更新"策略化解城市问题。诸如，1968 年的城市计划（Urban program），包括"社区发展项目"（Community development projects）、"综合社区计划"（Comprehensive community programmes）等；20 世纪 70 年代末至 20 世纪 80 年代的城市再生（Urban regeneration）政策，包括企业区、城市开发公司等重要市场化措施；20 世纪 90 年代，随着全球化时代的来临，城市再生政策开始了新一轮面向全球竞争的探索；而 1997 年新工党上台执政后，英国城市发展政策方向重心又发生重大转变，此时"公民社会"理念下的社区发展成为政策制定的核心。1999 年在这一政策思想基础上英政府发表了《迈向城市的文艺复兴》（Towards an urban renaissance）调查研究报告，2001 年这一报告内容转化为英国城市复兴（Urbanrenaissance）政策宣言。至今城市复兴政策下的社区发展计划（Community program）、社会排斥工作小组（SETF：Social exclusion task force），地方战略伙伴（LSPs：Local strategic partnerships）等仍然是英国城市与区域社会复兴发展的重要措施方略[1]。

类似于英国，同样是源于战后郊区化发展、移民浪潮以及地方政府财政短缺，美国中心城市也在 20 世纪中后期出现衰落。美国为推动城市的更新建设，分别于 1954 年、1968 年两次修订《住宅法》，并于 1974 年颁布《住房和社区发展法》，经历了由只关注空间建设、到经济补贴、再到社区建设的发展转变，其"城市更新"（Urban renewal）内涵也实现了向"邻里复兴"（Neighborhood revitalization）的转变。

概括说来，以英、美两国为代表的西方国家城市更新发展，从激进式功能主义导向下的形体规划转向了人本主义导向下的、以可持续发展为核心的后工业理性阶段，具体表现为小规模、渐进式、社区化的更新。在更新对象方面，更加关注人的尺度与需求、人居环境的改善、社区的可持续发展，从对贫民窟的大规模清除转向社区环境的综合治理、社区邻里关系重塑与中心城区复兴；在更新方式方面，从单纯的物质空间转向对社会、经济、物质空间综合统筹，并融入旧城保护、新老缝合等更加多元的思考；在更新策略方面，从"大拆大建"转向开发主体多元、注重城市机能改善的策略行动。

1.1.2　我国"城市更新"发展历程

相较以英、美为代表的欧美国家，我国的"城市更新"开展较晚，中华人民共和国成立至今，"城市更新"在我国也经历了内涵日益丰富、外延不断拓展的发展变化。

---

[1] 曲凌雁. 更新、再生与复兴—英国 20 世纪 60 年代以来城市政策方向变迁 [J]. 国际城市规划，2011，01：59-65.

1. 1949～1977 年：有限资源下的民生改善

新中国成立初期，我国各城市空间衰败、设施落后、百废待兴。在财政、人力都十分紧缺的背景下，为了解决迫切的基本生活需要，各地城市不同程度地开展了以改善环境卫生、发展城市交通、整修市政设施和兴建工人住宅为主要内容的城市建设工作。此阶段，以"重点建设、稳步推进"为城市建设方针，优先发展城市工业区，而对于旧城区则秉持"充分利用、逐步改造"原则，对原有房屋、市政公用设施进行维修养护和局部改扩建，更新重点主要是着眼于改造棚户和危房简屋。如，北京龙须沟整治、上海棚户区改造、南京秦淮河改造和南昌八一大道改造等，都是当时卓有成效的改造工程。

2. 1978～1989 年："城市更新"学术与实践蓬勃开展

1978 年，我国进入了改革开放和社会主义现代化建设的新时期。在城市建设领域，"城市更新"日益成为我国城市建设的关键问题和人们关注热点。为了满足城市居民改善居住和出行条件的需求、提升基础设施水平，北京、上海、广州、南京、合肥、苏州、常州等城市相继开展了大规模的旧城改造。

学术思想方面。1979 年，《现有大、中城市改建规划》课题，对旧（古）城保护和改建、旧居住区改造、市中心改建、工业调整、卫星城建设等方面进行了研究探索；1984 年，在合肥召开的第一次全国"旧城改建经验交流会"围绕旧城改建工作经验进行了讨论；1987 年，在沈阳召开"旧城改造规划学术讨论会"对旧城改造所面临的形式以及有关的方针、政策、规划原则等问题进行了讨论。同年，吴良镛先生受邀操刀北京"菊儿胡同住房改造工程"，在此改造工程期间，其提出"有机更新论"，以"类四合院"体系和"有机更新"思想进行旧居住区改造，保护了北京旧城的肌理和有机秩序，并在苏州、西安、济南等诸多城市进行了广泛实践，推动了从"大拆大建"到"有机更新"的城市更新理念的根本性转变，达成从"个体保护"到"整体保护"的社会共识，为我国城市更新指明了方向，现实意义极为深远。

法治建设方面，1980 年制定《中华人民共和国城市规划法（草案）》，1984 年公布了第一部有关城市规划、建设和管理的基本法规《城市规划条例》。在条例中指出"旧城区的改建，应当遵循加强维护、合理利用、适当调整、逐步改造"。1982 年，《北京市城市建设总体规划方案》第一次把旧城改建和保护历史文化名城结合起来，对后续城市规划和更新工作的开展具有重大的现实指导意义。

3. 1990～2011 年：市场参与"城市更新"的全新探索

随着分税制改革和住房制度改革的深化推进，全国掀起了住宅开发热潮。各大城市借助土地有偿使用的市场化运作，通过房地产业、金融业与更新改造的结合，推动了旧城居住区的更新改造。如 1992 年，上海"斜三基地"以土地批租推进旧区改造，开创了以社会资金加快旧区改造的新路。"斜三基地"曾被列为上海市"七五"期间（1986～1990 年）旧区改造基地之一，由于其涉及 1000 多户居民的拆迁安置，及 20 多间工厂与商店的搬迁，资金压力较大。

经过寻找、接洽、谈判，终在 1992 年 1 月，由香港中国海外发展有限公司、上海市卢湾区房屋建设开发总公司和上海华海科技实业公司合资组建的上海海华房产有限公司，出资 2300 万美元，授让该地块建造商品房。

随后，拆迁仅用半年多就基本完成，1992 年 9 月，上海第一块毛地批租土地交到了开发商的手中。当年 10 月，海华花园开工，1994 年底基本竣工。

2004 年，《关于继续开展经营性土地使用权招标拍卖挂牌出让情况执法监察工作的通知》明确了所有经营性用地出让全部实行招拍挂制度；2007 年，《中华人民共和国物权法》更加规范了城市更新中的拆迁工作；2009 年，广东省政府出台《关于推进"三旧"改造促进节约集约用地的若干意见》，标志"三旧"改造在广东正式推开；同年，深圳颁布《深圳市城市更新办法》，这是全国首次在政策制度层面明确定义"城市更新"概念，并率先搭建"城市更新"制度体系——在高速城镇化的这一时期，正因为地方政府有途径通过土地批租为"城市更新"提供新的资金来源，政府和市场共同推动，加快了旧区基础设施改善，使旧区土地得以增值，在北京、上海、广州、南京、杭州、深圳等城市开展大规模城市更新活动，涌现了北京 798 艺术区更新实践、上海世博会城市最佳实践区、南京老城南地区更新、杭州中山路综合更新、常州旧城更新以及深圳大冲村改造等一批城市更新实践与探索，更新重点涉及重大基础设施、老工业基地改造、历史街区保护与整治以及城中村改造等多种类型。

但不可否认的是，在此期间的"城市更新"也暴露出一些破坏历史风貌、激化社会矛盾的严重问题。伴随着我国城市建设节奏的加快，对"城市更新"的学术讨论也进入了繁荣期，一批专家学者结合中国实践，从城市更新价值取向、动力机制、更新模式与更新制度等多方面，展开了对"城市更新"的系统性与创新性研究。如吴明伟先生结合城市中心区综合改建、旧城更新规划和历史街区保护利用工程，提出了系统观、文化观、经济观有机结合的全面系统的城市更新学术思想，对指导城市更新实践起到了重要的积极作用。

4. 2012 年至今：制度化完善与全面推广实践

2011 年，我国城镇化率首次突破 50%，正式进入城镇化"下半场"。

2015 年 12 月召开的中央城市工作会议，标志着我国城镇化发展进入了"存量为主，内涵提升"的新常态，"城市更新"在注重城市内涵发展、提升城市品质、促进产业转型、加强土地集约利用的趋势下日益受到关注，由此走向集约发展、追求优质环境的提质阶段。

2013 年，出台《国务院关于加快棚户区改造工作的意见》；2014 年，《政府工作报告》提出的"三个一亿人"的城镇化计划，其中一个亿的城市内部的人口安置就针对的是城中村和棚户区及旧建筑改造，并于同年出台《国务院办公厅关于推进城区老工业区搬迁改造的指导意见》；2015 年，住房和城乡建设部将三亚市作为我国"生态修复、城市修补"（简称"城市双修"）的首个试点城市；2016 年，国土资源部印发《关于深入推进城镇低效用地再开发的指导意见（试行）》；2017 年印发出台《城镇低效用地再开发工作推进方案（2017—2018 年）》《关于加强生态修复城市修补工作的指导意见》……在此背景下，国内诸主要城市在广度和深度上均深化推进"城市更新"工作，并结合自身特色，在以重大事件提升城市发展活力的整体式城市更新、以产业结构升级和文化创意产业培育为导向的老工业区更新再利用、以历史文化保护为主题的历史地区保护性整治与更新、以改善困难人群居住环境为目标的棚户区与城中村改造，以及突出治理城市病和让群众有更多获得感的城市双修等多类型、多层次、多维度进行卓有成效的积极探索[1]。

在"城市更新"制度体系方面，上海、广州等市也继深圳之后出台"城市更新办法"，专属职能部门纷纷成立，"城市更新"的制度体系建设探索呈现出明显的由大城市向中小城市传递的特征。"城市更新"已进入制度化完善与深度实践阶段。

1.2 我国"城市更新"的政策支持

1.2.1 国家层面："城市更新"上升为国家行动

目前，我国城镇化率已经超过 60%，北京、上海、广州、深圳等一线城市的城镇化率更是超过 85%；根据联合国预测，到 2030 年中国城镇化率将达到约 70%，对应城镇人口将相比 2017 年增加约 2 亿人，而这 2 亿人中的约 60% 将分布在粤港澳、长三角、环渤海、成渝等城市群。可以预见，在我国城镇化从外延扩张向内涵发展转变的过程中，"城市更新"将是提高土地利用效率、提升城市生活品质、促进可持续发展的关键力量。

---

[1] 阳建强，陈月. 1949—2019 年中国城市更新的发展与回顾[J]. 城市规划，2020，44（02）：9-19 + 31.

伴随着快速的城镇化进程，十九大以来，我国城市加大生态文明建设力度，以"三区三线"的划定及管控作为构建空间规划体系的基础。在此背景下，过去以土地粗放式、规模化开发为主的增量建设已经难以为继，存量甚至减量发展将成为常态化趋势。与此同时，随着人民群众从"住有所居"到"住有优居"的需求转变，以及在创新发展驱使下各主要城市产业转型升级的深化推进，以人为核心的城市建设提质增效、以创新为核心的核心竞争力打造，促使全国各地的"城市更新"工作正以其长远性、持续性的规划方向成为城市发展的必然选择。

正如前文对我国"城市更新"发展历程的梳理，我国对"城市更新"的认识与推动正在不断深入。近年，国家层面关于"城市更新"的政策主要有：

2021年3月12日，《中华人民共和国国民经济和社会发展第十四个五年规划和2035年远景目标纲要》对外公布，其中提出"加快转变城市发展方式，统筹城市规划建设管理，实施城市更新行动，推动城市空间结构优化和品质提升"，"加快推进城市更新，改造提升老旧小区、老旧厂区、老旧街区和城中村等存量片区功能"。

2021年3月5日，全国两会的政府工作报告提到"十四五时期要实施城市更新行动，完善住房市场体系和住房保障体系，提升城镇化发展质量，未来五年城市更新的力度将进一步加大"。

2020年12月21日，在全国住房和建设工作会议上部署了2021年的八大重点任务，其中提出要全力实施城市更新行动，推动城市高质量发展。

2020年12月16日～18日，在中央经济工作会议上提出"坚持扩大内需这个战略基点，要实施城市更新行动，推进城镇老旧小区改造"。

2020年11月17日，住房和城乡建设部官网上发表了题为《实施城市更新行动》的文章，进一步明确了城市更新的目标、意义、任务等内容，并提出要坚定不移实施城市更新行动，推动城市高质量发展。

2020年7月20日，国务院印发了《关于全面推进城镇老旧小区改造工作的指导意见》，强调城镇老旧小区改造是重大民生工程和发展工程，对满足人民群众美好生活需要、推动惠民生扩内需、推进城市更新和开发建设方式转型、促进经济高质量发展具有十分重要的意义。

政策的背后是我国大部分城市面临的城市存量发展需求，"城市更新"正在成为中国城市建设的主要方式。可以预见，国家层面的政策导向将再次掀起全国范围内开展城市更新行动的浪潮，而这轮城市更新行动浪潮也将不同于"城市更新"以往各阶段的特征——各地将立足于大量先进地区和地方自身实践经验，在实践行动的同时，因地制宜构建起涵盖"城市更新"法规政策、技术标准、实施操作各层面的制度体系。我国城市更新政策演变过程如图1-1所示。

图 1-1　我国城市更新政策演变过程

当然，截至目前，在国家层面尚未形成有关"城市更新"的法规或标准，但基于近年国家对城市更新行动的倡导，不难发现如下导向：

（1）从简单控制走向精细化多元引导，可操作性将不断强化。部分城市已出台了"城市更新"相关政策并进行了制度探索，在国家政策的持续引导下，这些城市无论是在改造方式、空间保障、运作手段还是在平台建设方面，都正朝着多元细分的领域实施更加精细化的管理，实操性不断强化提升。

（2）共同参与，政府与市场协作的体制机制不断优化。目前国内大部分城市的城市更新实践仍是以"自上而下"为主，但未来国内庞大的存量用地更新必将依靠市场主体的力量，在城市更新上升为国家行动的形势下，"自下而上"的更新实践将越来越多，政府和市场两者的角色将逐渐转为"相辅相成"。与此同时，政府和市场的互动将使"城市更新"机制体制进一步优化，促进全国层面城市更新行动的协调推进。

（3）以人为核心，持续加大对老旧小区的更新改造力度。到 2019 年我国棚改已经接近尾声，棚改套数已经较 2018 年接近减半，未来棚改规模还将继续下降；但同时，随着生活水平的提升以及国家对人居品质的日益关注，国家政策近年聚焦老旧小区改造。根据住房和城乡建设部调查，全国 2000 年以前建成的老旧小区近 17 万个、涉及居民上亿人、超 4200 万户、建筑面积约 40 亿 m^2，在此形势下，老旧小区改造无疑将成为全国城市更新行动的重要组成部分。

1.2.2　城市层面："城市更新"体制化、法治化建设加速

2009 年，自广东省政府推出"三旧"相关政策、深圳市推出《深圳市城市更新办法》后，各地方政府陆续颁布出台"城市更新"相关政策，"城市更新"的体制化建设正快速、有序推进。

2021 年 3 月，深圳出台《深圳经济特区城市更新条例》，作为全国首个城市更新地方立法，不仅是对深圳以往城市更新经验的总结归纳，也是对我国城市更新实践中普遍涉及的重点、难点、痛点予以规范和解决。目前，上海市也正研究在立法层面固化和提升"城市更新"相关工作经验，推进"上海城市更新条例"出台。

1.3　广义的"城市更新"定义

伴随着国外"城市更新"的发展历程，广义上的"城市更新"可对应英文语境下不同发展阶段的多种内涵，如城市重建（Urban reconstruction）、城市复苏（Urban revitalization）、城市再开发（Urban redevelopment）、城市再生（Urban regeneration）、城市复兴（Urban renaissance）等。在我国的"城市更新"发展过程中，不同城市实施的"旧（老）城改造""有机更新""'三旧'改造""综合整治"，以及单独针对城中村、老旧小区等特定城市建成区的改造，也都可被涵盖于广义的"城市更新"内涵之中。

2009 年，深圳率先在《深圳市城市更新办法》中定义"城市更新"概念，将"城市更新"的目标明确为进一步完善城市功能、优化产业结构、改善人居环境、挖掘用地潜力、拓展发展空间、促进经济社会可持续发展，改变了原来"旧城改造"只是简单的拆除重建或"穿衣戴帽"的观念；与此同时，将"城市更新"范围扩大到旧工业区、旧商业区、旧住宅区、城中村及旧屋村等范畴，有效解决了政策局限导致的改造范围零散、割裂及城市规划统筹作用难以发挥的问题。近年，随着我国各城市"城市更新"体制化建设的推进，各城市也陆续在相关文件中对"城市更新"定义予以明确。

1. 深圳

城市更新，是指由符合本办法规定的主体对特定城市建成区（包括旧工业区、旧商业区、旧住宅区、城中村及旧屋村等）内具有城市的基础设施、公共服务设施亟需完善，环境恶劣或者存在重大安全隐患，现有土地用途、建筑物使用功能或者资源、能源利用明显不符合社会经济发展要求，影响城市规划实施，和依法或者经市政府批准应当进行城市更新的其他情形之一的区域，根据城市规划和本办法规定程序进行综合整治、功能改变或者拆除重建的活动。（《深圳市城市更新办法》2009）

2. 广州

城市更新是指由政府部门、土地权属人和其他符合规定的主体，按照"三旧"改造政策、棚户改造政策、危破旧厂房改造政策等，在城市更新规划范围内，对低效存量建设用地进行盘活利用以及对危破旧房进行整治、改善、重建、活化、提升的活动。（《广州市城市更新办法》2016）

3. 上海

城市更新，主要是指对本市建成区城市空间形态和功能进行可持续改善的建设活动，重点包括：（1）完善城市功能，强化城市活力，促进创新发展；（2）完善公共服务配套设施，提升社区服务水平；（3）加强历史风貌保护，彰显人文底蕴，提升城市魅力；（4）改善生态环境，加强绿色建筑和生态街区建设；（5）完善慢行系统，方便市民生活和低碳出行；（6）增加公共开放空间，促进市民交往；（7）改善城市基础设施和城市安全，保障市民安居乐业；（8）市政府认定的其他城市更新情形。（《上海市城市更新实施办法》2015）

4. 成都

城市有机更新，是指对建成区城市空间形态和功能进行整治、改善、优化，从而实现房屋使用、市政设施、公建配套等全面完善，产业结构、环境品质、文化传承等全面提升的建设活动。（《成都市城市有机更新实施办法》2020）

5. 西安

城市更新，是指根据社会经济发展规划和国土空间总体规划，对规划范围内的城市空间形态和功能进行整治、改善、优化，从而实现房屋使用、市政设施、公建配套等全面完善，产业结构、环境品质、文化传承等全面提升的建设活动。（《西安市城市更新办法（草案征求意见稿）》2020）

6. 北京

亦庄新城范围内，原生产无法继续实施的或项目在满足生产外尚余空闲用地或用房（面积不小于 $2000m^2$）的工业项目，在不改变工业用途的前提下盘活利用，以实现城市更新产业升级。（《北京经济技术开发区关于促进城市更新产业升级的若干措施（试行）》2020）

7. 济南

我市棚改项目以及旧住区、旧厂区、旧院区、旧市场等更新改造项目均属于"城市更新项目"范畴。（《关于优化城市更新项目前期工作管理流程的实施意见》2018）

本书为避免相关概念的混淆，如无特殊说明，所述内容均立足于对广义"城市更新"的理解。

1.4 "城市更新"的对象

城市更新研究的主要对象发生在旧城区、城中村和旧工业区，特别是北京、上海、广州、深圳、佛山等城市更新相对频繁的大中型城市[1]。

---

[1] 中国城市科学研究会，中国城市更新发展报告 2016—2017［M］．中国建筑工业出版社，2017．

1. 旧城区

包括旧居住区、旧商业混合区、历史文化街区等。旧居住区是指城市发展早期修建，客观上已不能满足使用者实际生活需求的住宅，可分为早期的各机关单位自建房和开发商开发的住宅小区。旧商业混合区存在于早期开发建设城镇中心区，大多商业、居住、工业等功能混杂。历史文化街区指经国家有关部门、省、市、县人民政府批准并公布的文物古迹比较集中，能够完整地反映某一历史时期的传统风貌和地方、民族特色，具有较高历史文化价值的街区。

2. 城中村

指城镇化过程中依照有关规定由原农村集体经济组织的村民及单位保留使用的非农建设用地地域范围内的建成区域，以私宅为主，包括一定规模的零散村属工业用地。根据私宅建设年代和建筑情况，城中村具体可分为旧屋村（旧村、老屋村、老围）和新村两类。

3. 旧工业区

指国有及原集体土地上，具有一定占地规模，建筑物建成时间较长的工业区或仓储区，不仅包括建设时间较早、厂房破旧、存在一定安全隐患、缺乏相应配套设施建设、无法满足现代化生产需要等物质形态老化的工业厂房，还包括因产业结构调整、与周边功能冲突、用地效益低下的工业区及厂房。

1.5　"城市更新"的方式

城市更新的方式多样，总结来说可概括为三类，即拆除重建、整治改善和保护。针对不同的更新对象，更新方式通常结合使用。

1. 拆除重建

拆除重建的对象是指建筑物、公共服务设施、市政设施等有关城市生活环境要素的质量全面恶化的地区。这些要素已无法通过其他方式，使其重新适应当前城市生活的要求。这种不适应，不仅降低了居民的生活品质，甚至会阻碍正常的经济活动和城市的进一步发展。因而，必须拆除原有的建筑物，并对整个地区重新考虑合理的使用方案。

2. 整治改善

整治改善的对象是建筑物、配套设施等尚可使用，但由于缺乏维护而出现设施老化、建筑破损、环境不佳的地区。因整治改善的方式相比拆除重建需要的时间短、安置居民的压力小，所以投入资金相对较少。该方式适用于需改善环境品质、但无需拆除重建的地区或建筑物。

3. 保护

保护适用于历史建筑或环境状况保持良好的历史地区，根据当地情况，加以适当维护，使其免于因放任而遭受破坏或恶化。保护是社会结构变化最小、环境能耗最低的城市更新方式，也是一种预防性的措施。保护真实历史遗存、历史城区或传统风貌环境，需鼓励公众积极参与，同时积极建设完善地段内的基础设施和居住条件，以适应现代化生活的需求。

第2章　我国"城市更新"的地域特征

　　随着城市建设的不断推进，城市发展布局和结构日趋合理，但同时也面临城市开发渐趋饱和、土地资源日益稀缺的挑战。在此背景下，大部分城市陆续逐步进入了存量内涵发展的阶段。但由于城镇化水平不同，我国各地区城市更新潜力、特征皆不尽相同。

　　本章节，将从我国粤港澳、长三角、环渤海、西部四个地区入手，并以典型城市为代表，基于区域发展战略和区域经济水平、城市更新现状阶段、城市更新关注热点、城市更新模式等情况，从宏观角度总体认识整个区域的城市更新发展特征和发展趋势，以及可窥我国主要地区的城市更新实况，希望将会对国内城市更新学术研究及建设实践有所裨益。

2.1 研究对象与研究内容

1. 粤港澳大湾区

以广东省"三旧改造"特有的更新模式和高度市场化的城市更新实施方式为核心特征，目标城市包括深圳、广州、珠海、东莞等。

该地区自改革开放以来，在取得高速发展成绩的同时，土地资源低效利用与快速消耗问题突出。2009年，该地区以"三旧"改造政策为起点，从解决历史遗留问题、集约节约用地出发，开启了以激励市场主体、借助社会力量为根本动力，适应市场化改革趋势的制度建设，在全国具有先行先试的创新性，也使城市更新从个案项目推进转变为常态化的长期行动。

"三旧"分别是"旧城镇、旧厂房、旧村庄"，"三旧改造"是国土资源部与广东省开展部省合作、推进节约集约用地试点示范省工作的重要措施。2009年广东省政府出台《关于推进"三旧"改造促进节约集约用地的若干意见》，标志"三旧"改造在广东正式推开。"三旧改造"作为粤港澳大湾区特有的一种城市更新模式，其特点在于突破原有国土资源政策、简化征收手续、采取协议出让、允许难以独立开发的零星土地一起纳入改造范围、妥善处理历史遗留问题、加强公共设施和民生项目建设，自2009年开展以来，该更新模式在广东各市不断细化落实和完善优化，取得了显著的成效。

高度市场化是粤港澳大湾区城市更新实施的一大特征，以深圳最为明显。同在2009年，深圳颁布《深圳市城市更新办法》，在国内首次引入并界定了"城市更新"概念，并将更新改造范围扩大到旧工业区、旧商业区、旧住宅区、城中村及旧屋村等所有城市更新活动，引入"城市更新单元"概念，同时提出了多种更新模式，在国内率先探索构建了相对完善的城市更新制度体系框架。

以广东为代表的珠三角地区作为我国改革开放的窗口地区，也作为全国最先开展城市更新探索的地区，相比国内其他地区，这里享有其他地区不具备的政策优势，能够更加充分地发挥和调动市场主体在城市更新中的作用。2019年，中共中央、国务院颁布的《粤港澳大湾区发展规划纲要》，将城市更新作为促进城乡融合发展的重要措施。我们相信，虽该地区的城市更新相比其他区域呈现出明显的独特性，但其多年的更新实践积累和开放性必将为国内其他地区的城市更新有所借鉴。

2. 长三角地区

以系统化、精细化的有机更新为核心特征，目标城市包括上海、南京、苏州、杭州、无锡、宁波、合肥等。

长三角地区在国家现代化建设大局和全方位开放格局中具有举足轻重的战略地位。2018年11月，长三角区域一体化发展上升为国家战略，2019年中共中央、国务院印发《长江三角洲区域一体化发展规划纲要》，完善中国改革开放空间格局。在城市发展水平已经较高的背景下，长三角地区城市更新已成为全面提升城市空间品质和治理能力的综合战略，将成为国内存量时期高质量发展的样板。

长三角地区的城市更新活动起步较早，城市更新的内涵持续演进，通过从最初关注解决住房问题到注重城市品质和活力的全面提升，从最初的大规模重建转向全面复兴及可持续发展，从传统的"大拆大建"向"留改拆多种方式并举"的有机更新模式转变，适应该地区从规模扩张型、投资驱动型为主的发展模式逐渐向质量效益型、创新驱动型转变。

系统化、精细化是长三角地区城市更新活动的显著特征，以上海为例，2015 年上海市出台《上海市城市更新实施办法》以及与之配套的《上海市城市更新规划土地实施细则》《上海市城市更新规划管理操作规程》等政策文件，涵盖规划、土地、建管、地籍等规划与土地管理的各个方面，对城市更新活动实施全要素、全生命周期管理。

3. 环渤海地区

以新旧动能转换推动产业升级与城市复兴为核心特征，目标城市包括济南、青岛、天津、北京、石家庄、大连等。

不同于粤港澳、长三角地区，环渤海地区是一个复合的地区概念，包括京津冀、辽中南、山东半岛城市群。新中国成立初期环渤海地区就是我国重要的工业基地。依托资源和市场的比较优势，以及京津两大直辖市强大的科技力量，环渤海地区已经成为继粤港澳和长三角之后中国经济发展第三级，在北方经济的发展中有不可替代的作用。我国经济进入新常态后，依靠土地、资源等要素带动的传统动能模式已经难以为继，环渤海地区诸主要城市均肩负着经济转型的重任。城市更新作为"产业升级、城市提质"的空间手段，通过聚焦旧工业区改造和城市复兴，化解过剩产能和淘汰落后产能，为培育壮大新技术新产业释放空间资源，让曾经失落的城市片区再次焕发新的生机与活力。

在此背景下，2018 年 1 月，国务院批复了《山东新旧动能转换综合试验区建设总体方案》，山东在全国率先试点新旧动能转换，旨在以知识、技术、信息、数据等新生产要素为支撑，优化存量资源配置，激活城市活力。济南作为山东省省会城市，近年已在腾笼换业、工业遗存复兴、老城"中疏"等领域开展了积极探索。

又如，北京作为首都，率先进入减量发展新阶段，北京新总规的施行、"四个中心"定位的提出以及产业的调整，为其城市发展与更新演替提供了更多的机会和空间。以大栅栏、首钢为代表的更新改造，也形成了融入文化因素的北京城市更新特色。

4. 西部地区

以城市更新政策体系和开发机制的起步探索为核心特征，目标城市包括西安、成都、兰州等。

相比我国其他地区，西部地区城市发展进程相对较慢，在土地等城市资源方面受限较少。但随着"西部大开发""成渝地区双城经济圈"等国家重大战略持续推进，西部地区发展加速，老城等存量地区发展的诉求日益迫切。西部地区城市发展的阶段特性决定了该地区现阶段的城市更新特征，以西安、成都、兰州为代表的少数省会城市率先开展了城市更新实践，以解决老城存量发展的实际问题为主，制度体系建设总体处于起步阶段。

以兰州市为例，从 2006 年开始陆续启动了城中村改造、棚户区改造、旧工业区"出城入园"、旧商业区等低效用地搬迁改造等旧城改造活动，更新改造步伐近年逐步加快，并于 2020 年印发了《关于进一步规范我市中心城区建设用地容积率管理的通知（试行）》及其附件《兰州市中心城区旧城改造住宅用地容积率转移和奖励计算办法》，有效填补了控规在存量地区无法兼顾利益平衡、设施统筹等方面的空白。

西部地区的城市更新虽然起步较晚，但可借鉴的其他城市的更新经验也更为丰富，实践中亦可有效避免已经暴露的问题。随着其政策体系不断完善，工作流程逐步规范，城市更新亦将成为该地区典型城市由"增量"向"存量"转型发展的重要空间拓展手段。

2.2　粤港澳大湾区城市更新概述

粤港澳大湾区作为中国开放程度最高、经济活力最活跃的区域之一，吸引了大量人才与产业集聚于此，但有限的土地资源成为横亘在经济和社会发展面前的难题。城市更新已成为该地区诸城市拓展发展空间的核心手段。

2.2.1　发展背景

1. 开放程度最高、经济活力最活跃

粤港澳大湾区包括广东省广州、深圳、珠海、佛山、惠州、东莞、中山、江门、肇庆九市，与香港、澳门两个特别行政区共同构成了粤港澳大湾区，总面积约 5.6 万 km^2，是中国最活跃、最开放、市场化程度最高、最具创造力的地区。粤港澳大湾区 2019 年底总人口逾 7100 万人，2019 年的GDP 之和约为 11.6 万亿元，占全国 GDP 总量 11.7%，较 2018 年增长 6.7%，目前粤港澳大湾区的经济总量已与纽约湾区旗鼓相当[1]。三大城市群人均

---

[1] 量城科技，广东省城乡规划设计研究院. 粤港澳大湾区产业空间价值地图 [OL].

GDP 与近四年常住人口增量与对比如图 2-1 所示。

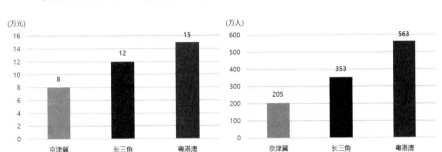

图 2-1　三大城市群人均 GDP 与近四年常住人口增量与对比
（数据时间：2018 年底）

2019 年粤港澳大湾区进入世界 500 强的企业数量为 17 家，上市公司达533 家，粤港澳大湾区的高新技术企业占广东省及两个特别行政区总量的 70%以上。

2. 产业升级最前沿

产业经济是支撑粤港澳大湾区长期可持续发展的亮点和基础，在粤港澳大湾区新一轮协同发展格局下，高端化、国际化职能进一步向大湾区集聚，环湾地区将成为核心增长引擎。

2008 年以前，粤港澳大湾区以发展"三来一补"出口加工经济为主，取得了显著的经济发展成绩。但 2008 年全球经济危机重创该地区出口贸易，加之随后的劳动力成本攀升，迫使传统加工企业向东南亚及国内转移，该地区的产业经济空心化问题凸显。在此背景下的产业升级转型是重振产业经济发展的必走之路，更是无奈之举。经过十几年的发展，该地区现已成功实现高端服务业、智能制造、高端金融业和高科技产业转型升级，广东省也已成为制造强省和创新强省。

与此同时，伴随着产业结构转型升级的步伐，为使原粗放发展的工厂、产业园等产业载体在功能、配套等方面与时俱进，2009 年广东省"三旧改造"工作全面开展，深圳市的城市更新也开始了制度化建设，高品质的生产与配套空间进一步为产业创新与人才吸引提供了物质保障。

3. 土地资源紧张

如前文所述，经过多年的快速增长，截至 2019 年底，粤港澳大湾区总人口约 7100 万人，近四年常住人口增量约 550 万人，远超京津冀、长三角两大城市群，但是整体土地面积仅为其他两大城市群的约四分之一，人口的大量涌入加重了大湾区土地资源和公共配套的承载压力。

相关统计数据显示，深圳、东莞、中山、佛山和珠海的土地开发强度超过 30% 的国际警戒线。如图 2-2 所示，通过对比大湾区 11 个城市的建设用地人口密度及土地产出效率，不难发现，缓解土地资源紧缺的局面是实现城市经济可持续发展的关键，而大湾区平均城市化率已超过 80%，通过城市更新释放存量土地资源早已成为各大城市的共识[1]。

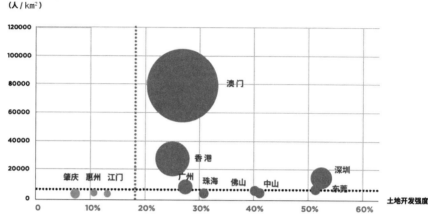

图 2-2　2017 年大湾区城市土地开发强度、人口密度和单位产值
（圆圈大小表示建设用地单位产值）
（来源：戴德梁行，《粤港澳大湾区城市更新进化论》）

4. 二元矛盾最突出

改革开放 40 多年的进程中，中国土地制度的实践产生了巨大的区域差异，成为经济发展方式的内在构成部分，其中最为独特的部分就是粤港澳大湾区的农村土地制度。1986 年颁布的《中华人民共和国土地管理法》正式赋予了集体土地在农民集体内部非农使用的权利。粤港澳大湾区在 2000 年以来形成了农村集体土地直接入市的土地制度，2005 年，广东省发布了《广东省集体建设用地使用权流转管理办法》，标志着集体建设用地使用权出让、出租、转让、转租和抵押在广东正式合法化。

经过 20 年的发展，粤港澳大湾区集体建设用地低效蔓延扩张，土地资源快速消耗，集体土地开发从土地流转扩张转向物业开发建设，形成完全依赖土地租金收益的"租赁经济"[2]。这种经济模式内嵌于集体土地的残缺产权和福利型的土地股份合作社，导致土地开发低效锁定，土地资产难以流动获得市场价值，村镇产业低端固化。在城市建设用地指标约束下，政府开始通过盘活存量低效的集体建设用地为城市发展腾挪空间。

但与此同时，不可否认的是，粤港澳大湾区特有的集体土地开发建设模式下催生的空间载体（城中村）在曾经一段时期内为该地区的产业发展与劳

[1] 戴德梁行. 粤港澳大湾区城市更新进化论［OL］. 2019.

[2] 姚之浩，田莉. "三旧改造"政策背景下集体建设用地的再开发困境——基于"制度供给－制度失效"的视角［J］. 城市规划，2018（9）：45-52.

务人员提供了大量的廉价空间。在城市产业转型升级以及高质量发展的新背景下，尽管此类空间正面临着利用低效、风貌滞后、安全隐患、卫生杂乱等诸多问题，其在一定程度上依然丰富了城市的产业门类，并分担了低收入群体安置问题。

伴随着粤港澳大湾区各市对城市品质的日益关注，以及对潜力存量空间需求的日益迫切，基于上述背景产生的城市二元化问题也迅速凸显。以深圳为例，在过去 20 年，以拆除重建为主的城市更新模式让深圳几乎平均每周消失一个古村落，低成本空间消失的背后是高昂的房价与去留间抉择的租户群体——对城市二元矛盾过于武断的应对方式，只是在空间形式上弱化了矛盾表象，但却可能引发更为深层的社会问题。因此，如何采用更加有机的城市更新方式化解上述二元矛盾问题，是粤港澳大湾区城市更新的重要议题。

2.2.2　城市更新进程逐步加快

近年，随着粤港澳大湾区城市更新政策的逐步完善，该地区各城市的城市更新进度均有所加快，2018 年该地区十大城市的城市更新完成改造土地面积共计 5.4 万亩，同比上升 32%（资料来源：各城市自然资源局/住房和城乡建设局、戴德梁行研究部），如图 2-3、图 2-4 所示。2019 年 4 月，广东省自然资源厅发布了《广东省深入推进"三旧"改造三年行动方案（2019—2021 年）》，粤港澳九市新增实施"三旧"改造（城市更新）任务面积近 19 万亩，占广东省新增改造任务面积的 81.6%。以城市更新起步最早的深圳为例，近年通过城市更新供给用地面积逐年攀升，2012 年城市更新供给规模已超过新增用地规模。

深圳城中村
——房地分离

深圳市于 1989 年、2004 年分两次对土地进行"统征统转"，但并未将所有土地的产权理清，造成"国有化的地，原村民的房"这一困境，隐藏着较高的社会风险。

根据 2010 年深圳市完成的农村城市化历史遗留问题违法建筑信息普查统计的结果，全市农村城市化历史遗留违法建筑普查总量为 35.7 万栋，建筑面积为 3.92 亿 m^2，用地面积 131km^2，生活在"违法建筑"里的外来人口多达 700 万人，约占全市总人口的一半。

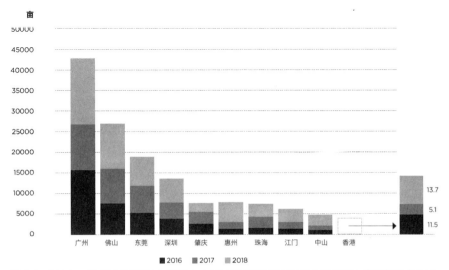

图 2-3　2016 ～ 2018 年粤港澳大湾区十大城市更新完成改造的土地面积（澳门暂无数据）

（来源：戴德梁行研究部，《粤港澳大湾区城市更新进化论》）

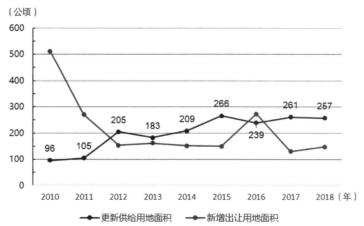

图 2-4　深圳市 2010 ～ 2018 年存量与增量经营性用地供给（招拍挂）情况对比

2.3　长三角地区城市更新概述

　　长三角城市群是"一带一路"与长江经济带的重要交汇地带，在我国国家现代化建设大局和开放格局中具有举足轻重的地位，是我国参与国际竞争的重要平台、经济社会发展的重要引擎、长江经济带的引领者，是中国城镇化基础最好的地区之一。随着长三角一体化加速和新兴产业转型升级，以上海为核心的区域协调融合已进入了全新发展阶段，在高质量发展的总体要求下，如何存量甚至减量发展以优化城市空间用地结构，如何同时满足产业、环境、社会多元发展诉求，已成为该地区各市城市建设的重要议题。

2.3.1　发展背景

1. 经济强劲，发展均衡

　　长三角城市群总面积约 21.17 万 km²，常住人口 2.35 亿人，占全国人口的 16.7%[1]；GDP 总量超 20 万亿，约占全国 GDP 总量四分之一；城镇化率高（2019 年常住人口城镇化率达到 68%），城市发展相对成熟，经济发展相对均衡，城镇分布密度达到每万平方公里 80 多个，是全国平均水平的 4 倍左右，如表 2-1、表 2-2 所示。

长三角地区部分主要城市 GDP 总量概况　　　　　　　表 2-1

	2020 年 GDP 总量（亿元）	2020 年人口总量（万）
合肥	10046	819
南京	14818	850

---
[1] 第七次全国人口普查公开数据。

续表

	2020 年 GDP 总量（亿元）	2020 年人口总量（万）
无锡	12370	689
杭州	16106	1036
苏州	20171	1075
上海	38710	2428
宁波	12409	854

长三角地区部分主要城市建成区面积和城市总面积情况　　表 2-2

	2020 年城市建成区面积（km²）	城市总面积（km²）
合肥	466	11445
南京	817	6587
无锡	343	4628
杭州	615	16854
苏州	475	8657
上海	1238	6341
宁波	334	9816

2. 人口密度大，土地资源趋紧

长三角地区人口密度相对较大，2019 年，上海市人口密度达到 3830 人/km²，无锡、南京、苏州人口密度也分别达到 1490 人/km²、1291 人/km²、1242 人/km²，如图 2-5 所示。

图 2-5　2019 年长三角部分主要城市人口密度情况

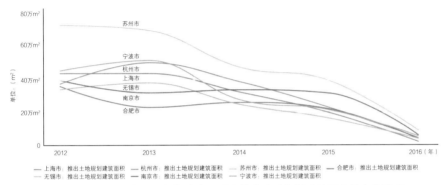

图 2-6　2012 年以来长三角部分主要城市推出土地规划建筑面积的变化情况
数据来源：前瞻经济学人数据库

上海 "198" 区域

"198区域" 指规划产业区和集中建设区外的历史遗留工业用地，面积约为198 km²。多为高投入、高能耗、高污染、低效益的 "三高一低" 乡镇企业。

2017年，《上海市土地资源利用和保护 "十三五" 规划》针对 "198" 区域提出：大力推进现状低效工业用地减量化。到2020年，减量40km²，优先考虑二级水源保护区、生态廊道和永久基本农田内的工业用地；通过土地节约集约利用评价，对 "三高一低" 工业用地进行减量，减量后的土地根据水土质量情况作为生态用地或耕地。

通过图2-6对公开数据的整理不难发现，从2012年开始，长三角地区各主要城市推出土地规划建筑面积逐渐减少，由于土地供给的约束，使得城市发展更加倾向于存量开发[1]。2013年，上海市政府提出 "总量锁定、增量递减、存量优化、流量增效、质量提高" "五量调控" 的土地利用基本策略，在全国率先提出建设用地 "减量化" 的目标要求：对城市开发边界外的现状低效建设用地，恢复为农用地或生态用地。自2015～2017年，开始第一轮减量化三年行动，至2017年底，上海市实际完成低效建设用地减量化28km²。2018年，上海市印发《关于本市全面推进土地资源高质量利用的若干意见》进一步建设用地减量化目标，"2018～2020年，全市每年减量化任务不低于15km²，其中工业用地减量不低于12km²。年度减量化任务依据各区剩余规划建设空间、年度新增建设需求以及减量潜力等情况分解下达"。

自2015年上海市开始减量化行动以来，以 "104" "195" "198" 区域为代表的用地结构优化调整举措于《上海市城市总体规划（2017—2035年）》中均得到落实，为我国相关城市治理 "大城市病"、探索超大城市发展模式的转型途径提供了重要参考，如表2-3所示。

上海市2015年和2035年用地结构对比表 　　　　表2-3

用地类别		现状2015年		规划2035年		备注
		面积（km²）	比例（%）	面积（km²）	比例（%）	
建设用地	城镇居住用地	660	21.5	830	26	
	农村居民点用地	514	16.7	≤190	≤6	减少10.7%
	公共设施用地	260	8.5	≥480	≥15	
	工业仓储用地	839	27.3	320～480	10～15	减少12.3%～17.3%
	绿化广场用地	221	7.2	≥480	≥15	
	道路与交通设施用地	430	14.0	640	20	
	其他建设用地	147	4.8	200	6	
	小计	3071	100	3200	100	
非建设用地	耕地	1898	—	1200	—	耕地面积调减出来的698km²用于林地、湿地等生态建设
	林地	467	—	980	—	
	其他非建设用地	1397	—	1453	—	
	小计	3762	—	3633	—	
总计		6833	—	6833	—	

---

[1] 数据来源：前瞻经济学人数据库。

2.3.2 长三角一体化进程下的空间开发模式转变

为了推进都市圈协调联动,加强都市圈间合作互动,高水平打造长三角世界级城市群。长三角一体化发展,确定了以上海为核心的、五大都市圈和三条重点产业带的空间结构。该结构重点加强都市圈间重大基础设施统筹规划,加快大通道、大枢纽建设,提高城际铁路、高速公路的路网密度。强化中心区产业集聚能力,推动产业结构升级,优化重点产业布局和统筹发展。中心区以外城市和部分沿海地区升级转移,建立与产业转移承接地间利益分享机制。

长三角地区内,上海、苏南、环杭州湾等地区作为优化开发区,新增建设用地规模和开发强度受到限制,依托"城市更新"改变空间开发模式的需求迫切;而其他位于重点开发区范围内的城市,尚有一定的土地增量潜力,仍将通过强化产业和人口聚集能力扩大和优化城镇空间,如表 2-4 所示。

长三角地区不同类型潜力用地表 表 2-4

类型	面积(万 km²)	占国土面积比例
优化开发区	4.7	22%
重点开发区	6.2	30%
限制开发区	10.2	48%

在长三角优化开发区内的诸城市近年开展的城市更新行动中,除上海形成了相对完善的城市更新体系外,其他城市尚仅通过行动方案、相关规划和重点项目,并配套相应的专项政策,推进城市建成区的发展和优化。如2013 年,杭州《"美丽杭州"建设实施纲要(2013—2020 年)》以城市更新和环境整治提升为抓手,修补城市空间和功能设施,修复城市生态环境,提升城市空间品质;同年,《杭州市"三改一拆"三年行动计划》,以旧住宅区、旧厂区和城中村改造促进违法建筑拆除;2020 年,《杭州市 2020 年老旧小区综合改造提升项目计划》,计划改造 300 个小区,总建筑面积超 1200万 m²,将惠及 15 万住户。2016 年,南京发布了《南京市城市品质提升三年行动计划(2016—2018)》,提出加强南京城南历史城区文化风貌整体保护,实施"城市修补、有机更新";之后于 2018 年,又随即发布了《2018 年南京市城市精细化建设管理十项行动方案》,精细化提升南京城市空间,强化建设管理。

上海市自 2015 年颁布《上海市城市更新实施办法》后,又随即开展了四大行动计划,包括"共享社区计划、创新园区计划、魅力风貌计划、休闲网络计划",选取一系列示范项目,结合采用"12 + X"弹性管理方式,深化探索"城市更新"实践。在此基础上,陆续颁布《上海市城市更新规划土地实施细则》《上海市城市更新管理操作规程》等，结合试点项目不断完善城市更新体系。

2.4　环渤海地区城市更新概述

"环渤海地区"亦是"环渤海经济圈"，2015年，为推进实施"一带一路"、京津冀协同发展等国家重大决策和区域发展总体战略，国务院批复《环渤海地区合作发展纲要》，强调要抓紧建立由北京市牵头的环渤海地区合作发展协调机制并切实发挥其作用，加强北京市、天津市、河北省、山西省、内蒙古自治区、辽宁省、山东省七省（区、市）协调配合，呼应粤港澳、长三角等地区开发开放，培育形成我国经济增长和转型升级新引擎。

2.4.1　发展背景

1. 以京津冀为中心，地区发展差异较大

环渤海地区位于我国华北、东北、西北三大区域结合部，包七省（区、市），面积186万 km^2，约占全国的19.4%，环渤海地区地域广阔、连接海陆，区位条件优越、自然资源丰富、产业基础雄厚，是我国最具综合优势和发展潜力的经济增长极之一，在对外开放和现代化建设全局中具有重要战略地位。

但与此同时，环渤海地区市场分割、地区封锁、无序竞争和重复建设现象较为突出；"大城市病"突出，大中小城市发展不协调，城市体系和空间布局亟待优化；资源约束日益显现，环境承载能力接近上限；各地区发展水平不一，传统产业相对饱和，产业结构调整和经济转型升级压力较大，区域整体实力和综合竞争力亟待增强；区域城乡发展不平衡，基本公共服务均等化水平差距大，统一开放市场尚未形成，协调发展体制机制亟待建立。

环渤海地区合作发展，构建了以主要城市群为依托，以重要交通轴带为支撑，以点带轴、以轴促面、内优外拓、协调互动的合作发展新格局。在此格局中，京津冀是环渤海地区合作发展的中心区，依托京津冀协同发展国家战略，以优化提升首都核心功能、解决北京"大城市病"为目标，有序疏解北京非首都功能，并通过京津联动，引领带动区域转型升级。辽中南作为我国的重工业基地，受制于资源型产业发展瓶颈，近年经济增速放缓，因此在工业资源综合利用、产业转型升级背景下的城市复兴是辽中南城市发展的重点。山东半岛作为我国最大的半岛，将统筹建设山东半岛蓝色经济区和黄河三角洲高效生态经济区。

2. 转型升级，"新常态"下的新旧动能转换

2013年12月10日，在中央经济工作会议上首次提出"新常态"概念，

在国家经历结构调整阵痛期的经济下行压力下,"新常态"判断深刻揭示了特定发展阶段的新变化:一是从高速增长转为中高速增长,二是经济结构不断优化升级,三是从要素驱动、投资驱动转向创新驱动。2015 年 10 月 18 日,习近平总书记接受路透社采访时指出"中国经济发展进入新常态,正经历新旧动能转化的阵痛……"自此,"新旧动能"开始出现在经济领域中,并被反复提及。2017 年 1 月,国务院办公厅印发了我国培育新动能、加速新旧动能接续转换的第一份文件——《关于创新管理优化服务培育壮大经济发展新动能加快新旧动能接续转换的意见》。

环渤海地区常住人口与地区生产总值占全国比例约四分之一(《环渤海地区合作发展纲要》对环渤海地区 2014 年末常住人口及地区生产总值的统计数据分别是 3.14 亿人、18.5 万亿元,分别约占当年全国的 23%、27%),同时作为国家战略地区和重要的工业基地,无疑是践行"新常态"下的新旧动能转换的重要战场。其核心在于,以供给侧结构性改革为主线,以实体经济为发展经济的着力点,通过新技术、新产业、新业态、新模式的引入,探索优化存量资源配置和扩大优质增量供给并举的动能转换路径,并重点在化解过剩产能和淘汰落后产能、培育壮大新技术新产业新业态新模式、改造提升传统产业等方面形成科学有效的路径模式。

2018 年 1 月,国务院批复山东省设立新旧动能转换综合试验区,这是党的十九大以后国务院批复的首个以新旧动能转换为主题的区域性国家发展战略;同年 3 月,《济南新旧动能转换先行区总体规划草案(2018—2035年)》向社会公示;2021 年 4 月,国务院批复《济南新旧动能转换起步区建设实施方案》,"先行区"进一步升级为"起步区",成为我国继雄安新区起步区之后的第二个起步区。以济南市、山东省为代表,其新旧动能转换试点工作的全面开展,无疑将会对经济结构相似、发展瓶颈雷同的京津冀其他城市或地区,在增量崛起与存量变革并存的时代,探索出一条创新发展的新思路。

3. 人口密度差异较小,土地资源趋紧

泛京津冀地区人口密度城市之间差别不大。其中北京、天津 2019 年人口密度分别为 1312 人 /km²、1305 人 /km²,其他城市人口密度大约在 800人 /km²,如图 2-7 所示。

近年各城市推出土地规划建筑面积波动较大,但自 2014 年总体呈逐渐下降的趋势[1],如图 2-8 所示。

---

[1] 数据来源:前瞻经济学人数据库。

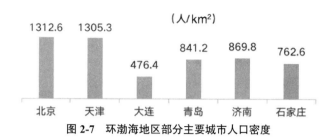

图2-7　环渤海地区部分主要城市人口密度

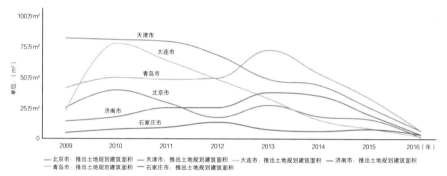

图2-8　2009年以来环渤海地区部分主要城市推出土地规划建筑面积

　　以北京市为例，其为应对城市"摊大饼"式蔓延发展，2016年《北京市"十三五"时期土地资源整合利用规划》提出，2020年北京市建设用地总规模控制在3720km²以内，每年减少土地存量30km²，比现行土地利用总体规划确定的规划目标减少97km²，尤其针对城乡接合部、郊区等农村集体建设用地发展无序现象，有效遏制违法建设、土地空闲、低端业态对空间资源的浪费。

　　2017年，《北京城市总体规划（2016—2035）》进一步确定了北京"控制建设用地规模，减量集体建设用地"的思路，提出要坚持集约发展，框定总量、限定容量、盘活存量、做优增量、提高质量，侧重集体建设用地的减量，大力推进农村集体工矿用地和居民点整治。北京根据现状建设情况划分四类分区，每类分区用绿带隔离起来，并根据分区特征，制订不同的建设用地减量方式和减量目标，如表2-5所示。

北京各分区减量用地方式对照表[1]　　　　　　　　　　　　　　表2-5

分区	主要分布地区	集体建设用地减量方式	"十三五"期间规划目标
全市集中建设区	一道绿隔和二道绿隔地区，以一道绿隔为重点	代征代拆，中心城边缘集团捆绑	集体建设用地预计减少到1581.41km²，一道绿隔实现城市化改造，拆迁建设全部完成，规划绿地全部实现

[1] 张杨，刘慧敏，吴康，吴庆玲. 减量视角下北京与上海的城市总规对比[J]. 西部人居环境学刊，2018，33（03）：9-12.

续表

分区	主要分布地区	集体建设用地减量方式	"十三五"期间规划目标
城乡接合部	二道绿隔地区，以二道绿隔范围为重点	与周边新城、小城镇集中建设区捆绑实施	集体建设用地预计减少到242.08km²，实现城乡接合部高水平的城乡发展一体化
平原区	基本农田保护区和一般农地区	城乡建设用地增减维持建设用地指标不突破，农村居民向城镇集中、产业向园区集聚	集体建设用地预计减少到698.98km²，集体产业与周边重点产业功能区融合发展
丘陵山区	限制和禁止建设区	生态搬迁、废弃矿山复垦、闲置产业用地腾退、违法用地拆除等多种方式	集体建设用地预计减少到291.46km²，实现自然修复、环境改善

2.4.2　存量与增量并举，聚焦产业转型升级

1. 京津冀协同发展背景下的北京非首都功能疏解

京津冀协同发展作为国家战略，京津冀城市群是国家规划建设的三大世界级城市群之一，打造高效、包容、可持续的城市布局和形态，是提升城市群国际竞争力、打造世界级城市群的关键问题。

2015 年《京津冀协同发展规划纲要》，指出京津冀协同发展战略的核心是"有序疏解北京非首都功能，调整经济结构和空间结构，走出一条内涵集约发展的新路子，探索出一种人口经济密集地区优化开发的模式，促进区域协调发展，形成新增长极。"在京津冀协同发展过程中，北京决定进行重大等产业疏解计划，实施"腾笼换鸟"，开始全面的产业转型之路。北京主动性的产业调整及转型，给予了环京地区带来了新的发展给予：大量的制造业转移及中低端服务业转移。2017 年京津冀三地签订了 46 个承接产业平台地区（包括现代制造业平台 20 个、协同创新平台 15 个、服务业平台 8 个、现代农业合作平台 3 个），重点集中在环京的环副中心地区、环新机场地区和环雄安地区。

与此同时，北京市于 2018 年相继出台《关于进一步优化营商环境深化建设项目行政审批流程改革的意见》《北京市规划和国土资源管理委员会关于社会投资建设项目分类标准的通知》《建设项目规划使用性质正面和负面清单》，优化投资环境、严控项目准入；并充分利用转移后的产业空间，融入文化或事件因素进行"城市更新"，如结合北京冬奥会赛事需求的首钢老工业区改造，已成为我国第一处以钢铁工业文化遗存为特色的主题文化园区。体育＋、文化创意、数字智能产业业态融合，时尚、科技、跨界发展，围绕首都功能定位，这里现已成为"新首钢高端产业综合服务区"，实现了由城市"锈带"向"秀带"的蜕变。

2. 传统产业转型升级

环渤海经济区是东北、华北和西北三大区域的结合，主要面临产业结构

以重工业为主体，主要工业产品是以中低端产品为主，高耗产业聚集，资源和环境瓶颈约束增强等问题。《环渤海地区合作发展纲要》的提出推进了煤炭、冶金、焦化、电力、建材等上下游关联产业兼并重组，促进资源型企业跨行业发展，培育形成新的产业链和产业集群。同时也推动有条件的企业兼并重组，鼓励企业绿色减量重组，支持工厂环保搬迁、就地改造或转型发展，加快城区老工业区搬迁改造。

以唐山为例，2013 年以来，唐山累计压减炼钢产能 4969 万 t、炼铁产能 2851 万 t，分别占河北省的 64.8% 和 39.5%。同时，钢铁企业渐次搬离市区，以"污染退城"加快产业转型。丰南区 5 家城市钢铁企业，按产能1.25∶1 减量置换，整合形成 800 万 t 产能的纵横钢铁，落户丰南临港工业园。主城区 280 家陶瓷企业将全部关停，搬迁至丰南沿海陶瓷文化产业创新示范园，同时取缔拆除散乱污企业 4498 家。

2.5　西部地区城市更新概述

西部地区共涉及十二个省、自治区和直辖市，疆域辽阔，土地面积 678万 km²，约占全国 71%。但除四川盆地和渭河平原外，该地区绝大部分属于我国经济欠发达、需加强开发的地区。相较我国其他地区，该地区城镇化水平较低，省会城市首位度较高，城市间发展不平衡。总体来看，该地区多数城市依然还有较大的增量发展空间，"城市更新"问题尚主要聚焦于民生改善，典型性不强。但近年，西安、成都、兰州等相对较为发达的省会城市相继开展了"城市更新"探索，并取得一些成效。

2.5.1　发展背景

2019 年，我国常住人口城镇化率为 60.60%，而以四川、陕西和甘肃为代表的我国西部省份城镇化率分别为 53.79%、59.43% 和 48.49%，均低于全国城镇化率，如图 2-9 所示。尽管西部地区近年处于快速城镇化发展期，城镇土地整幅明显高于全国总增幅水平，但仍然有较大增量土地开发空间。

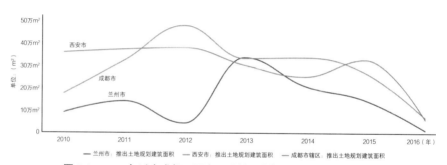

图 2-9　2010 年以来成都、西安、兰州三市推出土地规划建筑面积

国家为进一步促进西部地区发展,国务院分别于 2012 年批复兰州新区(第五座国家级新区、西北第一座国家级新区)、2014 年批复西安西咸新区(第七座国家级新区、首座以创新城市发展方式为主题的国家级新区)和成都天府新区(第十一座国际级新区),三市发展提速,并开始了新区建设与老城存量发展齐头并进的开发建设阶段,因此单就三市近年推出土地情况来判断,其土地瓶颈问题相较我国其他地区主要城市并不显著。2016 年、2018年,国家相继确立成都、西安作为国家中心城市后,成都、西安两市发展进一步加速,对西部地区的带动作用进一步加强。2019 年,成都人均 GDP 达10.3 万元,西安人均 GDP 达 9.3 万元,已超全国人均 GDP 水平;而以兰州为代表的其他西部省会城市则相对较低,为 7.6 万元。

以四川、陕西和甘肃三省为例,与各省城镇化情况形成鲜明对比的是,成都、西安和兰州省会城市的城镇化水平均大于 70%,已处于城镇化发展后期;2019 年,成都、西安和兰州三市的人口密度分别达到 1157 人 /km²、949 人 /km²、315 人 /km²。此外,在对 2019 年我国 22 个省(不包括台湾省)、5 个自治区进行的首位度调查(综合资金总量、GDP、固定资产投资、房地产开发投资四方面因素),首位度排名前十的城市中有六个西部省会城市,其中成都位列第九、西安位列第六、兰州位列第十。以上数据,一方面反映出西部省会城市近年发展之迅速,另一方面也较为客观地反映出西部省份区域发展不协调、空间资源分配不均匀。

2.5.2 "城市更新"的起步探索

西部地区"城市更新"起步较晚,但在新的发展趋势下,成都和西安已经颁布有关"城市更新"的办法,并设置专门的管理机构,开始搭建适应本地发展需求的"城市更新"体系框架;同时,以重点地区为突破口开始进行"城市更新"实践,通过各类重点项目探索城市更新的实施路径。兰州由于受限于"两山夹一河"的特殊地形,中心城区用地紧缺,因此近年也开展了多项城市存量开发探索,也积累一定"城市更新"相关实践经验,如表 2-6所示。

兰州、成都、西安三市西部省会城市城市更新体系对照表　　　　表 2-6

类别	兰州	成都	西安
机构设置	—	公园城市建设和城市更新局	城市更新工作领导小组
管理规定	—	成都市城市有机更新实施办法(2020)	西安市城市更新办法(草案征求意见稿)(2020)
对象分类	—	保护传承、优化改造、拆旧建新	保护传承、整治提升、拆旧建新

续表

类别	兰州	成都	西安
更新单元	—	片区评估＋更新单元	城市更新片区
实施行动	兰州市密度强度高度分区研究	成都市城市更新总体规划 成都市"中优"规划优化方案	大西安"中优"战略实施城市修补及更新方案
重点项目	城关区老旧楼院改造一期项目、兰州市西固区全域棚改项目、兰州市循环经济产业园项目等	华兴街项目、大慈寺南片区城市更新项目、祠堂街旧改项目、北站西二路两侧城市更新项目	碑林历史文化街区改造、小雁塔历史文化片区城市更新、钟楼片区城市更新、西安大华1935项目

2.6 "城市更新"的发展趋势

从香港于2001年推出《市区重建条例》，到广东省在2009年发布的《关于推进"三旧"改造促进节约集约用地的若干意见》，"城市更新"的早期实践都将"城市更新"的内涵和外延局限在建筑本身的拆除重建，以有效满足物业承载需求的增加。

随着城市需求的多元，"城市更新"的内涵和外延开始升华，逐步涵盖产业布局、城市建设、民生保障和文化历史保育等方面，纯粹对建筑本身的拆除重建已不再是获取城市综合效益的最佳方式。尽管近年我国各城市对"城市更新"领域开展的实践探索千差万别，但总体而言，"城市更新"发展趋势可概括为以下三点转变。

2.6.1 从旧城改造到有机更新

近年来，全国部分主要城市的更新方式已开始摆脱以旧城改造为目标的大拆大建而向着城市有机更新的方式转变。香港于2011年公布了新的《市区重建策略》，将城市更新的范畴扩容至楼宇修复、文物保育和旧区活化；广东省也在2016年颁布的《关于提升"三旧"改造水平促进节约集约用地的通知》中指出，城市更新项目应与土地利用总体规划相结合，需移交部分土地用于公共服务设施和城市基础设施建设；长三角地区在提升城市功能和品质的同时，也重视加强历史文脉延续。以深圳市为例，2014年以来，深圳市以旧工业区为主要对象，试点开展以综合整治为主的有机更新，并在拆除重建类项目中细分划定了一些现状保留和整治维护区域，有效保护了一批历史建筑、传统世居和工业遗存。上海市则出台了《关于深化城市有机更新促进历史风貌保护工作的若干意见》针对丰富的历史遗存，在"城市更新"过程中进行重点保护。并随着"城市更新"实践的深入，提出《关于坚持留改拆并举深化城市有机更新进一步改善市民群众居住条件的若干意见》，明确"城市更新"需要"留改拆"分类推进，保留具有历史文化价值的地区，重视对街区活化利用、长期运营；对于具有一定建设条件的地区，因地制宜多策并举，尊重居民的意愿；对于环境恶劣、质量差的房屋则尽快拆除。南京市《开展居住类地段城市更新的指导意见》中提到，对居住地段进行精细化甄别，结合建筑质量、风貌和需求目标，区分需要保护保留、改造和拆除、适应性再利用或可以新建的部分，通过维修整治、改建加建、拆除重建等"留、改、拆"模式，达到地段的有机更新。《宁波市人民政府关于推进城市有机更新工作的实施意见》也重点提到构建城市有机更新"三维空间结构"，完善城市有机更新"四个工作机制"。成都市于 2020 年出台《成都市城市有机更新实施办法》，将保护传承、优化改造、拆旧建新均作为"城市更新"的工作范畴——由此可见，城市更新方式的多元化是这一转变趋势下最直观特征之一。透过该特征，我们进一步认为，有机更新既要实现城市外在美观的增加，更要实现城市内在内容的提升，包括产业共生、业态共享、多元化的资本参与、优秀的资产管理等。

正如本书开篇引用的吴良镛院士有关"有机更新"的论述，从城市到建筑，从整体到局部，城市应被视作一个生命体。城市建设应该按照城市内在的秩序和规律，顺应城市的肌理，采用适当的规模、合理的尺度，依据改造的内容和要求，妥善处理目前和将来的关系，在可持续发展的基础上探求城市的更新发展，不断提高城市规划的质量。有机更新，则会在其自身的发展过程中逐渐完成自身的新陈代谢过程，为了实现可持续的迭代更新，"城市更新"需要根植于一个对城市内部和周围人口发展的长期设想中，"城市更新"的行为在满足当前需求的同时，也必须面向未来。长期的利益相关者，也就是对这个地区有着长期兴趣的人，应该全部参与进城市更新决策的制定中来，这一抉择将是关于引导一个成功的城市更新方案的公共决策的基础。

2.6.2　从大规模重建到精细化营城

国内诸城市在经历了近年的"城市更新"开发积累之后，"城市更新"已成为常态化的城建行为，尤其在粤港澳大湾区等"城市更新"起步探索较早的地区，早期大规模、断裂式的城市更新行为趋少，小规模、渐进式的城市更新渐为主流。

以《广州市 2018 年城市更新年度计划（第一批）》为例，列入计划的正式项目共计 223 个，其中微改造项目高达 174 个，全面改造项目 26 个，国有土地旧厂房自行改造项目 9 个，国有土地旧厂房产业转型升级项目 4 个——广州市自 2016 年开始逐步探索"微改造"模式，并在制度安排上与"全面改造"相区别，为局部更新改造和整治修缮且产权变更相对简单的项目建立起快速、精简的实施路径。"微改造"注重空间的活化利用，注重在

"城市更新"实践中加强精细化规划、精细化设计、精细化建设和精细化管理，积极探索适应这种精细化管理的法律和制度，有助于提升城市公共空间品质的规划建设管理水平，特别是无建设行为或少建设行为情况下的城市精细化管理水平。

未来城市与城市的竞争，将因生活环境品质而见高下。在从工业化注重生产的城市向人性化注重生活的城市转变过程中，仅依靠传统宏大叙事的设计手段进行拆建式"城市更新"开发已不能满足全新的城市发展要求，而以深圳"趣城计划"为代表的全新人本主义城市规划思路，更加注重对城市微环境重塑、对宏观叙事下的建设活动的修正和补充，无疑是存量时代对精细化营城的有益实践[1]。

2.6.3 从单一维度到综合维度

现代"城市更新"的目标已不再是单一的物质条件改善，其真正意义在于实现城市综合效益最大化，具体包括维护社区利益、提供人文关怀、理清社会脉络等多方面。"城市更新"的成功有赖于建立一个真正有效的"城市更新"管治模式，亦即要有一个包容的、开放的决策体系，一个多方参与、凝聚共识的决策过程，一个协调的、合作的实施机制，一个协调各方、合作共赢的基本理念，而不是由开发商的商业利益支配、由政府部门给予配合的运作模式。西方国家20世纪80年代盛行的"市场主导、公私合作"的实践之所以被证明是不甚成功的模式，其中一个重要原因是忽视了"城市更新"的社会效应。有效的现代"城市更新"管治模式是将社区力量纳入决策与实施的主体当中，与公私权力形成制衡，有利于城市更新多为目标的实现，并保障更新效率和社会公平的统一[2]。

在如今国内部门先锋城市，我们看到了开放的城市决策过程以及有趣的公共参与机制的探索，未来这种模式将会更加优化，更加多元的公共价值与利益均将会在"城市更新"过程中被考虑和协调落实。

[1] 巴塞罗那：城市更新[J]. 城市环境设计，2015（09）：160-161.

[2] 曲建，罗宇. 城市更新理论与操作实践[M]. 北京：中国经济出版社，2018.

第3章 我国典型城市的城市更新制度体系

城市更新的制度将决定城市更新实践的隐性成本，是影响潜在城市更新主体决策的重要因素，也是本书研究的重点。本章节，将以若干典型城市为例，重点在政策体系、规划体系、权益分配等方面，对城市更新的机制完善程度、所呈现出的地域特殊性等问题进行分别阐述。

3.1 深圳市城市更新制度体系

3.1.1 以法规为核心的多层次政策体系

深圳土地资源难以为继，发展空间不足已经成为制约深圳快速发展的重要瓶颈。深圳市政府于 2009 年 12 月 1 日颁布实施城市更新工作的纲领性文件《深圳市城市更新办法》，标志着深圳城市更新已由过去的"政府主导的旧改模式"转变为政府引导和统筹的"市场化运作的城市更新模式"。

针对以政府主导、土地管控等方式实现城市发展终极蓝图的规划制度与技术体系，与市场经济下以产权制度为基础的利益平衡需求之间产生的偏差，深圳立足空间资源高效配置、公共利益保障、科学确定建设增量、产权利益平衡、项目实操落地等一系列问题的解决，转变城市管理思路，在规划目标的制定和实施途径的选择上，充分关注各方权益，平衡各方利益（"各方"主要指政府、开发主体、相关权利人），制定面向实施的城市规划制度体系。

深圳选择了一种更为市场化的更新模式，其实质是以市场经济内在发展规律为线索，妥善平衡城市更新活动涉及的不同利益主体的发展权益，具有促进城市空间资源高效、公平配置的公共政策特征。政府遵循"积极不干预"原则，仅充当政策支持、规划引导、审批管理等角色，鼓励和吸引市场投资，通过市场运作发挥市场在资源配置方面决定性的作用，由市场自发驱动实现城市更新。

2021 年 3 月 1 日，《深圳经济特区城市更新条例》颁布实施（我国首部城市更新法律条文），自此形成的以《深圳经济特区城市更新条例》领衔管理条文、技术标准、操作指引等系列政策的城市更新制度体系进一步巩固。当然，在面对城市更新后带来的高成本、同质性、私有化、排他性、绅士化等系列空间与社会问题，深圳结合具体实践反馈，该体系中的各项政策也均会不断自我改良，探索维持低成本、维系城市风貌、维护公共性、维持社会多元性的规划技术与制度方法。经过多年调校与补充，目前深圳市城市更新制度体系已趋近成熟，如图 3-1 所示。

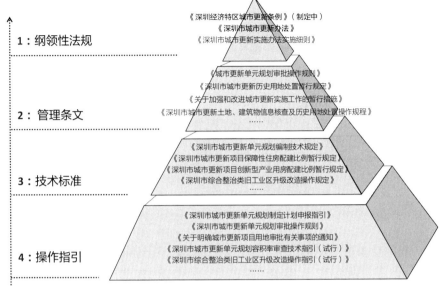

1：纲领性法规
《深圳经济特区城市更新条例》（制定中）
《深圳市城市更新办法》
《深圳市城市更新实施办法实施细则》

2：管理条文
《城市更新单元规划审批操作规则》
《深圳市城市更新历史用地处置暂行规定》
《关于加强和改进城市更新实施工作的暂行措施》
《深圳市城市更新土地、建筑物信息核查及历史用地处置操作规程》
……

3：技术标准
《深圳市城市更新单元规划编制技术规定》
《深圳市城市更新项目保障性住房配建比例暂行规定》
《深圳市城市更新项目创新型产业用房配建比例暂行规定》
《深圳市综合整治类旧工业区升级改造操作规定》
……

4：操作指引
《深圳市城市更新单元规划制定计划申报指引》
《深圳市城市更新单元规划审批操作规则》
《关于明确城市更新项目用地审批有关事项的通知》
《深圳市城市更新单元规划容积率审查技术指引（试行）》
《深圳市综合整治类旧工业区升级改造操作指引（试行）》
……

图 3-1　深圳市城市更新政策体系

3.1.2　深圳市城市更新规划体系

在市场运作、利益博弈的驱动下，深圳城市更新规划探索了一套涵盖土地确权与整备、产业转型要求、精细化设计、公共服务供给、项目整体运营的研究方法。可以说，深圳市城市更新规划体系是对深圳"法定图则""详细蓝图""改造专项规划"等规划体制的改良和提升，是"规划理念的革新与方法的探索"。

1. 多层次城市更新规划技术体系

《中华人民共和国城乡规划法》构建的总体规划 - 详细规划两级体系，仍然是赋予城市规划合法性的主干内容。基于此，各地城市的城市更新规划体系既具有共通之处，也从自身实际情况出发，在城市资源特质、规模、城市更新动力、政府和市场角色分工等方面差异的影响下，演绎出各自特色。

深圳已从总体规划到详细规划分别建立起较为完善的、多层次的城市更新规划技术体系，与既有法定规划体系形成了很好的衔接和补充，能够有效地推进规划内容的实施落地，如图 3-2 所示。在总体规划层面，以《深圳市城市更新"十三五"规划》及《深圳城中村（旧村）总体规划纲要（2018—2025）》等规划宏观引导全市（或某类型）一定时期内城市更新的目标、规模安排、时序统筹、发展策略等内容；同时，其具体管控要求也将落实于年度实施计划，划定城市更新优先拆除重建区、拆除重建及综合整治并举区、限制拆除重建区、已批城市更新单元计划范围等，并落实相关建设控制要求。在详细规划层面，以"城市更新单元规划"为核心，对城市更新单元的目标定位、更新模式、土地利用、开发建设指标、公共配套设施、道路交通、市政工程、城市设计、利益平衡等方面做出详细规划，既要明确强制性内容和引导性内容，又要明确城市更新单元实施的规划要求，协调各方利益，落实城市更新目标和责任。

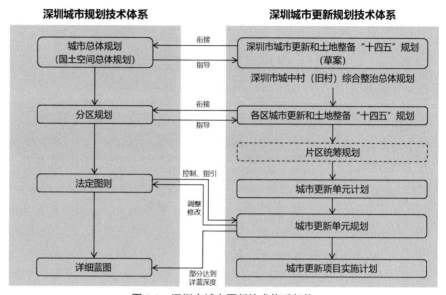

图 3-2　深圳市城市更新技术体系架构

2. 以城市更新单元实现开发控制

"城市更新单元"作为深圳市城市更新的重大创新，于 2009 年《深圳市城市更新办法》首次提出。"城市更新单元"的划分可以不为具体的行政单位或地块所限，通过对零散土地进行整合，综合统筹，以获取更多的"腾挪"余地，保障更新改造中城市基础设施和公共服务设施的相对完整性。

深圳市为规范城市更新单元规划编制，衔接城市更新审批与实施等工作环节，于 2011 年出台《深圳市城市更新单元规划编制技术规定（试行）》，将"更新单元规划"作为管理拆除重建类城市更新的基本平台，并于 2018 年正式印发《深圳市拆除重建类城市更新单元规划编制技术规定》，明确规定将城市更新单元规划视为法定图则的一个重要组成部分，其获得审批通过后可以视作对法定图则的局部调整。《深圳市拆除重建类城市更新单元规划编制技术规定》横向上对接城市更新单元规划审批操作等规定，纵向上细化与上层次规划、法定图则、更新单元计划的要素衔接，并对下一阶段的行政审批提出要求。

城市更新单元规划主要成果分为技术文件和管理文件。技术文件包含规划研究报告、专题／专项研究、技术图纸，管理文件包含文本、附图、规划批准文件。专题／专项研究主要包含公共服务设施、城市设计、建筑物理环境、海绵城市、生态修复、产业发展、规划功能、交通影响评价、市政工程设施、历史文化保护等内容。

3. 片区层面的城市更新统筹规划

2009～2012 年间，深圳多个片区开展了城市更新统筹研究，主要由政府主体委托，大多以辖区或辖区内的街道作为统筹对象，相关规划研究成果后续转化成为区层面的城市更新五年专项规划。这种基于统筹目标的城市更新规划研究工作，最初并非由政策安排，而是在城市更新探索实践过程中，基于利益调节的现实需求逐步衍生出现。2014～2015 年间，基于城市更新单元规划累积的问题逐步暴露，政府开始探索协调更新单元规划的实施路径，但这一时期的城市更新统筹规划并没有明晰其法定依据和地位。自 2016 年以来，深圳实施城市更新强区放权，各区针对城市更新过程中的新形势、新问题，积极主动加强政府对城市更新的统筹研究，并在相关政策中逐步明确了城市更新统筹规划的作用和地位，以强化政府的调控力度，平衡片区整体利益，落实重大公共基础配套设施；市场主体则在相应的政策规则下，不断提高企业的适应能力。

深圳的城市更新，政府和市场的力量互相协同，虽然市场主导，但是政府发挥的积极调控和引导作用也不可忽视，只有在政府合理管控下，市场主导才成为可能。

3.1.3　发展权益分配

"市场主导"的城市更新方式不可避免地受到市场追求利益最大化的驱使，因此发展权益问题的核心在于建设增量的确定及城市责任的划定，开发商与业主往往不断地与政府规划部门讨价还价。若无健全地发展权益分配机制，其开发意愿将极大影响政府规划部门决策，基础设施与公共服务难以落实。比如，深圳早期旧改项目的容积率确定大多以个案的形式进行研究，难免受到建设时期、开发主体背景、规划审批自由裁量等因素影响，一方面导致超高强度开发案例屡见不鲜，进而致使城市品质环境恶化；另一方面，相近条件的改造项目容积率差异较大，规划的公平性无法体现。

为解决上述问题，深圳在城市更新制度体系搭建过程中，确立了利益二次分配机制。

1. 利益初次分配：优先保障公共利益的落实

城市更新项目均须贡献一定比例的宗地用于公益性设施建设：《深圳市城市更新办法实施细则》中规定，城市更新单元内可供无偿移交给政府，用于建设城市基础设施、公共服务设施或者城市公共利益项目的独立用地，应当大于 3000m^2 且不小于拆除范围用地面积 15%（小地块城市更新单元不小于 30%）；城市规划或者其他相关规定对建设配比要求高于以上标准的，从其规定。

城市更新项目均须配套建设一定比例的保障性住房或创新型产业用房：

为保障新兴产业落地，并为人才提供廉价居住空间，增强城市吸引力和可持续发展动力，2016年深圳市先后出台《深圳市城市更新项目创新型产业用房配建规定》《深圳市城市更新项目保障性住房配建规定》，分别对升级改造为新型产业用地功能和居住用地功能的拆除重建类城市更新项目提出创新型产业用房、保障性住房配建比例要求。此外，为进一步加大人才住房和保障性住房的供应力度，促进产城融合发展，深圳市又后续出台《关于加强和改进城市更新实施工作暂行措施》，对人才住房和保障性住房配建基准比例进一步调整提升。

2. 利益二次分配：以公平、公正、公开的分配规则协调多主体利益

经过数年的讨论和完善，深圳在2009年10月29日颁布的《深圳市法定图则编制容积率确定技术指引（试行）》中加入了基于全市密度分区的容积率测算方法。城市密度分区的基本思路是将城市开发的强度和收益与所在区位的基础设施、公共服务投入的强度进行匹配，即在城市中心区等基础设施和公共服务投入较大、支撑较强的地区允许更大的开发强度来提升土地使用效率。

结合多年的容积率管理实践与经验，为不断适应新的城市发展要求和上位规划要求，深圳的密度分区也经历了数次调整，现已作为《深圳市城市规划标准与准则》重要内容，指导全市地块容积率的制定。基于密度分区，深圳建立了基础容积、转移容积、奖励容积共同构成的规划容积计算方法：地块基础容积是在密度分区确定的基准容积率的基础上，根据微观区位影响条件（地块规模、周边道路和地铁站点等）进行修正的容积部分；地块转移容积是地块开发因特定条件，如公共服务设施、市政交通设施、历史文化保护、绿地公共空间系统等因公共利益制约而转移的容积部分；地块奖励容积是为保障公共利益目的实现而奖励的容积部分，地块奖励容积最高不超过地块基础容积的30%。

2015年、2019年，为规范城市更新单元规划容积率管理，深圳先后颁布出台《深圳市城市更新单元规划容积率审查技术指引（试行）》《深圳市拆除重建类城市更新单元容积率审查规定》，对拆除重建类城市更新涉及的各类容积计算予以进一步明确。

地块规划容积直观反映了开发主体能够从城市更新活动中获取的利益，基于密度分区的相关规则的明确，让拟参与城市更新的市场主体对可获得的空间增量、需承担的城市责任有所预期，公平、公正、公开的分配规则也有效地降低了在同时协调多实施主体间的利益平衡方案的难度。

3. 利益分配调节：作为政策调控手段的更新地价体系

以全市土地价值分区为基础，结合更新项目的改造类型，引入多家市场评估机构，对每个地区选取案例进行实证研究，制定全市的地价标准及修正体系。2017年，深圳市出台《关于加强和改进城市更新实施工作的暂行措

深圳地块容积计算公式

$FA \leq FA 基础 + FA 转移 + FA 奖励$；

$FA 基础 = FAR 基准 \times (1-A1) \times (1+A2) \times (1+A3) \times S$；

式中

FA——地块容积；

$FA 基础$——地块基础容积；

$FA 转移$——地块转移容积；

$FA 奖励$——地块奖励容积；

$FAR 基准$——密度分区地块基准容积率；

$A1$——地块规模修正系数；

$A2$——道路条件修正系数；

$A3$——公共交通修正系数；

S——地块面积。

施》，整合地价标准类别，简化城市更新项目地价测算规则，建立以公告基准地价标准为基础的地价测算体系，在保持城市更新地价水平相对稳定的前提下，城市更新地价测算逐步纳入全市统一的地价测算体系，如表 3-1 所示。

各用地类别或改造类型适用地价标准及修正系数汇总表（以拆除重建类为例）

表 3-1

序号	用地类别或改造类型	适用地价标准	地上部分修正系数	地下商业修正系数	备注
1	城中村用地		容积率 5 及以下部分：0 容积率 5 以上部分：1		适用于按照本暂行措施配建保障性住房或人才公寓的城市更新单元
			容积率 2.5 及以下部分：0 容积率 2.5 至 4.5 部分：0.2 容积率 4.5 以上部分：1		适用于未按照本暂行措施配建保障性住房或人才公寓的城市更新单元
2	旧屋村用地		容积率 2 及以下部分：0 容积率 2 以上部分：1		适用于按照本暂行措施配建保障性住房或人才公寓的城市更新单元
			容积率 1.5 及以下部分：0 容积率 1.5 以上部分：1		适用于未按照本暂行措施配建保障性住房或人才公寓的城市更新单元
3	未办理转地补偿的零星国有未出让用地	公告基准地价	1	1	
	按历史遗留违法建筑处理相关规定进行处理给原农村集体经济组织或其继受单位且权属未转移的用地				
	国有已批住宅、办公、商业等用地改造为经营性用途的				
	国有已批城市基础设施及公共服务设施用地改造为经营性城市基础设施及公共服务设施的				限定整体转让
	政府社团用地				产权置换给政府的物业，其性质确定为非商品性质
	深府〔2006〕258 号文件确定的 70 个旧城旧村改造项目除城中村用地、旧屋村用地外的其余用地				

续表

序号	用地类别或改造类型		适用地价标准	地上部分修正系数	地下商业修正系数	备注
4	历史用地处置			1.1（其中 0.1 为对历史用地行为的处理）	1	
5	国有已批工业用地、仓储用地、物流用地、城市基础设施及公共服务设施用地升级改造为工业用途或者市政府鼓励发展产业的			自用：0.1 整体转让：0.7 分割转让：工业厂房、新型产业用房：1（工业与办公基准地价的平均值）；配套设施：5		
6	国有已批工业用地、仓储用地、物流用地、城市基础设施及公共服务设施用地升级改造为经营性用途	住宅、办公、商务公寓功能部分	公告基准地价	4	5	按照本暂行措施配建保障性住房或人才公寓的城市更新单元，其住宅、商务公寓功能部分（不含保障性住房及人才公寓）按相应修正系数的 80% 测算
		酒店功能部分		3		
		商业功能部分				
	已办理转地补偿的零星国有未出让用地			5		
	小地块城市更新项目应移交未移交用地					

3.2　广州市城市更新制度体系

3.2.1　"1＋1＋N"政策体系

广义总结，广州市城市更新的演变历程可概括为 5 个时期，各时期间呈现跨越式发展特征，制度导向差异较大。

20 世纪 80~90 年代，市场摸索期。该时期以政府提供土地吸引资本进行开发建设，"四六分成"逐步成为约定俗成的共识。

20 世纪 90 年代末~2009 年，政府主导期。1999 年，广州市开始禁止私人开发商参与更新项目，政府主导更新项目的投资、安置和建设；2002 年，广州出台《关于"城中村"改制工作的若干意见》，在此背景下形成了政府主导、村集体自主引进社会力量的城中村更新模式，猎德村的成功改造便是该模式下广州市的首个城中村改造项目。在此时期，城市更新体现出较强计划性，据不完全统计，正式批复的旧村庄改造项目 7 项、污染企业退二进三项目 123 项。

2009～2012 年，"三旧"改造试行期。以广州市于 2009 年底出台《关于加快推进"三旧"改造工作的意见》、并于 2010 年成立"三旧改造办公室"为标志，这一时期政府自上而下统筹起全市范围内的旧城镇、旧厂房、旧村庄三类空间的改造，大量改造项目快速上马，城市更新工作大大提速。据不完全统计，这一时期正式批复的旧村庄改造项目 27 项、旧厂房项目 222 项、旧城镇项目 1 项、污染企业退二进三项目 100 项。

2012～2015 年，"三旧"改造调整期。以广州市于 2012 年颁布《关于加快推进"三旧"改造工作的补充意见》为标志，该文件对"三旧"改造进行方向性调整，确立了"政府主导、市场运作、成片更新、规划先行"的原则，这一时期的政策处于优化调整阶段，政府加强了对"三旧"改造的管控，"三旧"改造进程放缓。据不完全统计，这一时期仅正式批复了旧厂房项目 30 项、污染企业退二进三项目 87 项。

2016 年至今，城市更新系统化建设期。2016 年，《广州市城市更新办法》出台，标志着广州存量开发的工作方式从大拆大建、独立产权单位更新走向全面改造与微改造相结合的模式。新的政策文件整合了"三旧"改造、危旧房改造、棚户区改造等多项政策，建立了更新规划与方案编制、用地处理、资金筹措、监督管理等制度相结合的整体政策框架，形成了"1 + 3 + N"的城市更新政策文件，"1"为《广州市城市更新办法》这一核心文件；"3"为广州市旧城镇、旧村庄、旧厂房三类《更新实施办法》配套文件；"N"为其他丰富细致的规范性文件，如图 3-3 所示。仅对 2016～2017 年进行不完全统计，期间正式批复的旧村庄改造项目 8 项、旧厂房项目 14 项、旧城镇项目 3 项、村级工业园项目 6 项、旧社区微改造项目 117 项、特色小镇（及产业升级、历史保护项目）15 项、片区策划 28 项。

2020 年以来，广州市城市更新进入全新的战略引领时期，2020 年中央经济工作会议、"十四五"规划对城市更新工作提出了全新要求，广州市于 2020 年 9 月出台《关于深化城市更新工作推进高质量发展的实施意见》（下称《实施意见》)、《广州市深化城市更新工作推进高质量发展的工作方案》及相关配套指引，合称城市更新"1 + 1 + N"政策文件，为广州市新一轮城市更新和城市建设提供顶层设计，如图 3-4 所示。广州市城市更新的政策导向经历了多次修改和调整，自 2009 年施行"三旧"改造起，城市更新的主导力量从早期的"市场"逐步转向"政府"，推行政策收紧管理，强化政府管控作用，并日渐重视管理细节和实施成效[1]。

---

[1] 唐燕，杨东，祝贺. 城市更新制度建设：广州、深圳、上海的比较 [M]. 北京：清华大学出版社，2019.

广州市猎德村改造项目

猎德村是广州市启动改造的首个城中村，按照原地拆除重建总体方针，采取由村自主开发的模式，是广州城中村改造中引入房地产开发商参与的首个试点，其具有开创意义的改造模式（政府主导，市场参与)、"拆一补一"的拆迁安置方式以及规划设计方案等都引起了广泛关注。该项目于 2007 年 10 月启动拆迁，并于 2009 年底基本建成。

在猎德村改造项目之前，针对如何推进城中村改造的问题，广州市经过了十多年的探索。从最初拒绝开发商进入，坚持由政府独立开发的模式，到政府主导引进开发商的模式，最后形成了政府主导、村集体自主引进社会力量的模式。在这不断地探索中，猎德村改造的成功无疑具有标志性的意义。作为广州市政府推出三旧改造政策后广州首条全面改造成功、村民全部回迁安置的城中村，猎德村也为随后的其他村集体的城中村改造工程提供了极为宝贵的信心和经验支持。

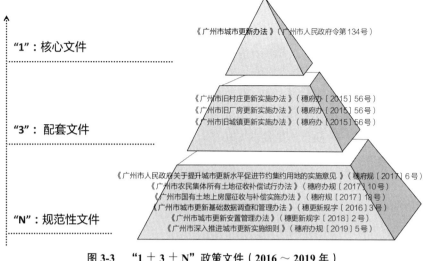

图 3-3　"1 ＋ 3 ＋ N"政策文件（2016 ～ 2019 年）

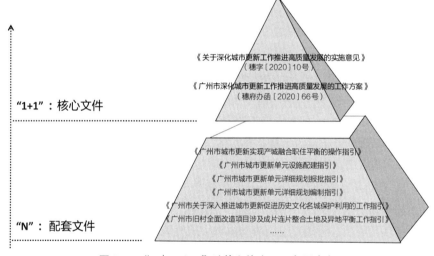

图 3-4　"1 ＋ 1 ＋ N"政策文件（2020 年至今）

3.2.2　广州市城市更新规划体系

1. 全面对接国土空间规划体系的更新规划体系

（1）"广州市城市更新总体规划"，侧重对改造总体层面原则和策略性问题的解决，对接落实市级国土空间总体规划，从总体层面对广州城市更新的目标、原则、策略、更新任务、范围、强度、方式、交通及服务设施支撑体系、历史文保、改造时序等做出安排，如图 3-5 所示。

（2）"三旧"改造专项规划侧重城市更新的中观层面控制，落实"城市更新总体规划"的更新目标和要求，划定改造分区并提出功能、总量、开发强度等控制要求，并对道路、市政、公共服务、绿地、历史遗产等相应的支撑体系进行优化调整。

（3）城市更新单元是国土空间详细规划单元的一种类型，更新单元规划是在国土空间详细规划编制技术要求的基础上，对更新单元的目标定位、改造模式、规划指标、公共配套、土地整备、经济测算、区域统筹及分期实施等方面做出的细化安排[1]。

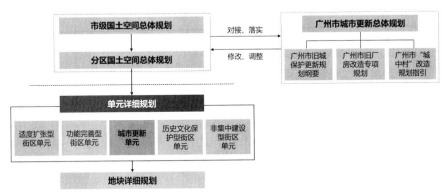

图 3-5　与国土空间规划管理体系衔接的城市更新规划体系

2. 通过城市更新单元实现分层编制和分级审批

2020 年 9 月，广州印发实施《广州市城市更新单元详细规划报批指引》（下称《报批指引》）等 5 个指引，《报批指引》中明确"城市更新单元"是国土空间详细规划单元的一种类型，意味着更新单元详细规划正式进入广州市城市更新规划体系中。《报批指引》规定城市更新单元实行"单元详细规划＋地块详细规划"刚弹结合的管控体系。刚性指标主要在单元导则中规定，弹性指标主要在地块图则中体现。位于城市更新重点管控区域范围内和跨重点管控区域范围的城市更新单元，弹性指标优化需征求市规划和自然资源行政主管部门意见后，由区政府审批；单元位于重点管控区域范围外的，弹性指标优化可由区政府直接审批。

3.2.3　发展权益分配

1. 优先保障公共利益的落实

新时期的广州城市更新政策进一步强化了"公益优先"原则，在《实施意见》"落实城乡公共服务均等化要求，配齐公共服务设施，高标准配置教育、医疗等设施"的要求下，《广州市城市更新单元设施配建指引》在城乡规划技术规定的基础上提高要求，以促进城市更新地区建立完备、便捷、高效、舒适的公共服务设施配套体系。该指引提出居住片区的公共服务设施建筑面积配建比例下限为 11%、新建优质中学用地面积原则上不低于 10 公

---

[1] 广州市规划和自然资源局广州市城市更新单元详细规划编制指引 [N]. 2020-09-27.

顷、新建三级医院用地面积原则上不低于 7 公顷；并首次在广州市提出了产业（商业商务服务业）片区应配建 6%～11% 的建筑面积作为公共服务设施。

广州市作为历史文化名城，《广州市关于深入推进城市更新促进历史文化名城保护利用的工作指引》明确在城市更新工作中应始终把历史文化保护放在第一位，延续历史文化名城的传统格局和风貌。该工作指引对涉及历史文保要素的更新单元规划审批、容积率转移计算、保护历史文化遗产的改造成本核算等作了明确规定。

2. 政府主导的利益平衡

在三旧改造初期，广州推行更新改造的利益共享以激发城市更新的内在动力，但造成了市场以获得土地租金最大化为取向，社会公共设施和空间的供给有限的困境。因此，广州通过不断加强政府管控，来强化对更新利益分配关系与比例等的调控，防止市场逐利导致的城市贡献不足与公共收益流失。政府在长时间的城市更新制度建设与实践中逐步抓住了平衡各方利益的关键要素，如收益、用途和容量等，并将这些要素细化为无偿转让面积、公益贡献比、土地出让金补缴标准等要求来实现政府主导下的收益管理，以适应不同时期的城市发展环境和更新目标。在"政府主导、市场运作"的模式下，市场开发企业只能在政府确定的利益分配框架下参与旧改，以"旧村"全面改造为例，政府全权负责基础数据调查及测算全面改造成本，市场开发企业不得提前介入基础数据调查等前期工作。

3. 宏观调控城市更新开发强度

城市更新产生的增值收益与开发强度息息相关，广州市对城市更新的开发强度实行分区控制，《广州市城市更新总体规划（2015—2020 年）》根据现行控制性详细规划成果与轨道线网规划，将广州划分为四类强度控制分区，以此作为城市更新单元开发强度的重要参考。城市风貌有特殊控制要求的区域按相关规划执行中，如表 3-2 所示。在实际操作过程中，强度分区并不是确定更新项目容积率的唯一依据，个别城中村的开发强度需要根据实际情况研究确定。

广州市城市更新改造开发强度分区　　　　　　　　　　　　表 3-2

强度分区	额外补公用地面积百分比区间
强度一区	轨道交通站点 800m 范围内的区域。在规划允许的前提下，鼓励高强度开发
强度二区	除强度一区、强度三区、生态控制区以外的区域。根据区域发展条件，在规划允许的前提下，进行适度强度的开发
强度三区	主要为建设控制地带等政策性区域。其开发强度应满足区域相关规定、规划要求
生态控制区	区政府／区城市更新机构指导村集体组织实施

3.3　珠海市城市更新制度体系

3.3.1　"123 ＋ N"政策体系

珠海市的城市更新政策体系也是建立于广东省的"三旧"改造工作部署之下，但其结合自身城市发展诉求，早在 1993 年便针对城镇旧区改造率先出台了《关于珠海市城镇旧区改建有关问题的通知》；2000 年，珠海市政府开展"改造城中旧村、建设文明社区"的行动，香洲城区率先开展 26 条城中村拆除重建改造工作；2008 年，香洲城区开始探索通过对旧厂房改变功能发展第三产业的实施路径。

珠海市于 2010 年出台《珠海市人民政府关于加快推进"三旧"改造工作的意见》后，随即成立"珠海市城市更新管理办公室"，后又于 2012 年、2016 年先后颁布出台《珠海市城市更新管理办法》《珠海经济特区城市更新管理办法》；2017 年，为深化推进"放管服"改革，珠海市将城市更新项目审批事项全部下放区级层面。

可以说，珠海市在近十年，通过不断强化城市更新的法制化、规范化建设，推陈出新，现构建形成相对成熟的"123 ＋ N"的城市更新政策体系。"1"个总纲为《珠海经济特区城市更新管理办法》；"2"个配套文件为《珠海市城市更新项目地价计收办法》和《珠海市城市更新项目申报审批程序指引（试行）》；"3"类分类指导文件分别为管理城中旧村、旧城镇、旧厂房的更新活动而制定；"N"覆盖了多个操作办法、细则和辅助管理文件，提升了珠海市城市更新的精细化管理水平，如图 3-6 所示。

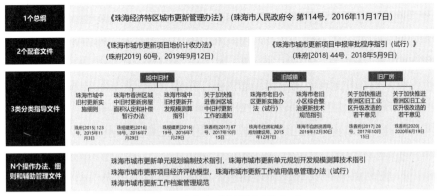

图 3-6　珠海市城市更新政策体系

3.3.2　珠海市城市更新规划体系

借鉴深圳市城市更新规划体系，珠海市目前已经形成"市、区两级专项规划＋城市更新单元规划"的城市更新规划体系。在《珠海市城市更新规划（2014—2020）》的总体指导下，截至2019年12月，已经编制完成的市级城市更新专项规划包括《珠海市官塘村、鸡山村历史文物保护规划》《珠海市中心城区旧工业用地用于补充公共服务设施、市政基础设施配套规划》《珠海市香洲区旧工业区产业转型策略研究及更新规划》《珠海市老旧小区更新专项规划（2015—2020）》《珠海市旧城镇更新专项规划》；在编的区级更新专项规划有《金湾区城市更新专项规划》《香洲南湾片区城市更新专项规划》等5个。城市更新单元规划的编制工作也正在积极开展中。

同时，结合实际情况，珠海市创新建立了"一规划四评估"（城市更新单元规划，交通影响评估、经济测算评估、设施承载力评估、城市风貌或文保评估）的规划研究机制，主要审批流程包括"基础数据核查及申报主体资格认定""城市更新单元划定及规划编制指导""城市更新单元规划及其他事项审批""实施主体资格认定、项目实施方案核准及监督协议签订"四个部分，规划审批效率和水平不断提高，对城市更新工作进行了较好的管控和引导。

3.3.3 发展权益分配

1. 优先保障公共利益的落实

与深圳类似，珠海的城市更新项目亦需要贡献一定比例的用地或建筑面积用于公益性设施的建设。《珠海经济特区城市更新管理办法》规定，拆建类城市更新补公用地应当不小于3000m²且不小于已供建设用地的15%，对于已供建设用地面积不足10000m²的拆建类城市更新单元，应提供适量补公用地或提供不少于计容积率总建筑面积10%的建筑用于公益性项目。因单独建设公益性设施或为实施城市规划进行旧城区改建需要调整使用土地或者收回土地的，由自然资源行政主管部门采用置换或者收回的方式纳入土地储备。

涉及商品住宅开发的城市更新项目，除城中旧村更新项目外，应当按照《珠海市配建公共租赁住房和人才住房实施办法（试行）》要求，配建公共租赁住房和人才住房，配建建筑面积不得低于住宅建筑面积的10%，配建住房产权无偿归政府所有。

2. 创新建立开发规模测算模型，多维度综合保障城市更新项目利益分配的公平合理

珠海市目前"规划＋评估"的城市更新管控体系，本质上是基于规划这一政府最主要的行政干预手段，一方面是给予市场主体合理的投资回报，确保市场化城市更新项目在经济上可行；另一方面要避免市场的逐利开发导致的公共利益流失。在制度层面，珠海借鉴了深圳密度分区及容积率测算规

珠海市地块建筑面积计算公式：

　　FAR 基础＝FAR 基准×μ_1×μ_2×μ_3×μ_4×μ_5×μ_6×μ_7；

　　式中 FAR 基础为基础容积率，FAR 基准为基准容积率；居住用地基准容积率取值2.0，商业服务业设施用地基准容积率取值3.0；μ_1、μ_2、μ_3、μ_4、μ_5、μ_6、μ_7 为各项调整系数。

　　FAR 奖＝P 额外×m；

　　式中 FAR 奖为奖励容积率，P 额外为额外补公用地面积占已供建设用地的百分比；m 为对应区间的容积率奖励；额外补公用地面积是指基础补公用地面积外经珠海市城乡规划主管部门认可的补公用地面积。

则，2017 年印发《珠海市城市更新单元规划开发规模测算技术指引》，规定城市更新单元内的规划建筑面积有基础建筑面积、奖励建筑面积和补偿建筑面积构成，并对基础建筑面积、奖励建筑面积、补偿建筑面积的计算方式作了明确规定，使得拟参与城市更新的市场主体对能够获得的开发收益有相对明确的预期，在实际工作过程中，该指引也是市场主体进行经济测算评估的重要依据。

此外，在城市更新项目的审批管理中，珠海市基于经济测算评估标准指标体系建立了城市更新项目经济评估数学模型，以支撑城市更新单元规划在统一标准框架下规范化、定量化评估分析与审批决策，同时为交通影响评估、设施承载力评估、城市风貌或文保评估提供借鉴，避免城市更新项目开发强度与经济测算评估直接挂钩导致的开发强度不合理增加的问题，切实维护公共利益，如图 3-7 所示。

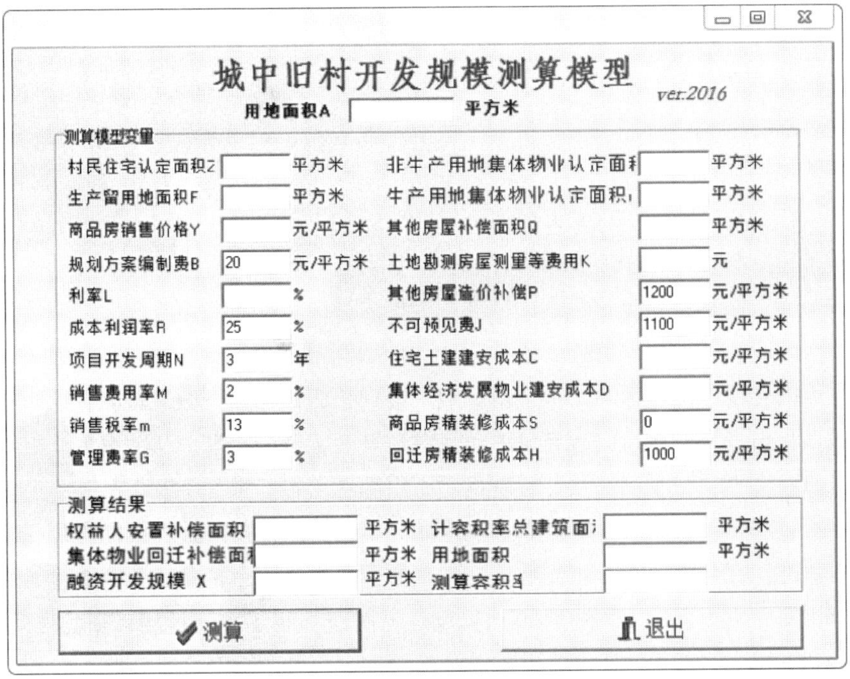

补偿建筑面积是指因公共利益需要，对由珠海市城乡规划主管部门提出具体要求并符合以下情形的补偿的建筑面积：（1）按珠海市城乡规划主管部门意见、已生效规划及相关要求落实的，且建成后无偿移交政府的附建式设施（社区卫生服务中心、文化活动站等），按其对应建筑面积补偿 1.4 倍建筑面积；（2）提供建筑架空层或连廊等经核准作为公共空间并由实施主体承担建设责任及费用的，设在建筑首层时按其对应建筑面积补偿 1 倍建筑面积，设在非建筑首层时按其对应建筑面积补偿 0.5 倍建筑面积；（3）保留符合相关要求且无偿移交政府的历史建筑，并且实施主体承担上述保留建、构筑物的活化和综合整治责任及费用的，按保留建筑的建筑面积及保留构筑物的投影面积之和补偿 1.5 倍建筑面积。

图 3-7　开发规模测算模型软件截图

3.4　东莞市城市更新制度体系

3.4.1　"2 ＋ 5 ＋ N"政策体系

东莞市作为"东莞模式"的缔造者和"世界工厂"，在经济社会快速发展的同时，其土地消耗日益严重、增量土地日渐减少。如何促进城市土地有计划开发利用，提升存量土地二次开发的效用，完善城市功能、优化产业结构、统筹城乡发展，已然成为东莞市城市发展亟待解决的问题。

在广东省政府正式颁布"三旧"改造政策前夕（2009 年 3 月 16 日），东莞市便已制定出台《东莞市推动产业结构调整和转型升级实施"三旧"改造土地管理暂行办法》，提出为推动全市产业结构调整和转型升级，要加快实施"三旧"改造；同时还规定了东莞市"三旧"改造的几种主要形式，包括转型企业明晰土地权属、建设用地改变用途、超占土地完善后续、单宗建筑物拆建改造以及成片拆迁改造等。在省政府"三旧"改造政策出台后，东莞市随即制定出台《东莞市"三旧"改造实施细则（试行）》《〈东莞市"三旧"改造实施细则〉操作指南》，并成立市"三旧"改造领导小组和市"三旧"改造领导小组办公室，细化落实"三旧"改造工作。至此，东莞市城市更新体系化建设正式开始，并随着现实情况的变化而逐步转变、完善。

在 2009～2013 年末期间，东莞市"三旧"改造主要秉持"政府引导、市场运作"的原则，在市场主导运作的情形下，其项目的主要特点为市场自发推动改造，改造类型也多为房地产开发项目，市场主体推进具体项目过程中存在普遍的"挑肥拣瘦"情形，政府产业规划、公建配套等设施未能得到有效保障或落实。

在 2013 年末～2018 年期间，以 2013 年 11 月、2014 年 12 月相继出台的《建立健全常态化机制加快推进"三旧"改造的意见》《关于加强"三旧"改造常态化全流程管理的方案》为标志性政策，东莞市在此阶段主要秉持"政府主导、规划管控、成片改造、计划实施"十六字方针，实现以下四方面的转变：改造区域，从全市分散改造向核心区域集中改造转变；主导方式，从市场自发改造向政府统筹单元改造转变；改造类型，从偏重地产类项目向各类型项目平衡转变；管理机制，由随意上报、批而不管、只进不退向批次管理、批管结合、有进有退转变。为推进"三旧"改造工作常态化全流程管理，在此阶段东莞市主要建立健全如下管理制度：一是建立改造单元统筹机制，二是健全市场主体准入机制，三是建立年度实施计划机制。由此，东莞市城市更新进入政府主导推进实施的稳定阶段。

2018 年，随着粤港澳大湾区战略的逐步落地以及广深港澳科技创新走廊的规划建设，东莞市城市发展的新格局、新浪潮正逐步开启。为适应新时代下东莞市城市更新工作需求，东莞市政府于 2018 年 8 月 15 日发布《东莞市人民政府关于深化改革全力推进城市更新提升城市品质的意见》（下称《意见》），提出加快构建"政府统筹、规划管控、产业优先、完善配套、利益共享、全程覆盖"六个新格局，全方位提升城市品质。以该政策为纲领，东莞市陆续出台了城市更新相关配套政策，形成"2＋5＋N"政策体系，全流程规范城市更新活动，如图 3-8 所示。截至本书编写期间，东莞市城市更新相关配套政策仍在持续完善，可以说，其城市更新工作已进入政府统筹变革的新时代。

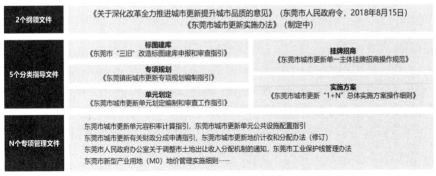

图 3-8　东莞市城市更新政策体系

3.4.2　东莞市城市更新规划体系

1."两层、四级"规划管控体系

在《意见》指导下，东莞市已建立起"全域 - 项目"两层、"东莞市城市更新专项规划 - 镇城市更新专项规划 - 城市更新单元划定 - 前期研究报告"四级的规划体系，进而建立更新单元划定、权益整合、地权重构、实施与监管等四个环节的全流程管理体系，如图 3-9 所示。

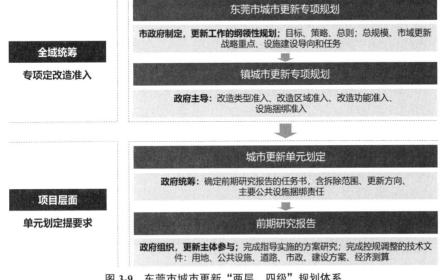

图 3-9　东莞市城市更新"两层、四级"规划体系

宏观层面，由市、镇城市更新专项规划实现全域统筹，并对接城乡规划体系的总体规划、近期建设规划。全市城市更新专项规划为市政府制定的更新工作纲领性文件，确立了全市更新工作的目标、策略、规则等；镇城市更

新专项规划，明确空间准入、功能准入、模式准入、贡献准入、改造时序准入等相关要求。

项目层面，在市、镇两级专项规划确定的框架内，由更新单元划定、前期研究报告确定项目建设要求，从而实现了对城市更新活动的全流程管理。

2. 创新建立"1＋N"总体实施方案编制审批体系

为提高审批效率，东莞市整合城市更新全流程审批事项，打包形成"1＋N"总体实施方案（下称"'1＋N'方案"），实行"一次过会，全程通行"。《东莞市城市更新单元（项目）"1＋N"总体实施方案审批操作细则（试行）》（下称《审批操作细则》）规定，"1＋N"方案由一份请示和更新单元审批涉及前期研究报告、改造方案、征地报批方案、收储方案、收地方案、供地方案等若干份方案（报告）构成。方案由镇人民政府（街道办事处）组织编制，土地整备开发项目公司、土地权利人、单一主体可以参与"1＋N"方案的编制，提出方案供镇人民政府（街道办事处）参考。《审批操作细则》对"1＋N"方案编制审批的适用范围、办理条件、编制程序、审查要点等作了详细规定，最大限度简化优化报批材料，提高行政审批效率。

3.4.3　发展权益分配

1. 政府统筹土地发展权，市场化配置改造权

在新的发展阶段，东莞市政府进一步对城市更新活动规范管理，统筹力度不断加强，由以往的被动接受转变为主动制定更新要求，在政府定框架、定规则的基础上由市场做细分、做协调。《意见》进一步扩展了政府主导的内涵，明确"TOD站点周边综合开发区域，从生态控制线、工业保护线内变更为经营性用途的，利用'倍增企业'政策完善用地手续后调整为经营性用途的，公有经济成分占主导的企事业单位土地"实行政府统一收储。《意见》首次提出了半市场化运作的政府土地整备开发模式，市属土地整备开发公司可自行成立项目公司，或与城市更新基金、镇街、集体经济组织、土地权利人中一方或两方以上共同成立项目公司开展土地整备。

在确定城市更新实施主体方面，《意见》规范了权利人自改模式，取消村企合作改造模式，以更新单元为基本单位，创设单一主体挂牌招商改造和供地模式，通过捆绑公共配建责任，实现公共利益与市场活力的最优平衡[1]。

2. 建立前期服务商制度

在目前的政策体系下，市场开发主体被确定为实施主体的途径仅有单一主体挂牌招商模式，则一级土地熟化工作可分为前期服务、单一主体挂牌招

---

[1] 东莞市人民政府. 东莞市人民政府关于深化改革全力推进城市更新提升城市品质的意见 [N]. 2018-08-15.

商、不动产权益要约收购、编报"1＋N"实施方案、签订土地出让合同五大节点。《意见》规定城市更新的前期工作主要由镇街政府负责，根据需要也可以通过公开方式招引前期服务商，前期服务工作包含单元划定、建筑及土地权属核查、意愿征询、拆赔方案拟定等工作，实践中，多数项目实控方均在前期服务阶段就已介入城市更新项目。由于各工作节点之间的隔离，前期服务商并不一定能够保证中标单一主体，进而获得项目的开发权。因此很多项目实控方为保证项目顺利推进，获得项目开发权，在前期服务阶段便通过定金、股权收购、资产收购等方式提前与不动产原权利人达成意向拆迁补偿协议，锁定项目开发收益，但均面临不同程度的法律及税务风险，需要有意向参与东莞城市更新的市场开发主体在方案选择、资金安排等方面多加考量。

3. 兼顾公平与效率的容积率管控

东莞市城市更新容积率管控基本遵循深圳市容积率测算规则，根据"基础建筑面积＋奖励建筑面积＋补偿建筑面积"公开透明地计算更新单元开发建设量。基础建筑面积是在密度分区确定的基准容积率基础上，根据组团特征、规模、交通条件等系数进行修正后计算出来的建筑面积；奖励建筑面积是指城市更新项目无偿贡献公共设施用地、产业用房、保障房等所获得的建筑面积奖励；补偿建筑面积是指城市更新项目因拆除旧村、旧城，而给予的建筑面积补偿。同时，《意见》鼓励对广深科技创新走廊节点地区、TOD 站点地区等重点地区实施高强度开发，提升商业办公、新型产业等用地开发强度，合理提升部分地区居住开发强度，形成疏密有致的城市空间格局。

4. 通过财税鼓励体系优化调整收益分配

为综合发挥财税政策对社会资金和改造意愿的杠杆效应和引领作用，《意见》在"组建城市更新基金；土地整备开发利益共享；村组统筹土地交政府收储出让；单一主体挂牌招商利益共享；专项计提、片区市场和地价返款"6 个领域作了相应的制度安排，重塑利益分配格局，引导更新收益进一步向公共设施尤其是大型公建配套适度集中。《意见》鼓励村组统筹土地交政府收储出让，采用政府出资、集体包干方式合作改造的，土地出让纯收益由市、镇、集体按 3∶3∶4 比例分配，土地出让纯收益仅扣除土地整备成本、计提农业土地开发资金和轨道交通建设发展专项资金。

更新单元总建筑规模计算公式：

$$FA_{单元} \leq FA_{单元基础} + FA_{单元奖励} + FA_{单元补偿};$$

$$FA_{单元基础} = FAR_{基准} \times A1 \times (1+A5) \times (S-S1);$$

式中

$FA_{单元}$——更新单元总容积建筑面积；

$FA_{单元基础}$——更新单元基础建筑面积；

$FA_{单元奖励}$——更新单元奖励建筑面积；

$FA_{单元补偿}$——更新单元补偿建筑面积；

$FAR_{基准}$——基准容积率；

$A1$——组团特征修正系数；

$A5$——特别政策修正系数；

S——更新单元拆除范围面积；

$S1$——更新单元的集中贡献设施用地面积（不含附设的设施）。

3.5　上海市城市更新制度体系

3.5.1　城市更新政策体系

1. "1＋N"城市更新政策体系

上海的城市更新主要经历了 2010 年"退二进三"、2014 年"存量工业用地盘活"、2015 年《上海市城市更新实施办法》颁布和 2016 年后细则深化四个阶段，期间伴随着政策的完善与深化，上海市对城市更新管控力度和针对性不断加强。

2010 年，上海市政府出台《关于鼓励本市国有企业利用存量工业用地建设保障性住房的若干意见》，该意见鼓励国有企业集团利用原来取得、现在产业结构已调整（或需调整）的工业用地（统称"退二进三"用地），部分建设保障性住房、部分配建经营性建设项目，开启了上海存量用地调整。

2014 年，上海市颁布《关于进一步提高本市土地节约集约利用水平的若干意见》《关于本市盘活存量工业用地的实施办法（试行）》，首次明确提出全市规划建设用地总量"零增长"目标，确立了从增量扩张转向存量优化的总体思路。

2015 年，上海市颁布《上海市城市更新实施办法》，对城市更新的目标、管理制度、规划土地政策引导等方面做出规定，为城市更新项目的开展提供了重要政策支持。

2016 年，上海市政府颁布《关于本市推进供给侧结构性改革的意见》，就推进供给侧结构性改革提出意见，明确要提升土地资源配置和利用效率，加快推进土地节约集约利用，严格控制建设用地总规模。积极推进城市有机更新，通过统筹规划、优化城市设计、创新土地利用机制等方式，提升土地利用水平。

依据"保护和合理利用土地资源并重"的原则，2017 年，上海市政府颁布《上海市土地资源利用和保护"十三五"规划》，提出创新"四个一"的城市更新推进机制；研究城市更新工作中市级部门、区级部门、市场主体、技术支持团体"四位一体"相互协作的工作机制；由市、区两级共同推进共享社区计划、创新园区计划、魅力风貌计划和休闲网络计划等城市更新"四大行动计划"实施。

同年，《上海市城市更新规划土地实施细则》出炉，提出城市更新评估和实施计划，并强调城市更新需加强分类引导，即针对公共活动中心区、历史风貌地区、轨道交通站点周边地区、老旧住区、产业社区等各类城市功能区域，应根据不同的发展要求与更新目标，因地制宜，分类施策。

2018 年发布《本市全面推进土地资源高质量利用的若干意见》《上海市旧住房拆除重建项目实施管理办法》、2020 年印发《上海市旧住房改造综合管理办法》，进一步推进城市更新政策完善。目前，上海市在总结前期城市更新项目经验的基础上，正研究在立法层面固化和提升相关工作经验，推进《城市更新条例》立法。不同时期上海城市更新政策颁布情况如表 3-3 所示。

不同时期上海城市更新政策颁布情况 表 3-3

阶段	"退二进三"阶段	存量工业用地盘活	城市更新办法颁布	办法细则深化
时间	2010	2014	2015	2016 至今
相关政策	《关于鼓励本市国有企业集团存量工业用地建设保障性住房的若干意见》 经验性用地由原有企业按照补地价模式	《关于本市盘活存量工业用地的实施办法（试行）》 《关于加强本市工业用地出让管理的若干规定（试行）》	《上海市城市更新实施办法》 《上海市加快推进具有全球影响力科技创新中心建设的规划土地政策实施办法（试行）》	《关于本市盘活存量工业用地是的实施办法》 《关于深化城市有机更新促进历史风貌保护工作的若干意见》 《上海城市更新规划土地实施细则》 《上海市旧住房改造综合管理办法》 《上海市旧住房拆除重建项目实施管理办法》 《关于坚持留改拆并举深化城市有机更新进一步改善市民群众居住条件的若干意见》

　　作为上海城市更新起源的旧区改造和最体现上海老工基地特色的工业用地转型一直是上海城市更新的两大核心内容[1]，旧城改造也围绕这两大类型进行制定。在 2015 年上海颁布《城市更新实施办法》、2017 年颁布《上海城市更新规划土地实施细则》之后，上海确立了城市更新核心政策。随着实施的深化，相关的配套技术细则不断完善，逐渐建立起了上海的城市更新政策体系，如图 3-10 所示。2021 年，在国家重点推行城市更新的大趋势下，上海公开了《上海市城市更新条例（草案）》征求意见稿，城市更新体系进一步完善，进一步规范化、法治化。同时印发了《关于加快推进我市旧区改造工作的若干意见》，重点推行老旧小区改造工作。

图 3-10 上海城市更新政策体系示意图

[1] 付宇，陈珊珊，张险峰. 城市更新政策经验及启示——基于上海、广州、深圳三地的比较研究 [A]. 中国城市规划学会、杭州市人民政府. 共享与品质——2018 中国城市规划年会论文集（02 城市更新）[C]. 中国城市规划学会、杭州市人民政府：中国城市规划学会，2018：9.

2. 新时期的旧区改造"1 + 15"政策体系

随着 2020 年全国住房和城乡建设工作会议的展开，在全国各城市开始老旧小区改造相的背景下，2020 年上海印发了《关于加快推进我市旧区改造工作的若干意见》，重点推进上海老旧小区改造工作。相关职能部门制订了 15 个配套文件，形成了一套完整的加快推进旧改工作的"1 + 15"政策体系。

其中，关于制度创新的相关文件有 3 个，包括"预供地"制度、财政贴息政策、保障性住房和租赁住房配建政策；关于体制创新的相关文件有 6 个，包括上海市城市更新中心旧区改造项目实施管理暂行办法、上海市城市更新中心旧区改造项目前期土地成本认定办法、上海市城市更新中心旧区改造项目招商合作管理暂行办法等；关于管理创新的相关文件有 3 个，包括旧改及资金平衡地块税费支持政策、市城市更新中心配套和租赁房转化工作措施、旧住房更新改造工作实施意见；关于细化管理要求的相关文件有 3 个，包括完善房屋征收补偿政策、加强旧改征收基地安全管理办法、直管公房残值补偿减免政策。

3.5.2 上海市城市更新规划体系

1. "先评估、后规划"的"全生命周期"城市更新规划管理

上海通过区域评估来确定更新单元，它是结合控规的管控工具。城市更新规划采用"先评估，后规划"的规划编制流程，即先通过区域评估来进行城市更新单元意向方案编制，进而在上一阶段成果的基础上编制最终的城市更新单元规划。在城市更新单元规划实施过程中，如需要进行控规调整，则要重新开展区域评估工作[1]，如图 3-11 所示。

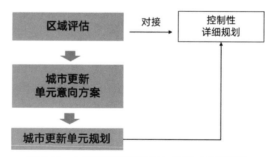

图 3-11 上海城市更新单元与控规对接示意图

上海市的城市更新规划管控紧紧围绕控规和土地出让合同进行。修建性详细规划则逐渐弱化取消，实施性的方案最终返回到控规和土地出让合同的

---

[1] 唐燕，杨东. 城市更新制度建设：广州、深圳、上海三地比较 [J]. 城乡规划，2018（04）：22-32.

附加内容形成"全生命周期管理"。与此同时，按照旧工业区转型、"城中村"改造、旧区改造等不同类型城市更新的政策要求，分别进行规划研究，最终落实到不同的实施性规划中。

2. 通过示范项目开展城市更新规划的多元探索

2015 年上海中心城区 10 个区共推出 17 个更新试点项目，提升空间品质，探讨创新性的城市更新路径和政策。2016 年开展"共享社区计划、创新园区计划、魅力风貌计划、休闲网络计划"的四大城市更新行动计划，采用"12＋X"的弹性管理方式。2017 年探索社区治理路径，开展"缤纷社区"试点工作，选取 9 类 49 个项目进行"微更新"实践，城市更新理念从"拆、改、留并举，以拆为主"转换到"留、改、拆并举，以保护为主"。

3.5.3　发展权益分配

上海试图通过"契约式"管理，在城市更新中通过建立激励政策加大对开放空间、公共服务设施的提供力度，并保证城市更新项目的公共要素得到落实。在城市更新区域评估阶段明确更新单元公共要素，包括城市功能、文化风貌、生态环境、慢行系统、公共服务配套设施、公共开放空间等。在实施计划阶段，以公共利益为导向的政策激励明确提出：能够提供公共设施或公共开放空间的建设项目可适度增加建筑面积，但面积调整一般不超过规定设定的上限值；能够同时提供公共开放空间和公共设施的建设项目可以叠加给予建筑面积奖励；在更新单元内部可以进行地块建筑面积的转移补偿；符合历史风貌保护的更新项目，新增要求保护的建筑、构筑物可以不计入容积率的计算值等[1]。

但由于相关政策约束或空白，上海市市场主体参与城市更新的活跃度相比粤港澳大湾区城市并不高。一是缺少容积率容量转移政策，《上海市城市更新规划土地实施细则》中仅对公共服务设施、商业商办、风貌保护涉及的建筑容量调整提出相关奖励与转移要求，其他情形的建筑容量转移没有涉及。二是社区级以上的公共服务设施奖励缺乏上位依据，依照《上海市城市更新实施办法》要求，城市更新地区需进行控规层面和城市更新区域评估，在实际需求中，有些市场主体也会提出增加更高等级的设施，并希望获得更高的奖励。但由于总规提供宏观层面而非落地性指导，落实总规的单元规划尚未编制完成，间接导致城市更新主体的需求退缩。比如光明集团在黄浦区的商办地块，曾提出建设一个市级食物博物馆，但由于缺乏上位规划的依据，政企协商往复的成本较高。上海符合相关标准规范要求时的商业商办建筑额外增加的面积见表 3-4。

---

[1] 唐燕、杨东. 城市更新制度建设：广州、深圳、上海三地比较 [J]. 城乡规划，2018（04）：22-32.

《上海市城市更新规划土地实施细则》关于风貌保护的建筑容量调整与转移的部分内容：

（四）基于风貌保护的容量调整。符合风貌保护需要的更新项目，除规划确定的法定保护保留对象外，经认定为确需保护保留的新增历史建筑，用于公益性功能的，可全部不计入容积率；用于经营性功能的，可部分不计入容积率。不计入容积率的新增保护保留对象，应当优先作为公共性、文化性功能进行保护再利用。

（五）基于风貌保护的容量转移。建筑容量调整因风貌保护需要难以在项目所在地块实施的，在总量平衡的前提下，允许进行容量转移。应优先转移至邻近地块或所在单元的其他地块。确有困难的，经论证后可转移至所在区行政区域内其他地块，且优先转移至轨道交通站点周边地区。

上海符合相关标准规范要求时的商业商办建筑额外增加的面积上限表 表 3-4

情形	提供公共开放空间（按用地面积 m²）			提供公共服务设施（按建筑面积 m²）	
	能划示独立用地用于公共开放空间，且用地产权移交政府的	能划示独立用地用于公共开放空间对外开放，但产权不能移交政府的	不能划示独立用地但可用于公共开放空间 24 小时对外开放，产权不能移交政府的（如底层架空、公共连廊等）	能提供公共服务设施，且房产权能移交政府的	能提供公共服务设施，但房产权不能移交政府的
倍数	2.0	1.0	0.8	1.0	0.5

注：（1）以上倍数为外环线内，外环外相对应的商业商办建筑额外增加倍数的折减系数为 0.8。
（2）提供地下公共服务设施的，增加倍数的折减系数为 0.8。
（3）更新地块内现状包含公共空间但未向公众开放的（如设有围墙等），如经更新后向公众开放，按照提供不能划示独立用地的公共开放空间的奖励面积倍数执行。
（4）提供存在邻避影响的公共服务设施，经论证奖励面积倍数可适度提高。

3.5.4 平台化建设

上海市相继成立上海西岸开发（集团）有限公司、上海世博发展（集团）有限公司等国有企业公司，作为专业公司机构，贯穿徐汇滨江地区、世博地区资本运作、项目策划、规划设计、开发建设、运营管理全流程，契合"全生命周期经营"的城市更新思路。2020 年，上海市城市更新中心在上海地产（集团）有限公司揭牌成立，作为全市统一的旧区改造功能性平台，将具体推进旧区改造、旧住房改造、城中村改造及其他城市更新项目的实施，在亟待更新改造的 232 万 m² 旧式里弄中，其将重点参与推进黄浦、虹口、杨浦等区成片二级以下旧里的城市更新攻坚，如图 3-12 所示。

232万m²	55万m² 2.8万户	50个 75万m² 3.5万户
旧式里弄待更新量	2020 年上海中心城区将完成二级旧里以下房屋改造计划	现阶段上海旧里旧改攻坚安排

图 3-12 上海旧式里弄更新情况（截止至 2018 年底）

3.6 北京市城市更新制度体系

3.6.1 "街区更新＋责任规划师＋行动"的城市更新体系

1. 高质量街区保护更新

北京是一座拥有 3000 多年建城史、850 多年建都史的历史文化名城。

北京经济迅速发展，人口快速增长，产业结构不断丰富，改革开放的日渐深化，强化了北京作为现代国际城市的吸引力和集聚力。同时，北京市也面临住房紧张、土地资源稀缺、用地结构混乱、历史风貌破坏等顽疾。近十年间，北京市在不同层面、针对不同方面相继出台了城市更新政策文件，以强化城市空间营造和功能提升，着力处理好保护和利用的关系，如《北京市旧城区改建房屋征收实施意见》（2013 年）、《关于推进首钢老工业区改造调整和建设发展的意见》（2014 年）、《关于推进首钢老工业区和周边地区建设发展的实施计划》（2014 年）、《关于进一步完善北京市棚户区改造计划管理工作的意见》（2018 年）、《东城区街区更新实施意见（试行）》（2019 年）、《北京经济技术开发区关于促进城市更新产业升级的若干措施（试行）》（2020 年）、《关于开展危旧楼房改建试点工作的意见》（2020 年）等。与此同时，北京市在城市发展的不同时期，基于不同的目标，摸索了多种模式的城市更新，例如开发带危改、市政带危改、房改带危改、绿隔政策带动旧村改造、微循环等[1]。

　　在过去很长一段时间里，历史文化名城的保护规划与老城更新、新建筑建设之间的矛盾始终存在，如今如何在守护老城韵味和为老城注入活力之间找到平衡已成为发展的焦点。要处理好空间营造与功能提升的关系，强化建筑和城市空间的设计改造，促进城市生产、生活、生态空间相协调，优化提升首都功能。

　　2017 年 9 月，北京市正式发布《北京城市总体规划（2016—2035 年）》，标志着北京城市发展和建设进入了新阶段，对北京老旧城区城市更新也提出了更高的要求。批复中提出，北京要做好历史文化名城保护和城市特色风貌塑造，老城不能再拆，通过腾退、恢复性修建，做到应保尽保[2]。

　　2020 年 8 月，国务院批复《首都功能核心区控制性详细规划（街区层面）（2018—2035 年）》。批复中提出，注重老城整体保护、注重街区保护更新，老城整体保护与有机更新相互促进，严格落实老城不能再拆的要求，坚持"保"字当头，根据街区功能定位和风貌特征，分类施策，按照历史保护、保留提升、更新改造三种方式，有序推进高质量街区保护更新。

　　"老城不能再拆"是北京市政府近年来坚守的原则。2018 年起，北京市出台了关于开展以"六治七补三规范"为主要实施内容的老旧小区综合整治工作的相关文件，包括《老旧小区综合整治工作方案（2018—2020 年）》《关于加快推进老旧小区综合整治规划建设试点工作的指导意见》《关于建立我市实施综合改造老旧小区物业管理长效机制的指导意见》《关于加强老旧小

---

[1] 易成栋，韩丹，杨春志. 北京城市更新 70 年：历史与模式 [J]. 中国房地产，2020（12）：38-45.
[2] 龚钊，赵丹. 北京新版城市总体规划实施背景下老城城市更新公众参与研究 [J]. 北京规划建设，2019（S2）.

区综合整治工程管理的意见》《北京市质监局关于做好既有住宅增设电梯有关工作的通知》《北京市老旧小区综合整治工作手册》等。

据统计，2017~2019年，北京市已累计确认243个老旧小区综合整治项目，涉及295个老旧小区。截至2020年4月底，已确认项目整治类内容全面实施，实现改造类进场施工98个项目，完成44个项目，涉及居民3.8万户。2020年，第一批老旧小区综合整治项目数153个。全市实现80个老旧小区综合整治项目开工，完成50个老旧小区综合整治项目，完成固定资产投资12.8亿元[1]。

2. 责任规划师参与城市治理

2017年9月，北京市正式发布《北京城市总体规划（2016—2035）》，要求严控人口规模、解决住房问题、建设宜居城市、区域协同发展，并提出建立责任规划师制度，共商、公建、共治。

2018年12月《关于推进北京市核心区责任规划师工作指导意见》，以建立责任规划师制度为抓手完善专家咨询和公众参与长效机制，推进城市规划在街区层面的落地实施，提升核心区规划设计水平和精细化治理水平，打造共建共治共享的社会治理格局。

2019年2月北京市委、市政府发布的《关于加强新时代街道工作的意见》中提出，北京将实施街区更新，提升城市精细化管理水平：确立街区更新制度，制定街区更新实施方案和城市设计导则，搭建多元主体全过程参与平台。

两个月后，《北京市城乡规划条例》实施。其中，第二十八条规定：本市建立区级统筹、街道主体、部门协作、专业力量支撑、社会公众广泛参与的街区更新实施戒指、推行以街区为单元的城市更新模式。

随即，为深入贯彻落实《北京城市总体规划（2016—2035）》关于建立责任规划师制度、提高规划设计水平、开展直接有效的公众参与、推动多元共治的要求、进一步增强城市建设管理决策的科学性，制定《北京市责任规划师制度实施办法（试行）》，为推动实现人人参与的城市治理新格局打下长远基础。

以海淀区为例，建立了"1＋1＋N"组织模式。第一个"1"为海淀区在全国范围内首创的全职街镇规划师，是由区政府出资、规自分局聘请并委派到各个街镇的专业技术人员；另一个"1"借助了海淀区雄厚的高校资源优势，将高校合伙人的一部分职责与社区规划师进行了匹配，他们不是仅仅是一个专家或者一个社区／乡村规划师，他们更为各个街镇提供了对接高

[1] 徐毅敏，彭翔，纪俊新. 新时代北京市老旧城区更新改造探索[J]. 中国工程咨询，2021（03）：70-74.

校的多专业资源平台；"N"作为一个平台将包括规划、建筑、景观、交通、市政等专业设计团队，不仅做设计，也要参与治理。责任规划师不仅需要落实和推进北京市总体规划、海淀分区规划、海淀双修规划，在街镇项目设计的过程中负责设计品质的提升，同时也要在管理、运营、维护中加入专业的设计支撑，从细节着眼、从沟通出发，实现高水平的精细化城市治理。

3. 城市更新行动及相关配套政策

2021年3月，《中华人民共和国国民经济和社会发展第十四个五年规划和2035年远景目标纲要》以及政府工作报告中均提出并强调实施"城市更新行动"的重要性。为响应国家号召，北京市于2021年6月发布《北京市人民政府关于实施城市更新行动的指导意见》，明确首都城市更新行动的类型包括老旧小区改造、危旧楼房改建、老旧厂房改造、老旧楼宇更新、首都功能核心区平房（院落）更新以及其他类型。

同时，与城市更新行动配套的政策也全面披露：规划政策方面，对于符合规划使用性质正面清单、保障居民基本生活、补齐城市短板的更新项目，可根据实际需要适当增加建筑规模。增加的建筑规模不计入街区管控总规模，由各区单独备案统计。土地政策方面，包括更新项目可依法以划拨、出让、租赁、作价出资（入股）等方式办理用地手续；用地性质调整需补缴土地价款的，可分期缴纳，首次缴纳比例不低于50%，分期缴纳的最长期限不超过一年；更新项目采取租赁方式办理用地手续的，土地租金实行年租制，年租金根据有关地价评审规程核定；租赁期满后，可以续租，也可以协议方式办理用地手续等。资金政策方面，所需经费涉及政府投资的主要由区级财政承担，各区政府应统筹市级相关补助资金支持本区更新项目；对老旧小区改造、危旧楼房改建、首都功能核心区平房（院落）修缮等更新项目，市级财政按照有关政策给予支持；对老旧小区市政管线改造、老旧厂房改造等符合条件的更新项目，市政府固定资产投资可按照相应比例给予支持；鼓励市场主体投入资金参与城市更新，鼓励不动产产权人自筹资金用于更新改造，鼓励金融机构创新金融产品等。

《北京市人民政府关于实施城市更新行动的指导意见》对于城市更新行动整体组织实施路径与参与方式规定十分清晰。从确定实施主体、编制实施方案、审查决策、手续办理，明确指导了不同市场主体如何参与到城市更新行动中。配套政策无论在资产端或是资金端，都给予了政策支持，特别是对投资实施主体有明确的回报机制和政策指导，可以更加激发市场化主体的参与性和积极性。

3.6.2 "控增量、促减量、优存量"的城市更新思路

北京的城市更新由于城市本身发展的特点，重视千年古都的文化传承，

需要强调首都的城市战略定位，也应当在减量背景下，是满足人民美好生活需要。2017～2020 年期间，北京市政府在全市范围内组织开展"疏解整治促提升"专项行动，疏解非首都功能，优化首都发展布局，降低中心城区人口密度。通过疏解整治，实现空间腾退、"留白增绿"、改善环境、打造一批精品街区、胡同等和谐宜居示范区。

背街小巷精细化整治提升：改善背街小巷环境，完善街道基础设施，提升人居环境质量。2018 年朝阳区共计完成 336 条背街小巷环境整治提升项目，建成多条各具特色的精品街巷，增加便民服务设施 93 处。

腾退促进区域转型：疏解非首都功能，为北京新的功能发展腾挪空间，吸引优质企业入驻。海淀区西三旗建材城搬迁 9 家三高企业，腾退土地 41 公顷，用于建设智能制造创新基地。

"留白增绿"提升城市空间质量：优化城市空间布局，提高规划弹性适应能力，推动生态修复和城市修补。2018 年以来，北京通过实施"留白增绿"，让大约 2 万亩腾退地变成了宜人的绿色空间，促进街区生态重塑。

同时为了提升首都核心功能，促进资源优化配置和城市品质提升，北京市的城市更新逐步演变出了自身特色，强调保护、擅用遗存、精细营城、社会参与。

立足老城保护，推动"保护性更新"：近年来，北京推出创新保护性修缮、恢复性修建、申请式退租等政策，以应保尽保为目标，以更严格的措施、更常态化的制度深化历史文化街区保护更新，特别是老城平房区城市更新，推动老胡同居民过上现代生活，持续推进老城整体保护。

2019 年《北京历史文化街区风貌保护与更新设计导则》，从技术上规范了历史文化街区更新方法，使街区在具体规划、设计及建设时有规可依。2021 年，《北京历史文化名城保护条例》，为加强北京历史文化名城保护，传承历史文脉，改善人居环境，统筹协调历史文化保护利用与城乡建设发展提供了保障。

促进转型升级，推动"功能性更新"：为了支持工业用地转型升级，北京市出台了《关于保护利用老旧厂房拓展文化空间的指导意见》，以工业遗产保护为特色，通过兴办公共文化设施、发展文化创意产业、建设新型城市文化空间促进城市功能转型。

激活零散用地，推动"保障性更新"：落实北京总体规划"建设国际一流的和谐宜居之都"的目标下聚焦居民改造意愿强烈的"三角地""边角地""畸零地"，见缝插针补齐民生设施短板，形成受欢迎的小设施微空间。

立足首都治理，推动"社会性更新"：2019 年《北京市责任规划师制度

功能性更新——北京第二热电厂变身"天宁 1 号"文创园：

"天宁 1 号"文化科技创新园，原址为北京第二热电厂，始建于 1972 年，1977 年 11 月 5 日第一台机组并网发电，2009 年 8 月 5 日燃油发电机组关停。厂区总占地面积为 7.9 万 m²，位于天宁寺文化片区（以建于北魏时期的国家级文物保护单位天宁寺为中心，南侧建有永丰源陶瓷博物馆，北侧建有中国音乐产业基地中唱园区）。在北京市促进文化科技产业发展的大环境下，按照城市空间发展策略及总体规划布局的要求，二热在老厂区"原汁原味"的工业遗产保留利用基础上与周边传统历史遗迹实现较好融合。该项目由中国华电集团发电运营有限公司下属的北京天宁华韵文化科技有限公司负责建设和运营，力图将原二热打造成为一个有行业创新和前瞻特点的文化金融科技融合发展的园区。

实施办法（试行）》发布，在全市街道乡镇中推行责任规划师制度，以专业力量助力基层开展城市更新工作，协助搭建"共建共治共享"的精细化治理平台。

3.6.3　市场主体参与热情高涨

2020 年北京推介千亿规模重点投资项目加速城市更新，主要集中于老旧小区改造、街区更新和工业区更新项目，如图 3-13 所示。北京市政府向包括民营企业在内的广大市场主体公开推介 100 个重点项目，其中 42 个重大民间投资项目被纳入 2020 年市重点工程计划。项目总投资 1143.65 亿元，其中计划引入民间资本 576.31 亿元，占比 50.4%、较上次提升了 20 个百分点。有 82 个项目计划通过 PPP、合作开发等股权投资方式吸引民间资本参与，占比 82.83%、较上次提高了 11 个百分点。

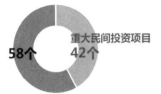  

| 100 个重点项目，42 个重大民间投资项目被纳入重点工程计划 | 总投资 1143.65 亿元，民间资本 576.31 亿元，占比 50.4%、较上次提升了 20 个百分点 | 有 82 个项目计划通过 PPP、合作开发等股权投资方式吸引民间资本参与，占比 82.83%、较上次提高了 11 个百分点 |

图 3-13　2020 年北京市重点项目投资情况

资料显示，本次推出一批老旧小区改造、街区更新项目，积极引导民间投资投向保民生、补短板、强弱项领域。其中涵盖东城区西草市街区更新及申请式腾退项目、西城区老旧小区停车设施升级改造、大兴区黄村镇狼垡地区集体产业用地 1 号地等住房保障项目 18 个，总投资 487.61 亿元。工业区方面，首钢园区 3 项目总投资 182 亿元，总建筑规模 63.78 万 m^2。北京2020 年市重点工程计划相关情况，如图 3-14 所示。

图 3-14　北京 2020 年市重点工程计划相关情况

3.7 兰州市城市更新制度体系

3.7.1 "分类指导＋辅助管理"城市更新政策体系框架

兰州市受限于"两山夹一河"的特殊地貌条件，中心城区土地资源稀缺，但在国务院于2012年批复兰州新区后，其土地资源瓶颈有所缓解。兰州市的城市更新制度体系并未经历体系化的建设，主要源于不同时期务实的城市建设或改造需求，对不同改造对象采取的不同的改造政策，改造工作推进时序也各不相同。2006年，兰州市启动的城中村改造工作，标志兰州市进入增量和存量共同开发的发展时代；2010～2015年，兰州市大力推进城中村改造、棚户区改造、出城入园工作，城市面貌和工业布局得到较大改善；2017年，兰州市启动了商业市场搬迁工作；2018年，兰州市进一步出台了有关低效用地再开发的实施意见。近年，在城改与棚改机构合并、政府机构改革、国土空间规划的新形势下，存量空间优化已成为兰州新一轮城市建设和发展的重要抓手。兰州旧城改造政策如图3-15所示。

兰州市目前尚无针对城市更新的纲领性政策文件，但兰州根据不同现状城市功能类型，将城市更新对象分为旧居住区、城中村、旧工业区和旧商业区，并针对每一类别对象都相应出台了规范性文件进行分类指导，并明确了城市更新路径。针对就居住区、城中村，除市政府规范性文件外，还出台了若干部门规范性文件，作为辅助管理文件，如图3-16、图3-17所示。

总体而言，兰州市城市更新政策体系框架现存问题可概括为以下三方面。

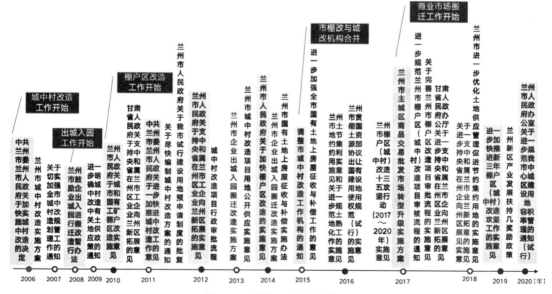

图 3-15　兰州旧城改造政策图

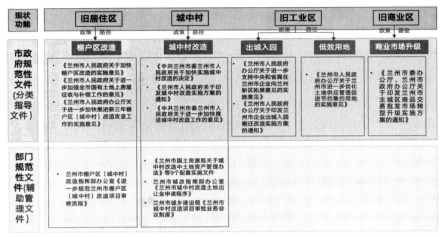

图 3-16　兰州不同类型改造对象政策文件对照图

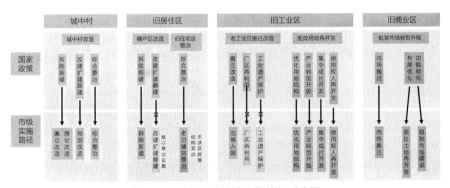

图 3-17　兰州旧城改造实施路径对应图

（1）政策体系不够完备

由于纲领性文件的缺失，当前城市更新大多依赖于单项政策的施行，未形成规范完备的制度体系，各政策之间割裂严重，现有各实施路径间相对独立，尤其在棚户区改建扩建翻建、工业遗产保护等路径落实方面均有待进一步完善。此外，在相关城市更新项目的事前审核、全流程监督、事后保障等方面制度不够完善，政策环境不够稳定，增加了项目推进的潜在风险。

（2）缺少利益协调机制

一方面，一直以来未从政策上对公服配套服务等城市与公共利益提出强制性要求或保障条款，导致目前的存量开发中常见配套服务设施分布不均或建设滞后等问题，进而也极大影响了既有法定规划的权威性和实施效力。另一方面，兰州市尚未在城市更新领域形成稳定的政府、市场以及市民利益分配机制，社会资本投资人的利益在不明确的项目预期中难以保障，市场参与动力不足。

（3）管理机制难衔接

城市更新涉及部门众多、资料繁杂，目前兰州市有关城市更新工作的部门分工和衔接不清晰，且缺少规范高效的审批机制，大量事务以个案形式层层上报，未纳入现行管理流程，程序上依赖集体决策，协调成本高、工作效率低、审批周期较长，在法规依据上也存在一定漏洞，不利于后续工作的开展。同时，缺少明晰的审批标准，部分政策和规范与现实脱钩，尚未形成系统化、可操作的法规、条例、标准、技术细则，导致城市更新工作和规划审查无据可依，随意性较大。此外，对于配套设施等涉及城市与公共利益的标准管控不严，刚性约束不足，导致配套设施建设配置不当，公共利益得不到有效保障。

3.7.2 兰州市城市更新规划体系

兰州市目前还没有一套较为完整的城市更新规划体系与现有的法定规划体系进行衔接。按现状功能分类的城市更新专项规划分类统筹指导各类型城市更新工作，并依托控规、修规的修编来具体执行城市更新规划方案的落实。但城市更新规划层级尚不清晰，缺少市级、区级等宏观层面及片区级中观层面的城市更新规划，难以保障全市发展战略意图落地。兰州城市更新体系与城市规划体系对应如图 3-18 所示。

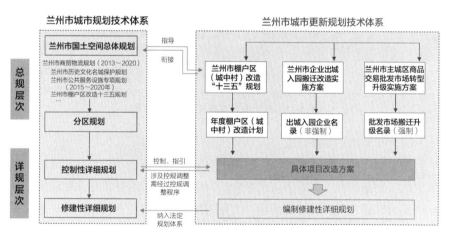

图 3-18 兰州城市更新体系与城市规划体系对应图

就兰州市城市更新规划体系而言，近年在城市更新实践过程呈现出的问题概括如下：

（1）缺少对城市更新的规划统筹

缺少总体的城市更新规划统筹，缺乏城市和各辖区对城市更新目标、指标等的统筹控制和重点推进方向。与现行规划体系衔接不足，规划方案与控规冲突时，需要走控规调整的程序。当前控规调整程序时间长、执行难，导致容积率限制和用地性质不符成为当前改造项目推进的两大难点。同时，缺少详细清晰的更新规划指引。内容上，除棚户区（城中村）改造"十三五"规划之外，其他路径的更新规划有待补充，空间布局、更新方式、时序安排等还需进一步完善。层次上，区级规划缺失，各区工作需要规划的进一步指引，规划应当反映各区实际情况和诉求。

（2）现有规划对城市更新外溢效应考虑不足

城市更新规划应当全面研判不同更新条件下所能采取的不同更新改造方式的可行性与落地方式，并应对城市更新有可能产生的产业问题、环境问题、风貌问题、设施配套与承载问题等进行提前预判。但目前兰州市对城市更新规划编制内容尚无明确规定，主要是基于修规方案的编制反推控规的修编，该"个案调整"式的城市更新规划编制方式在越来越多的城市更新诉求下，暴露出了较多问题。

更新改造路径互相独立，例如企业出城入园搬迁与原址家属院棚户区改造没有联动，部分项目造成企业搬迁后原址家属院生活环境进一步恶化。更新方式单一，缺少建立在全市统筹基础上的整体布局：棚户区（城中村）更新方式主要以拆除重建为主，导致此类项目规划容积率较高，没有考虑采取其他更新方式，致使对城市风貌带来较大消极影响。旧工业和旧商业区以搬迁改造为主，造成了部分地区产业空心化，且本地工业升级暂无明确的操作规则，地区优质工业资源流失。

（3）尚未设立城市更新专职主管部门

横向上，在涉及城市更新事项时，政府各部门分工不明晰、合作不足，部门之间资料和数据无法共享，增加了协调成本。纵向上，区县政府自主性得不到充分发挥，规划审批管理权力集中于市级，具体实施责任下沉到区，信息不对称问题较严重，市 - 区县 - 街道 - 社区（村）沟通协调困难，市级需求向下落实情况不清，基层诉求向上反馈困难。

3.7.3　存量潜力大，空间分布不平衡，以棚户区改造为主

相关规划预测兰州市每年的用地需求约 $3km^2$，其中根据兰州现增量与存量潜力土地规模判断，兰州每年需通过城市更新供应土地约 $2.5km^2$。由此可见，对存量土地的储备将是未来兰州市中心四区（城关区、七里河区、安宁区、西固区）土地储备的重点。初步估算，目前兰州市中心四区存量土地潜力超过 $40km^2$，增量土地面积仅约 $13km^2$，且多分布在市区河谷盆地边缘和山体区域。

2015～2019 年间，兰州市近三年城市更新步伐明显减缓：2015～2019年全市获得规划许可证的城市更新项目总计 58 个，总面积 300.3 公顷；其中 2015、2016 两年项目占五年间项目总面积的 90%。在此期间，以棚户区改造为主：棚户区改造项目共计 52 个，总面积 215.2 公顷，占比 72%；城中村改造项目 4 个，总面积 13.0 公顷，占比 4%；老厂房改造项目 2 个，总面积 72.1 公顷，占比 24%，如图 3-19、图 3-20 所示。

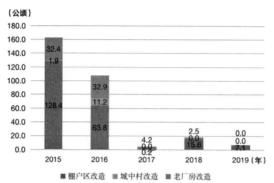
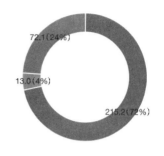

图 3-19　兰州 2015～2019 年已批规划项目总览

图 3-20　2015～2019 年各类
已批规划项目总面积

在城市更新空间分布方面，2015～2019 年城关区已批项目面积 159.1 公顷，占全市 53%；七里河区 132.8 公顷，占比 44%；两区项目面积合计占全市 97%。同时，两区的城市更新又极具自身特征，城关区以棚户区改造为主，2015～2019 年城关区棚户区改造项目总面积 151.1 公顷，占全区项目的 95%；七里河区则以老厂房改造为主，2015～2019 年旧工业区改造获得规划许可的 72.1 公顷项目全部位于七里河区，如图 3-21、图 3-22 所示。

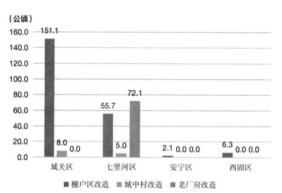

图 3-21　2015～2019 年四区已批规划项目面积统计

图 3-22　2015～2019 年四区
已批规划项目面积

3.8　其他城市的城市更新探索

3.8.1　成都市、济南市：立足"中优"战略的有机更新探索

1. 成都市：纲领政策＋总体规划，共同推进有机更新实施落地

2017 年 4 月，成都第十三次党代会会议提出"东进、南拓、西控、北改、中优"的十字战略方针，提出成都整体进入增存并举的发展阶段，以存量空间为主体的"中优"区域需要开始主动认识和适应创新存量空间治理。

2018 年，相继出台《成都市进一步疏解中部区域非核心功能高品质提升城市能级的若干政策》《成都市规划管理局等市级部门关于"中优"区域内利用老旧厂房及其他非住宅性空闲房屋发展新产业、新业态、新商业相关政策的实施细则》落实"中优"战略。

2020 年，成都市颁布《成都市城市有机更新实施办法》，开始构建由"法规 - 管理 - 操作指引 - 技术标准"四层次构成的城市下制度体系，进一步完善关于规划管理、土地利用、项目报建、房屋搬迁、资金筹措等方面政策，如图 3-23 所示。

成都"中优"：

为疏解成都市中部区域非核心功能、高品质提升城市能级，成都于 2017 年公布《成都市"中优"规划优化方案》，提出在五环内"11 ＋ 2"区域结构中，涉及包括锦江区、青羊区、金牛区、武侯区、成华区全部区域，高新区、天府新区、温江区、双流区、龙泉驿区、新都区、郫都区、青白江区部分区域，为"中优"规划范围。在"中优"区域内，将降低开发强度（主要是通过降低住宅用地和商业用地的容积率）、降低建筑尺度、降低人口密度。"中优"区域内，进一步划分为核心区、一般地区和特别地区。

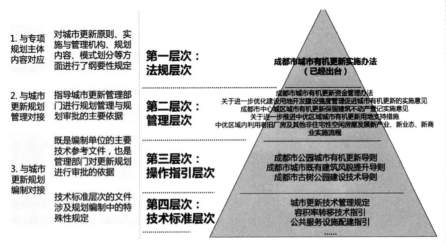

图 3-23　成都市城市更新政策体系示意图

随后以"中优"地区为"主战场"颁布了一系列实施政策，如《成都市"中优"区域城市有机更新总体规划》《关于加强容积率管理促进"中优"区域城市有机更新的规划支持措施》《关于进一步推进"中优"区域城市有机更新用地支持措施》《"中优"问题清单》和《成都市商品市场疏解规划》。成都市的城市更新制度体系框架初具雏形。

为在城市空间方面进一步落实"中优"战略，成都市对"中优"区域的核心区、一般地区和特别地区分别提出了相应的容积率限制要求。2020 年 12 月，成都市规划和自然资源局颁布《关于进一步加强容积率管理促进"中优"区域城市有机更新的规划支持措施（征求意见稿）》，进一步加强城市建设用地容积率管控，促进"中优"区域城市有机更新，推进轨道交通引领城市发展，推动土地资源高效利用，打造公园城市形态。该文件对容积率分类管控、容积率转移平衡、容积率奖励三方面均提出了相应实施措施。

容积率分类管控方面，主要通过提升重点片区、地段土地的容积率，包括天府广场等城市核心片区、火车站综合交通枢纽及城市级轨道站点、农民安置房住宅用地、涉及城市更新的重点及一般单元内国有土地改造的住宅用地、新型产业用地和科研设计用地等。

容积率转移平衡方面，在确保片区土地开发建设总量不突破的前提下，允许容积率指标在片区内相同用地性质的未出让地块或其他开发建设用地间进行平衡转移。

容积率奖励方面，将土地用于公共活动及向公众开放、历史文化保护、工业存量土地建设、地下室和半地下室的空间利用、轨道交通上盖物业、公园公共服务设施等空间用途的建筑面积，不计入容积率。

2. 济南市：单一拆建关系向多元"留 - 改 - 拆"方式转变

2007 年济南市为改善居住环境、拓宽城市发展空间，正式启动棚改工作；2013 年，《济南市旧城更新专项规划》提出"由大拆大建向有机更新转变"；2016 年，济南市城市更新局挂牌成立（继广州、深圳之后，国内第三家设区市成立的城市更新局），城市更新工作进入新阶段；2017 年，济南市开始着手旧住区、旧厂区、旧院区的改造以及历史文化遗产、工业遗产、历史街区的保护性开发，出台《关于老旧住宅小区整治改造和建立长效管理机制试点工作的意见》《济南市老旧住宅小区整治改造和建立长效管理机制工作意见》《济南市老旧住宅小区整治改造工作考核办法》《济南市 2017 年老旧住宅小区整治工作实施方案》，改造提升 6 条样板街道，整治 177 个老旧小区；2018 年，出台《关于优化城市更新项目前期工作管理流程的实施意见》；2020 年，《济南市历史文化名城保护条例》正式颁布，阐明了名城保护的立法依据、立法目的和实施保护的原则，进一步顺管理体制；同年，出台《关于坚持"留改拆"并举深入推进城市有机更新的通知》《济南市旧区改建类城市更新项目实施流程（试行）》；并为进一步加快补齐老旧小区水电气暖、民生服务设施等短板，50 个改造项目全部开工；2021 年，《济南市城市更新专项规划》通过精准评估存量空间，划定更新分区、更新实施单元，开展重点片区设计引导，统筹安排市域范围内的各类城市更新项目。

济南老城区更新迭代发展，已经是当下济南城市发展、城区结构改造的主要方向之一。2020 年 11 月，济南市自然资源和规划局会同有关区政府、部门研究制定了《城市发展新格局之"中优"——近期重点打造片区和项目行动方案》，明确了"中优"的范围、定位和目标、主要推进方向，策划了近期市级重点打造 5 大片区，以加快棚户区、城中村改造项目建设，稳步实施老旧小区整治改造，提出了一系列重点项目和行动任务，作为实施"中优"战略部署的行动指南，如图 3-24 所示。

实施城市更新三年行动，确定三年 108 个城市更新项目任务，涉及 87556 户、2084.75 万 m²。其中，保留保护 2352 户、19.91 万 m²，整治改造 17431 户、253.53 万 m²，征收拆迁 67773 户、1811.31 万 m²，如表 3-5 所示。制定全市历史文化名城保护工作要点，建立名城保护联席会议制度，制定历史建筑修缮

济南由"中疏"到"中优"：

2003 年 6 月，山东省委常委会扩大会议确定了"东拓、西进、南控、北跨、中疏"的济南城市空间布局，经过十几年的实践和发展，取得了显著成绩。2020 年，济南市委十一届十一次全会提出"东强、西兴、南美、北起、中优"城市发展新格局的战略部署。"中疏"要以实现"中优"为目的，"中优"则以保护和更新为遵循，以突出历史文化和泉城风貌为核心，以"泉·城文化景观申遗"为抓手，凸显泉城特色，展现泉城魅力，打造"宜居、宜业、宜行、宜乐、宜游"的老城区。核心打造五大片区：古城片区、老商埠片区、大千佛山景区、洪楼广场片区、小清河-黄河之间地区。

资金补助办法，编制历史建筑维护修缮计划并组织实施。制定《济南市"中优"战略工作考核办法》，建立了"周调度、月通报、季考核"工作机制。

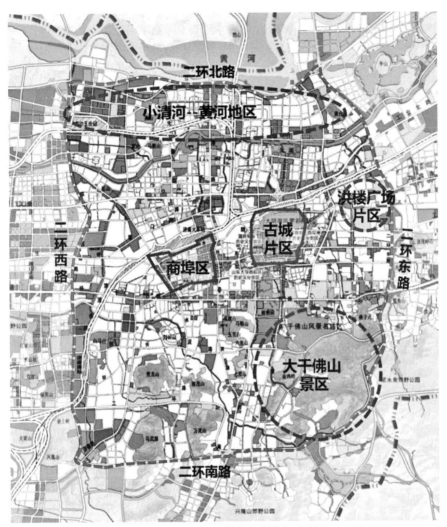

图 3-24　济南市"中优"五大片区示意图

济南中优城市更新项目三年任务统计表　　　　　　　表 3-5

年度	项目	城市更新总量	保留保护	整治改造	拆迁征收
2021	55	48010 户 1110.02 万 m²	2352 户 19.91 万 m²	4840 户 51.68 万 m²	40818 户 1038.43 万 m²
2022	40	30994 户 818.62 万 m²	0	11093 户 188.75 万 m²	19901 户 629.87 万 m²
2023	13	8552 户 156.11 万 m²	0	1498 户 13.1 万 m²	7054 户 1143.01 万 m²
合计	108	87556 户 2084.75 万 m²	2352 户 19.91 万 m²	17431 户 253.53 万 m²	67773 户 1811.31 万 m²

在没有完整城市更新体系的前提下，济南市通过城市设计和控规调整推进城市更新工作。以"中优"五大片区中的小清河-黄河地区为例。为了突破该地区低效、失落、割裂的现状问题，济南市自然资源和规划局、天桥区、济南城建集团有限公司联合委托编制《黄河南岸高质量发展战略研究与重点地区城市设计》。在战略层面，通过明晰的地区发展引导激发高素质发展；在营城层面，从生态、产业、文化、服务四方面实现高气质生活；在实施层面，引入单元更新概念，通过"留-改-拆"多元有机更新手段促进高品质重塑。该规划的编制，有效兼顾济南市、天桥区、开发平台及其他利益相关主体间的诉求，虽然其呈现形式为"概念规划"，但核心内容均已转译为控规，指导城市更新项目落地。此外，对于小清河-黄河地区中的重点地区（泺口片区、丁太鲁片区），《黄河南岸高质量发展战略研究与重点地区城市设计》的编制过程也需直面市场主体参与的要求，在空间设计之外，合理统筹产城、拆建、安置、设施配套、经济测算等实施落地问题，如图3-25所示。

图 3-25 济南小清河-黄河地区规划效果图

3.8.2 青岛市：依托规划设计促进老城复兴

某种意义来说，老城复兴是城市更新工作的重要目的之一，城市复兴需要高质量设计的赋能。对于青岛市，伴随着其发展由外延向内涵转变、由速度向质量转变的过程，规划设计在实现其城市结构优化、历史文化保护、风貌品质提升等方面起到了关键的作用。

近年来，青岛市编制多项规划涵盖保护延续老城格局、提升空间品质、系统性有机更新等内容。2016年，《青岛市城市总体规划（2011—2020）》提出保护"山、海、岛、城"相融的城市空间格局，并划定13片历史文化街区，保护总面积达 1363.8 公顷，街区核心保护范围总面积 689.5 公顷。2019 年，《青岛市"城市品质改善提升攻势"作战方案（2019—2022 年）》着力优化城市布局、完善城市功能、塑造城市特色、提升城市形象，提出构筑高品质都市空间格局，并建设宜居宜业的幸福之城、多元融合的魅力之城、崇尚艺术的创意之城、治理有序的文明之城。2020 年，《青岛中山路及周边区域保护更新规划》以"中山路 - 馆陶路 - 大港"为轴线，实现港城联动推进，在建设活力、时尚、方便、温馨历史街区的同时，在青岛发展大势中推动城市释放更大的发展动能。2020 年底，《青岛市城市更新专项规划（2020—2035 年）》启动编制，将作为专业化成果指导未来城市更新的规划建设，加速引导产业转型升级和结构调整、改善人居环境、完善城市功能、土地资源优化配置、保护与传承历史文脉等作用，推动和促进城市品质改善提升。

在青岛市的各项城市更新实践中，历史文化街区更新、历史建筑保护修缮是实现老城复兴的重点。历史街区更新采用"改造＋招商"的并进模式，在吸引市场资金的同时，政府投入大量专项资金支持。以济南路片区历史文化街区城市更新项目为例，总投资 116091 万元，拟申请政府专项债券资金 85000 万元，占总投资的 73.32%；青岛市市北区历史街区创新中心核心区建设一年来，新招引项目 170 个，其中亿元以上项目 49 个，10 亿元以上项目 13 个。历史建筑保护方面，2020 年先后编制出台《青岛市历史建筑保护技术导则（试行）》《青岛市近现代历史建筑修缮施工导则》，颁布《关于进一步加强历史建筑保护更新方案审查工作的通知》，起草完成《青岛市关于加强历史城区保护更新项目消防管理的工作方案》，并开展历史建筑的建档工作，力求"一栋一册"。

3.8.3　杭州、南京、大连：以城市更新行动推动存量变革

国内大多数城市都还尚未建立起完善的城市更新制度体系，在面临存量更新问题时，往往综合采用编制城市规划、推行行动方案和开展试点项目等方式，推动城市更新项目落实。尤其在 2021 年全国两会政府工作报告和《中华人民共和国国民经济和社会发展第十四个五年规划和 2035 年远景目标纲要》明确提出城市更新行动的重要性后，其已成为各城市推动城市空间结构优化和品质提升的重要工作抓手。

杭州市 2016 年开始实施主城区城中村改造五年行动，将未改造的 178 个城中村分为拆除重建、综合整治、拆整结合三种模式，挖掘存量用地 70.6km²，部分用以落实"三公"用地，提升杭州形象和服务水平。南京市 2016 年出台《南京市城市品质提升三年行动计划（2016—2018）》；2018 年出台《南京市城市精细化建设管理十项行动方案》，并于同年推进高新园区

高质量发展行动方案，利用中心城区的存量空间，改造老厂区、棚户区，释放老写字楼，嵌入式地在大街小巷容纳创新创业者，打造无边界的科技双创区，建设硅巷项目；2020年出台《开展居住类地段城市更新的指导意见》。大连市则以城市设计为统领，开展专项规划编制，正在形成"规划＋城市设计＋项目库"的城市更新行动推进机制。2021年，相继出台《大连市城市更新实施方案》《城市更新五年行动计划》和《"十四五"期间城市更新项目建设计划》，全面开展城市更新行动；规划部门同时结合《大连市总体城市设计》要求，在旧区改造、工业遗产保护、历史街区保护等方面围绕滨海滨水、临山、特色街道等地区对城市更新项目进行了遴选。

以南京市鼓楼铁北片区为例，其作为主城规模最大的老城片区，虽自然禀赋优越，但铁道分割、交通拥堵、功能混杂、基础薄弱。鼓楼区政府与中建八局采用PPP合作方式，紧扣创新发展主题，以打造"南京城市更新最佳实验区"为目标，综合运用微更新、老旧厂房改造、拆除重建等多元手段，实现文化、产业、人居的全面更新。2020年11月，在中国（南京）未来城市创新峰会中，鼓楼铁北片区以"幕府创新区"向社会发布，产业招商与数十项城市更新项目正有条不紊开展推进。南京幕府创新区如图3-26所示。

图3-26　南京幕府创新区规划效果图

3.9　典型城市的更新制度体系演化趋势

概括而言，我国各城市普遍进入了由增量发展向存量发展快速过渡的时期，尽管各城市发展实况不尽相同，但城市更新无疑已成为推进高质量城市建设的重要抓手。单就城市更新制度体系而言，国内各主要城市均已进行了不同程度的探索，在具体内容和完善程度方面均差异较大，但粤港澳（珠三角）城市起步较早、制度体系建设相对较为成熟，其他地区除上海、北京外，主要仍是针对棚改、城中村改造、工业区改造、老旧小区改造等具体问题出台相应政策，目前颁布了城市更新纲领性政策文件（如"城市更新条例""城市更新办法"等）的城市仍为少数，制度建设尚未形成体系。

1. 逐步设立城市更新主管部门，权责统一

在城市更新实践的早期阶段，各地城市更新的主管部门权责受限，部门间协调有一定难度。为此，广州、深圳、济南等城市逐步设立城市更新主管部门，与国土、规划、自然资源等部门整合统一，且与财政、税务等部门联动。经过整合，城市更新消除了行政障碍，明确了部门权责，提高了办事效率。

2. 流程优化，效率提高

城市更新工作程序历来较多，加之部分城市的审批流程较为繁琐，无形中阻碍了项目的推进。为此，部分城市主要采取下列措施优化审批流程。

（1）简政放权，分级审批。如深圳、广州、珠海等地将部分流程的审批权下放到区政府。

（2）精简审批流程。如东莞的"1＋N"审批方案，申报主体备好所有材料后，"一次过会，全程通行"，大幅缩短了城市更新项目的审批周期。

3. 政府统筹力度进一步加强

由于城市更新涉及利益相关方较多，各方利益较难顺利达成一致。为了更好地把控城市更新进度，避免市场逐利导致公共利益流失，各市均不同程度加强了政府统筹力度。广州市自 2012 年发布《关于加快推进"三旧"改造工作的补充意见》以来，始终坚持"政府主导、市场运作"的原则；深圳市越来越重视片区更新统筹研究工作，区级层面的城市更新统筹规划将直接作为指导具体更新项目实施的重要依据；东莞市 2018 年发布《东莞市人民政府关于深化改革全力推进城市更新提升城市品质的意见》，明确全面加强统筹，保底线、明规则，政府的角色由"被动接受"转变为"主动制定更新要求"。

4. 政策鼓励产业升级

为了促进产业集聚，使产业空间真正服务于产业发展，现阶段部分城市依托"工改工"相关更新政策调控助推产业升级转型。

（1）"松绑"部分严厉政策，拓宽产业用房的流通渠道，但同时防止地产化倾向。如东莞降低了"工改工"项目分割单元的最小面积；而深圳对更新项目改造形成的产业用房产权转让进行了限制，仅允许一定比例的建筑面积可以分割转让。

（2）对"工改工"项目给予一定补助和减免。如东莞对"工改工"项目的实施主体实行财政补助、奖励等。同时，对"工改 M0"实行政策倾斜，除了放宽出让方式和出让年限，深圳、广州、东莞都降低了城市更新 M0 用地的地价标准。

（3）划定"工业红线"。如深圳、东莞等地划定产业发展保护区，保障产业发展空间，并对"工改商""工改居"制定差异性政策。

（4）关注工业遗存利用。如北京市强调要以工业遗产保护为特色，通过兴办公共文化设施、发展文化创意产业、建设新型城市文化空间促进城市功能转型。

5. 设立退出机制，精细化管理城市更新项目

为了破解项目推进陷入僵局的困境，确保城市更新工作的顺利实施，多市建立了更新单元有效期管理机制，设立项目退出机制，如深圳、东莞等地。以深圳市为例，2019 年印发的《深圳市拆除重建类城市更新单元计划管理规定》中规定："本规定施行后批准的更新单元计划（不含重点更新单元计划），自公告之日起有效期两年"，"经批准的更新单元计划，经发现违反城市更新相关政策的，调出更新单元计划"，"区政府可按规定对更新单元计划进行清理，具体清理办法由市规划和自然资源部门另行拟订报市政府批准后实施"，实施的计划清理工作将促进更新单元计划优质、高效推进。

6. 拓展社会参与渠道

城市更新越来越关注城市综合效益的最大化，而综合效益获取的过程往往也是政府、市场、业主等相关利益主体的博弈过程。在此过程中，如何获取、反馈民意关切，如何平衡经济利益与社会效益，如何对规划、建设、运营实现持续动态监管，都是在全新城市治理语境下对城市更新提出的更高要求。以北京的责任规划师制度和海淀区"1＋1＋N"组织模式为例，在以街区为单元的城市更新框架下，其对推动多元共治、增强城市建设管理决策的科学性都极具示范意义。以深圳市为例，在相对较为成熟的城市更新制度体系下，深圳已经形成较为完善且开放的公众参与工作机制，在具体城市更新项目推进过程中，对涉及规划各利益方面的刚性及弹性指标的确定（如容积率、拆建比、开发量等刚性指标及空间控制层面的弹性指标）予以协商，使得各方关注重点要素得到充分体现。

第4章 城市更新决策地图

　　基于广义的"城市更新"理解，策略性提出城市更新潜力用地筛选思路，结合目标城市城市更新制度体系完善程度，在空间潜力评判的"需求度"与制度体系评判的"完善度"两个维度下，创新提出"城市更新决策地图"构想，为拟参与相关地区或目标城市的潜在城市更新主体提供决策判断参考与借鉴。

4.1　城市更新决策地图技术路线

本书立足为潜在城市更新主体进行城市更新决策，建议性提出城市更新决策地图研究的技术路线，在制度体系评判的"完善度"与空间潜力评判的"需求度"两个维度下，叠加"城市更新制度分析"和"城市更新潜力空间评价"相关决策因素。

空间潜力评判的"需求度"，可以理解为由于城市发展历程的种种成因而形成的潜力存量空间的分布，对空间潜力"需求度"的评判，是一项需综合现状、经济、规划、承载能力等多方因素的研究，也是一项全面、系统地"厘清家底"的工作过程，往往需要开展专项的规划编制。

相比之下，城市更新制度体系评判的"完善度"，是影响潜在城市更新主体决策的重要因素，也是本书研究的重点。由于城市更新的过程本质上是权力、利益等在不同利益相关者之间的再分配[1]，制度设计是否合理在很大程度上决定了更新进程中拆除、改造或整治等活动能否顺利开展——制度体系越完善，则更新进程中的实施主体能够获得的发展权益越明确，交易成本越低。

城市更新的制度将决定城市更新实践的隐性成本，而城市更新潜力空间分布则直观体现城市更新行为的具体着力点。因此，本节仅从技术路线层面，提出城市更新决策地图构想，一方面通过搭建了一个地区层面的城市更新制度分析框架，另一方面则提出目标城市层面的量化评判更新潜力资源的分析方法，力求同时在抽象的制度方面和形象的空间方面相对立体地呈现目标城市的城市更新特点，如图 4-1 所示。

图 4-1　城市更新决策地图技术路线

4.2　城市更新制度体系决策分析与示例

4.2.1　制度体系"完善度"分析因子

城市更新政策体系：梳理目标城市的更新政策体系，更新机构运行机

---

[1] 唐燕，杨东，祝贺. 城市更新制度建设：广州、深圳、上海的比较［M］. 北京：清华大学出版社，2019.

制，总结其政策特征。

城市更新规划编制与审批：分析诸如《城市更新办法》《城市更新办法实施细则》等法规、管理文件相配套的城市更新规划编制与审批体系，明确行政许可的依据。

城市更新主要程序：总结目标城市的城市更新项目从立项至核发实施主体资格认定文件的一般程序，分析其审批时效。

城市更新准入门槛：分析目标城市的城市更新核心政策文件内容要点，明确城市更新的准入门槛，如合法用地要求、市场开发企业介入城市更新的条件等。

发展权益分配：分析目标城市的空间管控规则，尤其是容积率管控规则，明确城市更新项目中的发展权益获取途径，以及需承担的建设责任。

市场参与城市更新的路径：目标城市对不同类型的城市更新项目的管理要求亦不尽相同，可通过梳理各类政策文件中有关项目实施的管理规定，提炼、总结参与目标城市不同类型城市更新项目的一般路径。

4.2.2 地区层面的制度体系决策（以粤港澳大湾区为例）

1. 城市更新制度体系对比

粤港澳各市的城市更新制度均源于广东省"三旧"改造政策。在本书研究的四个目标城市中，深圳的城市更新制度体系完善度最高，尤其在保障公共利益、预留产业发展空间和城市可持续发展这三方面，深圳已经制定了一系列配套的城市更新法规和细则，城市更新管理最为规范，城市更新市场最为成熟，但其市场主导的城市更新方式也最为特殊。广州的城市更新同样起步较早，在经历了不同时期的摸索实践后，现基本形成了政府主导、综合改造（全面改造与微改造）的自身特色。东莞、珠海两市则在不同程度上借鉴了深圳、广州的城市更新制度体系构建经验，同时结合自身城市发展要求及特征有所创新，相关配套政策仍在陆续制定出台，如表4-1、表4-2所示。

目标城市更新制度体系对照表　　　　　　　　　　表 4-1

	深圳	广州	珠海	东莞
机构设置	规划和自然资源局（城市更新和土地整备局）	规划和自然资源局（城市更新规划管理处，城市更新土地整备处）住房和城乡建设局（城市更新项目建设管理处）	自然资源局（城市更新科）	自然资源局（城市更新计划科、城市更新实施科）

续表

		深圳	广州	珠海	东莞
核心文件		深圳经济特区城市更新条例	广州市城市更新办法	珠海经济特区城市更新管理办法	东莞市人民政府关于深化改革全力推进城市更新提升城市品质的意见城市更新实施办法
发展权益分配	密度分区	有（深标）	有（仅针对城市更新）	有	有
	容积率计算规则	有	无	有	有
	基于经济可行性的开发规模测算模型	无	有	有	无
	发展权益主导权	市场、政府、原权利人博弈	政府	政府	政府

目标城市更新规划体系对照表 表 4-2

	深圳	广州	珠海	东莞
市级城市更新专项规划	有	有	有	有
区（镇）级城市更新统筹规划	有	无	有	有
城市更新单元（片区）规划	有	有	有	有
与现行规划体系的衔接	替代法定图则	调整控规	调整控规	调整控规

2. 城市更新市场参与评判

（1）深圳市

制度创新是深圳独特的政治基因，深圳市作为经济特区，自主立法的权限相较广州、东莞等地更大。深圳城市更新在制度建设导向上坚持不断推动市场放权，同时完善各类法规政策的持续供给，从而能够有效管理城市更新运作的各个领域。市场主体在进入深圳城市更新市场时，获取开发收益的途径与预期相对明确。

（2）广州市

在制度建设上，广州市推行更新改造的利益共享以激发城市更新的内在动力——特别是"三旧"改造初期，政府、市场开发主体、原产权主体之间可以实现增值收益分配的共享与共赢；但另一方面，广州也通过不断加强政府管控，来强化对更新利益分配关系与比例等的调控，防止市场逐利导致的城市贡献不足与公共利益流失。现阶段，市场开发企业在城市更新项目中处于相对弱势的地位，政府在利益平衡中拥有绝对的主导权。

（3）珠海市

珠海市城市更新政策体系虽然同样较为完整，但在指引细则方面稍显不足。与广州市类似，珠海市城市更新进程中的利益分配主导权在政府，市场开发企业几乎没有博弈空间。

（4）东莞市

东莞的土地供求矛盾尤其突出，发达的制造业使其土地开发强度位于粤港澳大湾区前列。由于东莞市长期自下而上的城市发展模式，城市土地利用规划与城市规划普遍存在不一致的情况，市镇二元，规土分离，市、镇两级博弈成常态。东莞的城市更新制度沿用"三旧"改造的制度框架，并借鉴了深圳的城市更新成熟路径，总体上有利于市场开发企业参与城市更新，但市场开发企业需要对市、镇两级政府、原权利主体、实施主体之间的沟通协调。

4.3 城市更新潜力空间决策评价与示例

4.3.1 空间潜力"需求度"评价因子

通过选取影响城市更新潜力空间因子进行叠加分析的方式，从更加精确化、数据化的角度了解目标城市潜力空间的分布和类型，得到目标城市的更新潜力分布和数据特征，并总结其空间特点，为潜在城市更新主体决策提供参考。

1. 初选潜力用地

城市更新潜力空间评价的研究对象为具备更新潜力的经营性用地，此类用地表征情况往往较为复杂，既有可能是集中连片的、又有可能是零散分布的，既有可能是功能改变的、又有可能是原有功能升级的，既有可能是拟拆除重建的、又有可能是拟有机更新的。在城市尺度下，对城市更新潜力的用地筛选的范围往往达数百甚至数千平方公里，从城市更新决策地区的使用初衷判断，并综合决策评价过程中可获得的城市数据资料情况，初选潜力用地的目的应聚焦宏观识别目标城市的城市更新空间布局特征、评判方向性问题，而不在于具体项目化的用地精确。因此，对于潜力用地的初选，仅建议通过叠加对比目标城市相关规划现状与规划的经营性用地，将其叠加结果作为初选过程结论，并在该过程结论的基础上进一步因子分析。

2. 更新潜力因子筛选

根据各城市实际情况，选取"经济可行、功能结构、城市形态、建筑年代"等要素作为评价更新潜力的影响因子，对初选更新潜力用地进行进一步叠加分析，优化输出评价结论。

（1）经济可行因子

经济可行因子主要衡量潜力用地的开发成本与经济收益，成本越低、收益越高的地块，其更新潜力越高。

1）用地类型。结合相关开发经验，居住用地、商业用地开发收益较高，更容易平衡更新成本，更新潜力相对较大。

2）密度分区。密度分区直接影响城市更新地区的容积率，决定了市场开发主体能够获得的发展权益，规则容许的开发强度越高，则收益越高，更新潜力越高。

3）用地规模。用地规模越小的地块，更容易协调各利益方的关系，城市更新的过程相对简单，城市更新潜力较强。

（2）功能结构因子

功能结构因子主要衡量潜力用地在城市结构中的重要程度，交通区位越好、越靠近城市中心区的地块，其更新潜力越高。

1）交通区位。与一般交通方式相比，大运量快速轨道交通更能带动土地的高强度开发，并在步行合理范围内形成峰值，同时也符合 TOD 开发原则。

2）中心区位。反映地块所处区位的经济集聚程度、服务便利程度和土地收益条件，越靠近服务中心，开发潜力越大。

（3）城市形态因子

城市形态因子主要衡量潜力用地与城市生态、城市风貌之间的关系，越靠近公园景观和城市重要道路的地块，其更新潜力越高。

1）自然景观区位。公共绿地等景观资源对容积率的分布具有特殊的距离衰减效应，直接面临景观资源的用地城市更新动力往往较高，因此更新潜力也较大。

2）城市重要街道（道路）。城市骨架干道或重要街道上的客运公交线路较为集中，城市路网密度高的区域机动交通可达性也较好，能积极带动沿线土地开发，更新潜力较高。

（4）建筑年代因子

建筑年代因子主要衡量潜力用地中建筑的建筑质量和建成环境，建成时间较早的小区，更新需求更为迫切。

4.3.2 目标城市层面的空间潜力决策示例（以深圳市为例）

1. 初选潜力用地构成与规模

初选深圳市城市更新潜力用地合计 104.73km²。目前，深圳市更新潜力用地中居住用地与工业用地占比较大，未来城市依然会以居住用地与产业用地供应为主；从潜力用地分布来看，宝安区、龙华区、龙岗区是未来更新潜力最大的区域，如表 4-3 所示。

深圳市更新潜力用地构成与规模统计表　　　表 4-3

用地类型	更新潜力用地面积（km²）	比例
居住用地	47.23	45.1%
商业用地	12.29	11.7%
工业用地	43.54	41.6%
仓储用地	1.67	1.6%

2. 更新潜力因子选取与赋值

结合深圳市的相关规划，选取密度分区、轨道站点、中心区位、景观环境区位、城市重要道路（街道）和建筑年代因子，进行相关数据分析。

以建筑年代因子的分析为例，其数据由网络抓取获得，含建筑年代信息的有效小区样本共 4282 个，其中于 2000 年（含 2000 年）之前建成的老旧小区 1610 个，占比 37.6%。将其按建设年代划分为 2000 年以前、2001～2005 年、2006～2010 年、2011～2015 年和 2016 年至今五个阶段，并分别进行核密度分析，得出不同年代小区的分布密集程度，如图 4-2 所示。在该单因子的空间分布方面，呈现罗湖老街地区密度最高，宝安老城区、蛇口老城区、盐田沙头角地区集中程度较高。

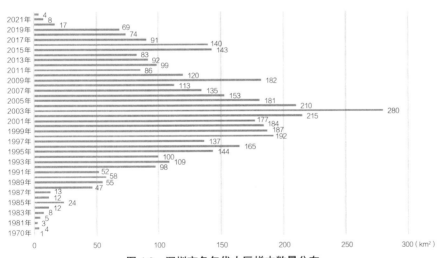

图 4-2　深圳市各年代小区样本数量分布

3. 深圳市城市更新潜力空间决策评价

将上述因子叠加，得到深圳市城市更新潜力评价分析的最终结果：一方面包括高潜力、中潜力、低潜力用地数据情况，另一方面包括各类别潜力用地的空间分布与趋势情况。

深圳市城市更新潜力空间评价结论：各区空间潜力分布差异明显，龙岗区、宝安区更新潜力较大，但高潜力更新用地比例低，高潜力更新用地主要集中于福田，如表4-4、表4-5所示。龙岗区城市更新潜力用地33.95km²，占全市更新潜力用地的32.4%；宝安区更新潜力用地面积26.55km²，占比25.4%。其中，高潜力更新用地仅占更新潜力用地总量的4.5%，高潜力更新用地面积集中分布于福田区，福田区高潜力更新用地1.65km²，占高潜力更新用地总量的34.4%，如图4-3、图4-4所示。

潜力用地评价统计表　　表4-4

	用地面积（km²）	比例
高潜力更新用地	4.79	4.5%
中潜力更新用地	29.18	27.9%
低潜力更新用地	70.76	67.6%

各行政区内潜力用地评价统计表　　表4-5

行政区	高潜力（km²）	中潜力（km²）	低潜力（km²）	合计（km²）	比例
福田区	1.65	1.22	1.03	3.90	3.7%
罗湖区	0.49	1.31	0.55	2.35	2.3%
南山区	0.33	2.90	2.41	5.64	5.4%
盐田区	0.16	0.73	0.90	1.79	1.7%
龙华区	0.29	2.42	9.22	11.93	11.4%
宝安区	0.64	6.23	19.68	26.55	25.4%
光明区	0.05	2.05	6.31	8.41	8.0%
龙岗区	0.83	10.85	22.27	33.95	32.4%
坪山区	0.36	1.46	8.16	9.98	9.5%
大鹏新区	0.00	0.00	0.22	0.22	0.2%

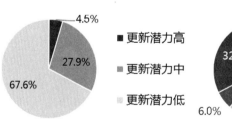

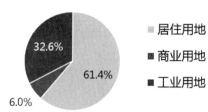

图4-3　深圳市城市更新潜力构成图　　图4-4　深圳市高潜力用地构成图

第 5 章 典型的城市更新操作流程

　　不同城市的城市更新制度体系差异以及城市更新对象的差异决定了不同城市、不同对象的城市更新操作流程必然有所不同。本章节依据城市更新制度体系完备情况，对制度体系相对完善城市，选取典型，依据城市更新对象的不同予以分别介绍；对制度体系不完善城市，则仅概括通用操作流程，作为推进各地城市更新实施的流程参考。

　　城市更新制度体系越成熟，城市更新实践相关的规范和指引越多，城市更新操作流程也越清晰。深圳、广州和上海的城市更新探索起步较早，且先后颁布了"城市更新（实施）办法（条例）"，设立了专门的城市更新机构，对于不同类型城市更新项目开展的规划编制要求及实施操作流程较为明确。相比之下，国内其他多数城市或缺少总体层面的城市更新原则、控制目标和空间管控内容等，或缺少支撑性的法律法规和专门的管理实施部门，或缺少近期实施性规划引导文件，更新规划编制体系不完善，尚未形成明确的城市更新操作流程。

5.1　深圳市城市更新操作流程

　　深圳市城市更新的核心管理机构为深圳市城市更新和土地整备局，由深圳市规划和自然资源局统一领导和管理。深圳市城市更新政策强调"政府引导、市场运作"，突出法治化、市场化特点，将城市更新分为综合整治、功能改变、拆除重建三类进行分类指引，通过总体的"城市更新专项规划"与地段的"城市更新单元规划"进行规划控制，在项目运行上实行"多主体申报、政府审批"，以充分调动多方力量推动城市更新实施[1]。

　　深圳市拆除重建类城市更新需要严格按照城市更新单元规划、年度计划的规定实施，主要分为申报、编制、实施三个阶段：（1）申报阶段，划定城市更新单元、申请纳入城市更新年度计划；（2）编制阶段，申请审查土地及建筑物信息、编制规划方案并报批、主管部门审查并匹配法定图则（城市更新单元的编制依据），最后形成城市更新单元规划；（3）实施阶段，确定单一实施主体组织编制城市更新单元实施方案、补缴地价后取得土地使用权出让合同和建设用地规划许可证，如图 5-1 所示。

　　深圳市综合整治类城市更新流程和拆除重建城市更新流程基本相同，更新过程中重点关注的是公共空间、基础设施的提升或者建筑的局部拆建，如图 5-2 所示。如在更新单元内涉及拟保留未批先建建筑物的，需提供由具有相应资质机构出具的建筑质量合格证明文件，涉及在原有建筑结构主体上进行加建的，需提供建筑质量安全评估报告。深圳市综合整治类旧工业区升级改造详细流程如图 5-3 所示。

──────────
［1］唐燕、杨东、祝贺，城市更新制度建设——广州、深圳上海的比较［M］. 清华大学出版社，2017.

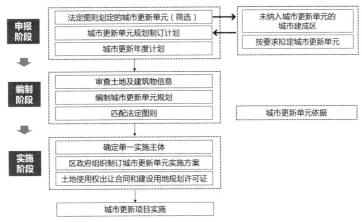

图 5-1　深圳市拆除重建类城市更新流程

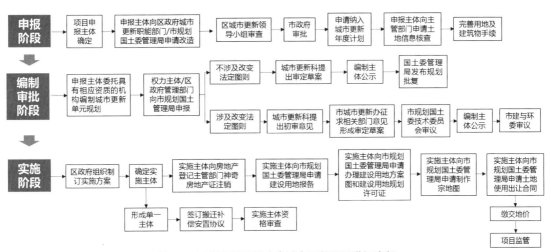

图 5-2　深圳市拆除重建类城市更新项目详细流程

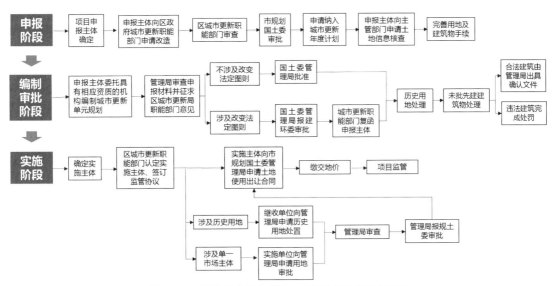

图 5-3　深圳市综合整治类旧工业区升级改造详细流程

5.2 广州市城市更新操作流程

广州城市更新制度体系中的核心管理机构为广州市城市更新局，政策经历了从"开放市场"向"政府主导"的演变，城市更新活动按照"旧城、旧村、旧厂"分类管理，并以此形成了"1＋1＋N"政策体系和"1＋3＋N"规划编制体系，并基于"多主体申报、审批控制"的管理途径，以全面改造和微改造的方式去开展城市更新实践。城市通过"城市更新总体规划"对全市城市更新工作进行整体控制，借助城市更新片区规划确定改造方案[1]。

广州全面改造项目（旧村庄全面改造、旧厂房自主改造、旧厂房政府收储、旧厂房政府收储与自行改造相结合、旧城镇全面改造、村级工业园改造）的整体流程主要分为申报、编制、审核、批复、实施五个阶段：（1）申报阶段，申报之前需要先进行"标图建库"工作，将符合城市更新要求的用地纳入"标图建库"数据库，之后在"标图建库"数据库内确定城市更新片区的范围，再申报城市更新年度计划；（2）编制阶段，编制城市更新实施方案，若涉及控规调整，需要编制片区策划方案，之后编制控规调整方案，依程序进行控规调整；（3）审核阶段，市城市更新局对城市更新方案进行审核；（4）批复阶段，市城市更新局受理申请，按流程提交审批，如有实施方案需要修改，修改完善后需再进行社会风险评估；（5）实施阶段，城市更新机构指导实施并验收，其中涉及历史用地的需要在审批阶段进行上报，在城市更新实施完后，进行历史用地登记确权，如图5-4所示。

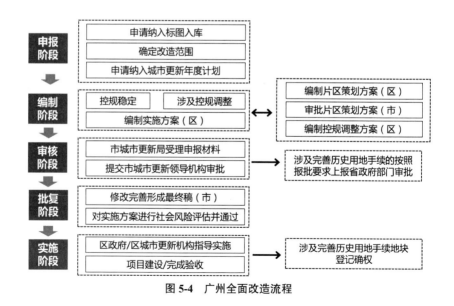

图 5-4   广州全面改造流程

[1]唐燕、杨东、祝贺，城市更新制度建设——广州、深圳上海的比较［M］. 清华大学出版社，2017.

广州微改造（旧村庄、旧城镇）流程与全面改造一致，同样分为申报、编制、审核、批复、实施五个阶段，但不涉及控规调整，如图 5-5 所示。

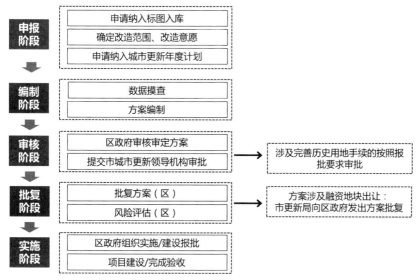

图 5-5　广州微改造流程

广州市将城市更新分为"旧城、旧村、旧厂"进行管理，但三者更新流程类似，只在意愿征集、更新主体方面存在一定的差异，如表 5-1 所示。广州市旧城镇城市更新流程，如图 5-6 所示，广州市旧厂房城市更新流程，如图 5-7 所示，广州市旧村庄城市更新流程，如图 5-8 所示。

广州市旧城、旧村、旧厂城市更新项目流程对比　表 5-1

阶段		旧城镇	旧村	旧厂房
申报阶段	申报主体意愿征集	同意改造户数比例达到90%以上	超过2/3成员代表参加，并取得2/3以上通过	权属人自行申请（涉及多个权属人应进行土地归宗后由同一个权利主体申请）
编制阶段	片区策划编制主体	区政府	区政府	旧厂房土地权属人
	实施方案编制主体	区政府 / 区城市更新机构	区政府	旧厂房土地权属人
实施阶段	实施方式	区政府组织实施	区政府 / 区城市更新机构指导村集体组织实施	自主改造、政府收储、政府收储和自行改造相结合
	改造方式	政府收储公开出让	自主改造；合作改造；征收储备	自行改造；政府收储；自行改造与政府收储相结合

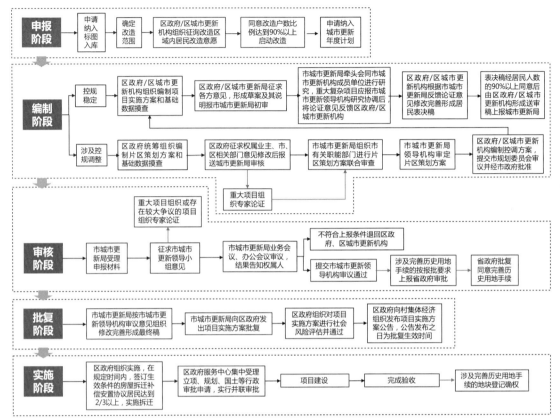

图 5-6　广州市旧城镇城市更新流程

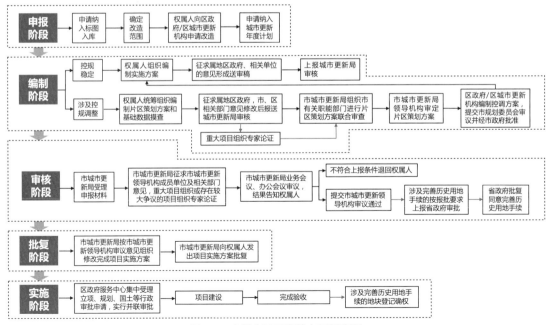

图 5-7　广州市旧厂房城市更新流程

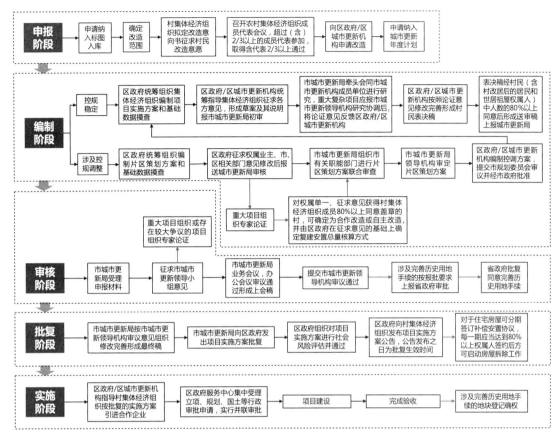

图 5-8　广州市旧村庄城市更新流程

5.3　上海市城市更新操作流程

上海市城市更新制度体系中的核心管理机构为"城市更新和旧区改造工作领导小组"，核心政策突出政府引导下的"减量增效、试点试行"。上海城市更新突出"公共优先、多方参与"的价值理念，区域评估要求落实公共要素清单，区域评估与实施计划编制等环节要求进行公众参与，倡导通过容积率奖励与转移等措施，鼓励更新项目增加公共开放空间与公共设施。上海亦使用城市更新单元作为城市更新的基本管理单位以及规划管控的工具，采用"区域评估—实施计划（土地全生命周期管理）—项目实施"的工作路径推进城市更新[1]。

上海城市更新工作强调"区域评估、实施计划"相结合，对更新项目实行土地全生命周期管理，在土地出让合同中明确更新项目的功能、运营管理、配套设施、持有年限、节能环保等要求以及项目开发时序和进度安排等内容，形成土地"契约"，如图 5-9、图 5-10 所示。

[1] 唐燕、杨东、祝贺. 城市更新制度建设——广州、深圳上海的比较 [M]. 清华大学出版社，2017.

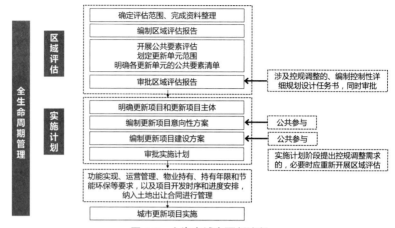

图 5-9 上海市城市更新流程

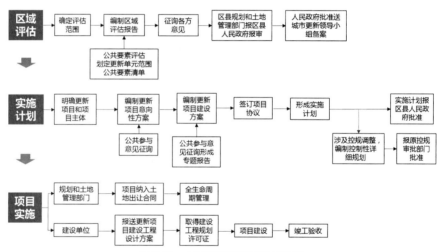

图 5-10 上海市城市更新详细流程

5.4 其他城市的城市更新操作流程

鉴于国内多数城市均尚未建立完善成熟的城市更新制度体系，因此城市更新操作流程也尚不明确。以南京、济南、成都和西安为例，既不一定设置专门的管理机构，又不一定颁布了城市更新（实施）办法和相关的政策规章，很多情况下针对城市更新项目往往更具更新对象的不同（棚户区改造、老旧小区改造、工业区改造、城中村改造等）而采取个案处理方式依托既有业务部门执行相关工作，因此在城市更新实操过程中难免在管理与技术层面暴露一些问题[1]。

[1] 程则全. 城市更新的规划编制体系与实施机制研究[D]. 山东建筑大学，2018.

（1）管理方面：依托既有部门开展城市更新，管理分散、职权不清、弱化、效率

正如本书第一章所述，在广义"城市更新"概念下，我国多数城市尚未对"城市更新"概念明确定义，依然延续对城中村改造、棚户区改造、老旧小区改造、旧厂区改造、历史地段保护利用等的分类管理，除广州、深圳、济南、东莞等城市成立了专门的市级城市更新管理机构外，其他多数城市仍是依托既有旧城、城中村、棚户区改造等相关业务处室等执行相关城市更新工作。

由于缺少专职机构统筹，城市更新在管理上难免出现权限分散情况，规划与自然资源局、住房和城乡建设局、房屋管理局等部门均可能主管某类型的城市更新，且相关规定、操作程序等政出多门，制约了城市更新实施效率，削弱了城市更新的整体目标。此外，由于市场和公众对不同部门有关城市更新的工作程序不尽了解，难以准确获得统一操作指引，因此在一定程度上抵消了市场主体与公众参与城市更新的积极性。

（2）技术方面：政策性文件片段化，缺少操作指引和技术标准

目前，在更新政策法规体系的建设层面，除深圳已经颁布地方性法规《深圳经济特区城市更新条例》、少数城市颁布"城市（有机）更新（实施）办法"地方政府规章外，其他大多数城市均是以政府通知、意见等规范性文件的方式针对某些具体问题发布城市更新政策。在此现实情况下，有关城市更新的配套政策文件不完善、缺少明晰而具体的操作指引和技术标准，已成为多数城市进行城市更新实践过程中的普遍现象。南京、济南、成都和西安城市更新体系对比如表 5-2 所示。

南京、济南、成都和西安城市更新体系对比　　　　　　表 5-2

类别	南京	济南	成都	西安
机构设置	市规划资源局	城市更新局	公园城市建设和城市更新局	城市更新工作领导小组
管理规定	开展居住类地段城市更新的指导意见（2020）	关于坚持"留改拆"并举深入推进城市有机更新的通知（2020）	成都市城市有机更新实施办法（2020）	西安市城市更新办法（草案征求意见稿）（2020）
对象分类	维修整治、改建加建、拆除重建	棚改项目以及旧住区、旧厂区、旧院区、旧市场等	保护传承、优化改造、拆旧建新	保护传承、整治提升、拆旧建新
更新单元	更新片区	城市更新单元	片区评估＋更新单元	城市更新片区
技术标准与更新流程指引	—	《济南市旧区改建类城市更新项目实施流程（试行）》《关于优化城市更新项目前期工作管理流程的实施意见》	—	—

对于尚未建立完善成熟的城市更新制度体系，其对不同城市更新对象往往进行区别化管理，本书仅基于南京、济南、成都、西安四市，对旧城改造、老旧小区改造和历史街区改造的操作流程加以概括整理，如图5-11～图5-13所示。

图 5-11　旧城改造操作流程

图 5-12　老旧小区改造操作流程

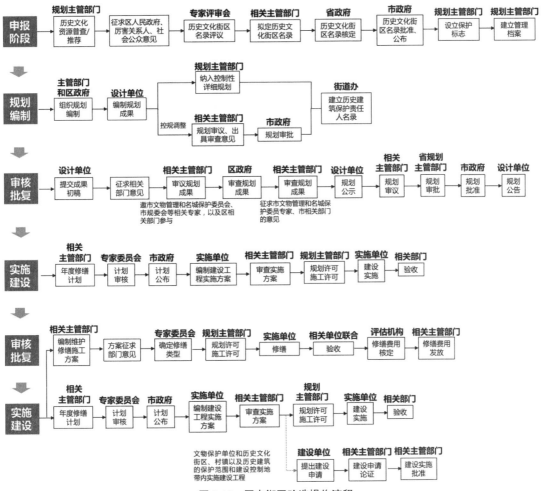

图 5-13　历史街区改造操作流程

5.5　小结

（1）深圳、广州、上海三市城市更新操作流程特征概括

深圳、广州、上海三市的城市更新制度体系构建相对完善，表现出了许多共性。管理机构设置常态化与专门化，形成了市政府上级领导与下级主管机构专职管理实施相结合的搭配模式；城市更新管理的阶段与流程基本成形，对特定环节和特定类别的制度安排仍在不断完善，如表 5-3、表 5-4 所示。

深圳、广州和上海城市更新制度体系对比　　　　　表 5-3

分类	深圳	广州	上海
法律法规	《深圳经济特区城市更新条例》（2021）	《广州市城市更新条例（征求意见稿）》（2021）	《上海城市更新条例（草案）》（征求意见稿）（2021）

续表

分类	深圳	广州	上海
政策规章	《深圳市城市更新办法》（2009、2016）、《深圳市城市更新办法实施细则》（2012）、《关于深入推进城市更新工作促进城市高质量发展的若干措施》（2019）等	《广州市城市更新办法》（2015）、《关于深化城市更新工作推进高质量发展的实施意见》（2020）、《广州市深化城市更新工作推进高质量发展的工作方案》（2020）等	《上海市城市更新实施办法》（2015）、《上海市城市更新规划土地实施细则》（2017）等
更新单元	片区更新统筹＋城市更新单元	片区策划＋城市更新单元	区域评估＋城市更新单元
技术规范与流程指引	《深圳市城市更新单元规划编制技术规定》《深圳市综合整治类旧工业区升级改造操作规定》《深圳市拆除重建类城市更新单元计划管理规定》《深圳市拆除重建类城市更新单元规划审批规定》《深圳市拆除重建类城市更新单元规划容积率审查规定》等	《广州市城市更新片区策划方案编制工作指引》《广州市城市更新单元详细规划报批指引》《广州市城市更新单元详细规划编制指引》《广州市关于深入推进城市更新促进历史文化名城保护利用的工作指引》《广州市城中村全面改造大型市政配套设施及公共服务设施专项评估成本估算编制指引》《老旧小区小微改造实施指引》《城市更新专家库建立及使用指引》《城市更新过程中评估机制指引》等	《上海市城市更新管理操作规程》《上海市城市更新区域评估报告成果规范》《关于本市盘活存量工业用地的实施办法》《关于加强本市工业用地出让管理的若干规则》《上海市旧住房拆除重建项目实施管理办法》《上海市旧住房综合改造管理办法》等
运作实施	审批控制、多主体申报	审批控制、政府收储	全生命周期

深圳、广州和上海城市更新流程对比　　　　表 5-4

分类		深圳	广州	上海
机构设置	领导机构	市查违和城市更新工作领导小组	城市更新工作领导小组	市人民政府
	管理机构	城市更新与土地整备局	城市更新局	市住房和城乡建设管理部门（设城市更新领导办公室）
更新范围		城市建成区（旧工业区、旧商业区、旧住宅、城中村及旧屋村等）	"三旧"（旧城、旧村、旧厂）、"三园"（村级工业园、专业批发市场、物流园）、"三乱"	市建成区内开展持续改善城市空间形态和功能的活动及市人民政府认定的其他城市更新活动
更新方式		综合整治、拆除重建	全面改造、微改造、中改造	—
申报阶段	计划编制依据	基于需求与实施条件的城市更新项目筛选	城市更新需求与实施条件，城市更新片区策划方案	城市更新指引、城市更新行动计划
	计划申报主体	区政府、政府部门、企事业单位	区政府、政府部门、企事业单位、土地权属人	政府部门、区政府

续表

分类		深圳	广州	上海
规划编制阶段	编制内容	城市更新单元规划	片区策划＋城市更新项目实施方案	区域城市更新方案＋规划实施方案
	控规调整	市规划国土主管部门报市政府批准	市城市更新主管部门／区政府提交市规划委员会审议并经市政府批准	市规划国土资源主管部门与区县政府明确调整要求，市规划国土资源主管部门审批
审核批复阶段		市规划国土主管部门审查，区城市更新职能部门公示，市规划国土主管部门审议，市政府或授权机构批准，市规划国土主管部门公告	区政府审核，市城市更新局审查，市城市更新领导小组审议，市城市更新局批复，市城市更新局公示	区人民政府或者市规划资源部门认定区域城市更新方案，相关部门审批区域城市更新方案相关内容
实施建设阶段		需要确认实施主体：区政府组织实施方案，形成单一主体，实施主体资格确认	建设报批：区政府服务中心集中受理立项、规划、国土等行政审批申请，实行并联审批	全生命周期管理：市、区有关部门应当将土地使用权出让合同明确的管理要求以及履行情况纳入城市更新信息系统，通过信息共享、协同监管；城市更新项目的公共要素供给、产业绩效等纳入土地出让合同

（2）其他城市的城市更新操作流程共性特征概括

深圳、广州和上海的城市更新流程各有其侧重。在更新范围层面，广州城市更新包括"三旧"改造（旧城、旧村、旧厂）、棚户区改造、危破旧房改造等，深圳城市更新主要在城市建成区（旧工业区、旧商业区、旧住宅、城中村及旧屋村等），上海包括按照政府规定程序认定的城市更新地区。更新方式层面，深圳主要有综合整治、功能改变和拆除重建，广州为全面改造和微改造，而上海没有特定的更新方式。在申报阶段，深圳和广州的项目需要纳入年度城市更新计划，而上海则是依据城市更新指引和城市更新计划。在申报主体方面，深圳和广州的主体比较多元，上海主要为区政府。在规划编制阶段，广州和上海需要进行片区策划。涉及控规调整，三市的相关管理部门也不相同。审核批复阶段，上海的审核批复流程相对简单。在实施建设阶段，深圳需要确定单一的实施主体，广州区政府实施或指导实施机构实施，上海从区域城市更新方案到规划实施方案实行全周期管理。

大致概括为四阶段：（1）申报阶段，确认项目主体并且制作申请材料，确认改造范围，如当地采用计划管理方式还需向主管部门申请纳入城市年度更新计划，同时调查改造范围内的现状信息情况。（2）规划编制阶段，编制城市更新（单元）规划，协调内部利益主体。（3）审核批复阶段，提交给主管部门审核材料，并提交给上级部门批复。每个城市的相关的行政管理机构不同，审批流程也不相同。（4）实施建设阶段，首先应当制定实施方案，确认形成单一的实施主体，办理完相关的手续后开始实施建设，如图 5-14 所示。

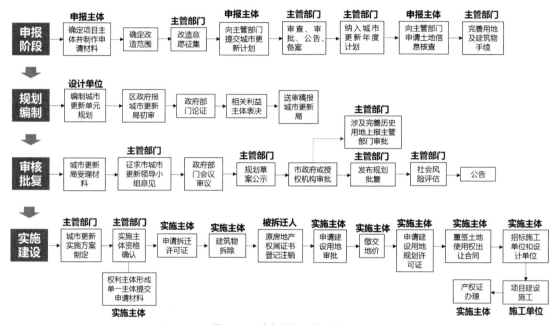

图 5-14　城市更新一般流程

第6章　城市更新项目流程性问题

　　根据深圳市统计的一组数据，截至 2018 年底，深圳市历年已列入城市更新计划项目的数量为 741 个，其中，取得规划批复的项目有 447 个，占到项目总数的 60.3%，而真正能实施的项目仅 191 个，占到项目总数的 25.8%。

　　实际上，以深圳市的数据为缩影，显现出的是全国城市更新项目总量多、规划通过率低、实施率更低的特点，而这一现象与城市更新中较为复杂、困难的流程环节脱不了关系。例如参与不同城市更新类型时的规划编制问题，还有在面临规划博弈时经常会遇到的贡献与奖励问题，以及更新项目前期的拆迁安置、土地与历史遗留问题等。

　　因此，需要对城市更新项目操作过程中的重点环节有所了解，对可能发生的问题进行预判，从而规避项目实操中的风险。

　　本章将论述城市更新过程中常见的流程性问题，总结出国内重点城市，参与城市更新中处理各类流程性问题的方式或经验。

6.1　实施主体与规划编制问题

6.1.1　问题与意义概述

参与城市更新，必然要通过编制更新规划来进行项目实施安排，而不同层次、不同类型的更新规划，其功能定位、侧重点、具体内容、发展趋势等各不相同。因此，事先了解实施主体角色定位与规划编制的内容要点，将有助于实施主体在参与不同层面、不同类型城市更新项目时快速进入角色，并把握住规划编制的关键，加快项目推动效率。

从规划编制角度来看，我国的城市更新规划可以分为宏观、中观、微观三个层次，其中宏观层面的城市规划更多属于政府行为；中观和微观层面的规划编制则是企业有机会参与城市更新的主要工作内容，如表 6-1 所示。

我国城市更新规划的三个层次　　　　　　　　　　　　表 6-1

分类	范围	主要功能	示例	编制主体
宏观更新规划	一般指导全市、全区范围	使政府可以宏观统筹指导城市更新工作，注重整体协调和局部突破的结合，注重政策制度的设计	例如广州"广州市城市更新总体规划"、深圳"城市总体规划层面的城市更新专题研究""市区两级城市更新专项规划"	政府
中观更新规划	片区范围	落实宏观更新规划，强化政府主导力度，落实公共设施，平衡片区整体利益	例如上海"更新区域评估"，深圳"更新统筹片区规划"，广州"三旧改造专项规划"	政府 / 企业
微观更新规划	街区 / 地块范围	具体更新街区 / 地块的改造方案，落实各类上位规划，更新项目实施的基本依据	例如广州"三旧改造地块改造方案"，深圳"更新单元规划"，上海"更新单元实施计划"	政府 / 企业

从项目实施角度来看，在中观片区层面及微观街区 / 地块层面政府与企业均有可能作为实施主体参与城市更新：片区层面的城市更新统筹，政府可与企业共同参与，二者在合作中争取各自代表的利益；街区 / 地块层面的城市更新局部开发，企业是最重要的实施主体，政府以行政手段确保企业在追逐利益最大化的过程中履行城市义务、保障公共利益。政府与企业在参与中微观层面城市更新的关注与情形，如表 6-2 所示。

政府与企业在参与中微观层面城市更新的关注与情形　　　表 6-2

	中观——片区层面	微观——街区 / 地块层面
关注内容	战略与定位、产业发展方向研判、潜力空间挖掘、用地布局优化组织、公共服务设施与基础设施布局、城市风貌、政策性住房、城市更新单元划分等	目标定位、更新方式、土地处置、土地利用、建设指标、配套设施、市政工程、城市设计、产业策划、安置保障、经济测算、分期实施、交通与环境影响等

续表

	中观——片区层面	微观——街区/地块层面
情形描述	政府为加速推进片区的城市更新统筹、项目实施落地、产业招商，同时为减小财政投入压力，会与有实力的开发企业合作，如东莞市片区城市更新的"前期服务商"。在此过程中，企业在提升城市品质、保障公共利益的同时，可提前"锁定"自身盈利空间	企业参与城市更新的局部开发可分为两种情形，一种市政府主导下的"民生项目"，以完成工作任务、获取政府项目款为目标；另一种是通过市场竞争获得的"盈利项目"，以追逐利益最大化为目标

6.1.2 片区层面的城市更新统筹规划

片区层面的更新统筹规划的目的是统筹多个城市更新项目，以完善城市功能、优化空间布局、改善环境品质、促进产业转型升级为目标，体现各开发主体责任和权益统一[1]。城市更新统筹规划一般由政府负责，但企业在一些情形下会拥有参与该规划编制的机会。

1. 规划编制的三种情形

基于不同主体对更新统筹规划的不同诉求，可以将片区更新统筹规划的编制分为三种主要情形：政府主导；政府主导、利益平衡；政企合作、企业统筹，如表6-3所示。

片区更新统筹规划编制的三种主要情形　　　　表6-3

情形一：政府主导	情形二：政府主导，利益平衡	情形三：政企合作，企业统筹
统筹更新单元规划，解决合成谬误	优化调整法定规划，利益博弈平台	企业统筹协调，推进存量实施开发
随着市场参与城市更新项目热情的高涨，城市更新碎片化发展驱使下的弊端开始暴露，每个更新单元都在追逐自身利益最大化，尽可能回避公共贡献，多个更新单元合成的结果就是城市整体利益受损。因此需要建立更加系统的解决方案	增量时期编制的法定规划往往无法顾全存量时期城市更新更为复杂的开发要求，因此城市更新项目突破原规划开发量上限的问题屡见不鲜。政府需要更新统筹规划来确定合理的指标上限下限、进行指标分配，进而优化调整法定规划，保障项目合理通过审批。为保障规划实操性，市场的选择及意愿此时也会被考虑到该类规划中	对于一些范围较大的改造地区，有可能采取政企合作的开发模式，政企合作成立开发平台公司负责该地区的规划（策划）编制、项目开发、实施运营等。该情形下，城市更新统筹规划由平台公司牵头编制或与所在地区政府联合编制，但受限于编制主体的特殊性，其往往无法作为法定规划，而可作为后续法定规划调整的前期研究

[1] 姚早兴，许良华，高宇等. 城市更新片区统筹规划实践——以深圳坪山为例[C]// 2017城市发展与规划论文集. 2017.

2. 规划编制的主要内容

片区更新统筹规划主要包括规划指标、配套服务、提质发展三大内容。

规划指标包括：确定片区内的用地布局及各类用地比例；确定更新统筹片区的总体开发容量；对更新子单元进行划分，引导各子单元的更新方式；统筹划分片区内的用地增量等。

配套服务包括：对片区内交通基础设施梳理优化，并明确实施权责；基于控规与更新实际进行公共设施再评估，并统筹配置，协调落实重大公共服务设施，避免特定更新单元实操难题；针对市政基础设施的系统优化与完善等。

提质发展主要包括：明确片区内产业发展方向、产业用地比例及空间布局；强化城市风貌特色，对片区的公共空间进行系统性设计与导控；综合考虑保障性住房的落实等。

片区更新统筹规划在一定程度上为政企提供了利益博弈的平台，而政企双方由于各自代表利益的不同，导致各自在规划中的关注点不同。政府会更加关注涉及公共利益的内容，例如城市风貌、重大公共设施、公共空间系统设计与导控、保障性住房等；企业会更加关注涉及市场利益的内容，例如开发容量、空间潜力、用地比例、用地升值潜力等内容。

3. 政府的重要关注点

（1）公共服务设施

公共服务设施是城市发展的基本民生保障，旧城区往往存在公共服务设施配套不完备的问题，因此一般是政府关注的重点。在编制更新统筹规划时，应基于控规的公共服务设施要求，结合城市更新中新增建筑量在片区的分配情况，对公共服务设施的现状、需求、服务范围等内容进行重新评估，并作出针对性的完善补充。

（2）重大基础设施或公用设施

重大基础设施或公用设施对用地规模需求较高，在存量地区的落实往往是一大难题，通过片区统筹破题该问题是政府的主要关注点之一。在编制更新统筹规划时，一般可通过不同城市更新单元分担的方式规避重大基础设施或公用设施的集中布局，并同时提高此类设施所在城市更新单元的奖励措施，调动市场实施的积极性。

（3）保障性住房

针对城市产业地区职住不平衡的问题，以及就业岗位增量较大地区的居住保障问题，在保障性住房配建政策的基础上，与片区产业发展相结合，因地制宜地提出保障性住房的配建要求、具体指标，最大程度优化保障性住房的布局。

（4）公共空间系统设计与导控

更新统筹地区一般位于城市高度建成区，片区公共空间导控规则缺失，单个更新项目之间缺少统筹，各自为政，往往忽略公共空间的系统性改善；一旦个别更新单元项目完成，将会对城市公共空间造成无法弥补的遗憾。因此政府会注重片区统筹层面的城市公共空间系统设计与导控，对各类公园、重要街道、生态廊道等提出系统性控制要求。

（5）城市风貌与品质

城市更新既是完善城市"硬件"的抓手，也是提升城市"软实力"的机遇，依托城市更新塑造高品质的城市环境、实现精细化营城是政府关注的重要内容。因此，一方面诸如深圳等城市通过"密度分区"在宏观层面对城市风貌与品质采取了抽象的管理，另一方面在具体城市更新项目中，政府也关注通过城市设计对地域文化延续、建筑风貌特色、人性化场所营造等方面的综合考虑与落实。

案例 1——深圳市大鹏新区更新统筹规划

2017 年，深圳市大鹏新区城市更新局在《大鹏新区城市更新专项规划（2016—2020）》编制过程中，提出该更新统筹规划将成为实现大鹏新区风貌形象塑造的绝佳机会，要求在规划中抓住大鹏特质，顺势而为，打造深圳生态休闲名片。

规划挖掘了大鹏新区山海交融的生态特色、湾区绵延的岸线特色。以南澳圩镇为例，在该圩镇的规划中结合"南海明珠"的规划目标，依照山海和谐、逐级退让的空间布局原则，对沿海不同界面的建筑高度予以控制，同时制定了服务均衡、亮点突出的公共空间系统，如图 6-1、图 6-2 所示。

图 6-1　南澳城市设计风貌导控图　　　6-2　南澳公共空间系统设计

4. 企业的重要关注点

（1）开发容量

经营性用地的拆建比例、开发量等，是企业参与城市更新的核心盈利指标，也是与政府进行博弈的主要焦点。对于企业参与片区城市更新统筹的情形，首先应科学、合理地综合评价片区持续发展的承载力，框定开发总量，明确片区总体不容突破的容量"天花板"，以此为基础，企业方可进一步统筹自身利益与公共利益，达成政企双方的平衡。

（2）城市责任

单就经济利益而言，道路交通、公共配套设施、公用设施、公园绿地的建设与改造，环境整治提升，老旧小区改造等，都是投入大于收益的城市更新内容，但对以上内容的城市更新却能极大提升城市综合效益，这也正是政府愿意鼓励企业参与其中的原因。因此，政企对于片区范围内非盈利型项目的责任范围往往是双方博弈的重点，在对片区的城市更新统筹过程中，需合理考虑具体项目开发的"肥瘦搭配"问题，以城市综合效益的提升为原则底线，但同时也许兼顾项目开发的经济可行。

（3）用地布局

城市更新统筹规划的用地布局是基于对潜力用地等各项城市资源的重新优化配置，结合各用地的指标属性，用地布局毫无疑问是最能直接反映政、企及其他相关权利主体利益与责任的结论呈现。因此，在进行城市更新统筹时，需综合考虑评判产城关系、拆迁安置关系、设施承载能力、上位规划管控要求等诸多因素，落实合法权属，筛选潜力用地，并需同时实现道路交通、配套设施、公共开放空间等系统的优化布局。以用地布局为基础，进而平衡各方利益与责任。

（4）更新单元划分与更新方式引导

更新单元划分实质上也是利益分配的过程，需尊重既有城市更新项目，统筹研究包括产业发展状态、空间环境品质、权属状态、建筑物建成年份、现状容积率等各因素，兼顾各类开发模式的情况，贯彻"更新单元主体权利义务对等、肥瘦搭配合理"的原则[1]。

更新方式实质上决定了城市更新实施路径，收储复建（拆除重建）、生态清退、现状保留、综合整治等不同的城市更新方式既适用于不同的政策指导，又直接关系着不同的利益分配关系，将直接影响企业参与城市更新的项目决策。

案例2——济南黄河南岸区域更新统筹规划

2018年，在原济南市规划局、天桥区政府联合济南市某市级开发建设平台公司共同编制《黄河南岸高质量发展战略研究与重点地区城市设计》，作为该区域的更新统筹规划，指导后续法定规划修编和相关城市更新行动实施。该项目在济南首次引入了城市更新单元概念，在划定的9个城市更新单

[1] 潘立阳，许良华. 存量开发下片区统筹规划实施探讨——以深圳坪山汤坑片区为例 [J]. 江苏城市规划，2018，000（007）：P.31-36.

元中，黄河单元和丁太鲁单元作为近期重点建设单元，后续又分别引入国内两家知名开发企业负责具体城市更新实施，如图6-3所示。

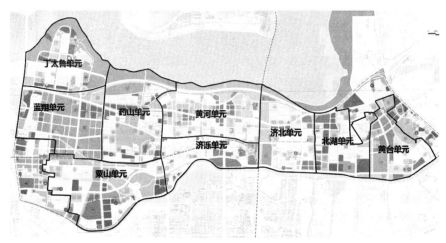

图6-3　济南黄河南岸区域城市更新单元划分示意

针对此情况，在该区域的更新统筹中，兼顾合理的企业实施开发诉求，明确底线管控要求，并提出清晰的产业发展和风貌塑造引导；与此同时，对两个近期重点建设单元提出了建议性的详细设计方案。后续，近期重点建设单元基于该规划优先完成控规修编，相应地实施开发企业基于该规划进一步细化、优化具体详细规划方案，完成城市更新单元启动建设的前期工作。图6-4为丁太鲁单元和黄河单元效果图。

图6-4　丁太鲁单元和黄河单元效果示意

6.1.3　街区／地块层面的城市更新单元规划

城市更新单元最早出现于2009年深圳颁布的《深圳市城市更新办法》，之后陆续被其他城市采纳，避免了城市更新的无序化、碎片化发展，在一定区域范围内以保证基础设施和公共服务设施相对完成的前提下，框定总量、调配增量。城市更新单元规划是在大规模城市更新改造的背景下，政府调控城市空间资源、维护社会公平、保障公众利益的重要公共政策[1]；同时对于企业而言，也是参与城市转型发展的市场契机。当然，对于尚未引入城市更新单元的城市，由于其采用街区或多地块整体城市更新的方式与城市更新单元内的城市更新行为具有很大相似性，因此在本节论述中不再额外加以区别。

1. 城市更新单元规划的两种类型

基于城市更新方式，城市更新单元规划可以概括为两种主要类型：拆除重建类城市更新单元规划，综合整治类城市更新单元规划，如表 6-4 所示。除了"拆除"和"保留改造"这个基础差异之外，这两类规划在实施主体、更新对象、工作流程等方面也存在一定差异。

两类城市更新单元规划对比分析　　表 6-4

	拆除重建类更新单元规划		综合整治类更新单元规划
实施主体	政府引导，市场运作		政府主导，市场实施
更新对象	更新对象一般包括城中村、棚户区、旧商业、旧厂房		更新对象一般包括老旧小区、城中村、老旧厂房
工作流程	更新体系完善地区	更新体系欠完善地区	由政府确定年度需要进行综合整治的更新项目，并组织开展规划编制、项目审批工作，接下来一般由国企来实施操作，政府对项目提供专项的资金安排
	根据申报主体的意愿，市、区政府统筹制定城市更新计划，由市场主体开展城市更新单元规划的编制工作	依据政府确定的年度城市更新工作目标，可能由市场（利益驱动），也可能由政府（民生驱动）推进项目立项、规划编制	

从以上两类规划的差异可以看出，拆除重建类城市更新由于具有较好的利益预期，企业往往主动参与其城市更新单元规划编制，本节将重点介绍拆除重建类城市更新单元的规划编制。

2. 城市更新单元规划的编制原则

（1）面向实施，互利共赢。整个过程应明晰产权，建立公众参与平台，充分尊重和保障相关权利人的合法权益，综合多方意愿，采用公平、合理的方案，有效实现公众、权利人、市场主体等各方利益的平衡。

（2）公共优先，落实责任。研究、细化已批法定规划的各类用地性质和开发总量，深化、落实法定规划规定的各类城市基础设施和公共服务设

[1] 范丽君. 深圳城市更新单元规划实践探索与思考［A］. 中国城市规划学会. 城市时代，协同规划——2013 中国城市规划年会论文集（11- 文化遗产保护与城市更新）［C］. 中国城市规划学会：中国城市规划学会，2013：15.

施，促进完善城市公共空间体系，提高城市风貌品质；对于企业参与实施的情况，应充分履行城市公共建设义务、展现企业责任担当，在此基础上合理逐利。

（3）理念更新，与时俱进。及时跟进、采用城市规划领域的最新发展理念，如传承、活化历史文化，保护、发扬城市风貌，有机更新，绿色低碳等解决现实问题，营造良好的城市品质。

3. 城市更新单元规划的工作内容

对于已建立城市更新单元制度的城市，城市更新单元规划的职能往往相对明确，可以直接落实已经成熟的上位依据（已经批准的城市总体规划、控制性详细规划、城市更新专项规划、城市更新片区统筹规划等），再结合开发主体需求，编制内容齐全的规划方案即可（编制内容应包括更新目标定位、更新方式、土地利用、建设指标、配套设施、市政工程、城市设计、各方利益平衡、分期实施等）；对于尚未建立城市更新单元制度的城市，街区/地块层面的城市更新规划的工作范围及工作内容差异较大。当然，为了更好地适应更新后的城市发展要求，街区/地块层面的城市更新规划也需要从更宏观的层面去分析问题，在更大尺度下对各项城市系统性内容提出优化建议并进行相关论证。

编制拆除重建类城市更新单元规划有三方面主要技术导向，基于不同的技术导向、不同的关注主体，衍生出一系列规划编制工作要点及相关工作内容，如图 6-5 所示。

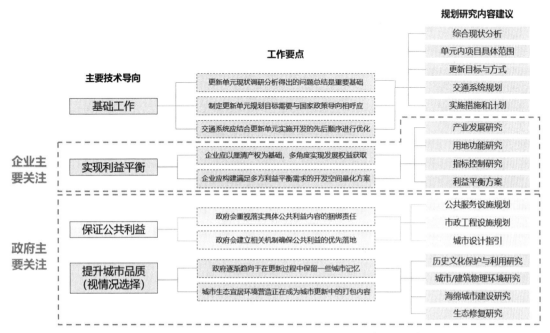

图 6-5　拆除重建类城市更新单元规划技术导向、工作要点及规划内容建议

4. 城市更新单元规划的成果形式（以深圳为例）

以深圳为例，2018年，原《深圳市城市更新单元规划编制技术规定（试行）》修订更名为《深圳市拆除重建类城市更新单元规划编制技术规定》，体现了城市更新工作从追求"速度"向追求"质量"转型，该规定作为一把"尺"，各部门统一认识、明晰概念、厘清思路、强化引导。

深圳的拆除重建类城市更新单元规划的成果分为技术文件和管理文件两大部分。

技术文件主要包括规划研究报告、专项/专题研究、技术图纸，是制定管理文件的基础和技术支撑。（1）规划研究报告主要包括现状概况与分析、规划依据与原则、土地信息核查、更新范围、更新目标与更新方式、功能控制、城市设计、利益平衡及附件等。（2）专项或专题研究一般包括产业发展专题、规划功能专题、交通影响评价、市政工程设施专题、公共服务设施专项、历史文化保护与利用专项、城市设计专项、建筑物理环境专项、海绵城市建设专项、生态修复专项。（3）技术图纸主要包括区域位置图、现状分析图、土地信息核查成果图、拆除与建设用地范围图、地块划分与指标控制图、历史文化保护规划图、城市设计分析图、慢行系统示意图、建设用地空间控制图、道路竖向与交通规划图、市政工程规划图、海绵城市建设规划图、分期实施规划图、日照分析图、规划一张图等。

管理文件主要包括规划文本、附图、规划批准文件。（1）规划文本主要是关于更新单元规划研究结论的摘要。包括总则、更新目标与方式、功能控制、城市设计、实施措施等内容。（2）附图是关于更新单元规划研究结论的主要规划图纸，包括拆除与建设用地范围图、地块划分与指标控制图、建设用地空间控制图、分期实施规划图等。（3）规划批准文件则是由经法定审批机构最终审批通过的单元规划文本与附图转化而成。

5. 城市更新单元规划的新趋势

近年来，随着各城市在探寻高质量发展与精细化营城过程中对城市文化、历史文脉的关注与发掘，在存量地区的城市更新正逐步由原来的"拆-改-留"向"留-改-拆"转变，依托有机更新的理念，在城市更新过程留存城市不同历史时期的发展印记。单就街区/地块尺度而言，此趋势下的城市更新方案并非经济利益最大化的方案，但就城市尺度而言，该趋势是追求城市综合效益最大化的最优选择。比如，深圳市通过对"非紫非保"城市功能的保护、改造与再利用，为市民提供了更多的休闲场所，提升了城市活力，进而促进了周边街区/地块价值的提升。

当然，在此趋势下的"留-改-拆"博弈也不曾间断，甚至相比原来"大拆大建"更为复杂，在此博弈过程中，规划设计的专业底线与价值导向也变得更为重要。

案例3——深圳市金威啤酒厂更新单元规划

金威啤酒厂城市更新"留存城市记忆"历程：

（1）深圳金威啤酒厂列入深圳市政府城市更新单元年度计划，更新方向为珠宝时尚产业总部和设计营销中心，方式为拆除重建。

（2）老厂建筑保护从无到有。原市规划国土委审议时，认为金威啤酒厂具有城市历史记忆价值，应适当保留历史工业建筑，采取适当措施丰富更新内涵、延续城市记忆。但其属于"非紫非保"建筑，实施主体积极性不高，每次提交的方案与政府要求相去甚远，双方就建筑保护有较大争议。

（3）招贤引智建坊，创新保护思路。政企联合邀请专家和设计机构，历经多轮方案探讨，形成了兼顾保留与再生的设计思路，并结合片区新产业内容，针对四种不同的遗产元素采取了四类保护利用方式，划定保护范围线。

（4）平衡利益，实现多赢。经实施主体和政府的多轮博弈，原市规划国土委同意"按保留建筑的面积及保留构筑物的投影面积之和奖励1.5倍建筑面积"的容积率奖励方式，使得企业利益得以平衡。

特色空间：

规划在划定的工业遗产保护范围线内，结合对厂区老建筑的保护和功能创新，打造一条蕴含城市记忆的明星公服活力带，植入各类文化艺术与休闲主题形成城市新IP，在丰富城市活力的同时，也带动了城市更新单元内周边物业价值的提升，如图6-6所示。

图6-6　金威啤酒厂老建筑保留与功能创新示意图

6.2 调规与审批问题

6.2.1 问题与意义概述

"调规"指的是"调整法定规划"。城市更新规划并非位列我国的法定规划体系之中，但我国各城市对城市更新制度体系的探索均对各层次城市更新规划与法定规划间的关系进行了体系性的探索（详见本书第三章）。因此，当城市更新规划相比原法定规划进行了优化调整之后，往往需要对原法定规划执行调规审批程序，进而才能后续开展城市更新实施工作。

由于在城市更新实践过程中，在片区与街区/地块层面市场主体均有机会参与城市更新规划的编制，城市更新规划相比原法定规划承载了更加复杂的利益协调关系，因此本节所述的调规与审批问题十分常见。概括说来，本节所述问题主要涉及"流程"和"博弈"两大方面。

"流程问题"是指由于全国各地更新制度体系成熟度不同，调规方式也各具特点，可能导致城市更新规划涉及较为复杂的调规流程问题，会对城市更新项目的实施进程造成影响。"博弈问题"是指政府与市场主体合作推进城市更新落地实施过程中，城市更新方案往往涉及对原法定规划的用地功能、开发强度、配套设施等强制性内容的调整，公共利益与经济效益往往是政府与市场主体间博弈的重点。

6.2.2 城市更新调规流程基本类型

根据更新制度体系的成熟程度不同，城市更新调规类型基本可分为三大类型，不同调规流程的难易程度、审批速度亦不相同。城市更新调规基本流程类型及特点，如表 6-5 所示。

城市更新调规基本流程类型及特点　　　　　　　　表 6-5

地区	调规流程类型	特点	审批速度	说明
城市更新制度体系成熟地区	以"两个层次"文件进行申报审批的调规流程	流程清晰规范，审批程序较多，相对复杂	相对较慢	一般要从中观、微观编制两个层次的研究文件，分别审批通过后方可调规，例如广州、上海
	直接以城市更新单元规划申报审批的调规流程	流程清晰规范，审批程序简单	较快	直接以编制好的城市更新规划进行分情形审批，例如深圳
城市更新制度体系欠完善地区	等同于控规调整的城市更新规划调规流程	缺乏清晰的流程指引，审批程序模糊	不确定（可能快可能慢）	由于更新制度体系不健全，城市更新规划涉及控规调整的流程还在摸索中，一般采取通用调规流程或效仿成熟地区流程，例如青岛、西安

1. 类型 1：以"两个层次"文件进行申报审批的调规流程

以广州、上海为例，城市更新调规审批一般需要通过调整"两个层次"的文件，待文件分别通过审批后即可进行调规[1]。

广州市"1 + 3 + N"城市更新规划体系主要包括宏观、中观、微观三个层次，分别对接相应的城市法定规划体系（详见本书 3.2.2），城市更新项目实施方案涉及调规的，需对城市更新片区策划方案及控制性详细规划分别进行调整，如图 6-7、图 6-8 所示。

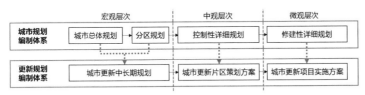

图 6-7　广州市城市更新规划体系与法定规划体系衔接示意

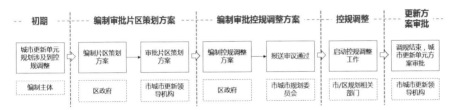

图 6-8　广州市城市更新调规流程示意

上海市更新规划编制体系主要包括中观、微观两个层次（详见本书 3.5.2），城市更新项目实施方案涉及调规的，需先调整中观层次的两个文件，包括更新区域评估报告、控制性详细规划，如图 6-9、图 6-10 所示。

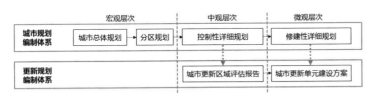

图 6-9　上海市城市更新规划体系与法定规划体系衔接示意

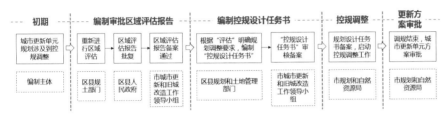

图 6-10　上海市城市更新调规流程示意

[1] 程则全. 城市更新的规划编制体系与实施机制研究——以济南市为例 [D]. 山东建筑大学，2018.

2. 类型2：直接以城市更新单元规划申报审批的调规流程

以深圳为例，其城市更新规划体系主要分为四个层次，与深圳市法定规划体系有明确衔接关系；同时，深圳较早便已建立了"城市更新单元规划"制度，城市更新项目实施方案涉及法定图则调整的，都是以城市更新单元规划为基础进行调规审批，可以直接覆盖法定图则，指导更新项目落地，程序较为简易规范、效率较高，如图6-11、图6-12所示。

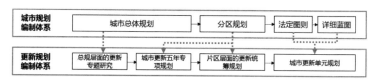

图6-11　深圳市城市更新规划体系与法定规划体系衔接示意

图6-12　深圳市城市更新调规流程示意

3. 类型3：等同于控规调整的调规流程

我国大部分城市的更新制度体系尚不健全，这些城市的城市更新若涉及调规审批，其流程基本参照既定的控规调整流程：申请调规、递交调规论证报告、控规调整、更新实施方案审批，代表城市有西安、青岛等，如图6-13、图6-14所示。

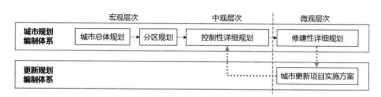

图6-13　西安市城市更新规划体系与法定规划体系衔接示意

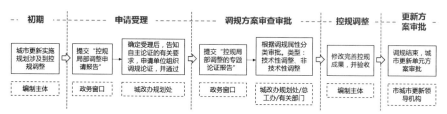

图6-14　西安市城市更新调规流程示意

6.3 贡献与奖励问题

6.3.1 问题与意义概述

上一节提到的"博弈问题",本质是参与城市更新的各利益相关方就所需承担的城市责任与所获收益的协调与平衡问题,其往往以公共利益的建设落实、开发增量的实现为核心。政府为充分调动市场主体参与城市更新的积极性,通过"贡献与奖励"政策的制定回应"责任与收益"问题。在我国各城市,尽管有关贡献与奖励的政策完善程度不一,但毫无疑问的是,其已成为平衡博弈的主要思路与关键工具,如表6-6所示。

我国不同地区的更新规划博弈特征 表6-6

类型	更新制度相对完善地区的规划博弈	更新制度欠完善地区的规划博弈
基本特征	协商式更新。"规则"相对完善,与法定规划的衔接关系明确。拥有可以预期的相对合理的规划总量(协商和博弈的基础较好),容积率管理制度较完善,在既定的框架下,调规推进过程可以省去机制探索的时间成本	"探索式"更新。"规则"欠完善,宏观和中观层次的城市更新规划缺失,更新规划与法定规划的关系不清晰,造成调规阶段市场主体与政府管理部门反复协商,降低调规的推进效率
政府态度	调规过程中,政府重视保障公共利益,约束市场逐利特性。经过多年与市场的博弈,政府已深刻认识到:在城市更新条件下,土地与建筑不仅仅是物质空间,更是重要的资产;更新不仅是物质空间形态改变的过程,更是利益重新分配的过程	政府更加重视城市更新项目最终实施,对市场逐利约束较宽或无明确规则
企业态度	充分利用已制定的各种城市更新相关政策,通过贡献获取奖励、合理优化法定规划相关内容,避免规则外无根据的调整	可借鉴城市更新制度完善地区的贡献与奖励机制,"有据可依"地去探索对法定规划内容的合理调整,再借"贡献"与政府反复协商

本节将围绕贡献与奖励政策,重点对国内贡献与奖励的基本模式和发生情形、城市更新政策常见的奖励对象及奖励额度进行探讨。

6.3.2 贡献与奖励的基本模式和发生情形

1. "基础+转移+奖励"的国内城市更新贡献奖励模式

"基础容积+转移容积+奖励容积"是国内主要的城市更新容积奖励模式,这种模式叠加所得到的规划建筑面积,基本上能保障绝大部分城市更新项目具备经济可行性[1]如图6-15所示。

基础容积是开发建设用地的地块用地面积与对应地块基础容积率的乘积

图6-15 国内普遍采用的容积"转移+奖励"模式示意

[1] 徐圣荣. 深圳市城市更新规划容积率制度解析[J]. 中国建设信息化,2018,000(022):P.68-69.

之和。基础容积率则是限定城市更新地块开发强度的基本指标，其确定方式主要分为三种：（1）依据控规和相关政策标准列出的修正要素计算得出；（2）部分城市编制了城市密度分区规划，依据城市密度分区确定的基数和相关政策标准列出的修正要素计算得出；（3）部分城市针对一些新兴的特殊用地类型或特定地区，会有专门的基础容积率规定。

转移容积是按政策规定可以转移至开发建设用地范围内的容积。一般情况下，转移容积发生的情形包括但不限于：落实公共服务设施用地并无偿移交政府（例如中小学、医院），承担代征代拆（包括安置），额外为城市提供基础设施（例如交通、环卫设施）等。转移容积的具体发生情形需依照不同城市制定的政策进一步确定。

奖励容积则是按政策规定，通过贡献公共利益可额外获得的容积。一般情况下，奖励容积发生的情形包括但不限于：贡献公共开放空间，增配政策性住房，保留、修缮历史建筑或构筑等。奖励容积的具体发生情形需依照不同城市制定的政策进一步确定。

需特别说明，由于"转移容积"与"奖励容积"在某种程度上均可视为"可额外获得的容积"，且二者针对的情形／对象在不同城市的政策下会有所重叠，为便于本节叙述，本节所探讨的容积率"奖励"将包含"转移容积"与"奖励容积"的含义。

2. 贡献与奖励行为发生的两种主要情形

政企双方都需要通过贡献与奖励政策来实现各自代表的利益诉求，由此出现贡献奖励行为发生的两种主要情形：（1）开发企业基于经济诉求，主动贡献公共利益，从而获取额外的容积；（2）政府基于公共利益的诉求，要求或建议企业承担公共责任，并给予企业一定的额外容积作为奖励，如图 6-16 所示。

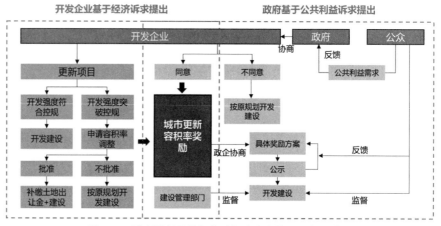

图 6-16　城市更新贡献与奖励行为发生的两种主要情形

6.3.3　更新政策常见的奖励对象及奖励额度汇总

常见的奖励对象包括公共开放空间、公共服务设施、市政基础设施、历史建筑物及构筑物、政策性住房、代征代拆等。

1. 奖励对象 1：贡献公共开放空间

常见的贡献形式包括：建筑物首层架空设计，提供建筑物架空层作为公共活动空间；提供建筑室内空间作为公共空间；提供额外的绿地、广场等。如《北京市区中心地区控制性详细规划指标调整的技术管理要求（试行）》规定："原则上应维持原容积指标，若为公共利益做出贡献（如提供公共绿地等公共开放空间）的项目，在交通影响分析许可基础上，予以适度容积率奖励。"

2. 奖励对象 2：贡献公共服务设施与市政基础设施

常见的贡献形式包括：在城市更新项目中额外提供卫生、教育、文化、行政、环卫等公共服务设施用地；额外提供城市道路、城市停车位等城市基础设施等。如上海市《容积率计算规则暂行规定》："中心城范围内，由建设单位负责拆迁并无偿提供作为城市道路用地的，该段道路用地面积的50%乘以净容积率的值，计为实施道路奖励面积，但增加的建筑面积不得超过核定建筑面积的 20%。"

3. 奖励对象 3：保护历史建筑构筑

常见的贡献形式包括：保留历史保护建筑及构筑；保留有历史价值的厂房建筑及构筑；保留"非紫非保"的、有历史价值的建筑及构筑。如《深圳市拆除重建类城市更新单元规划容积率审查规定》规定："城市更新单元拆除用地范围内，保留已纳入市政府公布的深圳市历史建筑名录或市主管部门认定有保留价值的历史建筑但不按照第五条第二款第一项要求移交用地的，按保留建筑的建筑面积的1.5倍及保留构筑物的投影面积的1.5倍计入奖励容积。"

4. 奖励对象 4：配建政策性住房

常见的贡献形式为：在城市更新过程中，企业依据城市政策性住房规定，提供部分建筑面积作为经济适用房、政策性租赁住房等功能。如《兰州市中心城区旧城改造住宅用地容积率转移和奖励计算办法》规定："自有用地内在相关规定外增配政策性住房（包括公共租赁住房、人才公寓、保障性住房等），建成后无偿移交政府的，按其地上建筑面积1∶1计入奖励容积。"

5. 奖励对象 5：代征代拆原有建筑

常见的贡献形式为：在城市更新过程中，协助政府代征、代拆已建成的用地及建筑，用于建设城市道路、绿带、洪道等。如《兰州市中心城区旧城改造住宅用地容积率转移和奖励计算办法》规定："自有用地内按城市规划要求承担代征代拆任务的（道路、绿带、洪道），按其代征代拆用地面积的1∶1.5计入奖励容积；自有用地按城市规划要求承担界外代征代拆任务的

（道路、绿带、洪道），按其代征代拆用地面积的 1∶1 计入奖励容积。"

6. 奖励对象 6：执行国家节能减排要求

常见的贡献形式为：通过设计或施工手法，使得城市更新后的建筑设计实施方案达到国家节能标准；建筑实施方式采用预制装配式。如南京市《关于进一步加强节能减排工作的意见》规定："单体 10000m² 以上的建筑，符合国家节能标准的，审批规划时可给予 0.1～0.2 的容积率奖励。"

7. 容积率奖励额度

奖励额度是指各城市对城市更新项目进行容积率奖励后的上限要求，即奖励容积率不能突破的上限。

由于各个城市的区位、经济实力、城市规模和发展程度都存在差异性，所以城市建设总量、容积率奖励上限也会存在区别。根据《2018 年中国城市分级》，对部分城市的容积率奖励上限、进行了排序比较，大部分城市的奖励上限都设置为基础容积率的 15%～30% 间，如表 6-7 所示。

我国部分城市设置的容积率奖励上限 表 6-7

城市	奖励上限	城市分级
上海	15%	一线城市
深圳	30%	一线城市
南京	20%	新一线城市
成都	20%	新一线城市
青岛	20%	新一线城市
合肥	20%	二线城市
福州	20%	二线城市
石家庄	20%	二线城市
太原	20%	二线城市
贵阳	25%	二线城市
兰州	20%	二线城市
海口	15%	二线城市

6.4 产城融合问题

6.4.1 问题与意义概述

通过深圳市 2018 年底以前的一组统计数据，可较为明显看出产业类、居住类、商服类城市更新的变化趋势：2013 年之前，深圳市住宅及商服类城市更新的建筑面积占绝对多数；而自 2014 年以来，住宅及商服类城市更新的建筑总量及其占比明显下降，产业类城市更新的建筑总量明显上升。到 2018 年底，住宅仅占城市更新规划建筑总量的 22%，为历史最低点；而同期的产业用房城市更新规模达到历史最高点,占比达到 52%——由此可见,深圳市近年产业类城市更新比例逐年上升,居住及商服类城市更新显著减少,可为其他城市的城市更新历程提供借鉴。深圳市历年已批城市更新单元规划各类建筑面积如图 6-17 所示。

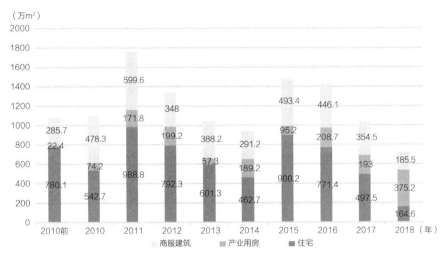

图 6-17 深圳市历年已批城市更新单元规划各类建筑面积统计

随着全国城市更新行动的深入和居住环境的改善,城市逐渐开始关注产业迭代更新对城市可持续发展的促进带动,希望以城市更新为抓手实现城市产业的转型与跃升发展。在此背景下,产城融合成为目前产业类城市更新的重要理念,主要是指"产"与"城"就城市功能布局、生产生活方式等方面的有机融合和良性互动。

但目前,产业类城市更新依然存在诸多问题,如:(1)缺少与周边城市功能的互动;(2)过度关注物质空间改造;(3)产业区域功能单一,缺少城市功能与配套;(4)忽视产业发展的基本逻辑与实际需求等。针对以上问题,在产业类城市更新实践过程中,应紧握产业和空间两方面抓手:产业抓手是指根据具体项目区位特征、政策导向、资源禀赋条件以及实施主体的资源链接能力,确定适宜的产业发展方向;空间抓手是指通过一系列空间设计手法,实现产业资源的整合以及产业、生活空间的融合。

6.4.2 产业类城市更新项目的产城融合模式

1. 延续既有产业基础的产业提容增效

为进一步推进土地供给侧结构性改革,更好地盘活存量土地资源,促进产业用地节约集约利用,针对现状产业发展态势良好,但由于产业升级所需要的空间不足或不匹配的产业用地,需要通过城市更新实现产业提容增效,更新方式可兼用新建、改建、拆建。面对此类城市更新项目,在规划设计层面应重点关注：（1）明晰产业面临的问题，明晰扩容增效的方向和发展路径，便于"对症下药"；（2）基于扩容后的产业空间需求和特征，采用因地制宜的空间方案。

2019年5月，深圳市立足经济高质量发展新常态要求，和自身新增建设用地空间资源紧约束条件的实际情况，出台《深圳市扶持实体经济发展促进产业用地节约集约利用的管理规定》，从适用范围、实施路径、地价标准、审批机制等方面对产业用地容积调整相关事项进行了全面、系统的规定。如，为降低企业成本、提升企业扩大再生产的能力，明确规定普通工业用地提高容积部分和无偿移交政府的建筑面积，不计收地价；新增的建筑面积符合全市产业发展导向的，可适用产业发展导向修正系数；为提高产业用地容积调整工作效率，结合"强区放权"的改革要求，规范产业用地容积调整申办条件，精简规划调整程序，优化审批流程，极大缩短审批时间等。

案例4——伊斯坦布尔Umur印刷厂更新扩容项目

该项目通过城市更新实现了对现有产业类建筑的加固及扩建。随着产业发展，原建筑出现了空间和停车位不足、建筑质量和外立面老旧等一系列问题，通过城市更新设计改造，将原1.5万 m^2 的印刷厂空间改造成4.3万 m^2，并新建地下停车场、加固建筑结构，对外立面采取了钢化玻璃彩色棱镜立面设计，整体上实现了印刷厂的更新扩容需求，如图6-18所示。

图6-18　Umur印刷厂更新扩容项目

2. 探寻新产业进化的产业创新

为落实国家经济高质量发展、产业升级的大方针，促进区域产业转型升级，针对传统工业用地无法满足新兴产业发展需求、大量老旧工业用地利用效率不高等问题，在国家存量规划、推动创新型产业发展等政策引导下，各城市陆续在城市更新领域开展产业创新的探索。新型产业与传统产业在用地及管理方面的特征差异如表 6-8 所示。

新型产业与传统产业在用地及管理方面的特征差异　　　表 6-8

用地及管理特征分类		传统产业	新型产业
土地特征	土地供应方式	早期为协议出让，现为招拍挂	主要为招拍挂，鼓励租赁或租让结合
	用地规模	视产业类型而定，一般规模较大	比传统产业要小
	地价计收	基本按基准地价计收	根据具体功能差异，根据一定计算公式缴纳
用地规划	建筑功能	独立用地，用地混合程度低	与商服、居住、公共设施用地适度混合
	开发强度	容积率低，大部分在 1.0~2.0	容积率较高，逐渐向商服用地容积率靠近
	配套设施	主要为仓储、交通、生产设施，生活配套设施主要是职工宿舍、其他形式较少	金融、咨询、娱乐、体育等设施，可公用人力资源、物业管理、餐饮等生活服务设施便利
运营管理	产权情况	产权主体单一，基本不涉及产权分割	可进行产权分割，适应不同产业产权管理需要
	准入退出	基本不设置准入退出机制	准入退出机制对严格，对企业经营状况进行评估监管
	运营管理	基本是企业自身管理	一般需要运营公司进行综合管理服务
	税收调控	主要受企业所得税、增值税等约束	有各种税收优惠减免政策，税收调节较为灵活

（1）政策方面

基于国家《产业用地政策实施工作指引》（2016 年）、《关于支持新产业新业态发展促进大众创业万众创新用地政策的意见》（2015 年）、《节约集约利用土地规定》（2014 年）等相继出台的支持新产业、新业态的相关政策，我国各城市均开展了有关创新型产业用地的实践。

例如，2006 年《北京中心城控制性详细规划》提出高新技术产业用地，也称为工业研发用地，即 M4，被视为我国最早的新型产业用地政策、M0 的雏形。深圳市《深圳市城市规划与标准与准则》（2013 版）直接在 M 类（工业土地）中新增"新型产业用地（M0）"门类，并不断推进实践，其"先试先行"为其他地方政府优化土地资源配置提供了宝贵的经验和教训，也成为全国 M0 用地政策与实践对标的主要对象。东莞 2018 年 3 月出台国内第一份明确针对 M0 的市级政策《东莞市新型产业用地（M0）管理暂行办法》，之后，广州、中山、珠海、顺德、郑州、济南、青岛、潍坊、杭州、温州、台州、绍兴、成都、贵阳等城市陆续公布新型产业用地（M0）政策。

在工业用地分类下，还有北京与天津等地的M4（工业研发用地），福州的M1（创新性产业）、杭州的创新型产业用地［土地登记为"工业（创新型产业）"］、惠州（高新区）的M＋（新型产业用地）、南京的Mx/Ma（生产研发用地）、昆山的Ma（科创产业用地）、郑州的M1A（新型工业用地）等分类方法。

在工业用地以外，多个城市也在其他用地门类下对创新型产业用地进行了不同探索。如，上海把M4统一到C65（科研设计用地）用地，放大"研发总部通用类用地"的外延。南京2011年以来综合工业和商办用地，推出了三类创新型产业用地，一是在B类地B29项（其他商务设施用地）下细分B29a用地（科研设计用地），将经营性科研设计用地与科研事业单位用地相区分；二是在2013年的《关于进一步规范工业及科技研发用地管理意见的通知》中明确了C65（科研设计用地）、Ma/Mx（生产研发用地），主要适用于生产性服务业，二者的土地登记用途统一为科教用地（科技研发）。北京市近几年为配合科技创新、科技研发、高精尖产业发展，推进研发设计用地（B23）的落地。部分城市产业创新政策如表6-9所示。

部分城市产业创新政策　　　　表6-9

城市	出台时间	重点文件	城市	出台时间	重点文件
深圳	2019.5	《深圳市扶持实体经济发展促进产业用地节约集约利用的管理规定》	杭州	2019.8	《杭州市人民政府办公厅关于进一步规范全市创新型产业用地管理的意见》
	2019.3	《深圳市工业及其他产业用地供应管理办法》		2019.1	《杭州市企业投资创新型产业用地"标准地"指标》
	2014.1	《深圳市城市规划标准与准则》（2013版）		2015.1	《关于印发进一步优化产业用地管理、促进土地要素市场化配置实施办法的通知》
	2013	《深圳市人民政府关于优化空间资源配置促进产业转型升级的意见》为主文件的"1＋6"文件		2014.1	《杭州市人民政府办公厅关于规范创新型产业用地管理的实施意见（试行）》
东莞	2019.5	《东莞市新兴产业用地（M0）地价管理实施细则》	台州	2019.11	《台州市人民政府办公室关于新型产业用地管理试点的实施意见》
	2019.5	《东莞市人民政府关于拓展优化城市发展空间加快推动高质量发展的若干意见》	温州	2020.8	《温州市人民政府办公室关于进一步完善市区创新型产业用地管理的实施意见》
	2018.3	《东莞市新型产业用地（M0）管理暂行办法》	福州	2017.8	《福州市人民政府关于创新型产业用地管理的实施意见（试行）》
	2013	《东莞市产业转型升级基地认定和管理试行办法》	贵阳	2019.7	《贵阳市新型产业用地管理暂行办法》

续表

城市	出台时间	重点文件	城市	出台时间	重点文件
广州	2020.4	《广州市新型产业用地（M0）准入退出实施指引（试行）》	成都	2020.4	《成都市人民政府办公厅关于加强新型产业用地（M0）管理的指导意见》
	2019.3	《广州市提高工业用地利用效率实施办法》	南宁	2020.7	《南京市创新型产业项目用地管理暂行办法》
	2018	《广州市产业园区提质增效试点工作行动方案（2018—2020年）》《广州市价值创新园区建设三年行动方案（2018—2020年）》	南京	2013.1	《关于进一步规范工业及科技研发用地管理的意见》
	2015.3	《广州市提高工业用地利用效率试行办法》	无锡	2019.8	《关于调整市区科研设计用地和商业用地出让政策的通知》
惠州	2019.6	《惠州市新型产业用地（M0）管理暂行办法（征求意见稿）》	苏州昆山	2020.1	《科创产业用地（Ma）管理办法（试行）》
	2018.7	《惠州仲恺高新技术产业开发区新型产业用地（M＋）管理暂行办法（征求意见稿）》	北京	2018.3	《建设项目规划使用性质正面和负面清单》
中山	2019.6	《中山市新型产业用地管理暂行办法（征求意见稿）》		2017.12	《北京市人民政府关于加快科技创新构建高精尖经济结构用地政策的意见（试行）》
珠海	2020.9	《珠海市新型产业用地（M0）地价管理实施细则》		2017.4	《关于进一步加强产业项目管理的通知》
	2020.8	《珠海市新型产业用地（M0）开发主体准入认定办法（征求意见稿）》		2006	《北京中心城控制性详细规划》
	2020.5、2021.2	《珠海市新型产业用地（M0）管理暂行办法（试行）》	上海	2019.7	上海市土地交易市场挂牌出让9幅产业用地"标准地"
郑州	2019.3	《郑州市人民政府关于新型工业用地管理的实施意见（试行）》		2017.11	《上海市加快推进具有全球影响力科技创新中心建设的规划土地政策实施办法》
	2018.12	《关于高新技术产业开发区新型产业用地试点的实施意见》		2015.5	《上海市城市更新实施办法》
济南	2019.5	《关于办理新兴产业发展用地申报暂行办法》		2014.2	《关于进一步提高本市土地节约集约利用水平的若干意见》
	2019.3	《济南市人民政府办公厅支持新型产业发展用地的意见（暂行）》		2013	《上海市规划和国土资源管理局关于增设研发总部类用地相关工作的试点意见》
威海	2016.9	《威海市人民政府关于加强创新型产业用地管理的意见》		2011	《上海市控制性详细规划技术准则》
潍坊	2019.11	《潍坊市新型产业用地（M0）管理暂行办法》		2008	《关于促进节约集约利用工业用地、加快发展现代服务业的若干意见》

（2）空间方面

基于创新模式的不同，产业创新的空间载体，可以主要分为定制化创新园区、创新街区、创新社区（小镇）三类，如图 6-19 所示。定制化创新园区是以某一类企业总部创新为源，带动产业链式发展，建筑空间布局以园区为单位，同时需满足企业不同发展阶段的空间需求，如东莞松山湖华为欧洲小镇。创新街区是以科技服务业公共服务平台、社会组织机构、文化艺术为源，引领相关个体创新和社会创新，建筑布局一般趋向于小街区，建筑尺度灵活多样，强调空间连接与共享，往往位于城市中心地区，相比创新园区无明显边界，如美国纽约"硅巷"、我国深圳湾创业广场。创新社区（小镇）强调各类创新载体、相关配套及其他城市功能的融合发展，建筑与城市功能有机布局，如英国伦敦肖迪奇街区、美国斯坦福大学街地区等。

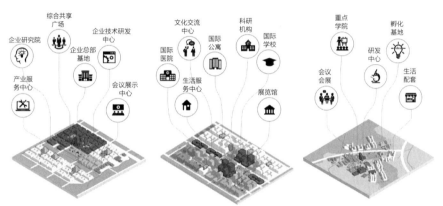

定制化创新园区空间模式示意图　　创新街区空间模式示意图　　创新社区（小镇）空间模式示意图

图 6-19　三类产业创新空间模式示意图

在规划设计中，建议重点关注：（1）重视产业发展方向的专题研究。为确保未来的产业发展设想符合实际，保证项目实施后的成功率，必须关注项目所在城市、地区的产业引入、发展与更新、转型、推出等情况，根据市场需求、产业发展规律，合理地制定产业专题研究，确定产业转型的具体发展方向。（2）用地与空间资源的差异化规划设计。由于生产加工环节的明显差异，新型产业与传统产业在土地、用地规划、运营管理特征上存在明显区别，需要在实际项目中依据更新项目的性质、区位、产业发展等情况的不同，采取差异化的规划设计手法。

案例5——深圳市罗湖区长城物流城市更新单元规划

产业用地性质调整。 长城物流园是深圳 2010 年二十大更新项目之一，于 2012 年立项取得建设规划许可证，由于既定方案的用地性质（W1、M1）及相关用地要求难以满足项目规划产业（视觉效果创意产业基地）对

空间、功能的需求，导致项目停滞多年。为推动项目进程，企业与政府产业主管部门进行了多轮协商，最终将原规划地块 W1＋C1、W1＋C2 调整为 W0＋C1，产业用地调整为 M0，如图 6-20、图 6-21 所示。

空间优化布局。为了解决新型物流用地与新型产业用地的优化布局，规划方案精细解析了产业单元的空间需求、工程要求、动线组织，以影棚建设为核心建设 6 个特效影棚，打造出多维城市影视创新基地，构建核心产业、周边产业和产业配套三个圈层构成的影视文化产业集群，解决了相关规范对于工业、民用建筑的设计约束。

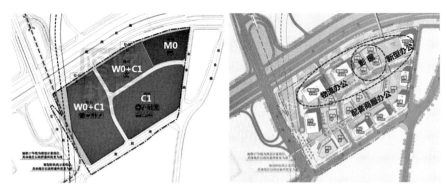

图 6-20　用地功能布局及城市设计方案

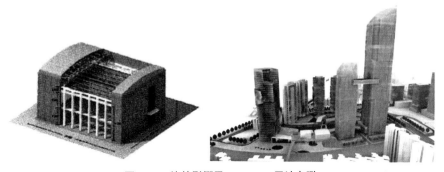

图 6-21　特效影棚及 M0、W0 用地鸟瞰

3. 传统工业向商业、办公的功能转变转型

随着城市中心区或片区中心的制造企业逐步外迁，产业类城市更新项目的改造方向不仅局限于工业功能，还包括商业、办公等功能，可借机实现城市消费、配套服务等功能的迭代升级。该类城市更新项目，既可采用拆除重建方式，又可在不拆除原工业厂房的基础上，对原厂房建筑进行建筑改造以实现功能改变。

在规划设计层面，建议重点关注：（1）基于周边城市功能与人群的消费需求、新的城市发展诉求开展面向新功能的产业研究，并精细落实到业态层面。（2）将空间设计与运营管理高度统筹，加速新的功能融入城市片区发展。

案例 6——深圳蛇口网谷城市更新

深圳蛇口网谷所在片区，原主要为从事出口加工工业的旧厂房，在国家实施腾笼换鸟战略的大背景下，蛇口网谷确定向现代高端服务业进行转型升级，对旧空间、旧物业进行更新改造（工业改商业）。截至 2020 年，更新后的蛇口网谷片区，在产业形态、创新能力、人才层次、单位面积产值等方面已取得了明显成效，如图 6-22 所示。

图 6-22　城市更新后的蛇口网谷

6.4.3　产业类城市更新的发展趋势

1. 通过划定工业用地保护红线和产业保护区块避免产业空心化

近年各城市掀起的"工改 M0"浪潮，虽是应对产业转型升级实现产业用地集约节约发展的重要创新探索，但同时其也衍生出了低成本空间丧失带来产业空心化风险：企业腾出的空间成为资本的猎物，建成高楼林立的总部基地、研发中心、写字楼；产业更迭变化过快，位于产业上下游之间的一些生产环节发生断裂，从而导致城市逐渐丧失"迭代共生"的发展优势。

在此背景下，深圳市以宝安区为试点首次实践划定工业用地红蓝线，对工业用地分级管控，并于 2017 年颁发《深圳市宝安区工业控制线管理办法（试行）》；随后，2018 年 9 月《深圳市工业区块线管理办法》正式出台，被称为"深圳工业区块用地最严工改政策"，全市划定了 270km² 的工业区块线，优先将制造业基础良好、集中成片的产业园区划入区块控制线，并对区块线的划定和调整以及线内用地管理、规划建设、产业发展、监督管理等多个方面予以明确；2020 年，中共广东省委、广东省人民政府印发《关于推动制造业高质量发展的意见》的通知，在全省范围提出"划定工业用地保护红线和产业保护区块"明确要求。广州划定工业产业区块面积 621km²，约占城市建设用地比例 28%；深圳划定工业用地总规模不低于 270km²，占城市建设用地比例不低于 30%；佛山划定工业用地面积约 350km²，约占城市建设用地面积的 23%……此外，在目前国土空间规划编制阶段，广东省许多城市将工业用地保护线作为国土空间规划的"第四条线"进行考虑，此举有利于稳定制造业发展的土地"基本盘"，对广东制造业高质量发展具有重要支撑作用。

尽管各地对"工业用地保护红线和产业保护区块"具体称谓、保护对象有所不同（深圳 - 工业区块线，广州 - 工业产业区块线、东莞 - 工业保护线、中山 - 工业用地保护线、惠州 - 工业控制线），但总体概括：工业区块占建设用地的比例均不低于 30%，工业区块中工业用地的比例约为 60%；在划定原则方面，通过总量控制来强调刚性保障，设置两级线进行分类定策，并且都要求优先划定保障集中连片的产业园区、产业集聚区域，以及重点项目或企业的工业用地；在调整规则方面，多数城市均规定市级以上重点项目和公共利益需要才可进行调整，并需进行多方审议，调整后仍需保证总量不减少、等级不降低，并需满足有关占补平衡相关要求。

在工业用地保护红线和产业保护区块相关要求下，产业类城市更新的规划设计思路也亟待转变。以深圳市宝安区立新湖大洋工业区为例，其位于深圳市一级工业区块线内，为破解现状高污染、高能耗的低端产业与产业、环境跃升发展间的矛盾，城市更新规划的编制兼顾现状基础条件与可持续的产业动力，综合运用现状保留、土地整备、拆除重建、综合整治多种手段（拆除重建类城市更新导控单元 38.9 公顷，综合整治类城市更新导控单元 19.9 公顷、现状保留 8.3 公顷，土地整备 9.0 公顷），极大降低了创新产业空间的供应成本，对激发创新活力、吸引创新人才、提升城市品质和地区竞争力发挥了重要作用。

2. 通过有机更新促进产业社区化、创新无界化发展

我国传统产业园区在发展历程中"重产业发展、轻人居打造"，"重土地开发、轻氛围营造"，导致了产业园区人居环境缺失、商业服务业发展落后、创业氛围显著不足，人文主义和创新环境严重缺乏。当下，随着城市转型、产业升级、创新经济等因素的推动，传统产业园区面临"成本驱动、产业链驱动"向"服务驱动、创新驱动"的转变，如何促进园区的"产业功能"与"城市功能"相融合，如何使园区实现多维创新、成为经济转型的引擎，成为传统产业园区转型发展的关键问题。

在此背景下，城市有机更新作为我国城市存量发展趋势下的重要发展理念和发展模式（参见本书 2.6.1 章节），也正在破解传统产业园区转型所面临的问题，推动园区向产业社区化、创新无界化的趋势发展。

在产城融合方面，城市有机更新提倡通过"拆改结合、以改为主"的方式，使传统产业园区兼具"产业"和"社区"的双重属性，以产业为基础，融入城市生活功能，打造产业要素与城市协同发展的新型产业集聚区，实现产业、城市、人之间持续向上发展的"产业社区化"新型产业园区模式。

在创新环境方面，有机更新重视以人为本，通过搭建产业和社区融合的社群平台，打造更加开放、多元、复合的空间，期望能够营造企业生态更多元、社群交流更活跃、创新氛围更理想的生活工作环境，从而强化园区持续创新发展的内生动力，使整个园区空间成为创新发生的"热土"，模糊创新行为发生的空间界限，实现创新行为发生的"无界化"。

案例 7——巴塞罗那 22@ 区城市有机更新

22@ 区，过去曾是巴塞罗那的一个工业区，如今已经发展成为一个兼具工作、生活的创新活力区，如图 6-23 所示。在该区域更新过程中，注重将旧工业区中的消极空间转变为拥有高质量的城市与环境空间，打造新的城市空间模式，营造知识交流与创新氛围。22@ 区的具体更新路径主要分为三步：（1）重新定义产业与城市功能的关系，打造新型产业区人居关系；（2）改善片区物质空间环境，包括公共空间、建筑改造、基础设施等；（3）引进多元丰富的创意产业机构、吸引保留创新人才。

图 6-23　巴塞罗那 22@ 区

6.5　拆迁与安置保障问题

6.5.1　问题与意义概述

拆迁与安置保障问题是需在城市更新项目开工之前就应予以充分考虑的

重点问题之一，对原物业实施拆除重建的，都需要对原物业的实际所有人予以拆迁补偿或安置，一些情况下还需对物业的实际使用人的补偿或安置予以考虑。从全国的城市更新案例来看，被拆迁人与拆迁方的纠纷此起彼伏，尤其是在城市更新引入市场机制后，预期的利益增长进一步增加了各利益相关方间博弈的难度，种种"困难"使得拆迁与安置保障成为城市更新项目流程中一块"烫手的山芋"。

本书主要从如何避免纠纷、如何控制成本两方面予以讨论。

6.5.2　实现"人和"：通过一揽子措施避免纠纷

1. 制定综合、多元的拆迁保障体系

在项目前期制定综合、多元的拆迁保障体系，保障形式一般可分为四类：（1）补偿类，主要是针对征收土地和地上建筑的补偿；（2）保障类，在动迁期间保障被拆迁方的基本居住和生活诉求；（3）奖励类，即对积极配合拆迁工作或者自愿放弃部分权利的被拆迁方进行奖励；（4）补助类，对被拆迁方在安置过渡期间进行补助，如图 6-24 所示。

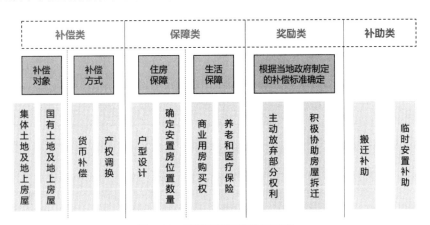

图 6-24　拆迁安置保障体系示意

案例 8——重庆市某城中村拆迁安置补偿的实践经验[1]

2010 年，重庆市某大片区城中村改造工作正式启动，涉及面积 852.26 公顷，被拆迁面积约 726 万 m^2，于 2016 年完成所有改造工作。该城中村改造工作总体来说进展顺利，总结其经验，关键是在项目前期阶段，制定了全面、完备的拆迁保障体系，减少了与被拆迁人之间的矛盾。重庆市某城中村拆迁安置保障体系如表 6-10 所示。

[1] 李建平. 城市化进程中城中村改造拆迁安置补偿问题研究［D］. 2016.

重庆市某城中村拆迁安置保障体系示意表　　　　　表6-10

补偿类型		补偿说明
补偿费用方面	房款	评估单价×应安置房屋面积；应安置房屋面积＝原房屋建筑面积＋保障性面积＋补15%公摊面积＋奖励面积
	一次性特殊奖励	住宅用户3万元，非住宅用户可获得房款5%的奖励；非住宅用户奖励最低2万元
	提前搬迁费	住宅＝40元/天×离公告期限截止前天数；非住宅、经营性门面＝20元/天×天数；其他＝10元/天×天数
	搬家费	每户每次1000元，选择货币补偿能获得1次，选择产权调换的可获得2次；非住宅群众、生产用房搬迁费＝40元/m²×面积；商业、办公用房搬迁费＝30元/m²×面积
	过渡费	4人以下，每户/500元；5人及以上，每户以500元为基础，每增加1人，每户每月增加50元
	装修补偿	对于房内无法拆除的装修给予适当的补偿
	临时搭建房屋补偿	简易结构的每平方米补偿100元，砖木结构每平方米补偿200元，砖混结构的每平方米补偿300元
社会保障方面	低收入家庭保障	人口≤2人，且住房面积≤30m²的，按照30m²的标准给予等值货币或者实物补偿安置；人口≥3人，且住房面积≤45m²的，按照45m²的标准给予等值货币或者实物补偿安置
	基础生活保障	被拆迁人过渡期间享有同城市居民同等的就业、医疗、保险、社会保障服务权利
	子女入学保障	可选择原户籍所在地上学或者在迁入户籍所在地的学校入学
住房安置方面	住房安置	争取到政府出让地进行房屋安置，相比划拨地，安置房直接具备商品房属性，可入市交易

2. 确定科学、合理的拆迁补偿标准

（1）建立公正的补偿评估机制

1）在与被拆迁人协商后，引入独立的第三方评估机构。由该机构制定统一的评估标准，并向社会公开，如出现矛盾纠纷，可及时向该机构反映。2）聘请高素质的评估队伍。经常到更新区域进行调研考察，详细了解被拆迁人的想法和诉求，采纳合理建议，并及时与有关部门进行沟通，切实保障被拆迁人的合理权益。3）完善纠纷处理机制。可以征求当地法院同意，设立评估审查委员会，以解决对拆迁评估工作有异议的情形[1]。

（2）制定科学的房屋征收补偿标准

目前征收房屋的房地产价格评估方法主要有三种：重置成本法、市场价格法、收益还原法。基于评估方法，对被拆迁人的房屋价值、土地使用权价值进行评估，并结合区位、房屋结构、朝向、层高、容积率、用途等修正因素对价格进行调整。

---

[1] 徐聪. 城中村拆迁安置补偿问题研究［D］. 江西财经大学，2020.

3. 采用事半功倍的动迁安置策略

在确定好拆迁安置保障的标准、内容后，采取有"人情味"的拆迁安置策略，为拆迁工作扫清障碍，从而达到事半功倍的效果。

（1）采用"先安置后拆迁"的实施步骤

1）在拆迁之前设置一批回购安置房和周转过渡房，尽量选择商业便捷、配套充足的区域作为安置区。2）在安置房的建设过程中，可依靠企业代建、市场回购、开发商定制等多种方式，解决安置房源问题。3）成立或招募物业管理公司，为被拆迁方解决日常生活、居住服务问题。

（2）集体物业清场"两步走"

1）针对不同集体物业的实际情况，先行采取"以拆促谈（集体物业本身存在违建、超期情况）""以查促谈（如承租人在经营合法合规方面存在问题）"的方式。2）根据不同的纠纷解决模式，将工作方案分为"自行协商、第三方调解、司法途径"进行。

（3）透明化操作让被拆迁方信服

拆迁全过程中应做到信息及时公开，在对应的政府网站或其他公开渠道，及时公布达成一致的拆迁补偿方案、办事程序、审批事项、改造进度等信息，使被拆迁方不会因信息不对称而产生不必要的纠纷。

（4）对极少数"留守户"采取正规法律途径

1）在当事人签订《补偿安置协议》后，拒绝腾空并拒绝交付被改造房屋的，属于违约行为，改造主体可以反复要求"留守户"腾空并交付被改造房屋；

2）如留守户仍不履约，则建议主要采取民事或行政诉讼程序解决，改造主体和合同相对方有权向法院起诉要求"留守户"腾空交付房屋，并承担逾期交房的违约责任[1]。

案例 9——包头市北梁棚户区拆迁安置补偿的实践经验[2]

包头市北梁棚户区改造项目是全国示范性城市棚改项目，其拆迁安置补偿的工作程序简洁高效，为全国拆迁补偿树立了典范。

"搬得出"：体现在有序有偿、分批次搬迁安置、廉租房保底，补偿方式包括货币补偿与产权调换两种。

"住得进"：体现在房源分配的公开自选、局部集中（少数民族）、物业管理和基础设施配套齐备。

[1] 黄山. 城市更新项目法律实务及操作指南［M］. 法律出版社，2020：149-150.
[2] 徐伟，刘家彬. 城市棚户区拆迁安置补偿问题浅析［J］. 内蒙古工业大学学报（自然科学版），2017（1）.

"拆得了"：体现在对原棚改居民的拆迁与安置对接，实行先补偿／安置后拆迁，使拆迁有序进行。北梁棚户区改造项目房屋征收安置中的货币补偿工作程序如图 6-25 所示。

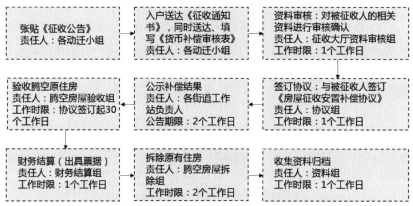

图 6-25　北梁棚户区改造项目房屋征收安置中的货币补偿工作程序

6.5.3　采取合适的成本管控措施

1. 成本超支的常见问题

在项目拆迁安置推进过程中，任何一个环节出现的问题都会影响成本控制，需要系统认识，综合解决。拆迁安置项目常见的成本超支问题包括四个方面。

（1）项目前期摸查工作不到位，使得拆迁安置方案缺乏合理性，偏离被拆迁人搬迁意愿，导致签约工作缓慢，工期延长，经营成本增加。

（2）实施过程中的管理问题，包括工作人员意识不到位、成本超支责任不明确、成本控制措施使用不恰当、管理纰漏造成成本预算外的开支等。

（3）对各类型实施方案的考虑不足。施工图、工程造价估算等各类实施方案，是成本控制的重要依据，对这些方案成本控制方案的疏忽将造成很多不必要的开销。

（4）项目外部原因。包括被拆迁方的阻挠、政府的行政程序拖曳、天气阻碍、材料价格上涨、人工成本上涨、承租人清退困难、留守户长时间无法攻克等不可预见因素。

2. 降低成本的两大举措

基于拆迁安置项目成本超支的常见问题，可以从两个方面入手进行管控。

（1）通过改变项目成本发生所依赖的基础条件来减低成本

1）确保拆迁范围摸查工作的细致、深入，为制定适合该项目的补偿安置方案打下坚实基础。

2）强化拆迁成本测算评估工作的准确性。仔细参考项目周边其他拆迁项目的情况，对比评估能大大强化拆迁成本测算的准确性。

3）严格把关、践行拆迁建设方案。所有方案涉及工程造价方面，都应有专人仔细核对、严格把关，实施过程中严格践行拟定方案。

（2）通过提高工作管理效率、降低人才消耗等降低成本

1）适时适量采购建材。招募经验丰富的管理人员，选择合适的材料供应商，在合适的时间、确定合适的规模进行采购，避免项目材料方面的超支。

2）实时判断无用功并取缔。在项目过程中反复审视，在保证项目质量的前提下，对不必要的工作部分，尽量进行取缔，降低工作量。

3）强化员工意识，健全奖惩机制。通过多次培训开会，使全体工作人员都存在成本控制的意识，同时建立起一套奖励和惩罚相结合的制度，积极执行。

6.6　土地与历史遗留问题

6.6.1　问题与意义概述

随着城市的发展，中国城乡二元土地制度下形成的"先国有化、后市场化"城市土地资源配置方式，已不能适应改革开放以来投资办厂、基础设施建设和大规模安置流动人口对土地规模的巨大需求。在政府和居民的利益碰撞中，大量被城市"包围"的农村集体土地自发流转，参与城市化、工业化，产生了"土地房屋历史遗留问题"。

土地与历史遗留问题是城市更新过程中不可回避的重要环节。城市更新相关规划的编制，首先需要明确现状土地及建筑物的产权关系，界定权利主体的合法用地边界，而土地及建筑物信息的核查结论将作为判断是否列入政府城市更新单元计划的重要依据。

以深圳市为例，土地包括合法用地和合法外用地两大类。其中，合法用地包括五类：国有用地、原集体经济组织取得确权用地、旧屋村用地、已按房地产登记历史遗留问题处理的用地和经规划国土部门认定或处理并完善用地处理手续的用地，如图6-26所示。历史用地属于合法外用地，通常指土地使用人或占有人违反土地管理、城乡规划等关于土地利用的法律、法规的相关规定，擅自利用、处理土地的用地行为。《深圳市拆除重建类城市更新单元土地信息核查及历史用地处置规定》中提出对于城市更新单元拆除范围内用地手续不完善的建成区，未签订征（转）地协议或已签订征（转）地协议但土地或者建筑物未作补偿并且用地行为发生在2009年12月31日前的地块可以纳入历史用地处置的范围。历史用地常见类型有：（1）土地使用人未经法定程序申请，未经主管机关批准，擅自使用土地；（2）土地使用人虽

经主管机关批准使用,但擅自改变用地位置、扩大用地范围或改变土地用途;(3)未经主管部门批准,土地使用人擅自将经批准使用的土地使用权转让、交换、买卖、出租或转租;(4)临时用地许可使用期限届满,但临时使用人逾期交还或拒不交还,继续使用;(5)其他违法用地情形。

图 6-26 合法用地类型

6.6.2 历史用地的处理方法

在深圳市,历史用地的处理通常处于城市更新土地信息稽查阶段,继受单位通过向政府申请历史用地处理,得到历史用地处置的意见书,结合意见书内容进行土地清理,完善相关手续后进入开发建设。对于用地行为发生在2009年12月31日之前,符合规定的未完善征(转)地手续用地才可以纳入历史用地处置的范围,如图6-27所示[1]。

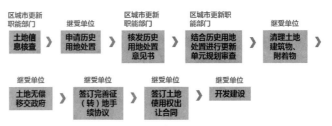

图 6-27 深圳历史用地处理流程图

历史用地处置后,分为两部分进行地价测算:(1)不超出拆除范围内原有手续完善的用地面积(含可以一并出让给实施主体的零星用地面积)部分,该部分分摊的建筑面积按照城市更新地价测算规定计收地价;(2)超出拆除范围内原有手续完善的用地面积(含可以一并出让给实施主体的零星用地面积)部分,该部分分摊的建筑面积按照城市更新历史用地处置的地价标准及修正系数计收地价。

城市更新单元也对历史用地的情况和处理方式有所规定:申报拆除重建类

[1]郑坚.深圳土地整备实践模式研究[D].华南理工大学,2018.

城市更新计划的城市更新单元，拆除范围内权属清晰的合法土地面积占拆除范围用地面积的比例应当不低于 60%；合法用地比例不足 60% 但不低于 50% 的，拆除范围内的历史违建可按规定申请简易处理，经简易处理的历史违建及其所在用地视为权属清晰的合法建筑物及土地。城市更新单元进行历史用地处置后，政府将处置土地的一定比例交由继受单位进行城市更新，其余部分无偿移交政府。深圳市拆除重建类城市更新单元历史用地处置如表 6-11 所示。

深圳市拆除重建类城市更新单元历史用地处置比例表 [1]　　　表 6-11

拆除重建类城市更新单元		处置土地中交由继受单位进行城市更新的比例	处置土地中无偿移交政府的比例
一般更新单元		80%	20%
重点更新单元	合法用地比例≥60%	80%	20%
	60%＞合法用地比例≥50%	75%	25%
	50%＞合法用地比例≥40%	65%	35%
	40%＞合法用地比例≥30%	55%	45%

6.6.3　历史违法建筑的处理方法

历史违法建筑是指未经规划土地主管部门批准，未领取建设工程规划许可证或临时建设工程许可证，擅自建设的建筑物和构筑物。我国关于违法建筑的规定可见于各种法律法规中，包括《中华人民共和国土地管理法》《中华人民共和国城乡规划法》《中华人民共和国建筑法》《中华人民共和国城市房地产管理法》等。在各种地方规范性文件中，关于违法建筑的规定很多，但不够统一，且大多是针对本地实际情况作出的规定，不具有普适性。

以深圳为例，深圳市政府共分三次出台查处违法建筑的决定：（1）1999年 2 月 26 日，深圳市人大出台《关于坚决查处违法建筑的决定》；（2）2004年 10 月 28 日，深圳市委、市政府出台《关于坚决查处违法建筑和违法用地的决定》；（3）2009 年 7 月 22 日出台深圳市人大《关于农村城市化历史遗留违法建筑的处理决定》。在这三个决定范围内的建筑均为违法建筑。

历史违法建筑的处理方法通常有三种：（1）确认产权，补缴地价。虽然建筑物产生违法，但是仅在程序有瑕疵或者因历史原因造成的，在政府主管部门对违法建筑的确权申请人给予行政处罚和 / 或确权申请人补缴地价后，政府主管部门确认申请人享有违法建筑的所有权，从而使违法建筑转变为合法建筑。（2）依法拆除，是指违法建筑违反了法律、行政法规的禁止性规定，无法通过程序补救等措施予以整改，只能对其给予拆除。（3）依法没

---

[1] 深圳市规划和国土资源委员会关于印发《深圳市拆除重建类城市更新单元土地信息核查及历史用地处置规定》的通知。

收，是指虽然违法建筑违反了法律、法规的强制性规定，但其不具有危害公共利益情形或者可以整改加以利用，因而对其予以没收。（4）临时使用，经普查记录，对于无法确权也不至于拆除没收的违法建筑，根据"物尽其用和珍惜资源"的原则，可以允许违法建筑申报人有条件临时使用违法建筑。

深圳处理历史违法建筑有一般程序和简易程序两种，如图 6-28 所示。

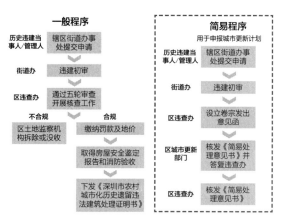

图 6-28　深圳历史违法建筑处理流程图

6.6.4　其他特殊用地的处理方法

在城市更新中经常会遇到一些特殊的零星用地，它们面积小、难以单独出具规划条件。主要包括边角地、夹心地、插花地三类。

特殊用地一般通过土地调整，灵活纳入城市更新范围。如《广东省"三旧改造意见"》提到"三旧"改造中涉及的边角地、夹心地、插花地，只要符合土地利用总体规划和城乡规划，可按照有关规定一并纳入"三旧"改造范围。允许在符合土地利用总体规划和控制性详细规划的前提下，通过土地位置调换等方式，对原有存量建设用地进行调整使用。另外，《深圳市城市更新办法实施细则》提出："未建设用地因规划确需划入城市更新单元，属于国有未出让地的边角地、夹心地、插花地的，总面积不超过项目拆除范围用地面积的 10% 且不超过 3000m^2 的部分，可以作为零星用地一并出让给项目实施主体；超出部分应当结合城市更新单元规划编制进行用地腾挪或者置换，在城市更新单元规划中对其规划条件进行统筹研究。"

6.6.5　土地整备处理土地问题

土地整备的基础是土地重划，即将现状杂乱不规则、畸零细碎及不集约利用的土地，通过土地整理、交换分合，依据规划重新划分为大小适宜、形状规整的土地，促进土地更经济、合理地利用，推动土地从低效利用到高效利用。土地整备前后对比如图 6-29 所示。

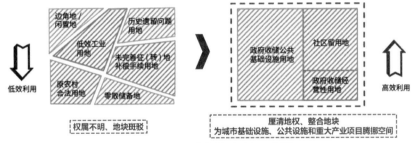

图 6-29 土地整备前后对比示意图

土地整备是目前深圳市存量开发最为重要的方式之一，具有政府主导的"先天基因"，即在存量开发政策框架下，通过对法定规划的优化调整落实当前规划意图。

土地整备的核心是利益共享，即在保障原农村集体现有权益的基础上，将增值部分的土地价值由原农村集体和政府共同分享，通过共享促进共赢，激发和调动原农村集体参与土地整备利益统筹的积极性，促成原农村集体和政府共享存量开发红利。

利益共享的内涵主要有两个方面：一是公共利益的共享共摊。利益共享的前提是保障和提升城市公共利益，即保障和落实城市发展所需要的公共服务设施、道路交通设施与市政基础设施等用地，这些用地需要由原农村集体和政府共同分摊，同时城市道路交通与公共基础设施的完善和提升，也将促进片区土地价值的提升。二是价值增量的共享。利益共享的核心在于公共利益以外的经济价值增量，原农村集体共享的价值增量首先用于解决现状村民的住宅安置和村集体物业的安置，保障村民个人居住权益，发展和壮大集体物业，促进集体经济的长期可持续发展。政府在收储公共利益用地之余，也收储产业及仓储用地，保障和充实城市产业发展空间，促进城市社会经济的长期可持续发展或收储一定规模的居住及商业用地，通过这部分土地的出让收益来平衡政府投入的土地整备资金，如图 6-30 所示。

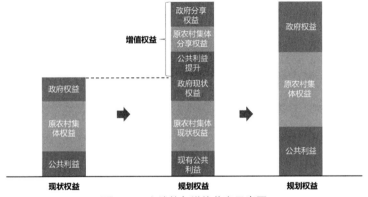

图 6-30 土地整备增值共享示意图

案例10——沙湖社区土地整备利益统筹

坪山新区沙湖社区的土地利用效率较低、碎片化严重，建筑破旧老化且存在安全隐患，同时历史遗留问题突出，大量土地所有权和土地产权不清晰。

土地整备利益统筹方式：在土地分配方案中，社区控制用地中的生态用地移交给政府储备；建设用地中的合法用地给社区留用；建设用地中的合法外用地移交给政府作为公共基础设施用地和发展用地，其中的8%与社区利益共享。

通过整备后土地协调城市规划：结合相关规划指引，沙湖片区未来将规划为以新型产业和居住服务为主导的综合功能区，优先保障片区的产业发展空间，落实重点产业项目；依托片区交通优势和区位价值，发展生活服务配套，如图6-31所示。土地整备单元中的片区级设施优先落实，社区级配套设施则在社区留用地范围内匹配功能地块协调解决，如图6-32所示。

图6-31 整备前社区合法土地分布与整备后社区留用地选址

图6-32 沙湖社区留用地规划图

老旧小区、老旧厂房与历史街区的城市更新指引

第7章 老旧小区

　　老旧小区改造作为典型的城市更新类别，我国早在十年前就已开始推进相关工作，2020年7月，国务院出台《国务院办公厅关于全面推进城镇老旧小区改造工作的指导意见》，标志着老旧小区改造工作在全国范围内全面铺开。

　　如何能够与时俱进，快速了解此类项目的基本要领，预判并化解项目过程中可能出现的问题，掌握项目推进的相关对策，是老旧小区改造能够顺利推进实施的关键。本章将从老旧小区的基本概念、改造的主要流程及问题、分类改造方法三个方面逐层分析，提供相关实施指引。

7.1 基础认知

7.1.1 老旧小区的界定及改造内容

1. 基本概念

老旧小区是指城镇内建成于 2000 年前，房屋结构安全、不宜整体拆除重建，但市政设施、公共服务、物业管理落后甚至缺失，公共环境、风貌品质较差，影响居民基本生活、居民改造意愿强烈的住宅小区。与棚户区改造、城中村改造相比，老旧小区以"综合整治"为主，而非全面的"拆除重建"。老旧小区改造与棚户区改造、城中村改造对比如表 7-1 所示。

老旧小区改造与棚户区改造、城中村改造的对比 表 7-1

分类	老旧小区改造	棚户区改造	城中村改造
改造对象及特征	城镇范围内建成时间较长、房屋结构安全、环境品质较差、配套设施老化问题突出、公共服务建设缺项较多的城镇住宅小区	连片规模大、住房条件困难、安全隐患严重、群众需求迫切的简易房屋和棚厦房屋集中区	在城市化进程中，由于全部或大部分耕地被征用，农民转为城市居民后仍在原村落居住而演变成的居民区，具有人口杂乱、居住环境差、基础设施不完善等问题
改造方式	以"翻新、修整"为主的综合整治，很少涉及拆迁	以"彻底拆除"为主的拆迁重建补偿	全面拆除重建，部分拆除重建，综合整治
资金来源	政府财政、社区居民、市场力量	政府财政	政府财政，市场资金，村集体融资，金融机构政策资金

2. 改造内容

老旧小区改造经历了数年的探索，改造内容已初步形成共识。依据国务院 2020 年 7 月颁布的《国务院办公厅关于全面推进城镇老旧小区改造工作的指导意见》，将老旧小区改造内容分为基础类、完善类、提升类 3 类[1]。

基础类改造是指为满足居民安全需要和基本生活需求的内容。具体包括小区内建筑屋面、外墙、楼梯等功能形象的维修整治及市政配套基础设施改造提升。其中，改造提升市政配套基础设施包括改造提升小区内部及与小区联系的各类市政管线及设施、消防、安防、生活垃圾分类等基础设施。

完善类改造是指为满足居民生活便利需要和改善型生活需求的内容。具体包括小区公共环境提升、小区内建筑节能改造、无障碍设施完善。其中小区公共环境提升包括拆除违法建设，整治小区公共空间、道路交通、绿化景观环境。

提升类改造是指为丰富社区服务供给、提升居民生活品质、立足小区及周边实际条件积极推进的内容。具体包括公共服务设施配套建设及其智慧化

---

[1] 国务院办公厅关于全面推进城镇老旧小区改造工作的指导意见。

改造、户型改善、海绵化改造。其中公共服务设施配套建设包括文化服务设施、老人服务设施、卫生服务设施等。

7.1.2　老旧小区改造的主要流程

老旧小区改造的基本实施流程可分为前期准备、改造施工、竣工验收三个阶段。目前，越来越多的企业积极参与老旧小区改造，对于企业来说，前期准备、改造施工两个阶段的工作内容较为核心。

在前期准备阶段，企业与政府接洽，了解改造计划，进行各项技术准备、产权调查等。其中，项目成本的预判与老旧小区产权信息的明确两个重要环节，一般应在改造项目启动之前由政府主导完成，意向企业可以协同参与一些具体工作；企业改造准备则一般是企业已争取到相应老旧小区改造业务，开始着手进行施工改造的相关准备工作，由改造企业自行主导。

在改造施工阶段，企业将根据改造小区的实际需求与目标，参考《国务院办公厅关于全面推进城镇老旧小区改造工作的指导意见》，从改造内容框架中通过"点菜"进行选择性改造，如建筑形象与功能改造、市政管线改造、公共活动空间改造、道路交通改造、绿化景观改造、建筑节能改造、无障碍改造等。老旧小区改造基本流程如图 7-1 所示。

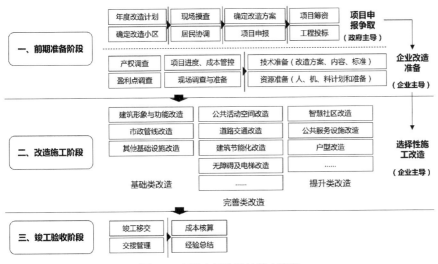

图 7-1　老旧小区改造的基本流程

7.1.3　老旧小区改造的政策法规

老旧小区改造的相关政策法规主要分为国家指导文件、地方政府文件、技术标准三大类。国家指导文件即 2020 年公布的《国务院办公厅关于全面推进城镇老旧小区改造工作的指导意见》，部分地方政府文件和技术标准见表 7-2、表 7-3，技术标准主要包括现行使用的建筑行业的技术要求和规范等。

部分城市老旧小区改造的地方政府文件 表 7-2

城市	年份	文件名称
深圳	2021 年	《深圳经济特区城市更新条例》
广州	2018 年	《广州市老旧小区微改造设计导则》 《广州市老旧小区微改造三年（2018—2020）行动计划》
珠海	2015 年	《珠海市老旧小区更新专项规划（2015—2020）》 《珠海市老旧小区更新实施办法（试行）》
上海	2018 年	《上海市住宅小区建设"美丽家园"三年行动计划（2018—2020）》
南京	2016～2017 年	《关于印发南京市棚户区改造和老旧小区整治行动计划的通知》 《市政府办公厅关于进一步加强全市老旧小区管理工作的通知》
杭州	2019～2020 年	《杭州市老旧小区综合改造提升工作实施方案》 《杭州市老旧小区综合改造提升四年行动计划（2019—2022 年）》 《杭州市老旧小区综合改造提升技术导则（试行）》
无锡	2011 年	《无锡市旧住宅区整治改造管理办法》
宁波	2020 年	《宁波市城镇老旧小区改造三年行动方案（2020—2022 年）》
南昌	2020 年	《2020 年南昌市老旧小区改造工作实施方案》
合肥	2020 年	《合肥市 2020 年民生工程老旧小区改造提升工作实施方案》
北京	2020 年	《北京市老旧小区综合整治工作手册》
天津	2020 年	《天津市城镇老旧小区更新改造工作方案》
石家庄	2018 年	《石家庄市老旧小区整治和管理实施方案》
济南	2020 年	《济南市人民政府办公厅关于深入推进老旧小区改造的实施意见》
青岛	2020 年	《青岛市城镇老旧小区改造试点工作方案的通知》 《青岛市城镇老旧小区改造技术导则（试行）》
大连	2020 年	《大连市 2020 年老旧小区改造工作实施方案》
郑州	2019 年	《郑州市老旧小区整治提升工作实施方案的通知》
西安	2019 年	《西安市老旧小区综合改造工作升级方案》

部分老旧小区改造的技术标准 表 7-3

涉及改造方面	标准编号	标准名称
综合	T/CSUS 04—2019	《城市旧居住区综合改造技术标准》
无障碍	GB 50763—2012	《无障碍设计规范》
	GB 50642—2011	《无障碍设施施工验收及维护规范》
屋面	GB 50345—2012	《屋面工程技术规范》
	GB 50693—2011	《坡屋面工程技术规范》
	CJJ 142—2014	《建筑屋面雨水排水系统技术规程》
	GB 50207—2012	《屋面工程质量验收规范》

续表

涉及改造方面	标准编号	标准名称
屋面	JGJ 155—2013	《种植屋面工程技术规程》
管线综合	GB 50289—2016	《城市工程管线综合规划规范》
给水排水	GB 50268—2008	《给水排水管道工程施工及验收规范》
	GB 50242—2002	《建筑给水排水及采暖工程施工质量验收规范》
	GB 50015—2009	《建筑给水排水设计标准》
	GB 50400—2006	《建筑与小区雨水控制及利用工程技术规范》
燃气	GB 50028—2006	《城镇燃气设计规范》
	CJJ 51—2016	《城镇燃气设施运行、维护和抢修安全技术规程》
	GB/T 50811—2012	《燃气系统运行安全评价标准》
电气	GB 50217—2018	《电力工程电缆设计标准》
	GB/T50293—2014	《城市电力规划规范》
	GB 50303—2015	《建筑电气工程施工质量验收规范》
	JGJ 242—2011	《住宅建筑电气设计规范》
	GB/T 36040—2018	《居民住宅小区电力配置规范》
通信	GB/T50200—2018	《有线电视网络工程设计标准》
消防	GB 50974—2014	《消防给水及消火栓系统技术规范》
	GB 50084—2017	《自动喷水灭火系统设计规范》
	GB 50067—2014	《汽车库、修车库、停车场设计防火规范》
暖通	T/CECS 215—2017	《燃气采暖热水炉应用技术规程》
	GB 50736—2012	《民用建筑供暖通风与空气调节设计规范》
电梯加装	GB/T 24476—2017	《电梯、自动扶梯和自动人行道物联网的技术规范》
居住区设计	GB 50180—2018	《城市居住区规划设计标准》
	JGJ 286—2013	《城市居住区热环境设计标准》
停车设施	GB/T 51149—2016	《城市停车规划规范》
垂直绿化	CJJ/T 236—2015	《垂直绿化工程技术规程》
海绵城市	GB/T 51345—2018	《海绵城市建设评价标准》
建筑节能	JGJ 26—2010	《严寒和寒冷地区居住建筑节能设计标准》
	JGJ 134—2010	《夏热冬冷地区居住建筑节能设计标准》
	JGJ 75—2012	《夏热冬暖地区居住建筑节能设计标准》
	JGJ 475—2019	《温和地区居住建筑节能设计标准》
	GB 50411—2007	《建筑节能工程施工质量验收标准》
	JGJ/T 129—2012	《既有居住建筑节能改造技术规程》
	GB/T 34606—2017	《建筑围护结构整体节能性能评价方法》
	JGJ/T 235—2011	《建筑外墙防水工程技术规程》

7.2 主要流程问题及对策

本节立足企业参与老旧小区改造实施角度,针对老旧小区改造过程中面临的六大痛点问题进行梳理分析,旨在为促进老旧小区改造的顺利推进提供解决对策与指引。

7.2.1 改造资金筹集问题及对策

1. 问题概述

老旧小区改造是政府的民生工程,但改造工程量大、资金需求量高,仅靠政府财政无法全面展开。据初步统计,全国共有老旧小区近 16 万个,涉及家庭超过 4200 万户,老旧小区改造投入总额将高达 4 万亿元。高昂的改造成本已成为掣肘老旧小区改造的关键性问题。

目前国内部分项目已探索形成了"居民主体、政府引导、社会参与"的筹资模式。但总体来说,改造项目前期启动资金的筹集还是存在困难。究其原因,一方面是因为老旧小区居民的付费意愿低、经济条件弱;另一方面,由于老旧小区改造的"非经营性项目"特性,自身缺乏固定明确的"使用者付费"基础,收益来源不明确,回收成本不确定,导致当下社会资本进入还存在较大障碍。

2. 争取政府、小区居民和社会力量多方筹资

对于参与老旧小区改造的企业来说,可通过以下策略争取多方筹资,进而助推项目的启动与高效高质量开展。

(1)优先确保争取政府财政资金支持

虽然政府财政难以支持老旧小区的全面改造,但老旧小区改造本质作为一项民生工程,政府财政资金应是改造资金的主要来源。在 2020 年 4 月的国务院政策例行会上,国务院明确表态:"对于老旧小区改造,中央财政、省级财政、市区县财政均应做好支持"。截至 4 月份,中央财政已落实到各个省市,例如金华市获得 1 亿元补助、舟山市获得 4000 万元补助等。另外,《国务院办公厅关于全面推进城镇老旧小区改造工作的指导意见》也提出:"中央、省、市县政府均应做好资金支持,资金主要用于支持 2000 年前的老旧小区,重点支持基础类改造内容"。

(2)争取老旧小区居民集资

老旧小区居民作为改造的直接受益方,应承担部分改造费用,但考虑到老旧小区的特殊性,居民多为低收入阶层,且有相当数量比例的老、弱、病、残、孤等特殊群体,在改造过程中可视具体情况向居民筹集适量资金;此外,鼓励居民通过捐资捐物、投工投劳等支持老旧小区改造。老旧小区筹资渠道如图 7-2 所示。

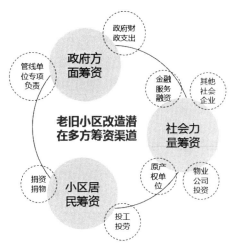

图 7-2　老旧小区筹资渠道示意

（3）寻求金融服务融资

前期资金不足的问题还可以通过寻求金融服务垫资来解决。根据提供金融服务的主体不同，主要分为两类融资模式：一类是项目开发主体采取市场化方式，运用公司信用类债券、项目收益票据等进行债券融资；第二类是金融机构的信贷支持，例如国家开发银行、农业发展银行等政策性金融机构，以及中国建设银行等商业金融机构。在银行融资环节，信贷结构体系的搭建将是主要问题，可结合老旧小区改造项目的实际进行探索。

（4）寻求与老旧小区相关的市政管线单位分担

由于市政设施改造是老旧小区改造的重要内容，管线方面的改造资金可以由各产权单位分担，包括供水、供电、燃气、供暖、移动、电信、联通、电视等。例如：宜昌市明确管线单位同步参与改造，改造完工 5 年内不得再破土施工，同时明确供水、燃气、电力等管线迁改费用由各管线产权单位承担，区财政以奖代补 20%。

（5）挖掘潜在市场资金来源

市场力量是老旧小区改造潜在的资金来源，企业可以对老旧小区的盈利点进行摸索，如外立面的巨型广告位置、临街商铺及会所经营、停车设施的经营等来吸引市场投资。

（6）寻求相关政府单位、社会组织、原产权单位支持

如向市老龄办争取适老化改造资金支持，向老旧小区原产权单位争取部分改造资金支持，向市政管线单位争取市政配套提升资金等。

7.2.2　违法搭建问题及对策

1. 问题概述

居住小区中的违法搭建是指违反法律、法规和规章，未经政府规划部门

的批准，未按规定核发建筑工程规划许可证，擅自在居住小区新建、扩建和改建建筑物和构筑物的行为。

由于利益驱动、法律意识淡薄、监管不足等多种原因，老旧小区的违法搭建现象层出不穷、屡禁不绝，对小区公共空间、安全环境、公众心理造成了很多负面影响，成为老旧小区改造类项目中经常出现且较难解决的"顽疾"。常见的违法搭建包括：违规建造简易用房用于自住或出租、顶楼用户加层加盖、搭建简棚用于经营、开挖建地下室等。

老旧小区的违法搭建主体是小区居民。由于违建数量多、存在年限较长，业主已习惯从自身利益考量，抵触情绪较重，在拆除违建（以下简称"拆违"）过程中有较大阻碍，若进行强制拆除往往会激化矛盾、甚至产生更大的问题，耽误项目进度。拆违是老旧小区改造的前期重点事项，一般由政府牵头组织完成，但在企业参与的老旧小区改造项目中，开发企业也需对该问题予以重视，提前"备好功课"。

2. 利益举措与思想引导双管齐下

由于老旧小区违法搭建的成因背景、既得利益者情况相对复杂，因此，根据国内老旧小区拆违的经验，采取合适的利益举措、做通违建业主思想工作是使项目有效推进的关键。

具体对策包括：（1）联合政府、居委会，对小区内的违法搭建进行详细摸查，对违建类型、成因、现状使用情况、业主情况等信息进行搜集，便于针对性地采取对策；（2）重视宣传工作，联合小区业主、政府部门，采取网络（手机客户端）宣传、上门宣传、张贴普法海报等形式，提升业主法律意识；（3）鼓励小区业主参与到小区改造的开发设计中，不断将改造效果呈现给大家，形成拆违氛围，从而对违建业主潜意识进行改造；（4）针对涉及家庭根本利益、抵触情绪严重的极少数违建业主，详细了解其需求，在力所能及的范围内采用利益举措进行解决；（5）发动党员群众主动带头拆除自家违建，起到模范作用。

7.2.3　多元产权问题及对策

1. 问题概述

依据《中华人民共和国物权法》，老旧小区业主的产权范围主要概括为三方面：（1）对专有部分的所有权。即业主对建筑物内属于自己所有的住宅、经营性用房等专有部分，享有占有、使用、出租、抵押、出售的权利。（2）对小区内共有部分的共有权。即业主对小区专有部分以外的走廊、楼梯、过道、电梯、道路、绿地、公用设施以及其他公共场所等，享有占有、使用、收益、处分的权利。（3）对共有部分共同管理的权利。

对于较新的商品房小区来说，专有部分的所有权、小区的共有权非常清晰，相应义务也很明确。但对于老旧小区，其原本为公有住房，随着城镇住房制度改革的推进，专有权和共有权形式逐步多元化，形成了较为复杂的所有权结构[1]。

由于在老旧小区改造过程中经常涉及资金筹集、意见协商、物业管理等环节，在很多情形下需要同小区业主进行协调沟通，而老旧小区产权的多元复杂性给这些基础改造流程带来了很大阻碍，直接降低了项目改造的效率与进程，对小区的整治与管理带来很大困难。因此，在企业参与的老旧小区改造项目中，开发企业需要在改造前期重视、推进老旧小区的产权结构梳理，并采取针对性对策，为项目建立起有效的沟通平台。

2. 项目前期详细摸查老旧小区产权情况

详细的老旧小区产权调查是建立统一协调沟通平台的基础，以下针对老旧小区产权可能存在的情形进行梳理汇总。

（1）专有部分所有权摸查

1）成本价房改房的个人所有权。1999 年 7 月 27 日《建设部关于已购公有住房和经济适用住房上市出售若干问题的说明》指出，职工个人购买的经济适用住房和按成本价购买的公有住房，房屋产权归职工个人所有。据此，按成本价购买的公有住房的专有部分，业主对其享有完整的所有权。

2）标准价房改房的按份共有权。所谓标准价是指以成本价向中低收入职工家庭售房确有困难的市（县），依据该市（县）职工家庭平均经济承受能力确定的售房价格。按照我国房改相关制度的规定，标准价房改房的购买人、政府或者原售房单位，对标准价房改房的专有部分按比例享有所有权。

3）承租公房的准共有权。承租公房本质上是一种福利分配制度，公房承租人并不拥有房屋所有权，但是在现行住房制度下，租赁合同期满，通常都会继续承租，公房承租人事实上成为永久承租人，从这种意义上说，公房承租人的承租权类似于所有权，形成了公房所有人与承租人的准共有关系，只不过其对承租公房拥有的权利相较标准价房改房的购买人更少。

4）回迁房的个人所有权。对于危改回迁房屋，按照原住房面积标准进行安置，回迁人对回迁房享有所有权。

5）商品房的个人所有权。已购公有住房、回迁房上市交易后，购买人即取得商品房的个人所有权。

（2）共有部分所有权摸查

1）公用设施产权仍属原产权单位。一些老旧小区在进行房改房后，公用设施却仍登记在原产权单位，小区居民对公用设施不享有所有权，相关的

房改房：

房改房，是 1994 年国务院发文实行的城镇住房制度改革的产物，又可称为"已购公有住房""上市公有住房"。具体是指城镇职工根据国家和县级以上地方人民政府有关城镇住房制度改革政策规定，按照成本价或者标准价购买的已建公有住房。

房改房是国家对职工工资中没有包含住房消费资金的一种补偿，是住房制度向住房商品化过渡的形式，它的价格不由市场供求关系决定，而是由政府根据实现住房简单再生产和建立具有社会保障性的住房供给体系的原则决定，是以标准价或成本价出售。

---

[1] 吴高臣. 老旧小区产权结构研究 [J]. 中国房地产，2013，000（011）：56-61.

维护保养管理义务也由原产权单位承担。

2）公共环境产权仍属原产权单位。老旧小区的建设用地使用权通常为原产权单位所持有，房改房业主只有缴纳土地出让金或者土地收益后方能将其房改房所有权变更为商品房所有权，有相当一部分房改房居民并未取得小区的建设用地使用权，也不需要就诸如绿地、道路等公共环境部分承担责任。

究其原因，城镇住房制度改革不彻底，使得不享有专有权或者享有部分专有权的原产权单位却就小区共有部分享有单独所有权，形成了共用部分所有权脱离专有部分所有权的非正常状态。以上情形往往造成老旧小区公共环境设施改造的责任归属争议，需要开发企业予以重视、详细摸查。

3. 构建适应老旧小区产权结构的准业主组织

由于产权原因，老旧小区通常没有成立业主组织。实践中，不少老旧小区成立"小区管理委员会"等类似组织开展管理，其通常由居民代表大会选举产生，但这种做法忽视了"一定条件"下原产权单位的业主地位。这里所谓的"一定条件"主要指两种情形：一是老旧小区存在标准价房改房或者公房承租的情形，原产权单位作为标准价房改房共有人或公房的所有人理应参与其财产的管理；二是原产权单位对老旧小区共用设施设备享有所有权的情形，理应参与其财产管理。

因此，在老旧小区实施改造之前，需在既有"居民代表大会—小区管理委员会"管理模式的基础上，吸纳原产权单位加入，进而构建适应老旧小区产权结构的准业主组织，将老旧小区产权相关方置于一个"台面"上，能大大加强老旧小区改造具体工作中的沟通协调效率。适应老旧小区产权结构的准业主组织如图7-3所示。

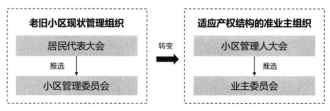

图7-3　适应老旧小区产权结构的准业主组织示意图

为了避免与社区居民代表大会产生混淆和误会，建议老旧小区的管理人组织不再称之为"居民代表大会"，而是称之为"小区管理人大会"，相当于"业主大会"。在此基础上由小区管理人大会选举产生小区管理委员会，相当于"业主委员会"。管理人大会和小区管理委员等相关规则可以参照住房和城乡建设部2009年12月1日发布的《业主大会和业主委员会指导规则》制定。

7.2.4　盈利空间问题及对策

1. 问题概述

老旧小区改造本质上是非盈利的民生工程，对开发企业来说，通过老旧小区改造项目实现盈利则不容乐观。如何从改造中发掘可能的潜在收益，改善项目经营状况，是当前国内老旧小区改造正在探索的主要问题之一。

社会资本介入是全国老旧小区改造大面积铺开的重要解决之道，而对老旧小区改造盈利点的摸查则是引入社会资本介入改造的关键。根据住房和城乡建设部初步统计的结果，老旧小区平均每户的改造成本接近 10 万元，而改造不等于拆迁，没有明确的盈利空间，在仅依靠政府财政、小区居民自筹、产权单位支持等方面的"义务支出"情况下，改造资金非常紧张。相比所有资金来源渠道，社会资本的资金最充足、最灵活，但当前老旧小区改造的盈利空间并不明朗，因此，本节通过对老旧小区项目潜在的盈利方式进行梳理，以期对获取额外收益、引进社会资本提供思路。

2. 重视老旧小区电梯加装市场

电梯加装市场是企业探索老旧小区改造项目多元盈利点的重要一环。据粗略测算，全国 1980~2000 年建成的老旧住宅约 80 亿 m^2，70% 以上城镇老年人口居住的老旧楼房无电梯，旧楼加装电梯的缺口达 389 万台，市场空间超万亿。

（1）加梯困境

虽然老旧小区电梯市场的巨大潜力有目共睹，但在实际操作中面临的矛盾也较为突出，目前呈现出成功加装数量少、过程历经时间长的特点。老旧小区加装电梯的难点主要集中在业主协调、资金筹集、申办过程三个方面。

1）业主意愿难统一。首先，我国老旧小区房屋产权性质复杂，包括单位自建房、集资房、房改房、直管公房、商品房等，业主群体多元，造成责任主体多样、认可度不一、协调持续时间长等问题；其次，同一楼栋中业主年龄层次不同，所住楼层不同，通风、采光条件不同，部分用户容易存在抵触情绪；再者，加装电梯可能带来利益分化，以南方 8 层住宅为例，加装电梯后中间层和高层将成为最受欢迎楼层，中低层将相对贬值；此外，还存在某些业主有多套住房，怕麻烦、不希望改变等。

2）资金筹集协调难。目前，老旧小区加装电梯的资金渠道主要包括政府补贴、业主自筹两方面。一部电梯设备及设计安装的费用需要几十万元，业主群体往往需要承担相当比例的费用，而老旧小区居民普遍以中老年人口、中低收入群体居多，这笔费用对其而言是一笔不小的负担，由此影响了居民申请加装电梯的积极性。以深圳市颐林雅院小区一期某单元八层老旧居民楼为例，该小区从 2019 年起开始陆续给老旧小区加装电梯，加装电梯费

集资房、直管公房：

集资房，是改变住房建设由国家和单位统包的制度，实行政府、单位、个人三方面共同承担，通过筹集资金来建造的房屋。一般由国有单位出面组织并提供自有的国有划拨土地用作建房用地，国家予以减免部分税费，职工个人可按房价全额或部分出资，不对外出售。集资所建住房的权属，按出资比例确定。个人按房价全额出资的，拥有全部产权；个人部分出资的，拥有部分产权。

直管公房，是指由国家各级房地产管理部门管理的国有房产，还包括计划经济时代国有和大集体企事业单位自建的福利房。

用全部为政府补贴＋业主自筹，其中业主自筹的部分，一、二层免费，三层需要支付 2 万元，每上一层金额增加，八楼需要支付 4 万元。相对高昂的费用及分摊规则的协调成为部分居民的主要阻碍因素之一。

3）申办过程复杂且历时长。老旧小区安装电梯涉及的申报材料、审批程序复杂，且不同城市情况不同，需要经过计划立项、规划审批、房屋安全性论证、施工许可和质量技术监督等主要环节，涉及房管、规土、消防、质监、市政、绿化等多个部门。对不具备专业知识的居民而言，需要花费很多精力跑程序，沟通审批的时间成本较高，对安装进度影响较大。

（2）应对策略

老旧小区电梯安装面临的困境，导致该市场不是很火热，开发企业也大多处于"被动参与"的角色，即小区居民内部已基本协商完毕、大部分困难已解决，再找到开发企业进行电梯安装。为推进老旧小区电梯加装市场的企业参与热情，促进开发企业从"被动承接"变为"主动参与"，可重点关注以下几方面的应对策略。

1）居民"零支付"的代建租用模式。即"居民申请、政府企业合资安装、居民有偿使用"，这种"企业投资、居民付费"的模式能有效减轻居民经济负担，减少各种推进阻力，而且因为引进专业公司全程负责，大大降低了后续维护管理的风险。对于开发企业来说，待电梯投入使用后，可以采用"月卡租赁""计次租赁"两种模式，前者即有需要的家庭每月缴纳租金，后者即按次数刷卡收费，再加上电梯广告位出租、物业费增加等收入返还，预计可在 5～7 年内收回投资。

2）挖潜顶层加建模式。目前国内有少量小区成功尝试了"顶层加建一层、市场化出售、所获收益加梯"的运作模式，即由开发企业出资在原有住宅顶层加盖一层，加盖房屋的出售所得用于补贴电梯安装费用，业主只需支付电梯运行费。该模式是以市场化手段解决老旧小区加梯问题的共赢解决方案，但是涉及小区容积率、日照间距、原楼房结构、每户产证面积的更改等问题，在没有政策支持的情况下很难实施，因此在项目实施过程中，可考虑向政府争取相关政策。

3）与小区盈利性项目相结合，拓宽资金渠道。为减少居民、开发企业一次性支付成本，可考虑进一步拓宽资金渠道，本着"谁投资、谁受益"的原则，鼓励采用老旧小区改造和其他社区盈利性项目相结合的方式，来推动社会力量参与老旧小区综合改造，例如：通过出售小区物业服务代理权吸引物业公司投资，通过出租一定年限的小区广告宣传资源吸引广告公司投资等[1]。

[1] 王健. 老旧小区加装电梯途径探讨 [J]. 城乡建设，2016（7）：20-21.

4）企业担当"中介"角色，代跑政策补贴及审批流程。开发企业应该从"建设者"身份转换为"全流程服务者"身份，主动代老旧小区居民争取政策补贴、推动小区加梯的审批流程，以加快项目效率。在代跑政府补贴时，可结合小区其他专业改造项目，向政府争取拓宽老旧小区修缮基金的范围，通过增加社区养老设施建设、立体城市建设、城市风貌改造、环保节能改造等专项补贴，来进一步推动老旧小区加梯综合改造项目。

5）与居民积极沟通，争取信任，人性化设计。开发企业在对老旧小区加装电梯之前，应与居民积极沟通，了解居民生活对安装电梯的一些设计需求，在电梯设计时有所回应。例如部分户型阳台直接面对电梯井、隐私受到侵犯的问题，可考虑采用非透明材质的电梯外墙，类似情形还包括电梯安装位置、每层开门位置、底层处理等方面。

3. 获取一定年限的小区广告出租权限

小区广告基本形式包括：电梯广告、公共区域屏幕广告、道闸广告、快递柜广告、告示牌广告、公共空间驻点广告等。在众多广告形式中，小区广告存在定位准确、灵活性高、潜在客户丰富、宣传作用广泛的特点，是市场热度较高、投放前景相对理想的广告宣传形式。

小区广告出租权归拥有小区公共部分所有权的业主所有。而老旧小区存在产权复杂、专有权与共有权分离的特征，小区公共空间的产权存在三种情形，一是全部归小区居民所有，二是归小区居民与产权单位共有，三是归产权单位所有。所以，在开发企业参与老旧小区改造过程中，需在项目前期摸清小区公共部分的产权归属情况，再通过与政府、相关业主群体进行协商，获取小区内一定年限的广告出租权限，来实现老旧小区改造项目的部分盈利。

4. 拓展物业代理与精细化物业服务

由于历史因素，老旧小区普遍没有物业管理，基本为居民自治，进而出现像小区无绿化、停车无管理、安全隐患多、广告撕不完等乱象。随着老旧小区改造，物业管理的引进将成为趋势。

老旧小区物业管理市场存在一定收益潜力，开发企业可在项目改造前与小区谈判后续物业服务的代理。在争取到老旧小区改造的物业代理后，建议开发企业还可以结合小区居民实际需求，拓展精细化的物业服务项目来获取额外收益，如夏季统一清洗空调，提供衣物代洗服务，提供家政服务，提供家电维修、回收上门服务等。

5. 瞄准停车设施建设运营收益

2000 年前，我国对居住小区没有停车位配建指标要求，所以目前几乎所有老旧小区停车位数量均不能满足实际需求，停车难问题日益突出。而这一现状为开发企业通过老旧小区改造获取收益提供了可能性。

2020 年，国务院进一步强化了对老旧小区停车设施改造的关注与支持。

7月20日发布的《国务院办公厅关于全面推进城镇老旧小区改造工作的指导意见》中，对相关改造内容进行了说明，其中包括配建停车设施，同时在完善配套政策方面也提出了一系列保障措施。政府举措释放出两个积极信号：（1）政府将积极解决老旧小区新建停车设施相关的城建、规划、环境、法律、审批繁杂、事项繁多等前置条件，为停车设施建设减少障碍；（2）鼓励结合老旧小区改造，充分利用小区空间建设新的停车设施，破解停车难问题。

老旧小区停车难问题的解决思路主要包括小区内挖潜、小区外拓展、管理手段优化升级三方面，小区内挖潜又分为既有停车泊位的合理规划、建设立体停车库、建设地下或半地下停车场三种具体方式[1]。其中建设立体停车设施、地下或半地下停车设施，既可以较好地解决停车问题，也可以通过租售回笼资金，存在盈利机遇。相关分析表明：（1）投资小区停车设施建设运营的成本回收期大概在10～12年，之后开始实现净盈利；（2）地下停车设施的一次性投入成本相比立体停车设施要高，但成本回收时间、后期收益回报也相对较高。

总体判断，该类投资模式风险较低，但成本回收期较长，需要开发企业具有长远的战略眼光和足够的资金。同时，并不是所有小区都有条件建设新的停车设施，开发企业需要在项目前期阶段对小区空间情况进行评估。

6. 住宅建筑改造的潜在盈利方式

在老旧小区住宅建筑改造中，存在一些潜在的盈利方式，如在抗震加固的楼房进行顶层加建、将平改坡楼房的增层进行利用、对质量较差的楼房进行拆除再建设等。这些方式一般无现行的法规、技术规范支持，往往需要通过确认老旧小区的实际情况，与政府、居民进行反复协商，进而明确实施可行性。因此并不适用于所有的老旧小区改造，需要视具体情况灵活运用。

案例11——上海航天新苑小区改造

航天新苑小区始建于1996年5月，小区占地面积28369m²，建筑面积42.7万m²，其中一期6层住宅11幢，二期6层住宅6幢。作为一个使用近30年的住宅小区，停车难、社区管理用房不足、老年居民上下楼困难的问题日益突出，严重影响了居民的生活质量和安全，而居民多次通过居委会提出改造申请，但由于行政管理、政策法规和资金筹集等一系列问题，没有得到解决。

参与该小区改造的企业委托经济研究中心、建筑改造研究院进行政策和技术等综合研究，并与居民反复协商，最终确定了"加梯加层、市场化综合改造"的思路。针对有加装电梯的单元楼层，在经过业主同意的情形下，对

---

[1] 何慧蓉. 老旧小区"停车难"问题的思考和建议 [J]. 交通与运输，2015（04）：50-51.

房屋抗震性能进行评估、再加固，在顶层加建一层。一楼住户可选择住在原楼层或搬到七楼，增加的一个楼层进行售卖，资金用于补贴加装电梯，剩余资金为企业在小区更新改造中的收益。

7. 发掘其他公共服务设施建设运营收益

老旧小区还存在许多潜在的公共服务设施盈利点，如加建会所出租、加建门面出租、加建体育设施收费、加建养老设施收费、加建教育设施收费、新设快递柜收费等。目前部分省市正在引导小区改造内部收益支出实现自平衡，政府支持有条件的老旧小区新建、改扩建用于公共服务的经营性设施，并以这些设施未来产生的收益平衡老旧小区改造支出。因此，建议开发企业在改造项目前期对小区潜在的公共服务设施盈利点进行盘点、计算、汇总，之后与政府、居民进行协商，争取新的改造收益。

7.2.5　居民沟通协调问题及对策

1. 问题概述

老旧小区改造虽然是民生工程，理应是大家都欢迎的好事，但由于改造是一项综合、细致、复杂的工程，改造实施过程易涉及小区每家每户的各种利益，因此在改造过程中存在居民诉求多且协调难度大的问题，这将对开发企业的具体实施过程造成一定影响。

2. 专业团队驻场的沉浸式改造

通过对国内老旧小区改造的成功案例研究可知，沉浸式改造对于统一居民诉求、协调项目矛盾能起到有效的作用。沉浸式改造即开发企业派出专业团队驻场，与老旧小区居民"打成一片"，在改造过程中互相配合、协同解决居民实际关注的问题。该方式的优势在于专业团队自身拥有解决问题的专业知识背景，深入改造"一线"，能够了解到居民诉求与问题的关键，同时又能在此过程中打好与居民的"感情牌"，在获取居民的信任后，很多改造具体事项能"水到渠成"。

案例 12——北京劲松北社区改造

北京市劲松社区始建于 1978 年，总占地面积 26 公顷，总建筑面积 19.4 万 m^2，共有居民楼 43 栋，老年住户比率 39.6%。其改造始于 2018 年，引入社会资本、聘请街区责任规划师，是我国老旧小区改造的标杆项目之一，该项目便是通过沉浸式改造来深入社区、切实地帮居民解决问题。在项目前期，专业团队便在社区内租赁一套两居室房屋，所有工作人员生活、工作都在社区内，把自己当作社区居民的一员，与居民日常交往、生活。逐渐地，小区停车在哪里方便、交通流线怎么组织、早餐在哪里卖生意较好、老人晾晒衣物不方便、老人休闲娱乐空间设施不足等细节问题，都被专业团队系统摸查清楚，并通过细致的改造方法一一解决，赢得了居民的一致好评，减少了很多项目阻力。北京劲松北社区沉浸式细节改造前后对比如图7-4所示。

公共休憩设施改造前后对比　　老人们喜爱的棋牌空间改造前后对比　　契合年轻人期望的车棚改造前后对比

图7-4　北京劲松北社区沉浸式细节改造前后对比

3. 基于沉浸式改造的"三步走"调研方式

在沉浸式改造模式下，专业团队还需要通过合适的调研方式，高效精准地确定居民诉求，进而整理改造问题与方法体系，具体可总结为"三步走"：被动式观察、主动式调查、互动式探查，如表7-4所示。

基于沉浸式改造的"三步走"调研方式　　　　　　　　　　表7-4

类别	STEP1：被动式观察	STEP2：主动式调查	STEP3：互动式探查
具体方式	① 纯观察法 ② 活动注记法	① 问卷调查 ② 半结构式用户访谈＋无结构式深入调查 ③ 通过社区领袖完善调查信息	① 互动游戏 ② 模型图纸展示介绍 ③ 情境活动设计
优势	调研者可以客观、感性地获取居民在小区中生活状态的第一手资料，为之后的工作积攒切身体会基础	了解到小区居民的主观真实想法，有助于确定老旧小区的关键性改造问题、主要改造内容	结合前两步调查结果，整理老旧小区居民切实关注的问题，提出针对性细节解决方案，并以轻松的方式与居民进行互动沟通
注意要点	① 在调查之前应完成小区基础资料搜集汇总工作，对小区有一定认知 ② 不与居民产生直接沟通，不干涉居民的行为活动，以便掌握真实信息	① 调查内容应尽量全面翔实，避免未来由于调研缺项导致的居民阻力 ② 社区领袖不一定是小区管委会人员，可能是威望较高、热心的高素质人员	主旨是通过娱乐、轻松的互动方式，有效传递改造的相关信息，并间接获取居民的反馈

（1）被动式观察

被动式观察的优势在于可以获取居民使用公共空间的第一手资料，避免主动询问过程中受访者刻意回避或疏漏信息。建议专业团队在完成老旧小区前期基础资料搜集汇总等工作后，便制定提纲，启动对社区居民、公共空间的被动式观察。在此过程中，建议不与居民产生直接沟通，不干涉居民的行为活动，只是在视域范围内观察和记录居民在场所内的行为，从而掌握相对客观的信息。

（2）主动式调查

主动式调查主要包括问卷调查、半结构式的用户访谈、无结构的深入调查，主旨是获取居民对于老旧小区的真实感受。

建议专业团队重视通过"社区领袖"来完善与居民的信息反馈[1]。社区领袖，即老旧小区内的一部分居民代表，多为热心于社区事务的退休人员，是开发企业与社区居民之间的良好沟通桥梁，能够完善专业团队在沉浸式改造过程中的居民信息收集。

（3）互动式探察

在被动式观察、主动式调研两种方式结束后，专业团队已基本掌握老旧小区居民切实关注的问题，应在此基础上进行整合分析，提出针对性的初步改造方案，然后采取互动式探查的方式与居民进行交流。具体方式包括情境活动、互动游戏、模型图纸展示等，要点是通过愉快、轻松的互动方式有效传递改造的相关信息[2]。

7.2.6　成本控制问题及对策

1. 问题概述

在老旧小区改造项目推进过程中，由于成本管理模式尚未成熟等原因，容易造成成本流失与浪费[3]，进一步加剧企业盈利的困难程度，进而制约社会资本介入老旧小区改造。基于老旧小区改造项目资金本就紧张的现实条件，建议企业掌握适当的成本管理方法，加强成本控制力度，提高资金使用效率，实现成本和效益之间的最大合理化。

2. 全过程成本管理、精细化管控模式

现代项目管理模式以"全"为特征，主要包括全寿命成本管理、全过程成本管理、全面成本管理三种主流模式如表7-5所示[4]。合适的成本管理模式将为老旧小区改造提供基本的管理思路。

［1］邹艳丽，白梦圆. 老社区改造决策中的多元主体博弈与平衡——以北京市某社区改造为例［J］. 规划师，2015，000（004）：48-54.

［2］张琳捷. 英国卡迪夫布特社区更新机制及启示［D］. 西安建筑科技大学，2016.

［3］王彬武. 老旧小区有机更新的政策法规研究. 中国房地产：学术版，2016（9）：57-66.

［4］郑伟. 北京市老旧小区改造项目成本管理研究［D］. 北京邮电大学，2019.

三种主流项目成本管理模式对比[1]   表7-5

类型	全寿命周期成本管理	全过程成本管理	全面成本管理
基本特征	将项目的建设期成本、运营期使用成本、维护成本进行综合考虑，以实现建设项目全寿命周期总成本最小化和总价值最大化	强调建设项目的过程管控，在项目各个阶段降低项目的无效和低效活动，减少资源消耗与占用，从而实现对于建设项目投资成本的控制	通过全面考虑来管理项目成本，考虑角度包括全团队、全要素、全寿命周期、全过程、全风险五大方面
优点	有助于提高项目建设的质量、节约使用与维护费用	过程控制模式思路明晰，便于项目团队理解，接受度高，利于执行	集成了现有建设项目成本管理的主要思想和方法，较为先进
缺点	通常要提高一定建造成本来降低使用成本，与一般民用项目投资效益最大化的理念存在冲突	可深可浅，在实际项目过程中容易忽视细节，造成"粗放式"管理	未成熟，相对复杂，对项目管理团队要求较高

全寿命周期成本管理通常会通过提高建造成本来降低使用成本，其在公共建设项目上应用较多，但与一般民用项目投资效益最大化的理念存在冲突。全过程成本管理符合绝大多数建设项目投资人的思维，同时受全寿命周期成本管理和全面成本管理的影响，与其他主流理论的优势差异在缩小。全面成本管理是现有建设项目成本管理思想和方法的全面集成，而从我国目前的建设项目专业力量和社会基础来看，尚缺乏强有力的集成主体，致使全面成本管理的应用有待成熟。

老旧小区改造属于民用建筑领域，不建议采用全寿命成本管理模式；同时，改造项目属于稍复杂的一般性工程项目，成本管理尚不需达到全面成本管理的复杂程度。在此种情境下，建议开发企业选择全过程成本管理。该模式较为契合国内过程把控的项目流程，通俗易懂、执行度高，在项目建设周期中运用效果明显。不过该模式的弊端是容易忽视细节，造成"粗放式"管理，因此建议在采用全过程成本管理模式的基础上，着力加强精细化管控。

对于老旧小区改造，全过程成本管理的基本应用方式，是在全过程视角下，基于改造活动去估算和确定项目目标成本，再编制目标成本计划，通过对各项流程改造活动的管理，降低和消除项目的无效和低效活动，从而减少资源消耗与占用，最终实现对建设项目投资成本的有效控制。老旧小区改造应该把全过程成本管理的理念、技术、方法贯穿于项目设计、招标投标、施工、竣工结算的全过程，以动态成本管理作为项目实施的主线，同时通过完善合同约定来保障项目目标得以实现。

[1] 李楠楠. 老旧居民小区整治项目成本管理研究 [D]. 青岛大学，2018.

3. 识别改造全过程各阶段的成本控制要点

全过程成本管理是基于项目阶段及流程框架下的成本控制方法，在项目全过程的各个阶段都需开展成本管理工作。老旧小区改造工程因不同阶段目标和内容的差异，成本控制要点也会发生变化。因此需要对改造全过程成本控制有全局观念，抓住重点，同时要结合每个阶段的具体流程进行精细化成本管理。

在老旧小区改造过程中，准备和实施阶段将消耗大量的人工、材料和资金，并且与开发企业直接相关，因此成本管理应予以重点关注。

（1）项目准备阶段

该阶段主要成本管理工作是设计指导施工蓝图，根据施工图纸编制招标清单。关注要点是工程量清单和工程控制价格的制定，图纸、清单与现场实际应尽量匹配，减少后期增加的工程变更，此后各阶段的计划和措施将会以此次内容和数据为准绳。

（2）项目实施阶段

该阶段成本管理主要工作是在既有的成本预算下，通过规范生产资料投入、精确化时间管理和严格的质量把控，让资本投入价值得到预期回报。此阶段投入的人力、物力、时间成本最多，项目管理难度最大，开发企业应投入最大的精力进行成本管理工作。

此阶段的关注要点是加强施工方、业主方、小区居民的及时沟通；严格把控进度款约定时间节点与施工内容；加强设计评估要求、减少重大变更数量，保证项目不会因设计改变而造成项目返工带来成本损失。

4. 采用挣值管理对改造施工进度与成本进行动态纠偏

项目成本和项目时间是相互关联的一个整体[1]，随着老旧小区改造热度的不断提升，开发企业如何进行合理的项目成本与进度把控，显得尤为重要。

工程进度款的支付是影响改造工程进度管理的主要因素之一。基于此，建议开发企业采用挣值管理方法，以实现对改造项目施工进度的动态跟踪与纠偏。挣值管理是一种将计划制定与进度安排、阶段成本相关联的管理方法，在面对不确定性因素多、进度管理难度大的项目中，对于项目进度和成本的综合动态控制具有独特优势[2]。改造项目"进度-成本"动态控制如图7-5所示。

[1] Bromilow F J. Measurement and Scheduling of Construction Time and Cost Performance in the Building Industry[J]. The Chartered Builder, 1974, (10): 23-45.
[2] 张文涛. 北京市老旧小区改造工程的进度管理研究 [D]. 中国科学院大学，2017.

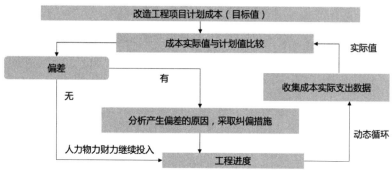

图 7-5　改造项目"进度 - 成本"动态控制示意[1]

7.3　分类改造方法

老旧小区改造内容广泛而又具体，不同的改造内容有不同的改造要点。本节对不同类型的改造内容进行分类研究，以"菜单式"的方式呈现，旨在为老旧小区改造提供改造对策及方法指引。

7.3.1　基础类改造内容与方法

1. 建筑形象与功能整治

（1）问题描述与分析

建筑形象与功能问题往往是老旧小区改造项目面临的最直观问题之一。从美观角度来看，老旧小区建筑形象问题是由多方面负面因素组成的综合性问题，比如建筑外墙涂料斑驳脱落、外墙风格色彩老旧、窗户陈旧、私搭雨篷和防护网、防护网老化、空调机摆放杂乱、管道线网外露等；从功能角度来看，老旧小区住宅的屋顶平面、立面、内部公共空间在保温、隔热、安全、维修等方面也存在欠缺。

（2）改造对策与方法

1）延续城市风貌

① 建议对老旧小区的整体形象特征进行塑造，突出不同地区建筑外立面的风格特色，传承历史积淀、弘扬地区文化、体现时代精神；② 建议提取城市或老旧小区的特色风貌元素，例如西安的坡屋顶、青岛的红瓦、上海的石库门等，在立面改造过程中予以选择性保留、修缮、强化；③ 进行外立面的粉刷修补之前，可考虑对住宅立面的色彩进行设计，与周边区域、城市主导色彩相协调[2]，如图 7-6 所示。

---

[1] 郑伟. 北京市老旧小区改造项目成本管理研究 [D]. 北京邮电大学，2019.

[2] 蔡云楠，杨宵节，李冬凌. 城市老旧小区"微改造"的内容与对策研究 [J]. 城市发展研究，2017（4）：29-34.

图 7-6 城市特色风貌元素示意

垂直绿化形式建议：

利用骨架构筑物承载容器，植物种植在容器中。如图 7-7 所示。

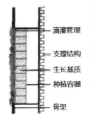

图 7-7 骨架摆花式

2）统一、美化立面效果

① 建议统一更新防盗网的形式、尺寸；② 建议增设统一的空调板，隐藏空调室外机；③ 建议统一整治室外晾衣架、私搭遮阳篷等乱象；④ 可考虑对建筑线脚进行设计，例如增加女儿墙线脚、入口线脚局部加高等；⑤ 可考虑立面的垂直绿化覆盖处理，增强美观性和墙面热功性质[1]，考虑经济性和砖混结构的适应性，建议在老旧小区改造中采用骨架摆花式和附架/牵引式。小区立面改造方式及效果如图 7-9 所示。

利用藤蔓植物对墙面的吸附、缠绕，或者借助外置构件，让植物自然往垂直方向攀爬。如图 7-8 所示。

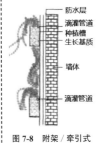

图 7-8 附架/牵引式

图 7-9 小区立面改造方式及效果示意

3）完善建筑外部功能

① 选取环保、不易脱落、适合地区气候温度差异的立面改造材料；② 在建筑结构许可情况下，可考虑将平屋顶改坡屋顶，既能改善建筑保温隔热防

[1] 公超. 建筑外立面垂直绿化技术研究 [D]. 北京林业大学，2015.

水性能，又能美化建筑视觉效果；③ 可考虑平屋顶改"绿"屋顶，即在屋顶设置空中花园，为居民提供足不出户就可以享受的休憩空间，同时还可以起到改善建筑外观、保温隔热的作用，平屋顶改"绿"屋顶应当重点关注屋顶荷重与排水（表 7-6～表 7-8 屋顶荷载数据来自参考文献[1]）。某老旧小区屋顶改造效果如图 7-10 所示。

屋顶活荷载荷重表　　　　　　　　　　　　　　　　表 7-6

活荷载类别	普通上人屋顶	可能进行集会与表演
荷载（kN·m²）	1.5	2-2.5

屋顶种植地被植物、灌木荷重表　　　　　　　　　表 7-7

种植植物种类	地被草坪	低矮灌木	1.5m 高长成灌木	3.0m 高长成灌木
荷载（kN·m²）	0.05	0.10	0.20	0.30

屋顶种植植被土层厚度与荷重表　　　　　　　　　表 7-8

类别	地被	花卉及小灌木	大灌木
植物生育土壤最小厚度	30cm	45cm	60cm
排水层厚度	—	10cm	15cm
平均荷载（kN·m²）	3.00	4.50	6.00

图 7-10　某老旧小区屋顶改造效果示意

4）住宅内功能与设施修缮

① 考虑适老的台阶栏杆改造。对楼梯踏步破损的，进行修补、粉刷或重新铺贴；踏步光滑的，建议采用防滑材料重铺，设置防滑条；栏杆基本完好但不美观的，应考虑刷漆；栏杆破损严重的，应进行更换；栏杆无明显破损，但材料锈蚀的铁制构件应进行更换。

② 楼道粉刷、照明更换。墙面面层剥落的楼梯间，建议铲除原有面层重新粉刷，粉刷色彩宜以浅色调为主，踢脚位置可考虑贴砖；老旧灯具更换，宜选择声光控 LED 节能灯，采用阻燃型电缆。

[1] 吴少锋. 屋顶花园的荷载取值及排水构造 [J]. 广东水利水电，2002，000（005）：9-9，13.

③ 设施修缮与管线规整。检查各类设施箱现状，保证安全稳定，对老化的设施箱进行更换；检修报废管线，更换存在安全隐患的线路；杜绝凌空管线，管线统一沿墙角设置；对于管线繁多情况，可采用线盒、套管规整美化。

④ 入户门与对讲系统更新。对于入户门破损、缺失的，应予以替换，建议采用刷卡门禁系统防盗门，样式选择应与小区建筑、环境相协调；入口门宜具有密码开锁功能，根据居民的意愿，选择合适的对讲系统，建议考虑可视化对讲系统，提升老旧小区入户安全性。

2. 市政管线改造

（1）问题描述与分析

市政管线改造包含给水排水、电力、燃气、供暖等内容，是老旧小区改造中最常涉及、最为基础的民生工程。老旧小区的各类市政管线，由于缺乏统一规划，且在长时间使用中缺乏有效维护，普遍呈现出安全隐患大、日常使用稳定性低、美观体验差的特征。本节将结合老旧小区适应城市未来发展的新需求，立足安全性、稳定性、美观性、节能性四方面提出市政管线综合改造相关建议。

（2）管线安全性改造

① 管线系统更新改造应根据管道受损、老化的程度，进行局部维修或整体更换，并与居住功能的更新改造相结合；② 针对老旧小区杂乱的架空电力线、电视线、通信线等，有条件的小区应改为地下走线，不具备下地条件的小区，应对现状线缆进行安全隐患综合排查，规范现有电线、电缆、通信线、电视线等线网的架设，消除安全隐患；③ 早期建设的燃气管线存在较多问题，如管网系统杂乱、未进行防锈处理、使用寿命超时等，并且可能存在燃气管道被构筑物、生活物件占压的情况，应重点对燃气管线系统进行整体摸查优化。架空线入地敷设如图 7-11 所示。

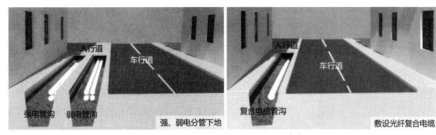

图 7-11　架空线入地敷设示意[1]

（3）管线稳定性改造

① 适当提高新建设管道标准，选用结实耐久、不影响水质的管道及部

---

[1] 广州市老旧小区微改造设计导则 [R]. 广州市住房和城乡建设局，2018.

件，并保证改造后的管线能正确接入城市管网；② 对无需更换的管道，提高养护标准，排水管道建议全面疏通；③ 给水系统更新改造，宜采用无负压供水设备和由市政管网直接供给用户生活用水，以增强市政供水的安全性和平稳性；④ 对于入地敷设的管线，建议每隔 3m 距离设置地下管线支撑墩，避免车辆对路面的长时间挤压带来的管线损伤，强化稳定性。

（4）管线节能性改造

① 建议进行雨污分流改造，对于居住区所在城市或区域尚未进行雨污分流的地区，或者年降雨量小的地区，可不进行雨污分流；② 供水管线节水方面，在采取避免渗漏、结露的节水措施基础上，建议采用独立计量的管理方式，实时监测小区用水量和管网运行状态，及时发现可能存在的管网漏损隐患；③ 因地制宜地采用浅层地热、空气源热泵等新型清洁供热方式，在一定程度上降低能源损耗，并助力大气环境改善。

（5）管线美观性改造

① 架空线缆不具备下地条件的小区，可采用装饰性遮挡、入槽盒、套管、桥架等方式进行美化规整；② 外露管道及市政箱的外表面可进行风格统一的喷绘图案处理；③ 对露天管道进行表面覆盖绿植的处理，但不得选取可能破坏管道的植被，如图 7-12 所示。

图 7-12　外露市政管线表面美化处理示意

3. 其他基础设施改造

（1）问题描述与分析

为满足老旧小区居民的安全需要与基本生活需求，还需对部分基础设施进行更新改造，主要包括消防设施与通道、环卫设施、安防设施等。此类基础设施面临的问题识别起来较为简单，例如消防栓的破损、垃圾收运点未进行垃圾分类、视频监控未覆盖等，对应的改造技术性相对较低。但总体来，看细节问题相对较多，需要在改造过程中认真识别、统计，分别予以解决。

（2）消防设施改造与消防通道设置

消防设施改造方面的要点包括：① 检查既有消防设施，保证有效；② 对老旧破损的消防设施进行替换；③ 部分小区未设置消防设施，按技术标准增设；④ 有条件的小区可增设微型消防站。

消防通道设置的要点包括：① 根据小区现状，系统确定消防车道范围；② 对于确定的消防车道是现有道路的情形，应进行道路质量鉴定，对未能达到消防荷载要求路段，面层、基层、垫层重新设计；③ 消防车道的净宽、净空不应小于 4m，车道转弯半径不应小于 6m，为保证消防车道的系统性，可能需要局部打通堵塞道路、拆除违建、移走灌木、疏通通道；④ 建议增加消防车道标识。

（3）环卫设施更新

环卫设施包括老旧小区的垃圾收运点、垃圾收集站及其围蔽设施等环境卫生设施。更新要点包括：① 取消老旧小区原有的垃圾道、垃圾房、垃圾池收集点，设置垃圾分类桶或垃圾分类房；② 垃圾收运点的服务半径不宜超过 70m，位置应方便居民使用和垃圾车通行，垃圾收集站则应设置于社区边缘区域，与城市道路相连，便于垃圾运输；③ 垃圾收运点场地建议采取透水混凝土路面，方便清洗排水；④ 垃圾收运点应根据相应空间的条件，设计合适的场地布置形式，做好一定的气味、视觉隔离。

（4）安防设施更新

安防设施即安全防卫设施，在老旧小区改造过程中建议注重"三道防线"的安防设计：出入口安防、小区内安防、住宅安防，如表 7-9 所示。

老旧小区三道防线及相关防卫设施 表 7-9

第一道防线	第二道防线	第三道防线
出入口安防	小区内安防	住宅安防
设置大门门禁 设置入口保安亭	完善视频监控 保证夜间照明 设置监控中心	增设访客对讲系统 增设门禁管理系统 入口设置视频监控

7.3.2 完善类改造内容与方法

1. 公共活动空间提升

（1）问题描述与分析

在社区中，与居民日常生活联系最密切、对居民满意度影响最大、居民所反映问题与诉求最为强烈的物质实体就是公共空间，在老旧小区改造工作方案中，公共活动空间往往是老旧小区改造的重心之一。其中，空间资源紧张、功能单一、安全性低、设施陈旧等都是亟待解决的问题，需要采取相应的对策方法来实现公共活动空间的改造提升。

（2）重视规划系统设计

针对公共活动空间改造，首先应在提出老旧小区规划改造方案阶段，将小区的公共活动空间及相应设施现状进行综合梳理，同时结合综合改造方案的多项因素（如建筑布局、出入口设置、道路系统优化、拆违等）、居民的户外活动及交往需要，采用集中与分散相结合的规划手法，整合现有空间、挖掘潜在空间，从而在规划层面实现对老旧小区公共活动空间的系统化完善设计。

（3）营造复合型公共空间设计

老旧小区的公共活动空间往往相对紧张，在有限的空间条件下，建议在改造过程中，结合不同维度居民（如年龄、性别、职业）的需求，设置功能复合的公共活动场所与设施，以满足多元人群需求。

如广州市某老旧小区在改造中依据住宅布局、道路等条件，将老旧小区划分片区；在片区中心位置，打造出升级版的中心公共场所；并通过整合宅前绿化塑造出两条公共走廊，结合既有出入口闲置空间，设计一处入口广场。通过多种设计手法实现了公共空间的系统化设计，如图7-13所示。

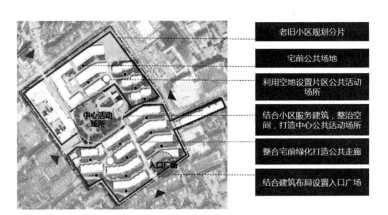

图7-13 广州某老旧小区公共空间系统设计

（4）改善物理环境

1）风环境改善：基于小区风环境分析，针对会对人体造成不良影响的公共空间，通过场地功能置换重组、构筑物与景观改造等措施，改善公共空间风环境。

2）日照环境分析：模拟公共空间日照时长，引导公共活动场所及设施的优化布置。

3）噪声环境管理：针对可能产生较大噪声的公共空间，采取种植乔木、加装隔声设施等，对噪声进行降噪、减噪处理。

案例 13——北京市石景山区八角南里小区改造

北京市石景山区八角南里小区的改造充分考虑了物理环境因素，并通过相应技术手段提出了优化的解决方案。在改造之前，改造单位首先在小区内选定了一批潜力公共空间节点，对这些节点的夏季冬季 1.5m 高度风速场、夏至日冬至日日照时长进行了模拟，并通过叠加分析得出了风－光环境数据的叠加图。基于以上分析，对该老旧小区的公共空间位置和设施进行了确定，再进一步指导具体改造工作，如表 7-10 所示。

北京八角南里小区物理环境改善示意　　　　表 7-10

夏季	冬季
夏季 1.5m 高度平面风速场	冬季 1.5m 高度平面风速场
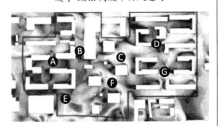	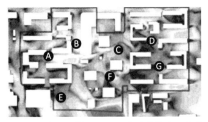
C、E、F点有较大的风速，A、D点为静风区，出于夏季通风考虑，E、F两处较适合成为居民活动场所	D、G点位于静风区，F点风速较大。结合冬季避风、同时有利于污染物扩散考虑，C、E点较适合居民进行活动
公共空间夏至日日照时长图	公共空间冬至日日照时长图
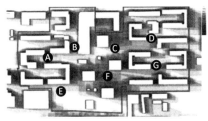	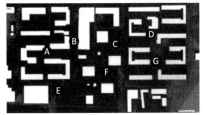
B、D、F点处在阴影区，A、C、G点有一定遮挡，E点几乎无遮挡，全天处在严重的日晒环境中，出于遮阴和采光综合考虑，A、C、G点较理想	考虑到冬季居民喜阳的需求，D、E点较适合设置居民活动
夏季风-光环境数据叠加图	冬季风-光环境数据叠加图
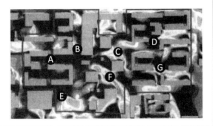	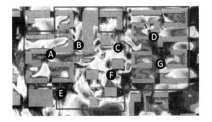

续表

夏季	冬季
公共活动场地选择	公共活动场地选择
夏季，C、F点拥有较短时间的日晒与较大的风速，是全小区居民最佳的活动区域；A、D、G点次之；E点虽然有较好的风环境，但全天日照时数较长，应考虑一定的遮阳设施；B点因紧邻小区车行主干道，所以不将其作为居民长时间活动的场所考虑	冬季，D、E、G三点有相对良好的风、光环境，尤其D、E两点风速小且日照时数较长，是全小区最佳位置；A、F两点物理环境相对较差，光照时数少且风速较大，应考虑设置遮风设施；C点虽有较好的风环境，但采光情况较差，应考虑在中午时段供居民活动使用

（5）营造空间活力

采取人性化设计手法，打造安全便利、舒适宜人的公共空间环境，吸引人群集聚与使用，营造空间活力。具体措施包括：提供足够的驻足停留空间和设施；鼓励休憩设施的多元化、多功能化与艺术化；挖掘边角空间打造口袋公园；灵活植入公共艺术、智慧装置，加强人与空间的互动等。

（6）强化标识系统

老旧小区普遍存在标识系统不足甚至缺失的问题，应结合改造，对公共空间的标识系统进行强化完善，完善对象包括居住区平面图、道路指示牌、安全警示牌、楼栋号、门牌号、禁烟标识等，标识整体应明确、美观，并与居住区整体风貌相协调。

（7）增加应急避难设施

老旧小区公共空间改造应兼具应急避难的功能，在面积、服务半径、安全通道的设置等方面，应满足相关规范对应急防灾和避难疏散的要求，并应设明显的标识系统[1]。

2. 道路交通环境改造

（1）问题描述与分析

老旧小区道路交通状况普遍"堪忧"，其问题主要分为四类：第一，道路系统不合理：存在断头路、围墙阻断交通联系、人车混行等诸多问题；第二，慢行设计缺失：道路交通组织主要服务于机动车，慢行空间与设施不足，慢行环境恶劣；第三，与周边城市功能联系较弱：由于时代变迁，老旧小区周边的城市功能大多已经更新，而老旧小区的道路交通仍维持原样，便造成了与外部城市功能联系的脱节；第四，停车问题：老旧小区规划设计标准落后，对机动车停车考虑较少，致使停车设施匮乏成为当今老旧小区改造的痛点问题，同时也衍生出了停车管理混乱、人车混行严重、私家车占用消防车道等乱象。

（2）道路系统性疏通与治理

针对老旧小区道路系统闭塞、断头路多、围墙阻断、与公交站点联系不畅等问题，建议在项目前期规划设计阶段，对此类问题进行统一梳理，通过

---

[1] 城市旧居住区综合改造技术标准［R］. 中国城市科学研究会，2019：8.

系统性设计逐一解决。具体的规划设计方法包括。

1）新建支路，增加路网密度，提高联通性，缓解老旧小区人流、车流压力；与城市道路衔接少的老旧小区，建议采用出入口增设、局部打通等方式，强化老旧小区道路与城市交通站点（如公交站点、地铁站点）的通达性。2）破除阻隔，在可行前提下打通部分楼院的围墙，形成互联互通的内部路网格局，增加居民步行路线的多样化选择。3）新增停车场，改善停车系统。利用小区内未利用地、边角地、拆违空间等公共空间，增设停车场，减少部分道路车流压力，提高车行系统的通达性，如图 7-14 所示。

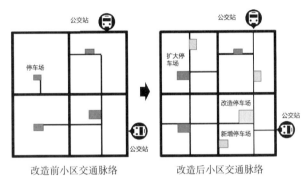

图 7-14　道路系统性疏通与治理示意

案例 14——镇江市桃花坞花山湾小区改造[1]

针对镇江市桃花坞花山湾小区存在路网密度低、支路干路不顺畅、机动车停车系统矛盾突出等问题。在具体改造过程中，小区通过打通瓶颈巷道，提高路网的连通度；新建支路，提高路网的可达性。在静态交通方面，利用路内停车、城市道路夜间错峰停车，提高停车空间利用率；同时，利用现有未利用地、边角地、拆违空间等公共空间新增停车位。现状与改造后的道路，如图 7-15 所示。

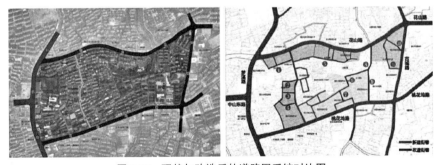

图 7-15　现状与改造后的道路网系统对比图

［1］李星星，纪书锦，戴维思等. 老旧小区综合改造中交通治理实践——以镇江市桃花坞花山湾片区为例［C］. 创新驱动与智慧发展——2018 年中国城市交通规划年会论文集. 2018.

（3）强化人车分流

针对国内大部分老旧小区人车混行的现状，建议结合项目实际情况，采用一定的规划设计手法来强化小区的人车分流，具体包括。

1）保留小区内主要车行道，一些次要的支路、入户路可以增高，改造为人行道，还可以结合路墩、栏杆等设施，将部分道路改为纯人行步道；2）针对人车混行道，通过高差设计加设人行道，若道路宽度不足，建议占用两侧绿化，优先保障居民步行安全；3）可考虑空间设计与管理措施相结合的办法，首先在小区内挖掘潜力空间，建设容量较大的机械停车场，同时对车辆"小区出入口—停车场"的流线进行设计，避开主要人行流线，并通过小区车辆出入管制和停车位置管制，提升小区人车分流程度，如图7-16所示。

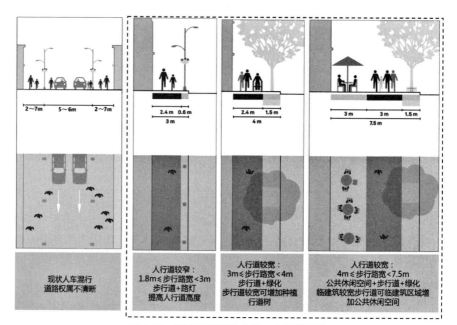

图 7-16　道路断面改造中增加人行道示意

（4）改善慢行环境

老旧小区现状道路一般较窄，慢行体系往往极不健全。在改造过程中应转变人在小区交通中的弱势地位，优化老旧小区中的骑行、步行环境，突出以人为本的改造理念，具体措施包括：1）道路断面改造，增加适当宽度的步行空间，并视情况加种行道树、加设休憩空间；2）加设交通稳静化设施，进一步降低车行交通地位，保障慢行安全，例如增加道路缓坡、立体减速标识、路缘延展等；3）增设方便骑行、无障碍人群的缘石坡道；4）采用防滑、耐久、可渗水的人行道铺装材料。交通稳静化措施如图7-17所示。

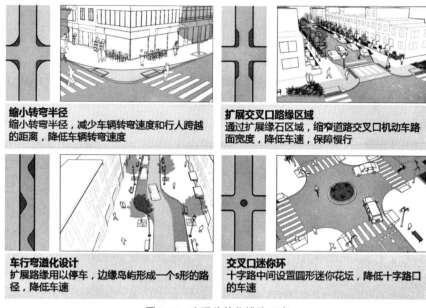

缩小转弯半径
缩小转弯半径，减少车辆转弯速度和行人跨越的距离，降低车辆转弯速度

扩展交叉口路缘区域
通过扩展缘石区域，缩窄道路交叉口机动车路面宽度，降低车速，保障慢行

车行弯道化设计
扩展路缘用以停车，边缘岛屿形成一个s形的路径，降低车速

交叉口迷你环
十字路中间设置圆形迷你花坛，降低十字路口的车速

图 7-17　交通稳静化措施示意

（5）改善老旧小区停车问题

1）摸清小区停车"刚需"。在改造之前，通过实地调研、问卷调查、单元统计等方式，获取老旧小区既有停车位、户均拥车数、停车位缺口、未来停车位需求规模等数据，为停车系统改造设计方案提供基础。

2）小区内部停车空间挖潜。在设计老旧小区改造方案时，可通过以下方式对小区停车空间进行挖潜：适当加宽小区道路，允许单边停车；将局部边角地改建为停车位；某些老旧小区绿化或公共面积较大，可考虑将部分空间改为停车位；在老旧小区通过改造存在潜力空间的情况下，鼓励建造土地节约型的立体停车库；有条件的小区可考虑建设地下停车库或半地下停车库。

3）小区外部停车资源拓展。针对停车矛盾突出、内部挖潜难以自足的老旧小区，可考虑在小区周边拓展停车空间：向交管部门申请，在毗邻的市政道路上设置夜间临时停放泊位；通过沟通协调，与小区周边单位、商业建筑配建的停车场或公共停车场签订租用合同或错峰互享停放协议，实现片区停车资源的共享利用。

4）管理升级促进车位高效利用。在有限的车位资源条件下可通过科学管理提高利用效率：在小区车位资源极度紧张的情况下，建议设置智能停车管理系统，对小区的路况、可停车位置与数量进行实时反馈与管控，禁止外来车辆进入；强化日常整治和管理行为，形成严管氛围，促进车辆规范停放，实现道路车位使用率最大化；经济手段调节，通过与业委会商议，对过多占用停车资源的业主收取更多费用。

3. 绿化景观升级更新

（1）问题描述与分析

由于缺乏统一的规划，建设标准不高，老旧小区内建筑密度普遍偏高，导致绿化和景观用地面积狭小且不成系统。此外，老旧小区整体的景观设计落后或者缺失，绿化种植形式单调、重复，缺乏视觉欣赏功能，绿化景观用地被居民过度占用。在城市人居环境不断改善的趋势下，这些问题已严重影响到居民的生活质量，并对改造项目中的绿化景观升级更新提出了要求。

（2）挖掘潜力绿化空间

现行国家标准《城市绿地设计规范》（GB 50420—2007）与《城市居住区规划设计规范》（GB 50180—2018）对老旧小区改造绿地率、集中绿地设置有明确的规定，基于老旧小区绿地匮乏的实际情况，首先需要根据现状条件对既有绿地景观进行调整与再利用规划，通过增设公共绿地、宅旁绿地、立体绿化等方式增加绿化面积，从而满足老旧小区居民对基本绿化环境的需要。

（3）特色绿化景观系统设计

应根据每一个老旧小区的规划布局形式、绿化景观条件及特点、开发性质、居民需求，结合城市景观风貌要求，研究不同力度和不同内容的系统化改造方案，切忌一套模式"通吃"的绿化景观设计。

（4）景观层次的时空搭配

小区内景观配置应兼具时间和空间考虑。就时间维度，宜突出植物季节性景观变化，对四季景观进行更具针对性的植物配植设计，做到四季各具特色；就空间维度，根据现状景观条件，进一步强化植物景观空间效果，注重植物配植多样性，形成群落结构多样、花草灌乔合理搭配的景观层次，增加观赏性。景观层次的时空搭配如图 7-18 所示。

图 7-18　景观层次的时空搭配示意

（5）人性化细节设计

通过对老旧小区中若干人性化绿化景观细节设计的积累，能逐步推动老旧小区公共区域改造产生质变，人性化细节设计包括但不局限于：结合小区道路规划、人流方向，合理布设绿地游览步道、出入口；在道路、广场和室外停车场周边种植遮荫效果明显的高大阔叶乔木，合理采用树荫座椅一体化设计，修剪影响采光通风的树木；采用尺度适宜的通透性景墙、植物墙进行围墙改造；针对小区内公共空间存在竖向标高不一致的情形，可以采取微地形景观改造来实现过渡；对小区景观照明设施进行系统性美化提升；硬质铺装美化设计等，如图 7-19、图 7-20 所示。

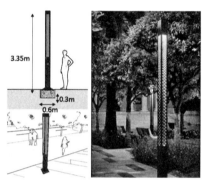
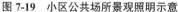

图 7-19　小区公共场所景观照明示意　　　图 7-20　树荫座椅一体化设计示意

（6）经济安全的植被选择

小区植被改造应选适应当地气候土壤条件、维护成本低、存活率高的品种，降低项目一次性投入与后期养护成本。同时，应对引进植被与既有植被进行检查，剔除易对人体造成刺激、感染的植物，保证居民安全，尤其是儿童游乐区，严禁配置对儿童易造成伤害的植物。

（7）特殊植被风貌保留

在老旧小区中有一部分特殊风貌与植被，自身可能是古树名木、具有良好的历史生态价值或已成为居民的感情寄托，在有意识的保护之下能够体现一个小区的文化与特色，建议原地保留并加以保护；对于无法原地保留的特殊植被风貌，建议采取移栽措施进行保护，并设立标牌，明确保护要求与措施。

（8）推动社区与居民建设、维护绿化景观

新加坡于 2005 年推出了锦簇计划（全国社区园艺计划），希望推动社区居民参与社区花园建设维护。深圳市于 2019 年开始试点社区共建花园，旨在充分利用社区公共空间，邀请居民共建共治共享，提升城市环境建设社会参与度。不难发现，以上二者的内涵基本一致，即推动社区与居民建设维护社区绿化景观，这对于老旧小区改造同样具有借鉴意义。

深圳市社区共建花园：

2019 年起，深圳市在福田区、南山区试点社区共建花园建设。2020 年，计划全市建设 120 个社区共建花园。

社区共建花园项目由深圳市城市管理和综合执法局，充分利用城市公共绿地空间，调动专业力量、社会组织、社区居民等积极因素，邀请社区居民共建、共治、共享，示范自然教育和海绵城市教学，提升城市环境建设的社会参与度。该项目已被确定为深圳打造世界著名花城建设中"八年成规模"的重要组成部分，为市民共享"花样生活"提供重要载体，是引导公众参与城市建设管理的创新模式。

在老旧小区绿化景观的升级更新中，开发企业可承担牵头角色，携手社区管委会推动社区居民共建维护绿地景观，如图 7-21 所示。在此过程中，企业可以为居民提供园艺课程分享、政府对接、种植咨询等服务，社区居民则成为小区绿化景观真正的维护者。在此种模式下，开发企业可以增加一定的收入来源（园艺培训、设计咨询等），并降低一定的维护成本。

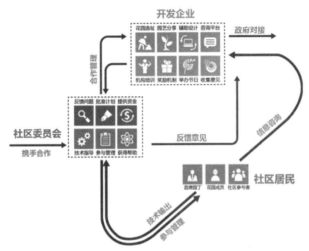

图 7-21　企业、社区与居民共建共管绿地景观模式示意

4. 建筑节能化改造

（1）问题描述与分析

近年来，建筑能耗在国家总体能耗中所占比例不断攀升，约占全国能耗总量的 1/3，因此建筑节能化改造越来越受到国家重视。其中，老旧小区住宅由于建筑标准落后、保温隔热性能较差，已成为国家进行建筑节能化改造的重要发力领域。老旧小区的节能化改造，也是老旧小区改造的一项"基本任务"。

（2）尊重住宅现状条件，因地制宜制定经济性节能改造方案

改造不应破坏老旧小区住宅的原有结构体系，并尽量减少墙体和屋面的荷载，不损坏除门窗以外的既有装饰、装修，不影响建筑物的使用。

不同的气候区、不同建筑结构体系、不同的建筑高度、不同的建筑基础条件，对既有建筑节能改造的方案设计会有较大影响，应结合国内各气候区节能改造技术标准，因地制宜地采取经济性改造措施。老旧小区节能化改造常用技术标准见表 7-11。

老旧小区节能化改造常用技术标准（部分）　　　　表 7-11

类别	技术标准编号	技术标准名称
基础类节能改造技术标准	JGJ/T 129—2012	《既有居住建筑节能改造技术规程》
	JGJ/T 346—2014	《建筑节能气象参数标准》

续表

类别	技术标准编号	技术标准名称
四大类气候区节能设计标准	JGJ 475—2019	《温和地区居住建筑节能设计标准》
	JGJ 75—2012	《夏热冬暖地区居住建筑节能设计标准》
	JGJ 134—2010	《夏热冬冷地区居住建筑节能设计标准》
	JGJ 26—2010	《严寒和寒冷地区居住建筑节能设计标准》

（3）注重围护结构和节点构造的节能改造

老旧小区住宅节能化改造的关键是围护结构改造、暖通设备改造。围护结构建议以外墙、屋顶、门窗等围护结构的保温隔热为重点，尽可能提高门窗、节点构造的节能效果，减少外墙的节能分配。

外墙节能化改造是每个老旧小区改造基本都会涉及的内容，下表对常用的外墙保温形式、构造、优缺点进行了说明。从经济性、便捷性、节能型考虑，外墙外保温是相对较为适合老旧小区改造的墙面保温改造形式，如表7-12所示。

老旧小区外墙节能化改造形式对比　　　　　　　　表 7-12

	改造形式示意	优点	缺点
外墙内保温	内墙涂料 内墙涂料腻子 混合砂浆层（可选层） 保温砂浆 界面砂浆 基层墙体 水泥砂浆	取材方便，费用较低；施工方便，效率高；保温材料置于墙体内侧，避免老化变形，耐久度高；墙装饰自由度大，对装饰工程影响较小	墙体厚度增加，室内空间减少；热桥问题难解决；内保温层容易被用户室内活动（二次装修）破坏；改造对居民的日常生活影响较大
外墙外保温	墙体 JH-0205高强界面剂 JH-0203瓷砖粘结砂浆 JH-0401膨胀聚苯乙烯泡沫板 JH-0212抗裂砂浆 JH-0403耐碱玻璃纤维网格布 JH-0304外墙高吸彻水腻子 饰面层	适用范围广；基本消除热桥效应；不会影响室内居住面积，同时方便内部装修；改善结构层工作环境，对结构形成保护，延长建筑物的寿命，降低维护费用	施工难度较大；存在易老化、变形、开裂、发泡现象；保温层与墙体材料不同受温度影响，易导致墙体开裂剥落
夹心复合保温	内页墙 保温层（膨胀珍珠岩保温板、加气混凝土保温板、聚苯乙烯泡沫塑料板、玻璃棉板） 外页墙	保温层设于墙体内部，保温性能得到最大利用；防火性能强；保温材料取材方便，且选择余地大；材料费用较低	热桥问题没有解决；墙体结构抗震性受到影响；墙体较厚，减少建筑有效使用面积；施工较为复杂

基于外墙外保温，以下对常用的外墙外保温材料、优缺点进行说明。其中，相对经济有效的材料包括胶粉聚苯颗粒外保温材料、保温岩棉板、玻化微珠保温砂浆等。建筑外墙保温材料对比如表7-13所示。

建筑外墙保温材料对比　　　　　　　　　　　　表 7-13

名称	图片	优点	缺点
挤塑板外墙保温材料		不易老化变形，性价比高；防潮和防渗透性能好；防腐蚀、经久耐用，使用寿命可达 30~40 年	透气性差；吸胶性差；伸缩性差；板材较脆
膨胀聚苯板薄抹灰外保温材料		保温隔热性能优越；抗水性能及抗压性能良好；抗冲击性能较好；质量轻，易安装	容易吸水，使保温效果变差
无机保温砂浆保温材料		耐酸碱、耐腐蚀；不开裂脱落，稳定性高；老化较慢，与建筑墙体基本同寿命；施工简便，造价低；绿色环保无公害	导热系数比有机类材料略高；厚度不易控制；有一定吸水性
胶粉聚苯颗粒外保温材料		造价适中，性价比高；阻燃性好，对基层平整度要求不高；抹灰成型，整体性能好，适用于异型墙面	施工要求较高；厚度不易控制；档次相对较低
保温岩棉板		良好的保温效果，有效避免冷热桥；防火性好，不受防火高度限制；垂直抗拉强度高，使用安全可靠；憎水率高、吸水率低，稳定性好，耐久度高	工序相对复杂，工期长；污染环境；质量重
玻化微珠保温砂浆		质量轻；绝热防火；强度高；吸水率低；易和性好；使用寿命长	吸水性大；有一定的收缩率；黏接性不高

5. 无障碍设施完善

（1）问题描述与分析

完善无障碍设施是老旧小区改造的重要内容，对保障残疾人、老年人、孕妇及儿童的日常生活具有重要意义。当前，我国的老旧小区大多欠缺无障碍设计，但却存在大批需要无障碍设计的人群，因此老旧小区改造也成为地方各级政府推进无障碍设计的重要抓手和契机。

（2）针对不同人群的无障碍设计要点

老旧小区无障碍设计的主要使用人群包括老人、儿童、残疾人等，每个改造小区的实际使用人群比例各不相同，需求也存在差异，需要针对不同的障碍人群需求展开对应的设计改造[1]。

---

[1] 牛皓. 城市街道步行空间标准与准则的编制体系研究 [D]. 哈尔滨：哈尔滨工业大学，2019.

1）面向老人（60 周岁以上）的设计要点

公共环境的适老化无障碍改造措施包括但不限于：① 人行道路面平整、防滑；② 在合适位置设置缘石坡道，以便于通过车行道；③ 公共绿地、公共活动场所应留有轮椅停放空间；④ 在公共绿地附近设置室外无障碍卫生间；⑤ 在小区主要出入口、配套服务建筑、厕所等位置，设置无障碍标识。

建筑单体的适老化无障碍改造措施包括但不限于：① 入户出入口设置坡道或升降平台、扶手；② 设置方便老年人开关的单元门；③ 舒适的楼梯扶手和防滑性好的公共走廊地面等。

2）面向少儿（1～15 周岁）的设计要点

此阶段少儿的身体机能和认知能力都处于发展阶段，但学习和探索能力非常强，基于此，在老旧小区改造中，儿童活动场地尤其需要注意细节的把握，具体设计手法包括但不限于：① 对少儿相对危险的地带应设置围栏；② 注意围栏的宽度与高度，避免儿童翻越，防止卡住儿童的头部、身体、四肢等；③ 景观小品的设置应表面光滑、无尖锐棱角；④ 儿童玩耍的区域采用硬度小、弹性好、抗滑性好、表面光滑的材料。

3）面向肢体障碍人群的设计要点

在小区改造中应主要考虑消除行走障碍，具体设计举措包括但不限于：① 注意保持小区内路面平整，避免光滑；② 设置更多的扶手；③ 在道路设计时，缩短需要经常往返路线的距离；④ 提供轮椅通行的空间；⑤ 对于存在垂直高差的位置，如入户单元、社区会所等配套设施的入口处，需要设置 1∶10～1∶20 的坡道；⑥ 常用的器具应设置在伸手可及的范围内。

4）面向视觉障碍人群的设计要点

在小区改造中应主要考虑消除此类人群在获取图文信息上的障碍，具体设计举措包括但不限于：① 对小区内的信息标识，可适当加大尺寸，增加凹凸和色彩对比，或者可以增加声音信息；② 设置连续的盲道和坡道，避开汽车流线；③ 涉及安全或方位辨识的重要节点，增加地面指引或盲文指引。

5）面向听觉障碍人群的设计要点

此类人群主要需要良好的光环境，以便看清楚说话人或小区信息标识，需要对居住区内的灯具进行合理布局，保证夜晚的光线明亮均匀。同时，考虑到听觉差或耳聋的人可能难以接受听觉设备传来的通知，可以考虑将部分声音信息转换成光信息、文字信息以及振动信息等。

6）面向认知障碍人群的设计要点

认知障碍群体是指因智力发展缓慢，与同龄人相比在学习和解决问题上存在困难的人。该类人群可能难以辨析信息设施，特别是在标识系统不清晰或复杂的地方。因此应该力求居住小区内的流线简单明确，强化环境特征，强化信息识别性。

（3）无障碍坡道的形式选择与细节设计

无障碍坡道设置的形式主要包括三种：单段坡道、U 形坡道、多段坡道，如图 7-22 所示。对于单段坡道，轮椅使用者需要走较长的路进入建筑物；对于 U 形坡道，轮椅使用者与普通人可以从相同位置进入建筑物；对于多段坡道，入口设置符合人群习惯，但空间利用不如单段坡道，需要额外的休息平台。坡道形式的选择应视老旧小区建筑物入口的空间条件情况，建议在有条件的情况下选择最为方便的 U 形坡道。

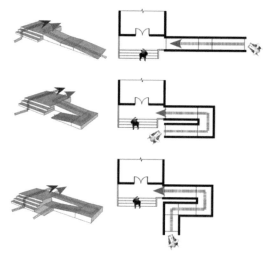

图 7-22 单段坡道、U 形坡道、多段坡道设计示意

在具体细节设计方面应当注意的要点包括：① 坡道坡度一般为 6%，最大不超过 8.5%，当受场地条件所限而不得不采用较陡坡度时，应设置指示牌提醒使用者注意；② 保障轮椅通行的通道宽度大于 1.8m，坡道长度不宜大于 12m，在坡道的起点及终点，应留有进深不小于 1.5m 的轮椅缓冲地带；③ 在坡道两侧，离地高 0.9m 和 0.65m 处应设连续的栏杆扶手；④ 注重防滑性能，根据场所可适当设计铺装效果。无障碍坡道做法如图 7-23 所示。

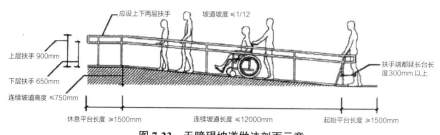

图 7-23 无障碍坡道做法剖面示意

（4）加装电梯的形式选择与细节设计

新加电梯主要面临电梯入户方式及电梯形式选择两方面内容。新加电

梯的入户方式一般分为两种：通过阳台平层入户，通过楼梯半层入户，如图 7-24 所示。在电梯形式选择上分为无机房电梯、有机房电梯。无机房电梯的优点是节省造价、空间，可以只在主机的下方做一个检修平台，缺点是噪声和震动较大，维修和管理不方便；有机房电梯各项情况则与无机房电相反。

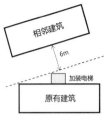

图 7-24 视线与消防界定示意图

建议结合现状条件和业主沟通结果，选择可操作性强、便于实施的电梯入户方式，在电梯形式选择上，一般优先考虑无机房电梯形式，从而减少造价和空间。

在其他方面应当注意的一些要点包括：① 为保证消防与视线需求，非平行的两栋住宅之间加装电梯应留出至少 6m 的平行距离，如图 7-25 所示；② 设计方案以实用为原则，严控加建面积，尽量减少对本楼及周边建筑的消极影响；③ 涉及文保单位及其保护范围的电梯加装，必须经过文物部门审批同意。

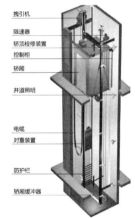

无机房电梯

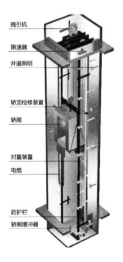

有机房电梯

图 7-25 两种电梯形式示意

7.3.3 提升类改造内容与方法

1. 户型改善

（1）问题描述与分析

老旧小区住宅设计标准落后，普遍存在一些功能性问题，如：室内基本功能部分缺失，过厅设置不合理，起居室与卧室空间不满足动静分离要求，缺少相对独立的用餐空间，备餐与用餐空间距离过远，卫生间面积过小，阳台空间未有效利用等。这些问题严重降低了居民的生活品质。

基于以上问题，在老旧小区更新改造过程中，有时会涉及室内空间改造的情形。

（2）改造对策与方法

住宅户型空间的更新改造，应结合目标小区的家庭人口结构、实际生活需求等情况，以满足居住生活的基本要求为目标，整体应符合现行国家标准《住宅设计规范》（GB 50096—2011）的要求。在户型改造手法上存在合并居住单元、顶层加建、外部贴建等方法，更新改造后不应对周围建筑的日照造成不利影响。以下为具体的对策与措施建议。

1）通过详实调查摸清居民户型需求

户型在设计之前，建议通过资料收集、问卷调查、实际体验等方式，对小区的家庭人口结构、户型缺陷、建筑结构、居民生活需求等情况进行详细调查，结合一手资料进行分析，瞄准目标小区户型改造的焦点问题，再对小区户型进行针对性设计。

2）保证户型功能改造的基本要求

型更新改造后，室内必须设有卧室、起居室、厨房、卫生间等基本空间，有条件的情况下建议增加用餐、洗衣、储藏等空间，各功能空间改造后的使用面积、自然采光、自然通风均应符合现行国家标准《住宅设计规范》（GB 50096—2011）的规定。

3）明确多类型住宅建筑户型改造重点

① 筒子楼的改造重点是使居住空间成套。建议采取外部贴建的方法，在增加户型面积的基础上，调整居住空间，增加厨房、卫生间。② 多层单元式住宅的改造重点是增加厨房、卫生间的面积，建议采用合并居住单元或外部贴建的方法。③ 通廊式高层住宅的改造重点是减少公共通廊对各户生活私密性和自然通风的影响，建议采用外部贴建的改造方法。④ 塔式高层住宅的改造重点是改善套内通风条件，保证自然状态下居住空间通风顺畅，建议选择顶层加建、栋内微调整的改造方式[1]。

---

[1] 老旧小区有机更新改造技术导则［R］. 中国建筑工业出版社，2017：30-31.

案例 15——宜昌市宜棉小区改造[1]

宜棉小区隶属于宜昌宜棉纺织厂，建成于 20 世纪 90 年代，占地约 4.3 公顷。小区的重要问题之一是户型功能不完善。某单元有三种户型，其中 A、B 户型缺乏生活阳台，导致居民晾晒衣服时需要穿越客厅和主卧室，而 C 户型又过小，导致空间使用非常拥挤。针对此户型问题，其改造措施为：在 A、B 户型北向贴建生活阳台；在 C 户型南向贴建主卧阳台并与生活阳台相连接，以增加套内使用面积；增设的阳台均突出原墙面 1.5m，如图 7-26 所示。

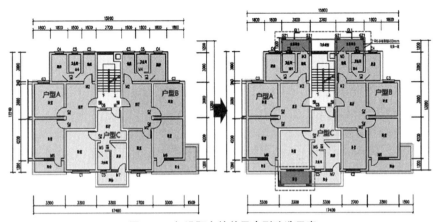

图 7-26　加设阳台的单元户型改造示意

另一住宅单元的问题是 D、E 户型厨房过于狭小且没有餐厅，使得居民的基本日常生活功能受到阻碍。因此改造方案在厨房北侧进行贴建，扩大既有厨房面积，将原本厨房的一部分改做餐厅，如图 7-27 所示。

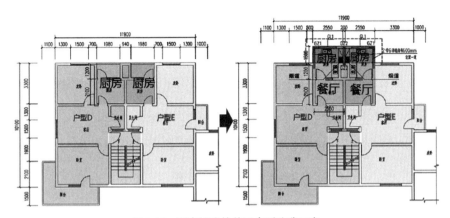

图 7-27　厨房扩建的单元户型改造示意

[1] 雷体洪，王凯，张洋. 新棚改政策下的老旧小区改造方法探索——以宜棉小区为例 [J]. 华中建筑，2017，000（003）：33-38.

2. 海绵化改造

（1）问题描述与分析

老旧小区的海绵化改造是各城市建设海绵城市的重要内容之一。在此背景下，建议在改造过程中本着小规模、经济性原则，充分了解目标小区可利用的空间设施、进行小规模适宜化改造，以节约开发成本。

（2）改造对策与方法

1）改造前对小区海绵化现状与可利用空间设施进行充分了解

老旧小区在进行海绵化改造前，应进行详细的现状诊断，并需充分利用场地空间合理设置海绵设施，提高既有设施的利用率，并与现状管网、绿地、其他设施有效衔接，争取节地、节材、有效。

2）合理选择植入 LID（低影响开发）设施

LID 设施是老旧小区海绵化改造的具体抓手，包括下沉式绿地、雨水花园、透水铺装、植草沟、蓄水池等。在实际改造中应基于小区既有空间、设施，结合海绵城市建设目标，选择合适的 LID 设施进行设计，如表 7-14 所示。

常见 LID 设施及适用情况说明　　　　　　　　　　表 7-14

LID 设施类型	适用情况	说明
下沉式绿地	对场地要求较低，适宜老旧小区	需要溢流管
雨水花园	适用小面积绿地空间	需设溢流管，底部需设渗排管
透水铺装	老旧小区人行道、停车场等可考虑采用	对径流控制较好，成本较低
植草沟	改造区域建设密度大，可施展空间不足	占用空间相对较大；需注意溢流口设置，避免积水
生态屋顶	老旧小区屋顶承重、排水等条件较差，且多有私自搭建，存在一定改造难度	应重点关注屋顶排水、承重
蓄水池	节省占地、施工方便	有雨水利用需求时可建设，并应配建雨水净化设施
环保雨水口	建议在道路等污染较严重位置选用，同时需要定期维护	可以有效削减源头污染，使用方便，后期维护成本相对高

下沉式绿地、雨水花园、透水铺装是当前国际比较流行的海绵化设施，如表 7-15 所示。下沉式绿地可结合老旧小区的宅前绿化进行设置，雨水花园建议基于老旧小区的景观绿带进行改造设置，透水铺装可结合改造老旧小区的人行道、停车铺装进行设置。

3）小规模适宜化改造

老旧小区改造不宜采用昂贵且复杂的海绵城市措施，不宜对小区排水系统做过大的改动，应贯彻"因地制宜"思想，采用小规模、适宜性的海绵化改造思路，在合理的投入下达到效益的最大化。

国际流行的三类生态设施设计原理　　　　　　　表 7-15

类型	示意图	设计原理	适用说明
下沉式绿地（Swales）		下沉式绿地是指一类凹下式的绿植渠道。与一般绿地相比，它能像水管一样承载径流并降低流速，且能在一定程度上去除污染物、改善水质	结合老旧小区的宅前绿化进行设置
雨水花园（Rain Garden）		雨水花园是土壤"特殊"的景观型绿化。选用过滤和渗透功能强的土壤，处理雨水径流、改善水质。分两种类型，一类是直接将雨水渗透到土壤深处；另一类是在土壤下方设置暗渠，土壤对水进行过滤、再将净化后的水输送到排水系统	基于老旧小区的景观绿带进行改造设置
透水铺装（Permeable Paving）		可以减少雨水径流、补给地下水位。其原理分两种，一种是摊铺材料时预留渗透的缝隙，另一种是材料本身内部有渗透间隙	改造老旧小区的人行道、停车铺装

如天津市某老旧小区，其海绵化改造主要聚焦于雨水花园系统改造、停车位改造、雨水调蓄池设计、雨水污染区域改造、积水问题改造五方面。

在雨水花园改造方面，结合现有绿地设置雨水花园，种植耐涝抗污植物；在停车位改造方面，将现有露天停车位统一改造为透水停车位；在雨水调蓄池设计方面，在小区雨水管网的下游布置调蓄池，在满足年径流控制要求的同时，有效回用雨水；在雨水污染区域改造方面，对污染区雨水口进行截污改造；在积水问题改造方面，结合场地的高程分析与积水分析，对小区进行汇水分区设计，在容易造成积水部位的大块绿地内设置大型海绵设施，设施结构深度 1.2m，所有设施均增加了不透水土工布和带孔盲管，避免对地下水造成污染，从而实现了对雨水的管理调蓄，如图 7-28，图 7-29 所示。

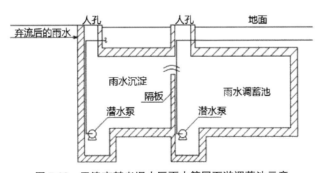

图 7-28　天津市某老旧小区雨水管网下游调蓄池示意

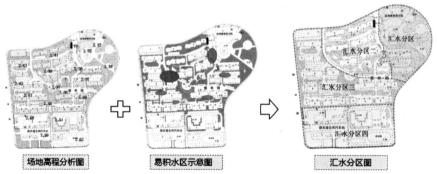

图 7-29　天津市某老旧小区汇水分区设计示意[1]

3. 公共服务设施配套与智慧社区

（1）问题描述与分析

由于老旧小区建成时间较早，很多公共服务配套设施缺失，对日常生活和小区管理造成了很大困难。在此背景下，"社区完善"成为老旧小区改造中的一项提升工作，旨在完善老旧小区公共服务设施，强化社区的智慧化程度，从而完善社区功能与社区管理。需要注意的是，并非所有老旧小区改造都会涉及该项内容，具体需结合老旧小区改造的实际需要予以选择性判断。

（2）改造对策与方法

1）掌握公共服务设施配套建设的基本规律

在老旧小区改造过程中经常涉及四类公共服务设施，包括文化服务设施、老人服务设施、公共管理设施、卫生服务设施，四类设施的具体功能需求与改造要求存在差异。

在设施空间指引方面，建议：① 在小区中心，以服务中心的形式集中设置多种功能复合的公共服务设施；② 利用既有的独立公共用房、历史建筑进行改造设置；③ 利用小区零散空地，在方便居民使用的位置设置多种公共服务设施；④ 存在架空层的小区，在业主意见统一的情况下可考虑将公共服务设施布局于架空层。公共服务设施配套建设指引如表 7-16 所示。

公共服务设施配套建设指引表　　　　　　　　　　表 7-16

类别	示意图	主要功能	改造要求
文化服务设施		小区文化载体，包括体育活动室、阅览室、儿童活动室、党建活动室等	① 建议单个用房面积宜不小于200m²；② 自然通风采光好；③ 有条件配置室外活动场地

［1］孔俊婷，龚航，刁鹏. 天津市老旧小区海绵化改造策略研究［J］. 建筑节能，2019，047（005）：124-128，143.

续表

类别	示意图	主要功能	改造要求
老人服务设施		为老年人提供生活照料、文化娱乐等服务，包括照料中心、老年食堂等	① 日照通风良好、交通方便、临近公共空间、远离污染源；② 从内到外应采用适老化设计
公共管理设施		业主与物业的管理空间，包括物业管理、业主委员会等公共管理用房	① 每小区宜设一处，面积约100m²；② 对条件有限的老旧小区，可共享服务用房，提高效率
卫生服务设施		为小区居民提供临时医疗点，形式主要为小区医疗站、便捷药房	① 建筑面积宜不小于100m²；② 位置适中，方便到达；③ 通风卫生条件良好

2）灵活运用智慧设施打造智慧社区

在科技日新月异的时代，打造智慧社区的关键在于基于对目标小区需求的了解，"对症下药"灵活运用智慧设施，解决老旧小区痛点问题，同时实现社区的智慧化。

常用的五类智慧设施包括：① 智慧停车系统，即通过计算机、网络设备、车道管理设备，搭建的一套对停车场车辆出入、场内车流引导、收取停车费进行管理的网络系统。② 感应照明，对移动中的居民提供有针对性的照明，从而节约能源并避免光污染。③ 智能消防，采用独立式光电感烟、感温、可燃气体三种火灾探测报警器，实现对火灾风险24小时实施监督。④ 智慧环卫，采用智能垃圾分类站，集成了身份识别、信息屏幕、端口扫描、监控摄像、移动网络等多项功能，从而方便垃圾分类。⑤ 智慧社区App，以手机为终端，将小区各类服务、动态集合在App智慧平台上，是社区便捷化管理的有效方式。

7.4　全国不同气候区的老旧小区改造要点

7.4.1　建筑层面的改造要点

我国幅员辽阔，老旧小区改造针对不同气候区的改造内容与注意要点存在较大差异，在具体项目实施时需结合自身所处气候区进行区别对待。

依据《民用建筑设计统一标准》（GB 50352—2019），我国建筑气候区划分为七类，分别是Ⅰ类（严寒地区）、Ⅱ类（寒冷地区）、Ⅲ类（夏热冬冷地区)、Ⅳ类(夏热冬暖地区)、Ⅴ类(温和地区)、Ⅵ类(严寒及寒冷一区)、Ⅶ类(严寒及寒冷二区),七个气候大区具体还可细分为二十个子气候区。后文提到相应的气候区及各气候区建筑相关注意要点,主要参考《建筑气候区划标准》(GB 50178—1993)[1]。我国一级建筑气候区划基本情况如表 7-17 所示。

我国一级建筑气候区划基本情况　　　　　　　　　　　表 7-17

分区代号	分区名称	气候主要指标	各区辖行政区范围
Ⅰ	严寒地区	1月平均气温≤-10℃;7月平均气温≤25℃;7月平均相对湿度≥50%;年降水量 200～800mm;年日平均气温≤5℃的日数大于 145d	黑龙江、吉林;辽宁大部分地区;内蒙古中、北部及陕西、山西、河北、北京北部的部分地区
Ⅱ	寒冷地区	1月平均气温 -10～0℃;7月平均气温 18～28℃;年日平均气温≥25℃的日数<80d;年日平均气温≤5℃的日数 90～145d	天津、山东、宁夏;北京、河北、山西、陕西大部分地区;辽宁南部;甘肃中、东部以及河南、安徽、江苏北部的部分地区
Ⅲ	夏热冬冷地区	1月平均气温 0～10℃;7月平均气温 25～30℃;年日平均气温≥25℃的日数 40～110d;年日平均气温≤5℃的日数 0～90d	上海、浙江、江西、湖北、湖南全境;江苏、安徽、四川大部分地区;陕西、河南南部;贵州东部;福建、广东、广西北部和甘肃南部的部分地区
Ⅳ	夏热冬暖地区	1月平均气温>10℃;7月平均气温 25～29℃;年日平均气温≥25℃的日数 100～200d	海南、台湾;福建南部;广东、广西大部分地区以及云南西南部和元江河谷地区
Ⅴ	温和地区	1月平均气温 0～13℃;7月平均气温 18～25℃;年日平均气温≤5℃的日数 0～90d	云南大部分地区、贵州、四川西南部、西藏南部一小部分地区
Ⅵ	严寒及寒冷一区	1月平均气温 -22～0℃;7月平均气温<18℃;年日平均气温≤5℃的日数 90～285d	青海全境;西藏大部分地区;四川西部;甘肃西南部;新疆南部部分地区
Ⅶ	严寒及寒冷二区	1月平均气温 -20～-5℃;7月平均气温≥18℃;7月平均相对湿度<50%;年降水量 10～600mm;年日平均气温≥25℃的日数<120d;年日平均气温≤5℃的日数 110～180d	新疆大部分地区;甘肃北部;内蒙古西部

全国不同的气候区,主要是对于老旧小区住宅建筑改造提出了不同的要求。

(1)Ⅰ类气候区

该区冬季漫长严寒,夏季短促凉爽;西部偏于干燥,东部偏于湿润;气

---

[1] 中华人民共和国建设部. GB 50178—93 建筑气候区划标准 [S]. 建设部标准定额研究所,1993.

温年较差很大；冰冻期长，冻土深，积雪厚；太阳辐射量大，日照丰富；冬季多大风。

在该区域的老旧小区住宅建筑改造中，需要注意：① 外立面及构造改造应充分满足冬季防寒、保温、防冻等要求，夏季可不考虑防热；② 在建筑空间功能完善方面，应尽量采取减少外露面积的改造做法，加强冬季密闭性，合理利用太阳能等节能设施；③ 改造后的屋面构造应考虑积雪及冻融危害；④ IA 和 IB 地区的改造还应着重考虑冻土对建筑物地基和地下管道的影响，防止冻土融化塌陷及冻胀；⑤ IB、IC、ID 地区的住宅建筑还需加强立面对冰雹和风沙的防护。

（2）Ⅱ类气候区

该区冬季较长且寒冷干燥，平原地区夏季较炎热湿润，高原地区夏季较凉爽，降水量相对集中；气温年较差较大，日照较丰富；春、秋季短促，气温变化剧烈；春季雨雪稀少，多大风风沙天气，夏秋多冰雹和雷暴。

在该区域的老旧小区住宅建筑改造中，需要注意：① 外立面及构造改造应满足冬季防寒、保温、防冻等要求，夏季部分地区应兼顾防热；② 屋面改造应注意防暴雨；③ 在建筑空间功能完善方面，应采取减少外露面积，加强冬季密闭性且兼顾夏季通风和利用太阳能等节能措施；④ 结构加固上应考虑气温年较差大、多大风的不利影响；⑤ 改造后的建筑应有防冰雹和防雷措施；⑥ 施工应考虑冬季寒冷期较长和夏季多暴雨的特点；⑦ ⅡA 地区应考虑防热、防潮、防暴雨，沿海地带还应注意防盐雾侵蚀；⑧ ⅡB 地区的住宅建筑改造可不考虑夏季防热。

（3）Ⅲ类气候区

该区大部分地区夏季闷热，冬季湿冷，气温日较差小；年降水量大；日照偏少；春末夏初为长江中下游地区的梅雨期，多阴雨天气，常有大雨和暴雨出现；沿海及长江中下游地区夏秋常受热带风暴和台风袭击，易有暴雨大风天气。

在该区域的老旧小区住宅建筑改造中，需要注意：① 外立面及构造改造应满足夏季防热、通风降温要求，冬季应适当兼顾防寒的需求；② 屋面改造应注意防雨、防潮、防洪、防雷击要求；③ 夏季施工应有防高温和防雨措施；④ ⅢA 地区的住宅建筑还应注意防热带风暴和台风、暴雨袭击及盐雾侵蚀；⑤ ⅢB 地区北部的住宅屋面尚应预防冬季积雪危害。

（4）Ⅳ类气候区

该区长夏无冬，温高湿重，气温年较差和日较差均小；雨量丰沛，多热带风暴和台风袭击，易有大风暴雨天气；太阳高度角大，太阳辐射强烈。

在该区域的老旧小区住宅建筑改造中，需要注意：① 外立面及构造改造应满足夏季防热、通风、防雨要求，冬季可不考虑防寒、保温；② 西晒方向宜设遮阳设施；③ 极端天气方面应注意防暴雨、防洪、防潮、防雷击；④ 夏季施工应有防高温和暴雨的措施；⑤ ⅣA 地区住宅建筑应注意防热带风暴和台风、暴雨袭击及盐雾侵蚀；⑥ ⅣB 的云南河谷地区建筑物还应注意屋面及墙身抗裂。

（5）Ⅴ类气候区

该区立体气候特征明显，大部分地区冬温夏凉，干湿季分明；常年有雷暴、多雾，气温的年较差偏小，日较差偏大，日照较少，太阳辐射强烈，部分地区冬季气温偏低。

在该区域的老旧小区住宅建筑改造中，需要注意：① 外立面及构造改造应满足湿季防雨和通风要求，可不考虑防热；② 极端天气应注意防潮、防雷击；③ 施工应有防雨的措施；④ ⅤA 地区住宅建筑尚应注意防寒；⑤ ⅤB 地区住宅建筑应特别注意防雷。

（6）Ⅵ类气候区

该区长冬无夏，气候寒冷干燥，南部气温较高，降水较多，比较湿润；气温年较差小而日较差大；气压偏低，空气稀薄，透明度高；日照丰富，太阳辐射强烈；冬季多西南大风；冻土深，积雪较厚，气候垂直变化明显。

该区域在老旧小区的住宅建筑改造中，需要注意：① 外立面及构造改造应满足防寒、保温、防冻的要求，不需考虑夏天防热；② 在建筑空间功能完善方面，应采取减少外露面积，加强密闭性，充分利用太阳能等节能措施；③ 结构加固上应注意大风的不利作用，地基及地下管道的更新应考虑冻土的影响；④ 施工应注意冬季严寒的特点；⑤ ⅥB 和ⅥC 地区尚应注意冻土对住宅建筑物地基及地下管道的影响，并应特别注意防风沙；⑥ ⅥC 地区东部的住宅建筑应注意防雷。

（7）Ⅶ类气候区

该区大部分地区冬季漫长严寒，南疆盆地冬季寒冷；大部分地区夏季干热，吐鲁番盆地酷热，山地较凉；气温年较差和日较差均大；大部分地区雨量稀少，气候干燥，风沙大；部分地区冻土较深，山地积雪较厚；日照丰富，太阳辐射强烈。

在该区域的老旧小区住宅建筑改造中，需要注意：① 外立面及构造改造应满足防寒、保温、防冻要求，夏季部分地区应兼顾防热；② 在建筑空间功能完善方面，应争取冬季日照，采取减少外露面积，加强密闭性，充分利用太阳能等节能措施；③更新后的房屋外围护结构宜厚重；④ 结构上应考虑气温年较差和日较差均大以及大风等的不利作用；⑤ 施工应注意冬季低温、干燥多风沙以及温差大的特点；⑥ 除ⅦD 区外，尚应注意冻土对住宅建筑的地基及地下管道的危害；⑦ ⅦB 区住宅建筑改造应特别注意预防积雪；⑧ ⅦC 区住宅建筑改造应特别注意防风沙，兼顾夏季防热；⑨ ⅦD 区住宅建筑改造应注意夏季防热要求，吐鲁番盆地应特别注意隔热、降温。

7.4.2　南北方公共空间及设施层面的改造差异

由于老旧小区规划布局、道路系统、景观系统、公共空间系统等内容已基本明确，在改造过程中不会涉及较大调整，本小节将简要说明南北方老旧小区在公共空间及设施层面的改造差异。

（1）公共活动空间：南方日照间距较小，在老旧小区改造过程中，相较于朝向问题，通风问题更应予以重视；北方则由于冬季太阳高度角较低，每天有效日照时间较短，需要对小区的光环境进行重点考虑。这对于老旧小区公共活动空间的改造具有重要指导意义，南方的老旧小区公共活动空间应采用一定的设计手法减少风廊的障碍，强化通风效果，而北方的老旧小区公共活动空间则应减少遮蔽阳光的构筑物，营造良好的日照环境。

（2）绿化景观环境：因北方气候寒冷干燥，人在室外的停留时间相对较少，绿化景观类型也不如南方丰富，可考虑结合北方四季分明的特点，营造四季分明的绿化景观层次；南方气候温暖湿润，绿化植被种类繁多，生长旺盛，需要考虑景观的有序化与趣味化，并可结合小区实际情况设置水景。

（3）住宅形式选择：少数老旧小区可能会涉及住宅建筑的拆除重建，一般北方地区会选择一字型板式住宅建筑设计，便于满足日照需求，规则方正的一梯两户、一梯三户单元较受欢迎；南方地区的住宅形式相比北方更为灵活，一字形、Y 字形、T 字形甚至 X 形的住宅都有大量的应用案例，但均需对通风问题予以重点考虑。

第8章 老旧厂房

　　老旧厂房更新既是产业升级的必然选择，又是城市空间环境优化和功能构成完善的有效方式，具有经济、环境、社会、人文等多重价值。西方国家早在二战之后便开始进行老旧厂房更新的实践活动，尤其是英、美、德等老牌工业国家在20世纪60年代便关注老旧厂房更新中的遗产保护问题，发展至今已积累了丰富的宝贵经验。相比之下，我国从20世纪末开始面临大量老旧厂房的再生利用问题，经历了一段时间的大拆大建过程，目前正走向保护与更新的可持续发展之路，更新方式处于不断摸索、借鉴与积累的状态。

　　本章对老旧厂房更新的现状、政策及模式进行探讨，并重点对老旧厂房更新中的产业选择及各个阶段的关键性问题进行重点研究。

8.1   基础认知

8.1.1   老旧厂房的概念阐释

1. 老旧厂房的基本概念

老旧厂房是指随着城市发展，城区内的工业用地需要进行土地价值提升或产业迭代，促使工业发生转移或进行产业优化，从而带来用地内部建筑物或构筑物的遗留。

从所包含物质内容来看，老旧厂房曾是为各种生产过程和工艺流程提供生产作业的场所，不仅包括车间、仓库、办公室、宿舍等建筑物，还包括水塔、烟囱、管廊等构筑物。

从更新动因角度来看，所谓"老旧"有两个层面的理解。一方面，对于传统工业厂区而言，老旧厂房曾为国家工业发展带来巨大贡献，由于技术发展需要而对工厂进行"关、停、并、转"的调整。这种情况下所遗留下来的厂房是真正意义上的"老旧"。对此，不但要从经济价值的角度进行更新，而且要注重文化价值的挖掘与传承。另一方面，我国城市也存在大量的"低龄"厂房，该类厂房可能因为土地效率低下、产业结构落后、厂区环境恶劣等方面原因，需要进行产业升级和空间上的优化调整。

由此可见，文化保护和土地开发是老旧厂房更新涉及两个基本问题。在文化保护方面，需要进一步明晰老旧厂房与遗产保护的范畴关系。在土地开发方面，需要对我国的老旧厂房地缘分布以及各地相应的更新政策进行分析。只有基于这方面的认识，才能实现对更新模式及相关策略有较为深刻的理解。

2. 老旧厂房与工业遗产的概念关系

根据旧工业建筑相关研究，老旧厂房的概念有广义和狭义之分，这两个概念与工业遗产的概念范畴上有所关联。狭义上的老旧厂房，是指因各种原因而失去原使用功能，被闲置起来的工业建筑及其附属构筑物。工业遗产涉及物质层面和非物质层面，既包括具有历史、技术、社会、建筑或科研价值的建（构）筑物，又包括生产、转运和使用的相关场所、设备和物品，还涉及生产工艺、流程等相关技术。广义的老旧厂房除包括以上概念之外，还包含厂房所在区域的自然环境。老旧厂房与工业遗产的概念关系如图 8-1 所示。

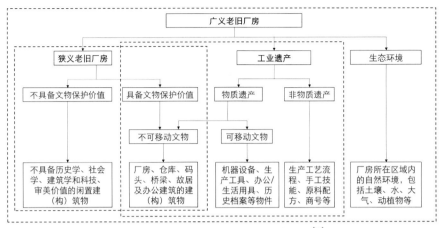

图 8-1　老旧厂房与工业遗产的概念关系[1]

8.1.2　老旧厂房更新的重要意义

1. 后工业时代发展的必然趋势

工业化曾经作为经济增长的主要动力，是人类社会进步的重要标志。但从 20 世纪 90 年代开始，随着世界逐步进入后工业化时代，"逆工业化"现象开始出现。首先，城市中的产业结构发生变化，传统制造业比例下降，新兴产业取而代之，金融、科技、文化、信息等领域日趋成为城市产业发展的主要方向。其次，随着生产技术、工作方式的转变，城市中原有的工业设施出现功能性衰退。再者，在城市发展中，土地不断得到扩展，使原来处于城市外围或郊区的工业用地逐渐被包围于城市内部，这不仅会给城市环境质量带来影响，而且带来了级差地租现象，造成城市用地在经济与环境方面的不合理[2]。这些"逆工业化"现象所带来的影响，要求城市结构布局以及功能质量亟需提升，需要对原有工业用地及厂房进行重新思考与安排。

2. 城市空间合理利用的重要内容

城镇化进程的推进和城市产业升级，使得国内各城市在空间利用方面逐渐由粗放型发展进入品质提升的状态。工业化时期的现存厂房因在生态环境保护、经济产能等方面出现的种种弊端，成为阻碍城市空间合理使用的重要问题。"退二进三""腾笼换鸟"等战略不仅实现了城市产业升级和结构调整，也为城市空间的再布局带来可能。以上海为例，1997 年版《上海市土地利用总体规划》明确提出，中心城区 66.2km^2 工业用地将置换为其他功能用地。在中心城区的工业用地统筹规划中，有 1/3 通过置换向城市近远郊进行工业转移，有 1/3 更新为第三产业用地，剩余的 1/3 用地用于无污染工业及高新

［1］李慧民，张扬，李勤. 旧工业建筑再生利用文化解析［M］. 北京，中国建筑工业出版社，2018.
［2］王建国，蒋楠. 后工业时代中国产业类历史建筑遗产保护性再利用［J］. 建筑学报，2006（8）.

技术产业。上海通过对城市中心城区的老旧厂房再开发，在一定程度上优化了城市功能配置对空间资源的需求。

3. 市场资本参与城市开发的主要途径

随着我国城镇化水平逐步进入成熟阶段，土地资源的难以为继成为限制城市空间拓展的重要挑战，并且这种挑战在大城市和特大城市尤为突出。为此，国家提出充分利用现有建设用地，大力提高建设用地利用效率[1]，开启了城市存量开发的时代。就潜力更新用地类型而言，旧工业用地所占的比例较高，已经成为市场资本参与城市存量开发的主要途径。例如，广州市旧厂房图斑面积约 208.58km²，占城市更新图斑的 46%[2]；2011～2016 年间，深圳市旧工业区用地占所推进的更新项目用地面积的 57%[3]。这些数据充分证明老旧厂房更新改造已成为当今城市土地开发的重要组成部分。老旧厂房更新产生的内在逻辑如图 8-2 所示。

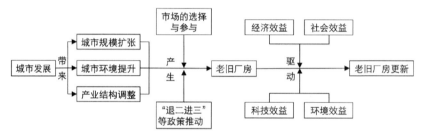

图 8-2　老旧厂房更新产生的内在逻辑

由以上三个方面的阐述不难看出，老旧厂房更新是城镇化与工业化发展到一定阶段的必然结果，能带来经济、社会、文化等多方面效益，为市场资本的价值体现带来重要机遇。

8.1.3　老旧厂房更新的价值体现

对老旧厂房予以更新不仅能够改善城市环境品质、提升土地效益，而且能够展现建筑遗存所承载的工业发展特定阶段的科技水平、人文价值。

1. 人文价值

老旧厂房曾经对人们的工作和生活产生重要影响，往往凝聚了一定时期的共同记忆。这些记忆所蕴含的信息，不但对于人们了解特定时期内的价值

[1]《国务院关于促进节约集约用地的通知》（2008）.

[2] 方凯伦，叶建明. 香港工厦活化机制研究及对建广州旧厂微改造的启示［A］. 中国城市规划学会、重庆市人民政府. 活力城乡美好人居——2019 中国城市规划年会论文集（02 城市更新）［C］. 中国城市规划学会、重庆市人民政府：中国城市规划学会，2019：11.

[3] 侯胜强，王鹏，谢红坤. 从利益博弈到价值回归——深圳旧工业区复合型城市更新方法初探［A］. 中国城市规划学会、沈阳市人民政府. 规划 60 年：成就与挑战——2016 中国城市规划年会论文集（08 城市文化）［C］. 中国城市规划学会、沈阳市人民政府：中国城市规划学会，2016：14.

文化、工业技术水平和工业组织方式起到无可替代的作用，而且记录了劳动者难以忘怀的人生，成为社会认同感和归属感的基础。此外，通过对这些信息的组织提炼，可以作为城市历史和工程教育的现场教材。对历史久远的老旧厂房予以有计划的再生利用，意味着对城市发展脉络和工业印记进行了延续和保护，具有深远意义。

2. 科技价值

对于曾为国家工业发展做出贡献的老旧厂房而言，其承载着真实和相对完整的工业信息，可以帮助人们追述工业时代关于工厂规划选址、建（构）筑物的施工建设、生产工具改进、工艺流程设计和产品制造更新等具有科技价值的内容。通过对这些内容的追述，有助于形成完整的工业技术发展轨迹，为科技发展研究带来重要价值。此方面价值的实现，需要在老旧厂房再生过程，对所沉淀的技术信息进行充分考量和判断。

3. 经济价值

一方面，从老旧厂房作为资源的角度，其建造过程往往需要大量人力、物力和财力的投入，对其进行再生改造可以有效避免资源浪费。特别是厂房结构的特殊性使得其空间使用具有较强的弹性，适合进行多种功能的置入。如果能充分发挥这方面的潜力，则可以大大节省拆除重建所需要的投资。另一方面，从提升土地效益角度，老旧厂房大多处于主城区，具有较高的土地价值，通过产业升级或功能置换有利于提升用地效益，为企业和政府带来较高的经济利益。

4. 环境价值

在环境治理方面，老旧厂房及其周边的环境品质大多比较恶劣，而且存在用地污染的可能性。通过城市更新实现环境治理，能够极大促进其所在片区的环境品质提升。在景观效应方面，再生后的厂房，以其标志性的体量形态，往往构成了新的城市景观视觉中心，因而能够成为人们认知城市的重要元素。

8.1.4 老旧厂房更新的国内外演变历程概述

1. 西方：起步早、积累厚、重保护

在二次大战以后，西方国家便逐步开展了城市更新活动，由此带来了对老旧工业区及厂房更新的关注。从 20 世纪 60 年代开始，英、美、德等老牌工业国家率先对老旧工业区及厂房更新进行了探索，并将目光聚焦于工业革命早期的遗存，使得西方国家在推进老旧厂房更新之初就关注于遗产保护相关问题，发展至今积累了宝贵经验，产生了大量经典而又有特色的成功案例，如表 8-1 所示。例如，德国鲁尔区对煤炭矿区的生态修复与经济再生；美国匹兹堡的滨水重工业区向金融、新兴文化产业的成功转型等。由这些国际经验可以看出，对老旧工业区及厂房的城市更新，是在保护的基础上对工业遗存的再次开发利用，土地功能置换往往是其最常见的方法，也是最为关键的路径。功能选择是否得当，决定了是否能实现人居环境的彻底改善和经济的成功转型。

西方老旧厂房更新典型案例 表 8-1

国家	典型案例	更新时间	原产业	功能置换
美国	旧金山吉拉德里广场	20 世纪 60 年代	巧克力工厂	商业、居住、办公
	纽约曼哈顿苏荷工业区	20 世纪 70 年代	工厂	创意文化，创造了 LOFT 生活方式
	匹兹堡滨水重工业区	20 世纪 80 年代	制造业	金融、新兴文化
	亚历山大鱼雷工厂艺术中心	20 世纪 80 年代	鱼雷厂	艺术中心
	华盛顿大学塔科马分校	20 世纪 90 年代	仓储区	学校
	西雅图奥林匹克雕塑公园	2000 年	石油传输存储	公园
	费城施密特广场	2000 年	啤酒厂	居住、零售
	纽约多米诺糖厂	2010 年	炼糖厂	居住、办公、休闲
	旧金山梅森堡	2010 年	码头厂房	艺术文化中心
	纽约布鲁克林帝国仓库	2010 年	面粉厂	创意文化
英国	伦敦沙德泰晤士街区	20 世纪 70 年代	码头、仓储	居住、文化、旅游、办公
	多伦多古德海姆 & 沃兹	20 世纪 90 年代	酒厂	住宿、零售、办公、文娱
	伦敦泰勒现代美术馆	20 世纪 90 年代	发电厂	美术馆
德国	鲁尔工业区	20 世纪 80 年代	煤炭矿区	居住、商业、公园
	柏林博士希工厂	20 世纪 90 年代	蒸汽机头厂	商业中心
	汉堡新城	2000 年	码头仓储	居住、办公、商业、旅游
	拉尔	2010 年	泥炉厂	博物馆
法国	雪铁龙汽车厂	20 世纪 70 年代	汽车制造	公园
	里昂音乐厅	20 世纪 90 年代	屠宰厂	音乐厅
芬兰	奥卢	2010 年	面粉仓	居住
	希尔弗瑟姆	2010 年	煤气厂	居住
瑞典	马尔默西港	20 世纪 90 年代	造船 / 汽车制造	混合住区

2. 我国：起步晚、发展快、认知浅

我国是在 20 世纪 90 年代经过产业结构大调整后，开始面临大量的老旧厂房废弃、闲置以及再生利用问题。大拆大建是初期较为常见的处理方式，这种粗犷的做法，缺乏对项目情况的分析判断，造成大量具有保护价值的工业遗存没有被充分认识和保留。但不乏一些专家学者、艺术家和公众率先提倡对有历史价值的厂房进行保护利用，从而诞生了诸如北京 798、上海田子

坊、中山岐江公园等初期阶段的成功案例。随着国家产业结构调整的深入，各地政府发现城市存量开发思路下老旧厂房潜力巨大，开始制定相应政策对更新活动进行规范和引导，以期实现城市综合效益最大化；与此同时，工业遗产保护逐步受到社会关注，特别是 2006 年国家文物局下发了《关于加强工业遗产保护的通知》，在国家层面拉开了中国工业遗产保护的序幕[1]。至此，经过约 20 年的发展，老旧厂房更新在我国逐渐进入了制度化和规范化操作。

　　然而，目前我国的老旧厂房更新活动，还需要进一步加强遗产保护方面的引导。一方面，虽然我国确定了工业遗产保护利用的原则是"保护优先，以用促保"[2]，明确了对具有遗产价值老旧厂房的更新模式，但国家着手于工业遗产认定与保护工作起步较晚，直到 2017 年才公布了第一批工业遗产名单，截至目前仅公布了 3 批，尚有大量具有保护利用价值的老旧厂房未被纳入。另一方面，工业遗产认证主要采取权属人自主申请并报相关部门同意、推荐和评审的方式。这意味着老旧厂房更新的实施者与决策者需要具有文化保护价值观，能将"遗产"的界定理解到更为广阔的范畴，从而确保受保护改造的对象既包括已认定的工业遗产，也包括未认定而有价值的厂房及其附属物。

8.2　政策及模式

　　老旧厂房更新实践活动的开展，除需明晰老旧厂房与工业遗产之间的内容关系（详见 8.1.1 章节）外，还需准确理解以下三方面内容：一是基于我国老旧厂房的地缘分布而带来的政策差异特征；二是老旧厂房更新的一般模式以及先锋城市的典型模式探索；三是老旧厂房更新需遵循的基本原则。

8.2.1　老旧厂房更新的地缘政策特征

　　我国的老旧厂房分布与工业时代的国家工业区布局密不可分，主要分布于辽中南、京津冀、长三角、粤港澳和西部部分重点区域，如表 8-2 所示。随着 20 世纪 90 年代我国进行大幅度产业调整和全面推进第三产业发展战略，一方面新技术引进导致传统工业发展步履维艰，另一方面经济发展快速地区因城市产业升级需要，实施工业转移策略，使得各工业基地出现不同程度的衰败，改变了原有的工业格局。因此，原有的老工业基地成为当前老旧厂房分布较为集中的地域。

[1] 刘伯英. 工业建筑遗产保护发展综述 [J]. 建筑学报，2012（1）：12-17.
[2] 五部门关于印发《推动老工业城市工业遗产保护利用实施方案》的通知。

我国旧工业区的分布[1]　　　　　　　　　　表 8-2

主要地域	地域范围	原有工业特点	曾经发展的地缘条件
辽中南	沈阳/抚顺/鞍山/本溪/大连等	以钢铁、机械、石油化工等为主的重工业基地	① 区域内资源与能源丰富； ② 工业基础雄厚； ③ 农业发达，为发展重工业提供有利条件
京津冀	北京/天津/唐山为顶点的三角地带	钢铁、机械、化工、电子、纺织等综合性工业基地	① 区域内资源与能源丰富； ② 铁路、公路、近海运输便利，并有输油管道连接东北及华北油田； ③ 接近消费市场； ④ 技术力量雄厚； ⑤ 农业基础好
长三角	上海/南京/杭州为顶点的三角地带	我国第一大综合性工业基地，结构完整、历史悠久	① 地理位置优越，水陆交通便利； ② 农副产品丰富，工业基础雄厚； ③ 劳动力丰富，素质高； ④ 市场广阔，经济福地宽广； ⑤ 政策扶持力度大
粤港澳	广州/深圳/珠海/佛山/中山/江门等	我国经济最发达地区之一，对外开放前缘地带	① 交通便捷； ② 外来资本输入； ③ 农产品丰富
西部部分重点区域	西南、西北部分重点城市	源于"备战备荒"，主要集中于重工业和国防工业	① 地形复杂，多山多丘陵； ② 地区经济相对落后； ③ 自然资源丰富，便于就地取材

21 世纪伊始，国家为倡导节约集约用地，降低资源消耗，进行生态文明建设，先后出台相关政策，极大促进了老旧厂房更新再利用的全面开展。在国家号召和上层政策的支持与指引下，各城市根据自身的产业战略、工业用地现状、民生诉求等客观现实，分别制定了指导老旧厂房更新的相关政策，以此来增强城市活力和竞争力。整体而言，老旧厂房分布较为集中的辽中南、京津冀、长三角、粤港澳和西部部分重点区域，在老旧厂房更新政策方面各具特征：在以上各区域的代表性城市中，上海、广州、深圳的政策探索较早，发展较为成熟；北京的老旧厂房更新活动虽然也起步较早，但在政策完善程度方面，还存在进一步提升空间；成都通过与以上城市的对标与借鉴，正在对更新政策予以完善；沈阳的更新活动以国家或区域的政策支撑为主，尚未形成地区层面的政策文件体系。我国部分城市的老旧厂房更新政策如表 8-3 所示。

我国部分城市的老旧厂房更新政策　　　　　　　　表 8-3

区域	代表城市	文件名称	颁布时间
辽中南	沈阳	《关于近期支持东北振兴若干重大政策举措的意见》	2014
		《关于做好城区老工业区搬迁改造试点工作的通知》	2014

[1] 李慧民，张扬，李文龙. 旧工业建筑再生利用规划设计 [M]. 北京，中国建筑工业出版社，2019.

续表

区域	代表城市	文件名称	颁布时间
辽中南	沈阳	《铁西区（开发区）划分设立功能区实施方案》	2014
		《东北城区老工业区搬迁改造专项实施办法》	2015
京津冀	北京	《北京市人民政府关于组织开展"疏解整治促提升"专项行动（2017—2020 年）的实施意见》	2017
		《关于进一步加强产业项目管理的通知》	2017
		《北京市人民政府关于加快科技创新构建高精尖经济结构用地政策的意见（试行）》	2017
		《关于保护利用老旧厂房拓展文化空间的指导意见》	2018
		《保护利用老旧厂房拓展文化空间项目管理办法（试行）》	2019
长三角	上海	《关于促进节约集约利用工业用地、加快发展现代服务业的若干意见》	2008
		《关于委托区县办理农转用和土地征收手续及进一步优化控制性详细规划审批流程的实施意见》	2011
		《关于增设研发总部类用地相关工作的试点意见》	2013
		《关于本市盘活存量工业用地的实施办法（试行）》	2014
		《关于加强本市工业用地出让管理的若干规定（试行）》	2014
		《关于进一步提高本市土地节约集约利用水平的若干意见》	2014
		《上海市城市更新实施办法》	2015
		《本市盘活存量工业用地的实施办法》	2016
		《上海市城市更新规划土地实施细则》	2017
		《上海市加快推进具有全球影响力科技创新中心建设的规划土地政策实施办法》	2017
		《上海产业用地指南》	2019
		《关于加快特色产业园区建设促进产业投资的若干政策措施》	2020
粤港澳	广州	《广州市人民政府办公厅关于印发广州市提高工业用地效率试行办法的通知》	2015
		《广州市城市更新办法》	2015
		《广州市旧厂房更新实施办法》	2015
		《广州市人民政府关于提升城市更新水平促进节约集约用地的实施意见》	2016
		《广州市产业园区提质增效试点工作行动方案（2018—2020 年）》	2018
		《广州市价值创新园区建设三年行动方案（2018—2020 年）》	2018
		《广州市人民政府办公厅关于印发广州市提高工业用地利用效率实施办法的通知》	2019
		《广州市新型产业用地（M0）准入退出实施指引（试行）》	2020
	深圳	《关于推进"三旧"改造推进节约集约用地的若干意见》	2009
		《深圳市城市更新办法》	2009
		《深圳市城市更新办法实施细则》	2012

区域	代表城市	文件名称	颁布时间
粤港澳	深圳	《深圳市人民政府关于优化空间资源配置促进产业转型升级的意见》	2013
		《深圳市工业楼宇转让管理办法》	2013
		《深圳市完善产业用地供应机制拓展产业用地空间办法》	2013
		《关于加强和改进城市更新实施工作暂行措施》	2014
		《深圳市综合整治类旧工业区升级改造操作指引》	2015
		《深圳市工业区块线管理办法》	2018
		《关于促进工业区转型升级支持实体经济高质量发展的工作方案》	2019
		《深圳市工业及其他产业用地供应管理办法》	2019
		《深圳市扶持实体经济发展促进产业用地节约集约利用的管理规定》	2019
		《深圳经济特区城市更新条例》	2021
西部部分重点区域	成都	《成都市东郊工业企业搬迁改造暂行办法》	2002
		《成都市文化创意产业发展规划（2009—2012）》	2009
		《关于加强新型产业用地（M0）管理的指导意见》	2020
		《成都市城市有机更新实施办法》	2020

1. 辽中南之沈阳：缺乏机制引导的老旧厂房粗放式更新

沈阳不仅早在清朝末年就成为我国工业发展的"重镇"，而且在东北老工业基地辉煌时期更占有一席之地，开创了我国近代工业的多项第一。可以说，沈阳的老旧厂房更新既要承担城市振兴、产业崛起的使命，又肩负着工业文明传承的重担。

在工业遗产保护方面，沈阳已进行了较为扎实的工作，为更新实践明确了再生对象。从2008年开始，沈阳先后进行了3次工业遗产普查工作，梳理出工业遗产名录，涉及民族工业遗产（清末至20世纪30年代）、殖民工业遗产（日伪时期）和国民经济恢复时期工业遗产（"一五""二五"及"三线建设"时期）三大类别，并以此为基础确立了多层级的保护体系[1]。特别是，2019年编制的《沈阳市工业遗产保护规划》进一步理清了沈阳工业遗产保护的价值和内容。

在旧工业区改造实践方面，沈阳行动起步较早，早在20世纪80年代便开始对当时堪称"东方鲁尔"的铁西区进行改造，并成为国内范例。1986年，国务院将沈阳铁西区定为老工业区总体改造示范区，辽宁省将其列为对外开放的试点区；2000年，沈阳将其确定为产业结构调整示范区。铁西区的改造体现了对三个核心问题的创新应对：其一是解决"钱从哪里来"的问题，主要通过企业搬迁，整合土地资源创造级差地租来实现；其二是在企业

---

[1] 金连生，陈晨. 沈阳市工业遗产普查及保护策略研究 [J]. 工业建筑，2016，46（4）：40-43.

搬迁的同时，进行企业改革，实行"并轨、转换身份和转制"三步走；其三是"壮二兴三"，解决企业并轨后"人往哪里去"的问题[1]。这些做法为当时国企改制和工业用地再利用带来重要借鉴。

在更新的路径引导与管控方面，政府职能呈现出"被动管控"甚至"后知后觉"的状态，尚未针对老旧厂房更新（尤其是工业遗存的保护和利用）出台专门政策，造成当前的更新活动粗放式推进[2]。这表明政府在对老旧厂房更新的认识和导向方面具有模糊性，要形成完善清晰的政策体系还需继续努力。

在老旧厂房更新实施方面，沈阳的情况基本代表了辽中南甚至东北老工业基地的共性问题，诚如《全国老工业基地调整改造规划（2013—2022）》指出，东北老工业基地的内生增长动力和良性发展机制尚未形成，经济增长过分依赖投资拉动：一是产业层次低，发展方式粗放；二是基础设施落后；三是环境污染严重；四是历史遗留问题多。以上问题已成为老工业城市快速转变的严重制约，需要有力的政策措施予以解决。换言之，这些问题的存在也为更新政策的制定与完善带来挑战。当前机制的模糊性，一方面会增加更新过程中的沟通成本，另一方面也会带来利益获取的不确定性，为市场留下了与政府博弈的空间与机会。

2. 京津冀之北京："基层创建"倒逼"顶层设计"体系完善

就城市更新制度体系形成的路径而言，主要呈现出两种推动力量：一种是来自政府自上而下的法规政策供给或规划管理体系的变革，可理解为"顶层设计"；另一种是多种基层力量通过具体实践自下而上地推动新的更新机制形成，此路径是需要逐步明确和推广的过程，可理解为"基层创建"[3]。广东、上海等地老旧厂房更新政策体系的形成具有鲜明的"自上而下"特征，相比之下，北京正处于"基层创建"倒逼"顶层设计"体系逐步完善的过程当中。

在"基层创建"方面，北京老旧厂房更新的基础条件较好，实践开展较早。虽然北京的近代工业基础相对薄弱，但是新中国成立后其重工业发展异常迅猛，迅速成为全国重要的工业基地。在 20 世纪 80 年代以后，伴随着产业升级和城市发展转型，北京市的大量工业企业相继停产外迁；特别是为举办 2008 年奥运会，城市生态环境大幅提升。这些腾退出的厂区大多规模较大、厂房空间宽阔、结构坚固，具备良好的再利用条件。据不完全统计，北京中心城区尚有工业用地 40km²，工业企业 1200 余家，厂房建筑面积达到

[1] 周陶洪. 旧工业区城市更新策略研究——以北京为例 [D]. 北京：清华大学.

[2] 范婷婷，殷健，李越轩. 面向操作与实施的工业遗产保护与利用——以沈阳工业遗产再利用实践为例 [C].

[3] 唐燕. 城市更新制度建设：顶层设计与基层创建 [J]. 城市设计，2019（6）：30-37.

2700万 m^2[1]。在更新初期,北京以"大拆大建"的粗放方式为主,但在社会有识之士的推动下,逐渐踏上了以文创产业置换为主的道路,并主要集中在艺术、设计、媒体、高科技等行业。从实践的结果来看,虽然大部分更新活动并没有依赖政府主导,但是都已经具备一定的规模和影响力。例如,798已经成为北京旅游的必去目的地,首钢二通厂已成为国家重要的动漫产业基地。

　　大量基层更新实践的成功,坚定了政府以文创产业作为老旧厂房更新主要方向的信心。为了能对更新活动进行规范引导,明确项目审批的具体流程,政府从产业规章的角度出台了相关文件,例如《关于推动老旧厂房拓展文化空间指导意见落地实施的工作方案》《关于保护利用老旧厂房拓展文化空间的指导意见》《保护利用老旧厂房拓展文化空间项目管理办法(试行)》等,希望能对老旧厂房转型为文化产业园区或图书馆、文化馆、美术馆、博物馆等公共文化设施进行有效引导。总体来说,北京的城市更新政策体系构建工作的开展相较上海、广东等地起步较晚,目前仅着力于街区更新的机制探索,开展以"疏解整治促提升"为主的更新工作,对老旧厂房更新政策体系的关注尚不充分。

3. 长三角之上海:由模糊管控转向以明确用地类型为抓手的规范运作

　　作为长三角的中心城市,上海曾在我国工业化布局中占据主要位置。特别是新中国工业化路线的确定,使上海中心城区工业用地的占比进一步加大。据统计,至2011年底,上海全市工业用地总量约为761km^2,占城市建设用地总面积的31.6%。然而,这些用地的产出较低,使用粗放问题严重。为此,上海提出"建设用地零增长,工业用地减量化"的城市用地发展目标。根据上海工业园区转型升级"十三五"规划,到2020年,上海的工业用地总量要控制在550km^2。可以说,上海老旧厂房用地更新的特征是任务重、潜力大。为此,《上海市土地资源利用和保护"十三五"规划》针对工业用地与老旧厂房最为集中的"104""195""198"区域分别提出了差异化的工业发展空间转型升级路径和管理策略(参见2.3.1章节)。

　　在工业用地的政策体系方面,上海一直在积极寻找市场与政府利益的平衡点,从最初通过调整市场准入政策的松与紧,到目前正在通过明确用地类型,以确保更新内容向契合城市发展诉求的方向发生转变,具体表现为以下过程。

　　从20世纪90年代开始,上海便着手于中心城区的老旧厂房用地更新。当时鉴于这些用地大多是国有企业以土地划拨方式获得,政府采取以实施性制度的变革来为国企"松绑",即通过降低交易费用来支持国企改革[2]。该时

---

[1] 刘伯英,李匡. 北京工业建筑遗产现状与特点研究[J]. 北京城市建设,2011(1):18-25.

[2] 赵民,王理. 城市存量工业用地转型的理论分析与制度变革研究——以上海为例[J]. 城市规划学刊,2018(5):29-36.

期的宽松政策，促使大批国企利用其所占用的划拨用地作为资本，与开发企业合作进行房地产开发，在以较少金额补交土地出让金后，将模糊产权的划拨用地转变为清晰产权的批租用地，从而使大量工业用地转变为居住、商业、办公等城市功能。在此过程中，虽然原有产权人和开发企业获取较大利益，但是从政府的角度来看，这种方式在一定程度上带来了国有资产流失。

在 2000 年代，更新机制的"规范化"抑制了市场的需求，发展文创产业成为当时备受推崇的更新思路。在意识到政策过于宽松所带来的问题后，政府于 2002 年先后出台《招标拍卖挂牌出让国有土地使用权规定》等一系列文件，要求必须经过政府回购、"招拍挂"出让才能改变工业土地用途，且新建、改建、扩建项目必须严格按照规划执行，希望以此来有效控制划拨用地使用者以低成本转变用地产权实现获利的行为。然而，这些政策使得市场需求被压抑，从而降低了市场参与城市更新的活跃度。与此同时，上海市的功能定位逐步侧重以第三产业为主导的生产性服务业和高技术产业，中心城区开始实施"退二进三"的产业调整策略。一些企业提出希望将厂房改造为商业服务或商务办公功能，以此来满足市场需求的想法。此路径得到了政府的认可，成为当时政策收紧情形下的一种"非正式更新"方式。随后政府出台了相应的鼓励文件，例如提出在"三个不改变"（房屋产权关系不变、房屋建筑结构不变、土地性质不变）的前提下，利用现有闲置、低效工业用地发展创意产业园区，推动了大批老旧厂房向创意园区方向转型。田子坊、8 号桥、M50 半岛创意产业园、红坊等均是在此背景下得以再生的成功案例。

近十年来，上海逐渐通过明确用地类型来实现更新活动的规范化运作。在上述的两个时期中，政府的本意是期望通过相对"模糊"的管控来获取多方利益的平衡。而实际上，这种宽泛限定的政策体系带来了市场的"五花八门"选择，并没有达到最初目的[1]。为此，政府提出新增用地类型并完善相应土地管理政策，通过放宽准入、调整自持物业比例、实行弹性年租制等方式进行政策微调，以此来调动老旧厂房更新的积极性，同时防止工业用地转型被滥用。随着《关于增设研发总部类用地相关工作的试点意见》（2013 年）、《关于本市盘活存量工业用地的实施办法（试行）》（2014）等政策的相继出台，实现了引导工业用地更新转型为研发用地的相关政策完善，一方面规避商务办公用地招拍挂的企业风险，另一方面通过低价限定来提高政府收益。目前，上海建立了以区县政府为主体，以企业、社会、政府利益共享为核心的更新机制，主要采取区域整体转型、土地收储后出让和有条件零星开发等

[1] 郑德高，卢弘旻. 上海工业用地更新的制度变迁与经济学逻辑 [J]. 上海城市规划，2015（6）：
　　25-32.

上海 8 号桥：

8 号桥位于上海市建国中路，占地面积 7000 多 m²，总建筑面积 12000m²。这里曾是旧属法租界的一片旧厂房，新中国成立后，这里成为上汽集团所属"上海汽车制动器公司"所在地。进入新世纪后，由于原企业重组，留下七栋旧厂房。

2003 年下半年，在市经委和卢湾区人民政府的支持下，启动开展了为期 1 年的更新改造，把凝聚着特有的历史底蕴和文化内涵的老厂房变成了吸引创意人才、激发创意灵感、集聚创意产业的新载体。

目前，8 号桥已有境内外近百家著名设计公司和著名品牌落户，成为顶级品牌展示和信息发布的平台和中外经济文化交流的桥梁。产业创意化、创意产业化，不但保护了老工业建筑、保留了城市发展的历史风貌，还创造了巨大的社会经济效益。8 号桥已成为上海创意产业集聚区的新地标、上海七家"全国工业旅游示范点"之一、上海三家信息化示范园区之一。

实施路径，在强调企业承担公益性责任前提下，对闲置及低效利用工业用地的调整、升级提出明确的操作途径。

4. 粤港澳大湾区之广深：差异探索政府在城市更新过程中的角色

改革开放以后，建立在"三来一补"以及劳动密集型产业基础之上的粗放型、外向型的经济增长方式，使粤港澳大湾区的工业用地呈现出分散布局与低效利用的特征。据统计，2010年粤港澳大湾区工业用地占城镇总用地的40%以上，远超国家26%的平均水平，其中广州、深圳的情况尤为突出。自2008年以来，为开展"三旧改造"专项工作，广东省相继出台多项政策，推动了省内各城市开始着力探索老旧厂房更新的制度体系。在此过程中，政府介入程度的考量是相关政策形成的核心议题。对此，广州和深圳采取了两种截然不同的方式，并且都在逐渐走向成熟。

广州市的更新政策发展主要经历了两个阶段，实现了从"开放市场"逐渐向"政府主导"发生转变[1]。在2012年以前，更新活动主要遵循《关于加快推进"三旧"改造工作的意见》（穗府〔2009〕56号）文件，呈现出"政府引导、市场运作"的特点，市场的积极性高，资金进入踊跃，但是"挑肥拣瘦"的问题突出，使得诸多改造难度较大的用地被剩下。这种情况极不利于成片用地的更新优化。于是，政府在2012年出台《关于加快推进"三旧"改造工作的补充意见》（穗府〔2012〕20号），提出"应储尽储，成片改造"的原则，防止土地增值向市场外溢。由此，政府的角色从"引导"转向了"主导"。这种思路更好实现了片区改造，强化了公共利益，同时也降低了市场推进更新的动力。随后，2015年，广州市成立了城市更新局，这更利于统筹兼顾地推进老旧厂房更新实践。另外，《广州市城市更新办法》等文件的相继出台，推动了更新工作向政府主导下多元主体参与模式深入探索。

深圳市政府在更新活动中主要担任"规则制定者"角色，相关政策体现出较强的法制性和市场性。一方面，深圳作为经济特区，享有较大的自主立法和治理权限；另一方面，改革开放以来，深圳在各个领域积极向香港学习，重视市场化运行的效率，形成"弱政府、强市场"的城市治理文化[2]。这种"政府搭台、企业唱戏"的城市更新思路，极力促进了政府与市场协商机制的形成，使得深圳的老旧厂房更新政策体系相对更为完善，如图8-3所示。尤其是在技术指标和经济参数的设定方面，相关政策针对各种复杂的更新类型均制定了详细的规范流程。当前，为了应对各行政区域差异化发展的需要，城市更新牵涉面向日趋冗杂的挑战，深圳自2016年大力推进"强区放权"改革，促使资源配置下沉。此举措使政策体系的内容更为细分，各区

[1] 唐燕, 杨东. 城市更新制度建设：广州、深圳、上海三地比较[J]. 城乡规划, 2018 (4): 22-32.
[2] 赵若炎. 对深圳城市更新"协商机制"的思考[J]. 城市发展研究, 2013 (8): 118-121.

政府依据市级纲领性文件及技术性文件来编制适应各自发展需要的文件内容，从而强化了区级治理职能。可以说，深圳的更新政策正在法治化体系的道路上向精细化发展。

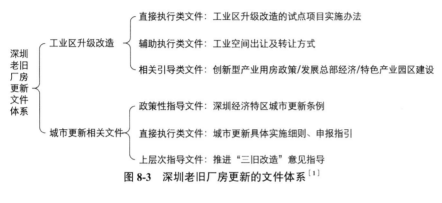

图8-3 深圳老旧厂房更新的文件体系[1]

5. 西部之成都：实现了由"拆改建"向"有机更新"的转变

我国西部地区的工业发展曾经历了两个重要机遇。其一是在新中国成立初期，国家出于战备考虑，推动"三线建设"，使得我国生产力布局完成了一次由东向西转移的大调整，促使西部工业在原有的薄弱基础上取得了巨大提升，奠定了当前工业遗存较为丰富的基础。其二是 2000 年以来的西部大开发，西部地区抓住了相关政策支持并利用自身资源优势，显著推动了中心城市的产业升级乃至各方面的飞跃发展[2]。成都正是抓住这两次机遇并取得巨大成就的典型城市。举例而言，作为全面闻名的老工业基地——成都东郊工业区，就是在 1950 年代以来应国家战略需要先后将电子、机械、冶金等多门类重点项目落位发展的结果；在 1990 年代的鼎盛时期，成都东郊工业区的总产值占全市国企工业总产值的 75% 以上[3]；21 世纪初，通过对东郊工业区约 40km² 范围的城市更新，为西部大开发以来成都的城市功能结构转型打下了坚实的基础。

成都早期的城市更新活动呈现出前期以政府为主导、后期以企业为主导的大拆大建方式。同样以成都东郊工业区为例，2001 年，成都市政府秉持"腾笼换鸟、多赢目标"原则，以《成都市东郊工业企业搬迁改造暂行办法》为基本政策依据，正式开展了东郊工业区的城市更新工作。前期阶段，由政府主导研究确立实施政策，建立管理组织，把握工程进度，以实施企业外调、完成土地整备、确定企业职工和拆迁居民的安置方案并落实到开发企

成都"东郊记忆"艺术区：

成都东郊工业区曾是祖国工业的大后方，作为国家工业投资重点布局区域，集中了 29 户大中型工业企业，为中国工业化进程做出了重要贡献。其中，当年编号 773 的成都国营红光电子管厂旧址现已被改造成"东郊记忆"艺术区。

东郊记忆园区改造过程中结合了国际工业遗产保护协会《下塔吉尔宪章》的指导精神和德国鲁尔区的改造经验，完整保存了原红光电子管厂的基本建筑风格、厂区构筑、朴素的内部装修以及大量的工业设备设施等遗迹原貌。这些改造都是对建筑文化内涵的保留与延伸，也是旧工业建筑对当代文化的渗入和延展。东郊记忆实物遗产的保存和展示，切实串联起成都工业文明的"文化圈"，保留下了一代又一代东郊建设者的情怀。

如今，东郊记忆将自己定位为"时尚设计和音乐艺术双柱求发展"，不断与时俱进，紧跟国家发展步伐和政府号召，已经成为发展文化产业、音乐产业、旅游产业的高地，更是成都城市文化的新地标、文化产业园区的标杆和典范。

[1] 严若谷，周素红. 产业升级背景下的城市存量产业用地再开发问题与路径[J]. 上海城市规划，2015（6）：20-24.

[2] 李媛，肖莉. "一带一路"倡议机遇下的西北内陆城市旧工业建筑再生利用模式研究[J]. 城市建筑，2018（32）：21-22.

[3] 朱建伟. 基于城市触媒理论下的城市旧工业厂区更新策略研究[D]. 西南交通大学，2013.

业为阶段性工作目标；在土地完成熟化工作后，通过拍卖的形式确定开发企业、由其完成后续的开发建设。在缺乏城市更新政策文件指导，且缺乏可借鉴的国内相似政策文件或成功经验的条件下，政府将城市更新工作分解，按照行政职责归口到各行政部门，各部门在自己的职责范围内，将分割后的内容纳入到各自的工作系统中消化解决。在此机制下，城市更新的目标往往是物质化的，城市更新活动仅被作为城市建设活动的一种类型，按照一般的城市建设方式进行管理和操作。因此，大拆大建便成为此种机制下工业用地城市更新的主要方式。这种方式不仅持续到东郊工业区改造的后期，而且在2012年启动的成都"北改"项目中也颇为多见。

随着城市精细化和特色化发展，成都市在对标上海、广州、深圳等先锋城市的城市更新经验基础上，逐渐明确了以"有机更新"为核心的城市更新发展理念，并且在政策文件和组织管理方面不断趋于完善。在政策文件方面，2020年出台《成都市城市有机更新实施办法》，明确指出应坚持保护优先、产业优先、生态优先和少拆多改、注重传承的原则，单独或综合采用保护传承、优化改造、拆旧建新的方式，对建成区城市空间形态和功能进行整治、改善、优化，使之与公园城市建设、TOD综合开发有机融合。在组织管理方面，构建市级层面的城市有机更新工作领导小组，市级相关部门及各区政府（管委会）为其成员单位，负责统筹协调重大问题，审批工作计划和方案，审定政策措施，督促检查各成员单位工作；各区政府（管委会）作为辖区更新工作的责任主体，依据相关政策履行各项工作职责，设立专门机构，组织实施城市有机更新。在更新机制方面，编制全市的更新专项规划，确定总体规模、目标，制定规划原则和控规指标，同时编制更新导则，指导更新的规范实施；各区政府（管委会）按照市域层面的更新专项规划，组织实施属地内的更新评估工作，并依此确定更新单元内的具体项目，编制实施计划，从而形成了"1＋N"的政策体系。

6. 地缘政策的比较

综上可见，老旧厂房更新的相关政策主要依存于城市更新的政策体系，目前在国内走在前沿且较为成熟的城市为上海、广州和深圳，其特点主要体现在以下四个方面。

（1）在政策特点方面，曾经放权给市场的广州，目前强调"政府主导，市场运作"，城市更新的市场动力有所下降；深圳重视通过法规体系构建，实现政府引导下的"市场运作"；上海虽推崇"政府—市场双向并举"，但在当前的实践中政府推进仍是根本动力。

（2）在政策遵循方面，三个城市均形成以政府出台的城市更新（实施）办法（条例）为核心，其他配套文件为支撑的体系。就政策体系的形成过程而言，上海呈现出"循序渐进"的特点，最早于1990年代开始探索，政府以"裁量型"的管理方式,通过不同阶段的尝试而逐渐成熟[1];广州和深圳是由"政策引发",得益于 2008 年国土资源部在广东试点的土地集约节约化利用优惠政策,《关于加快推进"三旧"改造工作的意见》(穗府〔2009〕56号)是更新政策走向系统化的基础。

(3)在规划控制方面,上海市是在对接控规前提下,通过区域评估来形成城市更新单元规划;广州市是在城市更新总体规划的宏观把控下,编制老旧厂房专项规划形成中观管控,进而形成地块导则及具体项目方案;深圳市是在市级层面形成城市更新规划对接总规,各区域制定城市更新专项规划,并在此基础上编制更新单元规划,以此对接法定图则。

(4)在土地利益实现方式上,上海市与广州市类似,主要通过土地出让金来实现政府对土地利益的获取;而深圳采取土地出让金、公共贡献以及土地使用权转让增值收益分成等多种方式,这样一来,更新主体补交土地出让金的标准相对较低,受到的利益限制强度相对较弱,显示出较强的市场灵活性[2]。

上海、广州、深圳三市的城市更新政策比较如表 8-4 所示。

上海、广州、深圳三市的城市更新政策比较　　　　表 8-4

	上海	广州	深圳
管理构架	市政府及相关部门组成工作领导小组,下设办公室在市规划国土主管部门,具体实施工作由区县级政府指定相应部门执行	设立市区两级更新专门机构:市更新局负责领导全市更新工作,对重大事项进行决策。各区更新部门负责组织辖区内的具体实施工作	市城市更新和土地整备局为主管部门,负责政策、规划、标准的制定与编制,以及组织协调。各区下设分局负责政审批、行政服务、监督检查等
政策特点	政府引导下的"政府—市场"双向并举	政府主导,市场运作	政府引导,市场运作
核心政策遵循	《上海市城市更新条例》(当前为征求意见稿)	《广州市城市更新办法》(穗府〔2015〕134 号)	《深圳经济特区城市更新条例》
政策形成过程特点	循序渐进:"裁量型"管理,通过试点逐渐积累成熟	政策引发:借助 2008 年国土资源部在广东试点开展土地集约节约化利用,具有"政策试点"性质	
土地利益实现方式	以补交土地出让金为主要方式		土地出让金、公共贡献以及土地使用权转让增值收益分成等多种方式结合

8.2.2 老旧厂房更新模式

1. 老旧厂房更新的一般模式

老旧厂房的更新实践需要在项目前期进行保护价值的评估,以此明确更

[1] 杨东. 城市更新制度建设的三地比较:广州、深圳、上海 [D]. 北京:清华大学.
[2] 胡映洁,吕斌. 我国工业用地更新的利益还原机制及其绩效分析 [J]. 城市发展研究,2016,23(4):61-66.

新的具体方式和所要遵循的政策体系。对于没有保护价值的老旧厂房，大多采用拆除重建的方式进行用地二次开发，从而成为所在城市或片区实现功能配置优化、产业升级的重要空间承载（称之为"模式1"）；对于有保护价值的老旧厂房，要在明确每栋建（构）筑具体价值的基础上，采用有针对性的保护或保留方式予以空间再造，进而以功能植入来实现场所活力再生。在此过程中，往往需要遵循工业遗产保护和城市更新两套相关政策文件（称之为"模式2"）。老旧厂房更新的一般性模式，如图8-4所示。

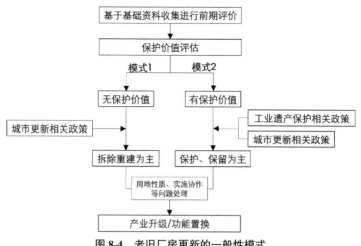

图 8-4　老旧厂房更新的一般性模式

尽管这两种模式的具体路径不尽相同，但是一般都面临用地性质改变、实施协作等基本问题。在用地性质方面，更新模式1所进行的工业升级如果符合政府产业导向，会获得诸如免缴或少缴土地出让金的政策支持；如果向其他功能改变，则需要按所转换用地类型的相关要求，完成补签用地出让合同、补缴地价等手续。更新模式2涉及功能置换，一般也需要完成用地性质改变的相关手续，但是为鼓励以微更新方式促进第三产业发展，有些城市也推出了过渡性的支持政策。例如，北京推出"三不变"政策，即"不改变原有土地性质、不变更原有产权关系、不涉及重新开发建设的，可实行继续按原用途和原土地权利类型使用土地的5年过渡期政策，过渡期内暂不对划拨土地的经营行为征收土地收益"，以实现对保护利用老旧厂房发展文化创意产业项目的鼓励[1]。在实施主体的合作方式方面，主要有业主/业主联合自行开发，政府主导下的业主/业主联合自行开发，市场资本与以上两种方式的合作，以及市场资本通过"招拍挂"获得土地独立开发。不同的协作方式对应不同的项目类型，依赖于各地政策文件的具体准入规定。

[1] 北京市人民政府.《关于保护利用老旧厂房拓展文化空间的指导意见》，2017.

2. 老旧厂房更新的典型模式

（1）"合作开发，高比例自持"的上海模式

上海老旧厂房相关城市更新政策的基本框架主要基于以下文件得以确立：2011 年出台《关于委托区县办理农转用和土地征收手续及进一步优化控制性详细规划审批流程的实施意见》提出对 104 产业区块、195 区域和 198 区域进行差别化引导；2013 年出台《关于增设研发总部类用地相关工作的试点意见》提出增设研发总部类用地（C65）及其实施方法；2014 年出台《关于本市盘活存量工业用地的实施办法（试行）》和《关于加强本市工业用地出让管理的若干规定（试行）》对工业用地更新的规划编制条件、土地管理方法做出了具体规定；2015 年的《上海市城市更新实施办法》对更新机制进行了总体构建等。

基于相关政策的不断完善，上海最终确立了以区域整体转型、土地收储后出让和有条件零星开发等为主要方式的老旧厂房城市更新实施路径，并为此制定了一系列引导鼓励政策。在此路径模式下，通过与原土地权人合作或参与招拍挂是市场资本介入老旧厂房更新的两种方式。然而，在招拍挂会带来诸多不确定性的前提下，"合作开发，高比例自持"便成为当前上海老旧厂房更新的主要特征，如表 8-5、图 8-5、图 8-6 所示。

上海老旧厂房城市更新实施路径[1]　　　　　　　表 8-5

更新方式	开发机制	转型方向	转让管理
区域整体转型	区县政府主导、以原土地权利人为主体	研发总部	最低持有 70% 物业产权
		商业、办公用地	最低持有 50% 物业产权，但重要特定区域内以及转型为公寓式办公、公寓式酒店的，必须全部持有，不得分割转
		教育、医疗、科研、养老	不得分隔转让
零星自主开发	满足条件的可由原土地权利人自行开发综合开发	非住宅类经营性用地	向政府无偿提供至少 10% 建设用地或提供 15% 以上经营性物业产权；商办类最低持有 60% 物业产权
收储	市、县机构依法收储土地权利人申请收储	公开出让为主，也可实施区域整体转型开发	收储补偿外，可获得一定的收益分成
主动转型升级	自行开发	研发总部	全部持有，不得分割转让

[1] 付宇，陈珊珊，张险峰. 城市更新政策经验及启示——基于上海、广州、深圳三地的比较研究 [C].

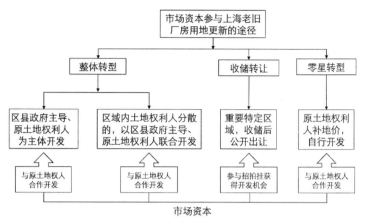

图 8-5　开发企业参与上海老旧厂房更新的基本途径

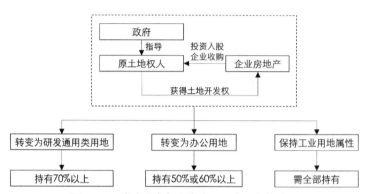

图 8-6　开发企业参与上海老旧厂房更新的特征

深圳南海意库：

　　南海意库 6 幢多层厂房位于深圳蛇口水湾头村，始建于 1982 年，面积近 10 万 m²，因三洋株式会社是在此生产时间最长、最著名的企业，故人们曾习惯将这 6 幢厂房称为"三洋厂房"。

　　2005 年，三洋厂房已有四幢完全空置，顺应市政府"建设绿色低碳城市"的发展战略，招商地产完成了对三洋厂房的回购手续，并决定将其整体改造为深圳创意产业园二期基地，易名为"南海意库"。2006 年初，南海意库改造工作拉开了序幕，历经无数专家学者近 4 年的思考与探索，南海意库六幢旧厂房改造成的五A甲级花园式写字楼，保持原有建筑风貌，又不失时机地注入新的创意元素。目前，南海意库已成为国内外创意企业汇集之所，如图 8-7 所示。

图 8-7　南海意库

（2）以复合路径回归"工改"本质的深圳模式

老旧厂房更新的相关规定，作为深圳城市更新政策的重要组成部分，在 2009 年以前并不成熟。当时的更新改造以综合整治为主，更新的潜在需求并没有得到充分释放。虽然出现了华侨城创意园、南海意库等成功案例，但更多的是同质化开发，尤其是原特区外的一些项目采取盲目复制的做法而导致更新失败[1]。在 2009 年政府出台《深圳市城市更新办法》以后，逐渐形成了综合整治、功能置换和拆除重建三种更新方式，如表 8-6 所示。实际上，从多年以来的实践表现来看，这三种完全割裂的单一模式均存在一定弊端。为此，深圳又通过颁布《关于加强和改进城市更新实施工作的暂行措施》（深府办〔2014〕8 号），开始探索在尽量减少拆除重建的前提下，利用原有建筑物和空地进行适度加建、扩建的复合模式。蛇口耀皮玻璃厂、华侨城创意文化园三期、葵涌鸿华印染厂等项目，便是在此思路引导下的成功案例。

[1] 郗昂，邹兵，刘成明. 由"单一"转向"复合"的深圳旧工业区更新模式探索 [J]. 规划师，2017（5）：114-119.

深圳老旧厂房更新的实施方式　　　　　　　　　　表 8-6

方式	更新要点	实施主体	资金来源 / 手续变更
综合整治	不改变建筑主体结构和使用功能 ① 改善消防设施； ② 改善基础设施 / 公共服务设施； ③ 改善沿街立面、环境整治； ④ 既有建筑节能改造	城管协同其他责任部门	① 由所在区政府、权利人或者其他相关人共同承担费用； ② 一般不增加建筑面积。确需加建城市基础设施和公共服务设施的，相应建筑面积部分免收地价
功能改变	① 改变部分或者全部建筑物使用功能； ② 不改变土地使用权的权利主体和使用期限； ③ 保留建筑物的原主体结构； ④ 可根据需要加建附属设施	权利主体	① 实施费用全部由申请人自行承担； ② 通过补签土地使用权出让合同或者签订土地使用权出让合同补充协议（或者增补协议）来完善用地手续； ③ 按照相关规定缴纳地价； ④ 项目实施完成后，需办理房地产变更登记
拆除重建	① 可能改变土地使用权的权利主体； ② 可能变更部分土地性质； ③ 严格按照城市更新单元规划、城市更新年度计划的规定实施	权利主体自行实施	① 签订土地使用权出让合同补充协议或者补签土地使用权出让合同； ② 按照相关规定缴纳地价； ③ 政府均不作补偿
		市场主体独立实施（通过招标引入企业单位）	拆迁费用和合理利润可作为收（征）地（拆迁）补偿成本从土地出让收入中支付；也可在确定开发建设条件且已制定城市更新单元规划的前提下，由政府在土地使用权招拍挂中确定由中标人或者竞得人一并实施城市更新
		政府收回 / 收购	—

　　无论是单一模式，还是复合模式，开发企业参与老旧厂房（工业区）更新改造的准入方式没有发生根本性改变。而变化较大的是，政府在政策完善过程中逐渐调整了用地改造的功能导控方向，力图回归到为产业一体化发展或创新驱动发展腾挪空间，从而带动产业结构调整升级的本质：一是对工业区块线范围内"工改商"和"工改居"项目进行严格控制；二是控制原特区外"工改 M0（新型产业用地）"拆除重建类用地规模不超过辖区"工改工"总规模的 60%，同时设置全市"工改 M0"更新总规模上限控制（具体内容详见《关于加强和改进城市更新实施工作的暂行措施》）。

　　具体而言，2017 年，政府出于对产业结构优化速度缓慢和城市产业发展空心化等问题的担忧，出台了《深圳市工业区块线管理办法》，开始严格限制"工改居"，大力支持"工改 M 1"，由此全市的旧工业区改造项目进入严格控制阶段，作为市场积极性颇高的"工改居"项目由"热"转"冷"。"工改居"项目之所以能够充分调动市场的积极性，原因在于三个方面：其一是相对于城中村、旧小区，工业区更新的拆迁成本较低；其二是虽然工业区的地价水平较高，但其价值上升空间更大，即便是公寓产品也能带来较高利润；其三是居住类产品的市场需求旺盛，去化快，资金回笼周期短。据统计，2010～2014 年，"工改居"（包括"工改商"）项目约占全市工业区更新总量的 60%；在 2010～2016 年已实施的 128 个旧工业区项目中，有 85 个更新为商住功能。但从近几年的发展来看，"工改居"项目的进入门槛已经比较高，一方面需要法定图则或其他上位规划明确项目用地用途为居住性质；另一方面，项目申报过程也设置了更多限制。据统计，2017 年及以后的"工改居"项目，有将近三分之二的比例仍处于计划阶段，并且这项项目主要分布于宝安、龙岗、龙华等原关外片区。2019 年，政府为了实现保障房建设发展目标，解决用地难的瓶颈问题，出台了《深圳市拆除重建类城市更新单元计划管理规定》，允许位于工业区块线外，或位于工业区块线内且位于轨道站点 500m 范围内的项目，申请"工改保"的更新类型。该项文件的推出，无疑在"工改居"受限、工业厂房及办公供应过剩的当下，为市场投身深圳的老旧厂房更新带来另一个重要机遇。深圳 2010～2016 年已实施的老旧厂房更新项目用地类型转换情况如图 8-8 所示。

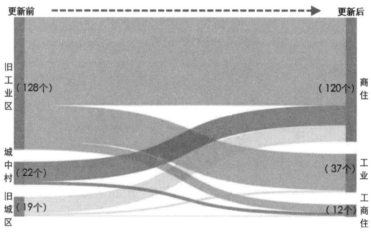

图 8-8　深圳 2010 ～ 2016 年已实施的老旧厂房更新项目用地类型转换情况[1]

（3）政府收储高占比下多路径并存的广州模式

广州和深圳是粤港澳大湾区"三旧"改造最为活跃的城市。两者在产业发展和用地等方面的各自特点，带来了有关老旧厂房更新和产业转型升级政策上的差异。广州的产业结构以第三产业为主，土地出让收益占全市财政收入的比例较大；深圳的产业结构以二、三产业均衡发展为主，形成了先进

[1] 喻博，赖亚妮，王家远，等. 城市更新单元制度下"三旧"改造的实施效果评价 [J]. 南方建筑，
　　2019（1）：52-57.

制造业、现代服务和优势传统行业协调发展的格局，土地出让金占全市财政收入的比例较小。因此，广州与深圳相比更加鼓励产业用地的政府收储和回购，以此保障土地出让收益的稳定性，但同时也带来了市场主体议价空间较小、参与城市更新活动的积极性相对不高的局限。广州、深圳两市老旧厂房更新政策比较如表 8-7 所示。

广州、深圳两市老旧厂房更新政策比较[1]   表 8-7

内容	广州	深圳
产业结构及用地特征	2017 年的三产结构为 1：31：68，以服务业为主，产业服务化趋势明显；土地出让收益占全市财政收入的比例较大；存在大量村集体用地	2017 年的三产业结构为 0.1：40.9：59，二、三产业发展较为均衡，先进制造业、现代服务业和优势传统产业多元发展；土地出让收益占全市财政收入的比例较小；现有低效用地多为国有土地
产业发展导向	鼓励金融、总部经济、文化体育等现代产业发展，推动制造业高端化发展；增加生态用地和公共配置设施用地，优化城乡环境	以促进产业创新、引导产业平稳转型和有序升级为目标，一方面落实工业区块线要求，稳定产业空间规模，巩固先进制造业空间基础；另一方面加强更新对创新型产业空间的供给，引导产业合理布局，促进产业融合发展
政策创新点	1）创立"微改造"模式，将其作为与全面改造并重的更新方式；2）建立城市更新局，"政府主导、市场运作、多方参与、互利共赢"；3）鼓励土地权属人交地收储，共享土地增值收益	1）首创"城市更新单元"概念；2）创新用地分类：W0 和 M0，分别为新型物流用地和新型产业用地；3）实行双线计划制度，即设立城市更新单元编制计划和年度计划的双线计划，建立城市更新项目准入审批机制；4）允许更新后的产权分割出让
容积率	容积率的制定主要由政府根据拆迁量反推核算，几乎无议价空间	城市更新项目可依据容积率分区及相关技术规定要求重新核算容积率，具有一定议价空间

在用地性质改变方面，2017 年出台的《广州市人民政府关于提升城市更新水平促进节约集约用地的实施意见》丰富了自行改造的类型，将国有土地旧厂房自行改造在原来的"工改工""工改商"的基础上增加了"工改新产业（5 年过渡期）"和"科改科、教改教、医改医、体改体"等类型。

在更新路径方面，广州市的老旧厂房更新分为以拆除重建为主的全面改造和以建筑局部拆建、建筑功能置换、保留修缮为主的微改造两种方式。就改造后的功能置换而言，呈现出工改国际金融总部聚集区、旧村（含村级工业园）改电商总部聚集区、工改高新技术产业园、工改商服业、工改生产性服务业、工改创意产业、特色专业市场提升类、历史文化遗产保护类等不同类型。就实施主体的协作而言，主要呈现出"政府公开出让、拍地开发"、

[1] 中国城市科学研究会. 中国城市更新发展报告（2017—2018）[M]. 北京：中国建筑工业出版社.

"政府企业协作改造""企业自主联合开发经营""自行改造经营""微改造自主经营""采取 BOT 模式引入企业微改造"等多种方式,综合运用以上方式现已形成大量成功更新改造案例。广州市老旧厂房更新模式及案例如表 8-8 所示。

广州市老旧厂房更新模式及案例[1]　　　　　　　　　　表 8-8

模式		类型	用地处置	案例	操作模式
全面改造	拆除重建为主	工改国际金融总部聚集区	政府收储的,纳入土地供应计划,由政府按规定组织土地供应	广州国际金融城	公开出让,拍地开发
		旧村改电商总部聚集区	政府企业协作,引入保利地产参与更新	琶洲电商集聚区	政府企业协作改造,政府让利,基础地价出让
		工改高新技术产业园	由启迪控股和中国远洋海运集团联合自主更新,补缴土地出让金,5 年过渡期变更权属	启迪中海(广州)科技园	企业自主联合改造
		工改商服业	允许自行改造的,由原产权人相关部门办理土地出让相关手续并变更土地权属证书	广东省铁路投资大厦	自行改造经营
		工改生产性服务业	政府收储的,纳入土地供应计划,由政府按规定组织土地供应	越秀集团广纸地块、白天鹅南海项目	公开出让开发经营
微改造	建筑局部拆除、功能置换、保留修缮,以及整治改善、保护、活化、完善基础设施	工改创意产业	原产权人自主改造,用地功能转变,修旧如旧	TTT 创意园、红砖厂、珠江琶醍、广州联合交易园、太古仓码头、1978 创意园	微改造自主经营
		特色专业市场提升类	专业市场提升,以设计为支点,撬动产业链创新	红棉国际时装城	微改造自主经营
		历史文化遗产保护类	采取 BOT 模式,通过公开招商引入万科进行为更新	永庆坊历史文化街区	引入市场主体(15 年经营期)

8.2.3　老旧厂房更新的基本路径

1. 无保护价值老旧厂房的更新路径

（1）顺应博弈规则,把握政策机遇

老旧厂房更新政策内容,反映出政府对土地增值收益的分配思想和具体方式。从理论上来讲,在工业用地更新中通过土地收回重新招拍挂来调整用地规划,是现行制度下实现土地增值收益捕获的一种有效方式。通过土地增

[1]中国城市科学研究会. 中国城市更新发展报告（2017—2018）[M]. 北京:中国建筑工业出版社.

值收益捕获可将土地自然增值在一定范围内还原于社会，不但实现了土地增值收益的分配公平，而且还可以为基础设施建设融资，因此具有正当性。然而，现实情况是这种理论上的正当性往往遭到阻碍：对地方政府而言，一方面希望鼓励产业升级，另一方面难以负担收回土地的高昂成本，但是允许原土地权利人直接改变用地性质，又面临国有资产流失的风险，具有两难困境[1]；对用地企业或开发企业而言，由于不愿承担招拍挂过程中失去土地使用权的风险，即使有更新意愿也宁愿维持现状，市场的积极性受到抑制。为此，各地政府通过对政策不断改进，试图通过以下方式来协调诸多更新利益博弈关系。各利益主体的诉求与阻碍如表 8-9 所示。

各利益主体的诉求与阻碍　　　　　　　　　　　表 8-9

利益主体	主要诉求	遇到的阻碍	维持原状的成本
上级政府	提高工业用地使用效率，盘活用地存量	土地出让金的减少 政策制定的政治风险	工业用地低效使用，产业转型受阻
地方政府	提高土地利用效率 提高区域综合城市功能	高昂的土地收回成本 国有资产流失风险	经济、社会效益指标无法完成
开发企业	增加持有土地的收益（租给能够支付更高租金的客户，增加容积率）	上缴土地增值收益 失去土地使用权的风险	成本很低，且可以通过私下改造获得收益
工业企业	产业向价值链高端转变 增加持有土地的收益（转租给支付更高租金的租户）	上缴土地增值收益 企业搬迁的高昂成本 失去土地使用权的风险	企业倒闭或迁出，但仍可以通过土地获得收益

在不改变土地实际用途的情况下，老旧厂房主要以自行升级、零地招商、结对转移等方式进行更新[2]。虽然政府对该类方式的政策限制较少，但是更新的效果也较为有限。自行升级是由原业主进行扩改建，政府对产业类型、环境风貌等进行监督、引导，或者提供一定政策优惠，一般适用于发展情况较好，拥有自发升级能力的企业。例如，在天津泰达经济开发区中，适用于此方式的为百强企业，或增长速度较快、收入较多、利润额较大的一批企业。零地招商是通过政府搭桥，将工业区内某些企业的结余土地分割转让给园区内的其他企业，适用于转让对象为全资国有开发主体企业。例如，上海张江高科技园区、金桥经济技术开发区以及广州开发区内均存在此种更新方式。结对转移是政府为中低端企业在周边区域寻找合适承接用地，再回购其原有用地并在原地进行产业升级转型。例如，广州开发区通过与从化、梅

[1] 胡映洁，吕斌. 工业开发区转型的土地增值收益分配机制研究——基于中国三大都市圈重点开发区的调研 [C] // 城乡治理与规划改革——2014 中国城市规划年会论文集，中国海南海口，2014.
[2] 万勇，顾书桂，胡映洁. 基于城市更新的上海城市规划、建设、治理模式 [M]. 上海：上海社会科学院出版社，2018.

州等地合作，将落后企业进行转移。

在需要改变土地实际用途的情况下，除了政府回储和招拍挂之外，还有自发改变建筑功能、允许改变建筑功能、允许改变用地用途等方式[1]。政府回储和招拍挂的困境在上文已予以阐述。自发改变建筑功能是原权利人在不允许的情况下，自行将工业建筑用于其他功能，或将厂房转租给研发或商业服务企业，例如，上海、广州等地的创意产业园区最初就是通过此途径进行的转型。这种方式使得土地使用者获得大部分土地增值利益，但由于缺乏规范指导，容易造成园区环境和秩序混乱。为此，政府会出台一些特殊政策予以规范，进而衍生出允许改变建筑功能的模式，即允许权利人在不改变原规划用地性质的情况下进行建筑功能调整。例如，在上海"针对张江和金桥的差别化土地政策"中，鼓励企业自发调整容积率用于自身的研发功能，同时指出只能企业自用不得转让，但在实际操作中为避免国有资产流失的风险，仅允许用于国有资产主体开发项目。允许改变用地性质是在符合政府所鼓励的工业发展方向时，原权利人可以不通过招拍挂改变用地性质，此时需要补交土地差价或者做出一定的公益贡献。例如，上海的"针对张江和金桥的差别化土地政策"和苏州的《苏州市专项服务产业项目建设用地出让实施意见》均表现出对该更新方式的支持，但也同样仅限于国有资产主体开发的地块；但深圳没有此类限制，除需签订必要协议合同和做出必要公益贡献外，对更新主体的属性没有特别筛选。

以上各种方式均为市场逐利与政府主张利益分配公平相博弈的结果。其中，用地性质改变是实现土地增值收益最大化的主要途径。政府作为更新规则的制定者，希望找到公平与效率的平衡点，为此对更新政策不断改进；企业作为规则的遵守者，不仅要对各地政策予以钻研，寻求有利于业务发展的支持点，而且要把握政策与市场发展方向，突破业务发展的传统思路。以上海为例，对老旧厂房更新转型后的用地类型管理是多年来探索的重点，先后经历了居住用地（R）、工业研发用地（M4）、商业办公用地（C2/C8）、科研设计用地（C65）等多种类型，其中，科研设计用地（C65）是当前发展总部研发功能的主要探索方向。在更新制度决定开发模式、开发模式决定空间形态的关系下，企业要对发展总部研发功能高自持比例的政策体系导控下的用地开发进行研究，改变以往通过"卖楼"来获利的思路或途径，向开发与运营并重的发展模式探索[2]。

[1] 万勇，顾书桂，胡映洁. 基于城市更新的上海城市规划、建设、治理模式 [M]. 上海：上海社会科学院出版社，2018.

[2] 郑德高，卢弘旻. 上海工业用地更新的制度变迁与经济学逻辑 [J]. 上海城市规划，2015（3）：25-32.

案例16——深圳市蛇口工业区[1]

被誉为"中国改革第一炮"的蛇口工业区,早在20世纪末就面临因内外部发展环境剧变而带来的产业升级困境,虽然在21世纪初通过利用闲散用地向其他功能用地转化,实现了向综合性城区的转变,但是空间资源紧张的瓶颈依旧存在。为此,2015年招商局以蛇口工业区为载体,对旗下的地产公司吸收合并,成立"招商蛇口",重点发展邮轮产业、园区开发和社区开发三大业务板块,如图8-9所示。其中,游轮经济是新蛇口的核心发力点,园区开发是产业发展的重要载体,社区运营是实现产城融合的重要途径。这三大业务板块相辅相成,协同发力,共同实现了以营城为核心发展理念的"蛇口模式"。

图8-9 招商蛇口的邮轮产业项目:邮轮母港

蛇口工业区的成功之处在于实现了由物质空间到综合服务的供给侧结构性改革。虽然物质空间的更新是城市更新的应用之意,但并不是最终目标,如何关注开发、建设、运营全过程的统筹,实现经济、社会、环境的可持续发展,才是更新的根本动力。除了从建城到营城发展思路的转变,"蛇口模式"的成功还在于融入更多的生态和文化元素。特别是借助深港城市\建筑双城双年展之机,蛇口将人文历史、空间场所和国际展示三者结合,酝酿发展为一系列独特的文化实践。这些实践所利用的场所正是浮法玻璃厂、蛇口客运码头旧仓库和蛇口原大成面粉厂等老旧工业遗址,如图8-10所示。

[1] 司马晓,岳隽,杜雁,等. 深圳城市更新探索与实践 [M]. 北京:中国建筑工业出版社,2019:139-148.

图 8-10　蛇口大成面粉厂的艺术化改造

（2）结合权属特点，构建利益共同体

就用地的权属类型而言，老旧厂房更新主要存在行政划拨产权用地、国有土地市场化的产权分散用地和村集体自筹自建式用地三种情况。

第一种情况是指在计划经济时期遗留下来的经营性用途划拨用地，通常为国有企业"占有"，往往曾具有无偿使用、无限期使用、不准转让的特征。在国家对划拨类工业用地的不断探索中，一部分土地在 2000 年前后通过企业破产售卖的方式市场化，另一部分通过国有企业改革得以保留至今，进而成为城市更新所面对重要类型。特别是《国务院办公厅关于加快发展服务业若干政策措施的实施意见》的出台，明确了划拨工业用地在不改变用地权属的情况下可以变更用途，为国有企业在保证用地权属的前提下获得土地增值利益带来政策支持[1]。

第二种情况通常是开发企业以招拍挂或协议出让等市场程序获得国有土地，进行厂房和基础设施建设，再以租售形式移交给不同业主使用，从而使用地权属被分割为不同产权主体。在快速城镇化过程中，由于市场经济利益的巨大推动，被分割的用地权属往往经过多次转让，频繁交易，使得在同一工业园区内有多个产权主体。

第三种情况可以说是城乡二元结构的特殊产物，具体表现为村民集资自建厂房，租金收益集体分红的形式。该情况在深圳颇为常见，以 20 世纪末城镇化过程中划定给原集体组织的征地返还用地和特区外的非农建设用地为主。在原特区内由于规划严格，征地返还用地往往有明确的红线范围，在空间上形成具有明确边界的城中村工业区；而特区外由于长期村镇管理体系的薄弱及二元城市管理模式等遗留问题，很多非农建设用地指标缺乏落在具体空间的范围[2]。针对村集体自筹自建情况，政府多以政策扶持和资金激励的方式，鼓励集体经济在更新物质空间的同时，实现其经济组织自身的转型与

［1］仲丹丹，徐苏斌，王琳等．划拨土地使用权制度影响下的工业遗产保护再利用——以北京、上海为例［J］．建筑学报，2016（3）：24-28.

［2］严若谷．快速城市化地区的城市工业空间演变——以深圳旧工业区升级改造为例［J］．广东社会科学，2016（3）：44-51.

优化，或者融入于城中村更新当中整体升级，因此不在本章探讨的范畴。

就第一种情况而言，如何与地方政府、国有"地主"开展合作，是房地产企业参与划拨产权工业用地更新需要考虑的重要问题。在现行政治体制和经济环境下，地方政府仍然是推动地区经济建设和城市发展的主要力量，拥有土地资本的国有企业大多会与地方政府合作，在保护其"地主"身份的前提下，实现原划拨用地向批租用地转换。以上海为例，宝钢、上海纺织、上海电气、上海汽车、华谊等国有企业所占工业用地约占中心城区面积的1/5[1]。面对政府的主动收储，如果政府通过附加条件保障国企能顺利拿回土地，那么原工业用地往往能顺利更新，政府与国企能各取其利；但如果无法保障取得土地再开发权利，国企较难"拱手相让"而选择改变建筑功能的方式或维持园区现状，这样虽然暂时无法实现土地增值效益最大化，但潜在效益依然掌握在国企手中，从而影响了城市更新的进程。可以说，计划经济时代遗留的土地产权问题，决定了政府与国有企业之间需要开展必要合作。在此关系中，第三方开发企业要充分发挥在品牌、产品、成本、融资、管理、团队等方面的优势，积极主动寻找介入国企与政府合作的机会，以其专业特长、雄厚资金和广泛资源作为合作资本，与国企、政府形成利益共同体，共同推进划拨类用地的更新[2]。

案例 17——上海红坊的二次改造[3]

红坊前身为上钢十厂厂区，其首次改造，是原用地权属者宝钢在其权属不变的情况下，以功能置换的方式，更新为设计＋艺术＋时尚的创意园区，成为老旧厂房和工业遗产更新改造的典范。

随着上海中心城区用地紧张，且红坊位于淮海西路核心地段，其潜在价值不断升高，在宝钢的推动下，融侨集团获得了该地块的二次更新权利。虽然整体上经历了"收储－拍卖－转让"过程，但在具体环节中，地方政府在收储后通过设置"多重门槛"（例如必须设置钢铁交易中心，必须是世界500强企业等）保障了"宝钢"能再次拿回该地权属；之后，"宝钢"再以转让方式使融侨集团拥有了该项目的开发权利；而红坊发展有限公司则凭借运营管理经验和联盟关系，同时进行了资本注入获得运营管理权。红坊的二次更新在原有红坊创意园区的基础上进行深化改造，打造上海融侨中心。其过程展现了市场企业、原权利人与政府通过合作构建利益共同体进而实现增值

[1] 张莉. 城市更新视角下上海中心城工业用地转型研究[C]// 中国城市规划学会，贵阳市人民政府. 新常态：传承与变革——2015中国城市规划年会论文集（09城市总体规划），2015.
[2] 李晨曦，何深静. 基于城市政体理论的工业园区文化导向的更新研究——以上海红坊为例[J]. 现代城市研究，2020（3）：98-105.
[3] "红坊"的前世今生，上海艺术创意空间.

收益分享的重要性如图 8-11、图 8-12 所示。

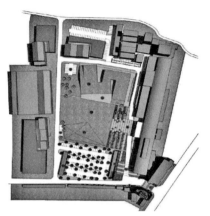

图 8-11   第一次改造后的红坊平面示意图   图 8-12   第二次改造的红坊平面示意图

就第二种情况而言，开发企业与权属人之间构建多元化的共赢模式是城市更新获利的基本途径。以深圳市为例，根据深圳城市更新政策的要求，旧工业区改造主体应为依法取得工业区改造项目范围内全部产权或已与工业区改造范围内全部产权单位签订委托改造或合作改造协议的法人企业。即，对于多权属且土地面积较小适合整体更新的项目，需要先进行改造主体的确认。为此，权利主体之间必须开展合作，当协调困难、出现僵持局面时，需要借助政府进行居中协调。例如，深圳市梅林片区的旧工业区城市更新就是在政府多次协调下，最终化解僵持、明确更新主体的具体案例。

在此情况下，可以考虑收购、合作、代建等几种方式[1]。首先，对于部分中小生产型企业，尤其是在城市产业转型中面临生产环节转移或濒临淘汰企业，虽然拥有用地权利主体的资源，但并不具备产业升级能力和开发运营经验。该类企业往往接受以权利换资金的方式，成为开发企业竞相收购的对象。开发企业可以通过货币补偿或与工业企业签订拆迁补偿安置协议成为更新实施主体。其次，对于积极谋求产业转型升级的企业，通常以合作的模式开展更新改造，一般有股份合作和物业补偿两种方式。这样，工业企业不但获得自身需要的产业升级空间，还可与开发企业合作运营新增产业空间，共同分享增值收益；而愿意参与此类城市更新的开发企业通常具有运营产业空间的能力，同时拥有一定的企业引入资源，了解企业诉求。第三，对于符合城市产业转型升级方向的大型或行业引领型的企业，由于以获得自用产业空间为主，则更多采用代建方式与开发企业合作。在此方式中，开发企业通常不参与园区运营。

---

[1] 司马晓，岳隽，杜雁，等. 深圳城市更新探索与实践 [M]. 北京：中国建筑工业出版社，2019：428-430.

（3）注重分配公平，保障公共利益还原

如何保障公共利益且不侵害私利，始终是包括老旧厂房在内的各类型城市更新活动关注的焦点。从利益还原（指土地增值利益的社会还原）角度来讲，在更新实践中存在利益还原的有效性和市场积极性之间的矛盾。如果过于要求利益还原的完整性和强制性，势必会降低市场参与的积极性，从而影响更新效率；相反，如果一味为了激励市场而忽视公共利益的保障，会带来社会公平问题。

从更新实务来看，通过政策调控，将公共利益保障设定在适度的范围内，能够实现政府与市场的双赢。具体而言，公共利益保障（也有学者称之为开发商义务）是指在更新过程中，需要开发企业承担一定的非盈利性且产权属于政府的部分用地或配套设施建设，例如市政基础设施、公共服务设施、保障性住房、公园等。对政府而言，在城市更新中面临公共设施配套巨大压力：一是土地使用强度的提高导致人口密度急剧上升，使得公共设施相对不足；二是提升城市竞争力需要高品质服务设施的支撑；三是随着城镇化推进，存量土地成为城市发展的最重要空间资源，而盘活存量土地所需资金门槛高，政府没有足够精力和资金来独立完成公共设施配置。通过利用市场参与城市更新机会，规范公共利益保障制度，不仅能降低行政管理和协调成本，缓解土地增值收益分配失衡问题，而更为重要的是能对城市公共配套进行有效落实。对开发企业而言，可以基于市场规律利用公共配套的正面效应，溢价回收公共配套所带来的土地增值，从而获取更高利润[1]。就此来看，开发企业也有意愿在一定程度下完成公共利益保障义务。

日益完善的更新政策体系，正在为更新项目构建明确的公共利益贡献指标，开发企业所要承担的公共利益贡献量也日趋规范，开发企业与政府的议价空间得以被有效约束，并正逐渐成为开发企业实现公共利益还原的基本遵循。上海、广州、深圳等地的相关政策均对开发商在城市更新中的公共利益贡献有明确要求。例如，上海和深圳均划定了土地贡献的下限，而且上海以公共要素清单的方式来保障公共利益的落实；深圳则已逐步建立了一套全过程多样化的公共利益保障机制[2]，并主要通过提升配建规定系统性、提高公共利益贡献量化水平、细分公共设施配建内容、联动调控开发容积率四个方面，在保证公共利益落实的同时促进项目的可操作性[3]。深圳市城市更新公

[1] 郑思齐，胡晓珂，张博等. 城市轨道交通的溢价回收：从理论到现实 [J]. 城市发展研究，2014，21（2）：35-41.

[2] 朱丽丽，黎斌，杨家文等. 开发商义务的演进与实践——以深圳城市更新为例 [J]. 城市发展研究，2019，26（9）：62-68.

[3] 岳隽，陈小祥，刘挺. 城市更新中利益调控及其保障机制探析——以深圳市为例 [J]. 现代城市研究，2016（12）：111-16.

共利益还原主要方式如图 8-13 所示。

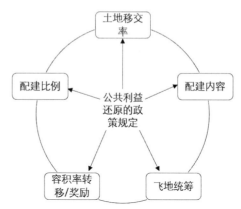

图 8-13 深圳市城市更新公共利益还原主要方式

《深圳市创新型产业用房管理办法（修订版）》有关创新型产业用房出租、出售的规定：

第十一条 政府产权的创新型产业用房原则上只能用于出租，如确有出售必要，市财政投资建设、购买的需报请领导小组批准，区财政投资建设、购买的需报请区政府批准。国有企业建设、购买的创新型产业用房，坚持以租为主、租售并举的配置原则，出租比例原则上不低于 50%。

第十三条 创新型产业用房租金价格参考市（区）房屋租赁主管部门发布的同片区同档次市（区）产业用房租金参考价格，租金价格原则上应比参考价格优惠 30%～70%，由管理主体每年发布一次。

创新型产业用房出售价格参考同片区同档次产业用房并给予一定优惠，但最低不得低于创新型产业用房成本价。出售价格由管理主体委托专业机构评估确定。

尤其值得注意的是，深圳市为支持创新型产业发展而出台的创新型产业用房政策，也是公共利益的重要组成部分。深圳市先后于 2013 年颁布《深圳市创新型产业用房管理办法（试行）》、于 2017 年正式颁布《深圳市创新型产业用房管理办法》、于 2021 年颁布《深圳市创新型产业用房管理办法（修订版）》，并于 2016 年制定《深圳市城市更新项目创新型产业用房配建规定》。根据以上相关政策文件，通过城市更新、产业用地提高容积率及其他土地规划调整均需按一定比例配建创新型产业用房，这也是深圳市创新型产业用房筹建渠道之一。比如，对于拆除重建类城市更新项目升级改造为新型产业用地功能的，一般要求为创新型产业用房的配建比例为 12%（即项目改造后提供的创新型产业用房的建筑面积占项目研发用房总建筑面积的比例）。就创新型产业用房本质而言，其属于一种政策性产业用房，通过城市更新及产业用地提高容积率等方式配建的创新型产业用房原则上应无偿移交给政府，并在土地出让合同中明确无偿移交条款；创新型产业用房往往将以低于市场的产业用房价格出租或出售，支持创新型企业发展，降低成长型企业的营商成本。

2. 有保护价值老旧厂房的更新路径

（1）把握经济效应与文化保护的平衡

在对有保护价值的老旧厂房更新中，如何把握经济效益与文化保护的平衡是其中的核心议题。在项目实践中，往往由于政府导控不力、开发商逐利、公众保护意识缺乏等原因，使得博弈"天平"向经济效益过度倾斜。

在制度层面，普遍缺乏有力的导控与监督。一方面，由于我国的老旧厂房更新历程较短，对工业遗产保护的流程不够完善，不乏因审查报批不及时而导致厂房遭到破坏或坍塌的情况，从而带来文化价值的消亡，失去了在追求经济效益的同时考虑文化保护的机会。另一方面，各地政府对待老旧厂房更新的政策也不尽相同，大部分地区虽然将旧工业区纳入当地发展规划，但是对文化保护方面的政策缺乏系统考虑，甚至忽略了其中的文化价值。政策约束上的缺位，使得开发企业在项目决策时往往仅考虑经济方面的影响因素。

在开发层面，追求经济效益是市场资本参与更新的重要目的。老旧厂房一般位于城市核心区域，土地价值较高，开发企业为获取开发权利需要付出高昂资金成本，如何实现经济效益便成为决定更新方式的重要因素。举例而言，博物馆、展览馆、主题公园等业态的公共服务属性决定了其盈利的空间较小；相对于地产开发，发展文创空间的资金回流速度较慢，同时还存在适宜性的风险。因此，从逐利的角度，开发企业一般要在经济效益得以保证的前提下才会考虑城市更新中的文化保护问题。

在公众意识层面，老旧厂房大多与"脏乱差"相联系，其工业遗产的特征或属性容易被忽视。居民普遍对老旧厂房存在负面印象，认为其不但污染环境，而且影响市容，与现代城市"格格不入"。由于对工业遗产认知的不足，居民对城市更新可能带来的经济回报或环境改善更为关注，对保护老旧厂房的文化价值缺乏渴望，也不太关注城市更新过程中是否对有价值的建／构筑物予以保留。因此，从公共参与或监督的角度而言，缺乏基层的广泛诉求。

为了顺应更加多元化、精细化的城市发展要求，理应对具有保护价值的老旧厂房进行更加有机的城市更新，使其焕发新的生命力。对于开发主体而言，要避免急功近利，把开发的经济回报看得过重，造成更新活动走向反面。一方面，要打破传统开发观念，把握后工业时代的文化消费趋势，在深入研究和市场研判的基础上创新更新模式，促使经济效益与文化保护互为支撑。例如，广州市的太古仓改造，虽然对园区采用微更新的方式，但是却重资投入于公共设施的配置，不仅创造了可观的经济回报，而且带来较高的社会效益。

另一方面，面对相关政策不完善的情况，开发企业更应积极主动挖掘项目的文化价值，并以此与当地政府协商，争取相应的政策支持或优惠补贴，为可能存在的经济损失带来弥补，同时也能获得广泛的社会影响，帮助公众更深入地理解工业遗产保护，在公众心中树立良好企业形象，有助于企业的长期发展。例如，深圳市大鹏艺象 ID TOWN 的成功，为探索城市工业遗迹保护提供了参照样本，同时推动了《深圳市综合整治类旧工业区升级改造操作指引》的颁布以及一系列关于旧工业区综合整治相关政策的制定；在深圳市金威啤酒厂的城市更新中，经过开发主体与政府的多轮博弈与方案推敲，首次采用了按保留建筑的建筑面积及保留构筑物的投影面积之和奖励 1.5 倍建筑面积的方式，从而推动了项目落地和实施，为以容积率奖励的方式来平衡利益提供可参考的路径，之后《深圳市城市更新规划容积率审查技术指引（试行）》中的相关条款正是参照金威啤酒厂的经验来制定的。

第二十二条　创新型产业用房入驻单位不得有隐瞒真实情况、伪造有关证明等骗租骗购行为。承租单位不得有擅自转租、分租、改变其原有使用功能等不按租赁合同约定使用创新型产业用房的行为。购买单位不得有擅自转售、抵押、改变其原有使用功能等不按出售合同约定使用创新型产业用房的行为。未经管理主体批准，入驻单位不得开展孵化器、创客、共享办公等引入第三方的业务。本条相关权责应在租赁、出售合同及产业发展监管协议等文件中进行明确约定。

广州市太古仓改造：

太古仓码头由原英商太古洋行始建于1904年；1953年，太古仓码头收归国有，后由广州港集团有限公司经营；1965年，广州港成为对外开放港口，太古仓码头成为国家一类口岸，以进出口货物的装卸、储存功能为主。随着经济发展和城市建设以及海上运输船舶大型化的大趋势，太古仓与其所处的超大城市中心城区的面貌格格不入，最终于2007年6月正式告别码头装卸历史。

2005年，太古仓被定为广州市文物保护单位，如何既保留太古仓码头工业遗址的特性，又紧跟时代潮流，这是太古仓项目的难点。与当时为大拆大建式的全面改造不同，太古仓进行了"修旧如旧"的模式探索。2008年太古仓项目正式开工，2010年整个主仓群项目全部完工投入使用，建成至今其一直是广州市著名的"打卡地"，活力热度一直未减。可以说，太古仓已成为老仓、老厂等工业遗存保护性修缮、产业化改造和景区式营造的典范，如图8-14所示。

**图8-14　广州市太古仓
码头**

（2）注重"非紫非保"项目的文化传承

由于我国工业遗产更新保护工作起步较晚，有大量老旧厂房虽然具有很好的历史文化价值，对城市记忆留存有重要意义，但是并没有被划入城市紫线或者列入文物古迹保护范围。既然未被列入强制性保护的范畴，那么这种"非紫非保"更新项目的价值该如何认定、要不要保护、保护的程度以及该怎样保护等一系列问题需要面对与解决。

诚然，地方政府通过城市更新有关政策文件能对此情况进行规定及指引是最佳的解决方式。但就目前来看，此类项目的文化保育工作主要依赖于市场主体的自觉或相关部门的坚持。一方面，对于开发主体，应建立项目文化价值认知，并将兼顾保护与发展的方案作为项目推进的前置条件和关键技术问题；另一方面，对于政府，需要运用资源和政策优势，帮助开发企业拓展思路，促进历史价值的挖掘保护与产业发展目标的实现相结合。

案例18——深圳市金威啤酒厂改造

深圳金威啤酒厂改造是政府与开发主体共同摸索"非紫非保"老旧厂房更新路径的典型案例。由于缺乏上位规划的明确指引，金威啤酒厂更新的前期规划采取了拆除重建的发展思路。政府在对该版规划进行审议时，考虑到厂区存在诸如啤酒发酵罐群、灌装车间、管廊、水塔、易拉罐灌装车间等特色工业元素，同时金威啤酒对几代深圳人有着共同的城市记忆，公众和新闻媒体等也均表达了对历史建筑保护的诉求，于是明确提出延续城市记忆文脉的要求。但是至于怎么保护、保留哪些部分并不清晰。此外，鉴于该项目并没有被列入城市紫线，也未明确保护的规模及范围，开发主体对建筑及其设备保护的积极性并不高，一时出现政府意图与市场主体发展诉求相去甚远的情况。为此，深圳市城市设计促进中心联合多方机构和资源，通过组织工作坊、研讨会等方式讨论金威啤酒厂的更新策略。经过多轮论证，最终确定采用"拆除重建+工业遗存保护"的复合方式：一方面，针对不同的文化遗产元素采用不同的保护方式，如，对建构筑物进行现状保留和综合整治、对发酵罐和啤酒管道设备进行迁址保留、对料仓和糖化间进行记忆重塑原型复建；另一方面，通过工业元素的提取和运用，将工业遗产与珠宝产业相结合，重塑工业遗产的新价值。与此同时，政府以容积率奖励为工具，来协调开发主体为文化保留而损失的部分利益。

从金威啤酒厂更新方案的形成过程来看，充分挖掘历史建筑的价值并与项目的产业发展目标相结合是一种行之有效的思路，该案例充分显示出与新产业发展目标相契合的历史工业建筑才更有价值，不仅能够降低保护成本，提高保护效果，而且还能调动市场主体的积极性。此外，该案例的成功也充分表明老旧厂房保护并不仅仅是物质空间本身的保护及价值发现，也是对城市文脉的延续以及对市民情怀及地方认同的保留。金威啤酒厂的更新规划设计，巧妙地化解了市场主体希望多拆多建和政府主张少拆多留的矛盾，其在老旧厂房物质空间再造过程中融入城市文化基因的做法，具有较为深远的示范意义。金威啤酒厂综合整治区的功能布局如图 8-15 所示。

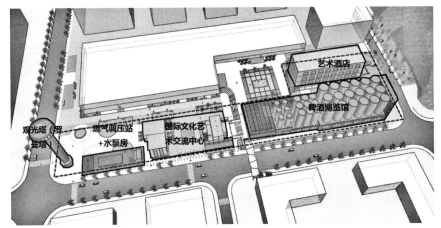

图 8-15　金威啤酒厂综合整治区的功能布局

（3）重视"第三方"的推动与监督

所谓"第三方"（也可称为"知识精英"）是指以公共性和公益性为出发点，非隶属于政府和开发企业，具有并利用自身专业背景，通过获取信息、表达意见、参与决策等方式，在城市发展各环节与政府、开发企业、原权利人等进行沟通，以实现各方利益协调平衡的组织或个人。"第三方"大多为教授、学者、规划师、社会研究者、专业机构、兴趣团队、地方非政府组织（NGO）以及社会非盈利组织（NPO）等。

由于在老旧厂房更新中往往存在决策过程透明性不足、公众参与机制不完善等问题，特别是直接利益方（更新主体）为了追求经济利益而对老旧厂房的保护价值缺乏重视，"第三方"往往自发参与到城市更新项目中，通过对话沟通、媒体宣传等自下而上的方式，呼吁公众、政府、开发企业对项目中具有保护价值的内容予以重视。一方面，"第三方"所关注和坚持的内容关乎社会公平或文化保护，能在社会引起广泛关注并获取多方资源支持，会在一定程度上影响各方利益博弈结果。但同时，由于在博弈的过程中，外部力量的嵌入式参与会使项目推进充满不确定性，争论主体和焦点的增多会增加项目实施的难度，从而影响项目进度，大大提升了项目成本[1]。另一方面，通过"第三方"的推动，不仅有利于提升更新过程中公众参与的深度与广度，

---

[1] 陈鹏. 时间的正义：城市更新中权益保障与文化保护的平衡 [J]. 北华大学学报（社会科学版），2019，20（3）：89-95.

更有助于老旧厂房更新充分实现前文所阐述的经济、社会、文化、生态等多维效益，引起社会的积极评价，进而提升开发企业的形象和政府的公信力。因此，在对有保护价值的老旧厂房更新中，需要善于利用"第三方"的推动作用，变"监督"为"借力"，实现更广泛影响。

为了更好利用并发挥"第三方"的推动作用，需要在参与平台搭建的基础上，提供多元化的参与形式[1]，而参与平台的搭建，可以通过规划平台、公共活动平台、信息交流平台等多种方式实现。就规划平台而言，在项目规划阶段通过多方协商寻找利益平衡的路径，使规划设计过程具有开放性、协商性的特征；就公共活动平台而言，要利用社会上的公共活动机会开展项目宣传，在增加公众对项目了解的同时，激发公众对项目的思考，集思广益实现项目价值提升；就信息交流平台而言，要搭建不同主体在项目更新过程中的良好互动，通过调研、互访、交流等多种形式实现信息共享。此外，为促进参与形式多元化，要为专家建言、公共讨论等多种沟通方式提供便利与支持。

8.3　产业选择

产业选择作为确定老旧厂房更新功能承载的重要内容，需综合考虑地方政府的方向引领、产业的发展规律、项目蕴含的文化价值、物质空间的更新潜力四方面影响因素。就产业升级而言，存在产业空间大量供应与使用效率低下并存，产业园区的功能单一与配套不足并存两方面挑战，如"腾笼换鸟"、新旧动能转换等相关理念均是针对产业升级而提出；就功能置换来说，博览、体育、商业、居住、创意产业的功能植入都有其内在逻辑与规律，如早年各地兴起的"退二进三"理念在某种角度也可理解为对功能置换的一种探索尝试。本节将对以上内容进行分析并提出应对策略。

8.3.1　产业选择的影响因素

（1）政府的方向引领

始于20世纪90年代的"退二进三"、2008年的"腾笼换鸟"、2015年的"新旧动能转换"等一系列理念，若单纯立足于老旧厂房更新领域，其主旨均可概括为产业升级与功能置换两方面。

产业升级，如"腾笼换鸟"，即在高新科技园区等发展第二产业的片区内，为促进经济高质量发展，同时减少城市环境污染，将工业用地内的低效或有污染产业类型进行升级，从而提升产业附加值和产业链现代化。在此过

"退二进三"与"腾笼换鸟"：

"退二进三"，是指20世纪90年代，为加快经济结构调整，鼓励一些重污染、能耗大、没有市场或濒于破产的工业企业从第二产业中退出来（有重点、分层次、分区域、分时段进行搬迁、改造或关闭停产），从事商业、服务业等第三产业的一种做法。

"腾笼换鸟"，最早于2008年美国次贷危机影响下提出于广东省，当时亦叫"双转移战略"，是指粤港澳大湾区劳动密集型产业向东西两翼、粤北山区转移；而东西两翼、粤北山区的劳动力，一方面向当地第二、第三产业转移，另一方面其中的一些较高素质劳动力，向发达的粤港澳大湾区转移。后经"腾笼换鸟"的内涵深化与政策升级，该理念于2014～2015年间开始逐步推广全国。可以说，在该理念的驱使下，很大程度改变了高投入、高消耗、高排放的粗放型增长方式，换来质量与效益、经济与社会协调增长，极大地缓解了环境污染问题，并通过带动新兴产业的高速发展产生了巨大的经济效益。

---

[1] 司马晓，岳隽，杜雁等. 深圳城市更新探索与实践［M］. 北京：中国建筑工业出版社，2019：431-434.

程中，形成明确的产业升级指引，有利于加大政府对产业结构调整的控制力度。为此，政府会对城市未来的产业发展进行规划，确定出逐渐淘汰或者着重发展的产业类型。例如，上海于2018年推出了产业结构调整的负面清单，针对电力、化工、电子、钢铁、有色、建材、医药、机械、轻工、纺织、印刷、船舶、电信等15个行业，确定了需要淘汰和限制发展的具体项目。该清单为相关单位开展产业结构调整、淘汰落后产能提供主要依据。继而，在2019年又出台了《上海产业用地指南》，对各类产业项目的容积率、固定资产投资强度、土地产出率、土地税收产出率四项用地指标进行了规定，同时对建筑系数、行政办公及生活服务设施用地所占比例、绿地率提出了控制要求。通过此类文件的结合运用，为企业进行产业转型升级提供明确指引，有利于政府建立"以亩产论英雄""以效益论英雄"的产业发展引导机制。

功能置换，如"退二进三"，即在城镇化水平较高的地区，为了充分提升土地利用效率、发挥土地价值，同时对城市功能进行优化配置，将工业用地转型为供第三产业使用的土地，例如建设总部经济、信息服务业、文化创意产业等。特别是在发展较为成熟的城市区域，随着人们生活品质需求的提升，要不断增加新的公共设施或提高原有设施的服务能力，需要通过老旧厂房更新提供空间资源的支持。如英国伦敦国王十字街区，通过老旧厂房改造引入中央圣马丁艺术与设计学院、博物馆、画廊和艺术空间，通过将筒仓改造为公寓，进一步促进该街区的产城融合；北京首钢园区的改造则充分利用北京筹办冬奥会的"大事件"契机，曾经的精煤车间被改造为短道速滑、花样滑冰、冰壶、冰球四个冬季运动训练场馆，曾经的冷却塔被改造为滑雪大跳台，曾经的高炉被改造成博物馆等。

诚然，我国政府对产业发展的导向引领始终在不断地深化拓展，可以说，"新旧动能转换"就是继1990年代"退二进三"、2000年代"腾笼换鸟"之后的理念延伸。"新旧动能转换"的核心在于为进一步响应我国经济增速进入新常态后深化供给侧结构性改革要求，聚焦"两高一剩"行业改造提升，以创新驱动发展为要旨，坚持去产能、去库存、去杠杆、降成本、补短板、优化存量资源配置，扩大优质增量供给，实现供需动态平衡；支持传统产业优化升级，加快发展现代服务业，瞄准国际标准提高水平。

案例19——英国国王十字街区改造[1]

国王十字区域从维多利亚时期起就是重要的交通枢纽，但由于历史原因，该区域在20世纪末逐渐沦为充斥着老式建筑的废弃城区。进入21世纪，因为产业变迁，伦敦开始发力科技、金融、文化创意产业，并提出"让城

---

[1] 伦敦这么多区，我为什么最看好国王十字？

"新旧动能转换"：

"新旧动能转换"，于2015年由习近平总书记在关于我国经济发展进入新常态的论述中首次提出，随后于2016年、2017年政府工作报告中多次提及。

2017年，国务院办公厅印发了我国培育新动能、加速新旧动能接续转换的第一份文件《关于创新管理优化服务培育壮大经济发展新动能加快新旧动能接续转换的意见》，明确提出"要加快新旧动能平稳接续、协同发力，促进覆盖一二三产业的实体经济蓬勃发展"。

同年，山东省召开了新旧动能转换重大工程启动工作会议，将其作为统领全省经济发展的重大工程。2018年初，国务院原则同意《山东新旧动能转换综合试验区建设总体方案》。同年，《济南新旧动能转换先行区总体规划（2018—2035）》向社会公示。2021年4月，国务院原则同意《济南新旧动能转换起步区建设实施方案》，标志着济南新旧动能转换起步区正式获国务院批复设立。

"新旧动能转换"以创新驱动为核心，深化延续新常态背景下供给侧结构性改革的需要，可概括为通过培育"四新"，促进"四化"，实现"四提"："四新"作为核心内容，主要通过积极培育新技术、新产业、新业态、新模式，打造创新驱动发展新引擎；"四化"作为主要抓手，主要指推进产业智慧化、智慧产业化、跨界融合化、品牌高端化；"四提"作为目标方向，主要实现传统产业提质效、新兴产业提规模、跨界融合提潜能、品牌高端提价值。

市精英阶层重回市中心"的复兴计划，国王十字区由此于2008年开启重建，并成为伦敦市中心150年来规模最大的区域重建项目之一。

国王十字区的城市更新背后是产业在推动，是创新或创意主导的城市更新（Creative-led Regeneration），比纯房地产主导的拆除重建式城市更新更具想象力。因此，不同于选址郊区的第二产业，其聚焦于第三产业，并致力于创造成为具有人才吸引力的全新场所。按规划，在国王十字区两个火车站及周边67亩的重建范围内，将修建10个新广场、20条新街道以及大量新办公楼、酒吧与餐馆。2012年，耗费5.5亿英镑的国王十字火车站改造完工，与2007年整修改造后的圣潘克拉斯火车站接通；加之原有的6条地铁线路，国王十字火车站已成为英国最大、最重要的综合交通转运站。国王十字区以摄政河为分界线，运河以南地块主要用于办公功能；运河以北则充分发挥了工业遗产的改造潜力，形成了一个集商业、住宅、办公、休闲、教育于一体的中心区。例如，伦敦艺术大学中央学院是国王十字区最早期的住户，作为伦敦最高艺术学府，其由砖砌仓库改建。目前，人口、产业与活力逐渐在国王十字区汇聚，众多知名企业相继入驻，其产业利好衍生出的综合城市红利已然触发了伦敦中心地区新的生命力。图8-16~图8-18为国王十字区景。

图8-16 中央圣马丁艺术与设计学院及广场　图8-17 Coal Drops Yard 购物中心　图8-18 筒仓改造的公寓住宅

（2）产业的发展规律

除充分尊重政府对产业发展的方向引领外，把握和顺应产业发展规律、注重市场和资本的运作规律也尤为重要。

目前，各地产业发展雷同度高、较难落地、甚至违背产业发展规律的现象屡见不鲜，其重要原因往往在于习惯于"唯上、唯书"的思维，缺乏独立的、科学地分析判断，没有做到从实际出发，将当地特点与当前及未来产业发展趋势有机结合[1]。而确定具体语境下的产业发展方向需要注意三个要点：

[1]夏雨. 产业转型与城市更新[M]. 北京：中信出版集团，2017：37-39.

一是要基于对全球产业更替转移规律的了解；二是要清晰把握当地产业发展的规律性变化，找准当下可发展、可持续的新产业，只有理清了地方产业发展的轨迹，才能顺势而为地确定新的发展方向；三是要了解当今新兴产业的发展趋势和特点，当前科学技术的进步带来的产业变革速度越来越快，大量新兴产业不断涌现，在纷繁的产业种类中，善于寻找和判断最可持续、应用性最广、带动性最大、前景最看好的产业是关键。

（3）项目蕴含的文化价值

在城市发展过程中，有计划地进行老旧厂房更新，需要保留城市的历史痕迹，同时要为人们回忆过去创造客观可能[1]。

在历史文化传承方面，老旧厂房作为城市历史的见证者，曾经在城市特定阶段发挥了重要作用，是延续城市文脉、记录城市历史、折射城市发展轨迹的重要载体，其更新模式的选择需要捕捉建／构筑物的原有价值，能够赋予城市未来的新活力，并对城市发展和演进起到促进作用。我国虽然拥有大量具有文化价值的工业建筑遗存，但是这些宝贵资源正经历着严重的破坏甚至毁灭，昔日工业厂区内的历史建筑因房地产开发而消失的案例并不少见。

在产业技术传承方面，工业技术在某一时代的开创性，特别是先进的工艺流程和独特的工程技术都以物质形式蕴含于厂房建筑之中，这些流程和技术本身正是工业建筑更新中需要着重呈现的内容。就建筑物本身而言，建筑风格、样式、材料用法、结构或构造做法均反映了特定时期的工业技术水平，老旧厂房以其未尽的物质寿命，将多方面价值浓缩在建筑中向后人表达，对此需要充分尊重。

（4）物质空间的更新潜力

对非拆除重建类项目而言，更新后的老旧厂房或园区的功能选择与其空间条件特征存在着某种联系，对老旧厂房及园区的更新再利用，需充分对园区占地面积、建筑密度、建筑结构形式、建筑层数、建筑层高等自身空间条件特征予以考虑。举例而言，在结构类型方面，钢结构抗锈蚀较差；木结构防腐能力低；砖混结构的空间适用弹性不强；钢筋混凝土结构（如钢筋混凝土框架或排架）相较于其他类型具有坚固、耐久、防火性能好的优点，空间改造的适用性广泛。在空间特点方面，单层厂房往往跨度大、层高高、内部空间宽敞，适用于需要开敞空间的公共建筑，例如博览文体建筑等；多层厂房多为框架结构，其跨度、层高与单层厂房比较小，适用于没有大尺度空间要求的建筑，例如办公、公寓等；异型厂房往往呈现出特殊而又有冲击力的视觉感受（如水泥塔、瓦斯储气罐、高炉烟囱等），适用于地标建筑、

[1] 李勤，张扬，李文龙. 旧工业建筑再生利用规划设计［M］. 北京：中国建筑工业出版社，2019：51-54.

娱乐场所或创意产业区等。功能选择与物质环境特征的对应关系如表 8-10 所示。

功能选择与物质环境特征的对应关系[1]　　　　　　　　　　　表 8-10

		创意产业+商业	办公+商业	场馆+居住	居住+商业+场馆	创意产业+商业+居住	场馆+公园	场馆+商业+创意产业
园区占地面积	≥10万 m²	√		√	√	√	√	√
	1万~10万 m²		√		√			
	≤1万 m²		√					
建筑密度	30%以下	√		√	√	√	√	√
	30%~50%	√	√	√	√	√		
	50%以上		√					
结构形式	钢筋混凝土	√	√	√	√	√	√	√
	钢结构	√	√		√	√		√
	砌体结构			√	√	√		√
建筑层数	单层	√		√			√	√
	双层	√	√	√	√	√	√	√
	多层		√		√	√		
建筑层高	≥12m	√		√	√	√	√	√
	6~12m	√	√	√	√	√	√	√
	≤6m			√	√	√	√	√

8.3.2　产业升级所面临的挑战与应对

（1）产业升级所面临的挑战

在更新实践中，以"工改工"作为盘活老旧厂房低效用地促进产业升级的重要举措，新型产业园区作为产业升级转型的物质空间载体，为产业发展提供了必要条件，但也呈现出产业空间大量供应与使用效率低下并存、产业园区的功能单一两方面问题。举例而言，深圳市政府于 2013 年便发布了《深圳市人民政府关于优化空间资源配置促进产业转型升级的意见》及其 6 个配套文件，以此鼓励旧工业区以拆除重建方式释放更多的产业发展空间，特别是推动向创新性产业（M0）空间发展。自文件出台后的几年内，新型产业用地（M0）成为绝大多数产业升级类更新项目的改造方向。然而，产业空间供应剧增的同时，有些项目却出现空间空置现象。究其原因，一方面，有些项目过度关注物质空间改造，忽略了产业自身的发展逻辑与需求，片面地

---

[1] 李慧民. 旧工业建筑的保护与利用 [M]. 北京：中国建筑工业出版社，2015.

为了获得空间而进行空间改造；另一方面，更新升级后的园区缺乏与城市的密切联系，人、物、信息等要素的联系和互动在一定程度上存在阻碍。此外，部分项目在更新改造过程中没有充分了解产业升级转型与城市、人口需求的关系，园区的功能配置单一，配套的服务设施类型匮乏、数量不足，对生产生活带来消极影响，无法有效推动产业升级后的可持续发展。

（2）应对挑战的基本策略

以上问题，凸显了产业升级中对产业发展内在逻辑的忽略，以及对城市与人之间内生联系的重视不足，片面地就空间论空间。为此，需要基于产业与城市的联动关系，通过聚焦产业定位、用地混合利用、完善产业配套、构建产业生态，实现在产业发展的同时激发城市活力，并在城市发展的同时带动产业升级。

1）聚焦产业定位

随着我国改革开放深度推进和全球化进程不断深入，资本、劳动力、科学技术、信息等生产要素在国家、区域、城市以及城市内部不同地域间的流动更加自由便捷。在此语境下，发展升级任何一项产业，都不得不面对全球产业分工与竞争带来的冲击与影响。因此，产业升级需要基于对产业的深入了解对其进行合理清晰地定位，结合特定产业发展的基础条件与实际需求，为其升级转型提供合适的产业空间，使产业内容与产业空间形成有效联系，从而实现两者的融合。

2）用地混合利用

用地混合利用实际上是在保证用地主体功能、环境相容、公共利益等原则基础上，通过在产业园区内新增其他功能或在产业园区周边邻近布置其他功能等方式加以实现，其本质在于通过更小尺度的产城融合理念的贯彻，提升空间活力和效率，更好地发挥土地价值。国内一些城市对此已有所探索，如给予单一功能用地一定比例的辅助功能兼容，以此提高园区的产业空间集约利用度，增加对产业人群生产生活的便利性，进而激发园区活力。为促进产业升级而进行园区用地的混合使用，应充分尊重市场选择，并佐以科学规划引导和政策制度保障，以便灵活应对产业发展过程中不同的市场需求。

3）完善产业配套

园区内能否提供多元、完善和高品质的生产、生活配套设施，是吸引人才聚集、带动产业发展、形成完整产业链的关键。对于产业配套设施，需要根据产业的发展层级及行业、工艺特点，秉持"定制"理念，有针对性地满足产业发展过程中通用性及专业化使用需求。对于生活性配套设施，秉持"共享"理念，与周边城市功能整体统筹考虑配套需求并制定配套标准，贯彻产城融合理念，形成园区与城市紧密结合的功能区域，避免设施资源的浪费。

4）构建产业生态

重点关注产业园区的基础支撑、功能载体和产业流动等要素环节，将产业升级相关要素进行链条化整合。其一，主导产业与上下游产业密切合作形成核心产业链；其二，为促进核心产业链的良好运转，要形成与核心产业链相匹配的配套产业链；其三，为切实实现产业创新升级，还要完善为核心产业链及其配套产业链提供专业技术支持的服务产业链[1]。通过以上三条产业链，有利于产业高效、可持续发展，推动产业园区成长为更具生命力的产业生态圈。

案例20——深圳天安云谷

在深圳特区扩容、城市升级成为城市空间和产业发展的必然趋势下，深圳天安云谷所在的华为等高新技术企业周边老旧工业区颇多，城市面貌、服务品质、土地利用模式与高新技术产业发展、配套需求等相距甚远。因此，深圳天安云谷作为龙华—坂雪岗科技城中心，被列入深圳"十二五"城市更新重点项目，如图8-19所示。

图8-19 深圳天安云谷

在产业定位方面，依据上位分区规划、法定图则指引，同时依照《深圳市龙岗华为科技城城市更新规划》的具体安排，天安云谷以研发产业为主导，综合配套居住、商务、商业等功能。具体而言，立足现有产业资源整合，提出优先发展云计算、互联网、物联网、新一代信息技术等新兴产业，以完善产业链并实现服务多元化，使该项目成为更具产业魅力的标志性城区。

在用地功能方面，秉承单一生产功能向城市综合功能转型的理念，合理组织工业、居住和公共配套功能，同时创新提出功能竖向混合概念，形成整体协调的、产业主导的综合型城区。

在产业配套方面，关于生产配套，以保障产业可持续发展为目标，引进新产品展示、律师服务、评估、金融、专利、中介服务、众创、科研院校、人才

[1] 赵聘. "产城融合"视角下深圳市"工改工"优化策略与实践 [J]. 住区，2019（12）：20-23.

培训等一系列为主导产业提供专业化服务的配套服务业，以促进片区内企业升级创新；关于生活配套，通过公共服务平台、行政代办窗口、商业娱乐中心、餐饮、人才宿舍等便民服务设施，促使园区成为产业与城市紧密结合的功能区。

在产业生态方面，以云计算、互联网、物联网等新一代新兴产业为主导，向主导产业链两端进行延伸，发展文化创意产业、工业设计产业和产业旅游等相关产业，从而形成片区内部的核心产业链；在此基础上，建构与核心产业链形成匹配关系的配套产业链，并引入创客机构，激发片区产业的持续创新发展活力，保证产业生态体系的良好运转。

8.3.3 功能植入所面临的挑战与应对

博览（包括体育场馆）、商业、文创、居住、公园是老旧厂房更新改造过程中进行功能植入的主要选择，如表 8-11 所示。但鉴于改造或植入公园功能一般针对占地面积较大、建筑遗存较少的老旧厂区，且具有明显的公共与公益事业性质，投资运营压力大，社会资本介入存在壁垒[1]，因此本章节着重对其他五种功能植入的要点予以阐述。

老旧厂房功能植入选择 表 8-11

功能选择	典型实例	保留改造的特点	存在的问题
博览功能	北京远洋艺术中心 沈阳铸造博物馆 青岛啤酒博物馆 上海世博会"未来城市探索馆"	① 一般选择有特殊历史价值的老旧厂房或车间，且建筑结构完好； ② 可以仅对建筑个体改造； ③ 有大量历史价值的工业符号留存	① 构建工业博物馆具有一定门槛； ② 经济效益较为有限； ③ 在运营上存在短板
体育功能	湖北黄石 LOFT19 余姚"创优体育中心" 南京体育文化产业园	厂房的大空间、高屋架和采光通风良好等特质具备改造为体育运动场馆的优势	缺乏明确的政策支持
商业功能	北京双安商场 官园商品批发市场	① 内部空间适宜灵活划分； ② 所处位置为商业区； ③ 一般对多层厂房建筑进行商业功能改造	商业氛围容易冲淡对工业历史价值的表达；存在空间改造和交通组织的挑战
创意产业	北京 798 艺术区 上海苏州河创意仓库 上海建国路 8 号桥	① 内部空间高大宽敞、可灵活分隔空间； ② 多为单层厂房或车间； ③ 建筑外围护结构保存尚好； ④ 周边交通与服务配套条件成熟； ⑤ 部分为艺术家自发改造	相对缺乏整体上的长远规划，缺乏相应的管理规范；创意产业的聚集与发展需要相应的支撑条件和空间需求

[1] 赵星宇，徐煜辉. 混合思想视角下的重庆工业遗产更新探究——兼论重庆特钢厂更新 [C] // 中国城市规划学会. 活力城乡美好人居——2019 中国城市规划年会论文集.

续表

功能选择	典型实例	保留改造的特点	存在的问题
居住功能	南京工业铝制品厂改造 上海嘉善坊涉外公寓 上海艺术家之家	① 厂房进深不宜过大； ② 一般为层高适宜的多层厂房改造； ③ 大部分改造为职工宿舍、廉租房、保障房，部分为居住社区	建筑原有的节能、热工性能有待改善，需要增设卫生设施
城市公园	广州中山岐江公园 上海徐家汇公园	① 遗留了大量有历史价值的工业符号； ② 对政府相关部门的依赖度高	社会价值远高于经济价值

1. 博览功能植入的挑战与应对

（1）博览功能植入的类型

从更新实践来看，利用老旧厂房实现博览功能主要呈现出三种类型：一般遗址型博览建筑、"旧瓶装新酒"型博览建筑和企业展示型博览建筑。

一般遗址型博览建筑是指坐落于原有旧厂房等工业建筑中，或由旧产业建筑经改造而成的馆舍，其馆藏品和展览一般均为原工业实物和关于工业历史的内容。例如青岛啤酒博物馆以厂内 20 世纪初德国人设计建造的糖化大楼（该建筑已被列为全国重点文物保护单位）为基本馆舍，展示从国内外收集而来的见证青岛啤酒发展各个阶段的实物资料，利用老建筑、老生产设备以及复原的场景等再现青岛啤酒的生产工艺流程与啤酒生产的历史原貌，如图 8-20 所示；江苏无锡中国民族工商业博物馆的馆舍原为荣氏家族的面粉厂，该馆除收藏与展示面粉生产的机械设备外，还将无锡其他旧棉纺织业生产设备也迁移至此，形成一种多行业遗产的保护与展示。

"旧瓶装新酒"型博览建筑是将旧建筑实体保存下来，通过功能置换和空间重组改造成其他主题的博物馆、展览馆、艺术馆等。较为多见的是将旧厂房改造为艺术博物馆，收藏与展示近现代艺术品。利用此种方式的改造往往要求建筑所在的区位较好，建筑空间跨度大，结构保存完好，有一定建筑美学价值，再利用后能产生很好的经济效益与社会效益。这种类型的典型案例有英国伦敦旧电厂改造而成的泰特艺术馆、巴黎火车站改建而成的奥赛美术馆、柏林汉堡火车站改建而成的柏林现代艺术博物馆等。2012 年开放的上海当代美术馆，就是利用原上海南市发电厂的主厂房改造而成，亦属于此类型，如图 8-21 所示。

企业展示型博览建筑是以企业为经营主体，反映本企业（或本行业）的历史发展、重大事件和著名人物。一些企业出于保护部分已淘汰生产设备的需要，在原厂房车间建立博物馆或展览馆以保存之。例如西方国家的一些巧克力博物馆、可口可乐博物馆、汽车博物馆等，都在原生产区域内建设陈列馆，展示企业过去的生产工艺历程。需要强调的是，企业展示型博物馆所展示的企业还在经营且不断发展，除了展示企业过去的生产工艺与设备之外，还往往也对当前处于生产阶段的部分厂房、设备、工艺流程等都予以展示——此为与其他类型的显著区别。

图 8-20　青岛啤酒博物馆

图 8-21　上海当代美术馆

（2）博览功能植入的优势

诸多实例证明，工业建筑的实际使用寿命往往比设计使用寿命要长得多，一些结构维护较好的老旧厂房被改造为博览功能后，还将体现出三方面的优势：首先，在于既能对有价值的工业遗存进行有效保护，又能对其很好地利用，充分发挥社会教育与科普价值；其次，以博览的方式能够对工业文明发展历程进行全面展示，在深度和广度上对工业遗产价值的解读和传播远超其他方式；第三，相比新建博览类建筑，通过老旧厂房更新改造为博览功能的成本可控，无需新的用地选址，节省了土地成本，其投入主要在原建筑清理、结构加固、功能改造，以及增加辅助设施（如楼梯、灯光等便于陈列展示和观众参观组织的设施）。

（3）博览功能植入的挑战

博览功能的植入具有一定门槛。所要保留的工业遗产要整体状况良好，能支撑起所要展示主题的基本面貌。事实上，当人们认识到工业遗产具有价值的时候，许多具有保护价值的生产设备、生产制品等物件早已销声匿迹，这给博览功能的改造植入带来较大困难。比如，国内有些已建成的工业博物馆由于缺乏最基础的原真性实物，只能靠大量辅助展品唱主角，存在明显的"主角边缘化"现象，很难让观众体验到一种真正的历史感。

经济盈利空间有限。与其他功能置换的模式相比，博览功能产生的直接经济收益较少。从遗产保护的角度而言，较为理想的模式是既保护了工业遗产，同时又获得很好的社会效益与经济效益，通过形成良性循环来为博物馆提供可持续发展的经济支持。目前，国内在经营性公共文化服务方面做得较好的博览类建筑并不多见，即便有一定的经济收益，也不足以抵消博物馆的运营开支。

在运营水平上还存在较大的提升空间，主要体现在陈列设计水平较为有限、社会服务过于单一化、展品实物较为空洞、工作人员专业水平较低[1]。以社会服务为例，观众作为社会服务的主要对象，是博览功能赖以生存的动力所在，需要将其作为社会服务工作开展的核心要素[2]。据研究调查发现，国内工业博物馆的社会服务内容过于单一，除了必要讲述介绍外几乎没有任何其他服务项目，甚至有些小型场馆不提供讲解服务。该情况无法满足观众的实际需求，会导致观众到访数量的日益下降，是服务工作落实不到位的必然结果。

（4）应对挑战的基本策略

鉴于博览功能在经济利益方面的短板，对政府或企业的经费投入带来沉重压力，要在功能植入考量中与其他功能相结合，例如商业、居住、文创产业等都具有较为乐观的经济效益，力争实现片区更新后的整体经济链条形成"自我造血"的良性循环。同时，就植入的博览功能水准而言，要加大展品的保护和征集力度，获取专业的指导或协助（例如与旅游部门、文物部门建立合作），同时利用多样化途径提高员工专业性（例如通过专业人士招募、对已用员工进行培训等）[3]。

案例21——上海玻璃博物馆

上海玻璃博物馆前身是上海玻璃仪器一厂的废旧厂房如图8-22所示，其改造的成功之处主要体现在三个方面：其一，是获得了多方面的资源支持。博物馆的建设和开放不仅得到了社会各界的众多扶持和资助，而且得到了宝山区乃至市级相关政府部门的极大关注与重视，获得了政策上的很多指导、支持和帮助，例如突破了所在的土地性质、规划审批、违章拆除等一系列制约，从工业用地成功转型为文化艺术用地。其二，是以观众互动突破博物馆传统展览模式。传统意义上的博物馆空间仅占用地的1/8，更多空间植入如热玻璃演示厅、DIY创意工坊等新型功能与业态，让参观人群能以多样的方式亲自体验神奇多变、缤纷有趣的玻璃世界，进而成为上海崭新的艺术文化地标，一度成为媒体关注的焦点。其三，是构建了城市多元文化综合园区。如今，上海玻璃博物馆已完成了从最初的单一博物馆向博物馆园区的发展转变，实现艺术、设计、科研、教育、创作、商业、办公等功能的多元融合；同时，其还在娱乐休闲、互动体验、餐饮购物方面不断强化和完善，现已成为城市旅游4A级景区。可以说，上海玻璃博物馆园区是国内首个以老

[1] 尚海永. 近现代工业遗产博物馆发展对策思考[C]. 中国工业遗产调查、研究与保护——2018年中国第九届工业遗产学术研讨会论文集，2019：382-384.

[2] 徐珍珍. 博物馆可持续发展的对策与建议[J]. 大观，2016（4）：199-200.

[3] 尚海永. 近现代工业遗产博物馆发展对策思考[C]. 中国工业遗产调查、研究与保护——2018年中国第九届工业遗产学术研讨会论文集，2019：382-384.

旧厂房的"博物馆"改造为依托，以艺术和文化为媒介，向城市居民传递幸福并展现文化生活风尚的综合体。

图 8-22 上海玻璃博物馆

2. 体育功能植入的挑战与应对

部分老旧厂房的巨型、大跨交互型空间特征具备改造为体育运动场馆的潜力与优势。随着国家对全民健身工作的重视，扩大群众体育设施供给，解决"健身难"的问题成为人们所关注的重要内容，而利用老旧厂房改造为体育设施是一种颇为经济高效的解决路径，如表 8-12 所示。在 20 世纪，德国鲁尔工业区对此便开始了早期的实践探索，例如将废弃的煤渣山改造成室内滑雪场，将储气罐改造成潜水俱乐部训练池等；国内较早的实践包括云南机床厂改造的昆明长丰羽毛球馆等"体育工厂"，目前，我国在此方面也已经积累了诸多经验。

老旧厂房改造为体育设施的典型案例　　　　　　　表 8-12

案例名称	功能定位	具体功能内容
湖北黄石 LOFT19	体育+休闲的复合模式	业态为室内篮球场、台球桌、酒吧、录音房、画室等，嵌入文创空间
余姚"创优体育中心"	综合性体育场馆	业态为篮球场、室内足球场、羽毛球场、综合训练房，按专业标准建设，兼顾日常运动、体育比赛和公益功能
宁波羽航体育旗舰中心	高端会所+社区公益	业态为标准羽毛球、乒乓球场地，兼顾高端产业市场运营和公益事业
上海"世博体育公园"	体育公园	利用世博场馆设施，规模较大，业态包括足球场、篮球场、空手道、少年拓展训练场、瑜伽教室等，适合不同代际需求，配套服务设施健全，场地可以灵活组合，用以举办小型演唱会、品牌发布会、公司年会等活动
北京道境运动中心	体育综合体	包括篮球、蹦床、攀岩、室内滑雪、多米诺等 16 项运动项目
南京体育文化产业园	打造"体育+"和"+体育"全新产业模式	围绕体育、文化、科技三大产业布局，引入体育产业、文创办公、酒店、公寓、商业休闲等多种业态

昆明的"体育工厂"：

随着一些工厂的破产或迁出城区，昆明的一些废旧厂房由于面积过小不受地产商看好。但经过数年的摸索，民营资本却看好这一"废品"市场，一批健身场馆就此安营扎寨，使废旧厂房发挥余热并繁衍出一批"体育工厂"，产生了良好的社会和经济效益。

20 世纪 90 年代，以昆明创库、长丰等羽毛球馆为代表的老旧厂房改造，极大地弥补了昆明室内健身场地的短板，并逐渐演变了一种老旧厂房改造的新趋势。据早年的一组统计数据显示，云南省各类体育场地中，来自于体育和教育系统外的数量占比将近 50%，而这其中很大一部分就是利用老旧厂房改建的建设场所。

可以说，"体育工厂"因其小型化、多样化、内容丰富、项目众多等特质，为破解城市运动场地紧缺瓶颈发挥了重要作用。

（1）体育功能植入的挑战

当前，将体育运动功能植入到老旧厂房，主要面临缺乏明确政策支持的挑战。在用地性质方面，根据《城市用地分类与规划建设用地标准》的相关规定，体育设施只能建设在体育用地、商业用地（康体用地）或兼容性土地上，老旧厂房属于工业用地范畴，只能申报与工业用地相关的项目。在现有政策框架下，主要有两条操作路径：其一是政府对土地收储，在符合规划的前提下将园区的用地性质进行调整，再通过招拍挂程序出让土地，由相应经营单位摘牌并补缴相应的土地出让金。这种方式程序复杂，特别是高额土地出让金会加重经营单位的负担，挫伤社会力量参与的积极性。其二是在保留厂房的前提下，不改变建筑规模和建设用途，增设体育设施项目。这是操作较为便捷的方式，但是由于目前审批流程尚不清晰，项目的立项规划、建设施工、安检消防等手续难以办理，面临审批难的困境。在过渡期政策方面，虽然国家出台《产业用地政策实施工作指引》《国务院办公厅关于进一步激发社会领域投资活力的意见》等文件，在原则上对老旧厂房改造为体育设施的过渡期政策予以明确，但是缺乏配套的实施细则，操作性不强[1]。

（2）应对挑战的路径借鉴

为应对以上挑战，北京印发《关于保护利用老旧厂房拓展文化空间的指导意见》，对用地性质不变的前提下，老旧厂房功能更新置换的过渡期政策予以明确。首先，对改造为非营利性公共文化设施的情况（例如图书馆、博物馆），明确以划拨方式供给土地，并以此办理相关用地手续；其次，不改变原有用地性质、不变更原有产权关系、不涉及重新开发（简称"三不变"）的老旧厂房，可按照原用途和原土地类型享受5年过渡期税费优惠政策，过渡期满可按照协议出让或租赁、先租后让、租让结合等方式办理相关用地手续；此外，对于评估合格的项目，政府出具允许临时变更建筑使用功能认定意见，并参照拟改造后建筑使用功能属性办理立项、规划、建设施工、消防等相关手续，以此解决用地"审批难"困境；再者，对属于保护利用范围内且需要进行调整的厂房，允许在"三不变"的前提下适当调整房屋内部空间，同时要求相关部门予以办理安检消防等一系列手续。可以说，《关于保护利用老旧厂房拓展文化空间的指导意见》在利用老旧厂房拓展文化空间的指导办法也值得向体育设施方面拓展，以化解审批难、过渡期政策不明确等问题。

在企业通过老旧厂房改造植入体育功能方面，湖北西普体艺中心更新为解决工业用地改造体育设施的难题，西普体艺发展有限公司通过协商说服政

---

[1] 杨金娥，陈元欣，黄昌瑞. 老旧厂房改造体育设施之存在问题和解决路径［J］. 武汉体育学院学报，2018，52（10）：18-23.

府以招商引资的名义引入企业。通过该方式，即便经过政府收储、变更用地性质、公开招拍挂等过程，西普体艺公司仅以缴纳一定的土地出让金，便获得土地使用权。在一定条件下，该方式也对相关企业参与老旧厂房改造有所借鉴意义。

3. 商业功能植入的挑战与应对

商业功能植入是指用购物、餐饮、娱乐及服务交换等商业活动置换老旧厂房原生产功能。

（1）商业功能植入的可行性

随着城市扩张，老旧厂房所处区位往往由郊区变成城市中心地区，区位优势的提升为老旧工业建筑改造成商业空间提供了先决条件。同时，大部分老旧厂房是近代以来建造，主要采用钢材、混凝土、玻璃和黏土砖等材料，大跨度钢架梁柱、中性化的结构、高耸的空间和良好的采光方式等空间特征，能够为改造成商业空间提供极强的适应性与易操作性。此外，当前消费者对商业中心的需求已非局限于商品购买，为避免电商挤压和同行竞争，个性化和多元化的体验型商业空间成为发展主流，需要营造出消费者认同的体验型"场所"，而旧工业建筑具有城市识别性和认同感的特质与之相吻合，使得老旧厂房改造为商业中心具有很大的想象空间。

（2）商业功能植入的模式

在老旧厂房中植入商业功能的模式主要为商业街、购物中心和复合型商业。商业街是通过保留原有老旧工业建筑以及街景，形成具有历史时代特性的商业街区。这种改造模式注重历史原貌的还原，业态上多以中高端餐饮、娱乐以及特色专卖店为主，例如上海新天地、上海 8 号桥、南京 1865 等。选择购物中心作为更新模式的老旧厂房多位于城市繁华地段，交通便利，而且拥有比较大的体量，能够包容各式各样的商业业态，例如国奥博豪森大型摩尔购物中心、德国鲁尔工业区的盖尔森基兴购物中心、北京双安商场等。复合型商业主要是指改造后的功能多样化、复合化，呈现出以商业功能为主体，与艺术展示、城市公共空间、办公等功能相结合，形成复合的建筑空间。这种类型的商业改造对建筑的结构要求较小，功能的构成上也比较灵活，改造后的市场适应性也很强，成为目前国内最常见的改造方式，例如武汉花园道、上海 1933 老场坊等都属于这种模式。

（3）商业功能植入的挑战

在空间改造方面，存在工业建筑特质保护与商业空间灵活多变的矛盾。老旧厂房通过空间形式、结构特征、外立面特色等承载记录城市历史的发展，应当有计划地保留；而不同的商业业态有着各异的空间需求，例如主题餐厅讲究空间的舒适和别致性，特色商店则需要创造独特的空间来吸引顾客，一些咖啡店则强调空间的私密性——商业空间需要灵活多变的空间表达，较大程度的改造是实现该需求的主要途径——由此便产生了保护与改造利用的权衡问题，在改造过程中需要慎重考虑，在尽可能保留原有历史脉络下进行合理改造。

在交通与流线组织方面，工业建筑的组织方式也难以满足商业功能需求。就场地设计而言，工业建筑的功能单一，交通系统简单，需要根据商业功能需求，对原场地重新规划设计，满足商业的可达性，例如机动车与步行交通的组织、场地出入口的设置等。就内部空间而言，为满足商业动线的组织，需要对原有空间进行较大程度重构，对原有结构形式、空间可塑性，以及由商业人流密集和空间复杂所带来的消防承载力都带来巨大考验。

（4）应对挑战的基本策略

全面考虑商业功能开发的影响因素[1]。对此，需要从三个角度进行思考。其一是原有建筑的历史背景与规模：对于历史悠久或建筑风格独特的老旧厂房，适合改造成与旅游相结合的街区商业，例如上海1933老场坊就属于这种改造思路；对于一般性的老旧厂房，这些建筑有一定的历史内涵，可以进行适当保留基础上的开发，当原有规模较小时可考虑改造为商业街，当原有规模较大时可考虑商业中心或复合性商业。其二是根据周边环境确定业态构成：周边的人群结构、交通状况、服务设施构成等各因素，对商业业态的构成组织有重要影响，例如上海创邑·幸福湾的商业选择充分考虑周边商圈的影响，发现区域内的餐饮需求加大，从而确定"餐饮为主、娱乐为辅"的业态策略，以业态互补性避开了与周边商业的竞争。其三是在城市中的区位：位于市区中心地带，周边经济比较发达，消费水准比较高，商业的形成较快，容易营造出比较成熟的商业氛围；位于相对偏远的区域，由于交通、消费能力等因素的制约，需要更为精准地确定商业特色和目标客群，稍有偏差便很难形成商业规模。例如学者常健认为，上海半岛1919之所以没有成为预期的商业效果，主要与所处地理位置考虑不充分有很大关联。

案例22——上海1933老场坊

上海1933老场坊，为1933年兴建的上海工部局宰牲场，其为钢筋混凝土结构5层建筑，建筑设计融汇了东西方风格，并拥有"无梁楼盖""伞形柱""廊桥""旋梯""牛道"等众多特色要素，如图8-23所示。其卓越而又低调朴实的建筑设计，时至今日依然能散发着独特魅力。2006年，原工部局宰牲场的租赁协议签订，上海1933老场坊改造工作正式启动，其改造秉持"保护性利用"原则，如今融汇了国际美食购物、戏剧音乐演出、主题狂欢派对、国际顶级品牌展演等丰富的商业文化功能与活动，已成为上海最知名

[1] 常健，刘骏. 国内旧工业建筑的商业改造分析 [J]. 中外建筑，2013 (1)：69-71.

的活力地标之一。

图 8-23 上海 1933 老场坊

案例 23——奥地利维也纳"煤气罐城"

"煤气罐城"位于奥地利首都维也纳市区南部,其主体是一字排列的四座巨大圆筒形建筑,每座"圆筒"直径超过 60m、高度超过 70m,是始建于 1896～1899 年间用于向维也纳市供应煤气的储气罐。其使用功能于 20 世纪 80 年代被淘汰,经过相关论证研究后,1995～2004 年间,由让·努维尔、蓝天设计组、曼弗瑞德·维多恩、威尔海姆·霍兹鲍尔多位建筑设计师共同完成了对其的改造再利用。

改造后的"煤气罐城"由 4 个煤气罐大厦和 1 个娱乐中心构成,是集住宅、大学生公寓、办公、购物中心、会议、娱乐中心、档案馆、停车场等公共设施于一体的多功能综合社区,总建筑面积约 10 万 m²,如图 8-24 所示。不同建筑师不约而同地采用了"保持原形"的做法,修缮了具有新古典主义风格的外立面,并大胆使用玻璃穹顶、连廊、中庭等全新建筑要素,在实现复杂功能协调的同时最大限度彰显了历史文化特色与建筑个性。目前,"煤气罐城"不仅是一座功能齐全的"城中城",也成为当地旅游观光的新地标。

图 8-24 维也纳"煤气罐城"

充分尊重建筑原有特质，合理运用空间重塑方法[1]。一般意义上，空间重构（简言之，有分割、拆除两种方式）和扩建是对老旧厂房进行商业空间塑造的主要方式，恰当运用这些方式会使改造后的空间合理而生动。分割是指在内部空间高大的厂房中，结合原建筑的平面布局及结构特征，利用竖向、水平分割或合并的手法于适当位置改建成丰富而有趣的共享空间。这类改造的适应性强，形式灵活多样，但改造前应对结构进行评估与加固。例如，维也纳煤气储罐 A 座的改造中，让·努维尔将一至三层周围布置商店，中间改为竖向三层通高的商业中庭，营造出良好的商业氛围。拆除是将原有的墙体、楼板、梁、柱子等拆除，创造适应商业功能的空间。例如在多伦多皇后码头仓库改造中，为创造出良好的共享空间，拆除建筑中部柱子并安装扶梯，构成了新商业空间的中央大厅。扩建是在原有建筑的上部或相邻的范围内进行加建，甚至有时出于对原有建筑的保护需要，采取地下扩建的方式。在扩建过程中，需要处理好新建筑或构筑物与旧建筑之间的关系，使两者风格上协调。商业空间重在人流顺畅，在相邻的空间之间加建连廊或天桥使原分离旧工业建筑保持连接，例如上海 8 号桥原由 7 栋房子构成，设计师在改造中通过"桥"连通每一栋房子，使得人流的组织有了一个更好的平台。

4. 创意产业植入的挑战与应对

（1）创意产业与老旧厂房更新的契合

创意产业凭借其低能耗、高产值的优势迅速崛起，已成为城市产业结构优化的新宠。创意产业本身具有智能化、个性化、艺术化、数字化等行业产品特征，还具有产业组织的集群化、网络化和企业构成的小型化特征，这决定了企业的选址自由、对外部条件的依赖度较高，从而成为创意产业集群化趋势的重要原因[2]。这些特点使其与老旧厂房更新的结合成为可能。老旧厂房一般区位优越，往往具有较好的基础设施，同时租金低廉，适合小规模产业发展起步的需要；此外，老厂房所独有的空间审美符合创意产业追求新、奇、美的心理需求。由于创意产业与老旧厂房特质具有高度的契合性，因此，上海、南京、北京等城市兴起了大批基于老旧厂房改造的创意园。

上海的中心城区曾经有 2000 万 m² 的老工业厂房和仓库因产业结构调整而闲置，依托这些建筑，上海较早便主动引导城区内老旧厂区发展创意产业。2005～2006 年，上海市分 4 批授牌创意产业园区，实际建成 75 家，其中利用老厂房和老仓库改建的有 57 家，占 74%。

[1] 张晓征，马英. 旧工业建筑改造中的商业空间设计研究 [J]. 建筑与文化，2016（5）：214-215.

[2] 罗超. 离散型老工业地段更新模式研究 [J]. 工业建筑，2015，45（2）：47-49.

案例 24——上海半岛 1919

上海半岛 1919，又称 M50 半岛创意产业园，靠近素有浦江"第一眼"风景之称的吴淞口，与周边的历史人文资源一同形成滨江景观带，如图 8-25 所示。其前身为始建于 1919 年的大中华纱厂（后并为永安公司，新中国成立后为上海第八棉纺织厂），至今仍完好地保存了原厂不同历史时期建造的各式建筑（部分为历史建筑）。上海半岛 1919 的改造，突出"老建筑、老厂房、新产业、新生命"主题，着眼于"体验式文化"，以宝山区独有的人文环境为基调，以旧厂房为基础，保留棉纺织厂的一些原有元素，如纺织机、传送轨道和钟楼等，配合充满现代气息的新建筑群，并逐步引进有竞争力、影响力的中国及海外文化艺术机构，已成为海内外创意产业和文化艺术相结合的最佳平台之一。

图 8-25　上海半岛 1919

南京市共授牌 42 个创意产业园，利用老工业厂房或仓库改造的 11 家，均采取地产开发模式，其中创意东 8 区、西祠街区、幕府三〇工园、南京石城现代艺术创意园、紫金动漫 1 号等五个为民营资本投资和管理，"南京1865"、高新动漫、数码动漫等三个为国有资本投资和管理，都取得了较好的经济和社会效益。

北京具有发展文化创意产业的独特优势。2005 年北京提出力争使创意产业和高新产业、金融业一道成为经济发展新增长点；2006 年确定打造位于海淀区、石景山区、东城区、大兴区、朝阳区等五个文化创意产业基地，这些产业基地绝大部分需要通过老旧厂房更新来获取物质空间。据北京市统计局的数据显示，2008 年全市文化创意产业园总面积超过 1837 万 m^2。

（2）创意产业对空间使用的诉求

创意产业在城市中聚集既源自企业的经济行为，也是一种社会行为。尽管当前产业选址的总体规律是"去中心化"，也就是制造业远离城市中心，转移到远郊或其他地域，但是创意产业因需要与其他城市功能进行紧密联系，因此更倾向于选址在城市中心区域。此外，空间因素是影响创意企业选址决策的另一重要内容。佛罗里达在《创意阶层的崛起》中强调的"创意空间场地特质"包括创意环境、互相合作的社区成员、文化艺术活动、街道活动以及在咖啡馆中的聚会等事件[1]。虽然这段描述没有特指的空间属性，但是隐含着创意产业空间应具有容纳系统自组织发展的基础，即可以在利益相关者的推动下发生灵活多变的空间调整，以满足系统的动态性发展。

功能是反映使用状态的重要指标，根据相关研究，创意产业发展对空间功能的基本需求体现为商业消费服务、创意产业服务以及与城区既有功能的关联三方面。其一，直接面向消费的商业服务业，例如餐厅、酒吧、咖啡厅等，这些功能在园区中占有较高比例，并且随着园区知名度的提高而迅速增长。其二，创意产业功能，进一步可划分为主产业和延伸产业。例如，深圳大芬油画村的主产业是油画制作，包括整个产业链条中的油画原材料生产、各类油画制作坊、工人宿舍、仓储、展览，延伸产业则为与油画产业不直接关联的其他产业，例如旅馆、媒体和设计公司；北京798的主导产业是艺术产业，包括画廊、艺术家工作室等，延伸产业为广告、设计、服装等。其三，关联城区既有功能。在其他功能入驻后，城区既有功能要有一定的留存，并与新进驻的功能产生关联[2]。在这三种功能中，面向消费的服务业和创意产业均对公共空间的依赖性较强，因为好的服务设施以及公共空间的氛围是吸引创新人群的重要原因；此外，产业功能和非产业功能呈现出有机生长的状态，很难在产业布局上看到明显的分区特征。

（3）创意园区塑造的空间应对

创意产业的聚集需要物质空间的因应发展，综合国内外创意产业园区优秀案例的空间形态，适合创意产业发展的空间特征如下。

一是强调空间基础资源的整合。由于创意产业（尤其是传统文化艺术等科技含量较少的产业类型）与其他产业不同，偏好对存量空间的组合利用和集约利用，因此，空间基础便成为影响城市创意经济发展的稀缺资源。这里所指的空间基础资源包括传统空间资源（如各类工业建筑遗产等）、文化设施资源（如剧院等）、科技设施资源（如研究机构等）、人员空间资源（如高等教育、社区等）以及景观空间资源（如广场、绿地、水系等），此外商业消费与时尚休闲空间也非常重要[3]。利于创意产业发展的空间构建即是围绕创意产业发展将上述多种空间资源充分整合的过程。例如伦敦的剧院区、柏林众多的Loft以及布里斯班的凯文格罗夫都市村[4]等，均反映出创意产业对空间资源多样性以及产业设施集约性的要求。

[1] 理查德·佛罗里达. 创意阶层的崛起 [M]. 司徒爱勤，译. 北京：中信出版社，2010.

[2] 许凯，孙彤宇. 创意产业与自发性城市更新 [M]. 北京，中国建筑工业出版社，2019.

[3] 刘云，王德. 基于产业园区的创意城市空间构建——西方国家城市的相关经验与启示 [J]. 国际城市规划，2009，24（1）：72-78.

[4] 丁继军，凌霓. 创意社区：凯文·格罗夫都市村庄及其新都市主义设计 [J] 装饰，2010（06）：99-101.

二是完善保障生活品质的相应设施。创意产业的核心是创意人才，而人才往往将生活品质作为生活工作地点选择的重要标准，因此，生活品质是影响创意经济发展的决定性因素。而生活品质优良与否，往往取决于能否获取足够多元化、高层次的选择来满足人们的物质与精神需求，因而较高水平的商业、娱乐、时尚、休闲等设施都是创意城市空间极为有益的组成部分。与此同时，由于创意产业空间本身也容易成为旅游观光目的地，因此游客所到之处的服务需求自然产生，这是无法避免的经济规律。例如，伦敦、柏林的创意街区均出现了观光消费者成为人流主体的现象，一方面是创意产业引发的经济活力的反映，是创意经济带动城市发展的有力证明，也说明商业设施日渐成为创意城市空间的重要构成部分，成为创意经济活动的有益补充，为创意产品市场、消费创造了有利条件。但另一方面，若商业过度发展必将喧宾夺主，挤占创意产业发展空间，大大削弱了其文化艺术性，使其丧失有别于普通商业街区的独特魅力。为此，伦敦出台了相应措施对商业娱乐、夜生活场所等进行引导与规范，以保持文化艺术街区特有的氛围。

三是重视土地的混合使用。创意阶层的工作方式偏好不同于其他产业从业者，更加追求工作、居住、文化消费等活动的自由便利。因此，创意产业的空间建设可通过土地的混合利用，构建功能更加多元的创意环境，进而从本质上将创意经济的主要环节如创意构思、产品生产、展示交流、销售流通、综合服务等在空间上予以整合，真正为创意产业发展创造有利条件。例如，伦敦提出要通过基于土地混合利用原则的城市设计，将多样性的城市空间、多元化的经济活动、人性化的场所设施等整合在一起，以此建立一个能持续发展的独具魅力的创意城市氛围。

5. 居住功能植入的挑战与应对

（1）"分离"与"融合"是居住功能植入的两种方式

在工业厂房的各种空间类型中，多层厂房和多层仓库的重复性空间与居住功能的单元化、模块化与均质化空间需求有较好的耦合关系[1]。基于大量实践对此耦合关系所进行反观，得出居住功能植入驱动下的老旧厂房更新可简要分为"分离"和"融合"两种方式。

所谓"分离"，是以更新后居住空间与工业空间的"时空分离"为主要特征。采取这种方式的项目往往其土地成本处于市场较低水平，用地范围内或许存在一些"破败"的老旧厂房。场地本身处于可以整体拆除的城市处境（此境况不仅来自开发商在资本层面对于土地回报的考虑，同时也来自政府的更大范围的整体规划）。在这种背景之下，老旧厂房的活化与居住开发往

[1] 董一平. 机械时代的历史空间价值——工业建筑遗产理论及其语境研究[D]. 上海：同济博士学位论文，2013.

往并置而行，虽然在"局部空间或时间"上呈现出一定程度的结合，然而在整体上表现出与传统房地产开发相同的生产本质。这种模式需要开发商从工业企业或者政府手中购买工业用地，完成工业土地的市场化流转，从而成为空间的生产者，标准化、高密度的居住空间是其所生产的产品，最终通过向消费者售卖居住产品来完成资本循环与增值的最后环节。天津水晶城、太原蓝山、沈阳蓝山、长春蓝山、武汉金域华府、福州金域榕郡、长沙紫台等项目均是此更新方式的典型案例。

从房地产发展的角度而言，此方式是房地产市场精细化发展的产物。通过对老旧厂房的"高规格"开发，能够对商品房供给量急速增加所带来的竞争问题或者商品房消费市场萎缩问题进行应对。利用历史工业建筑中的建筑文化价值，提高房地产开发产品本身的商品价值，不仅可以带来资本增值，而且能够对抗商品房数量暴增带来的边际效益递减。在由市场主导的房地产开发中，老旧厂房的空间改造往往依附于居住空间生产的一侧，商品房市场自身的成熟度和活跃度是其必要条件；但同时，对居住空间有文化需求的消费市场、对住房产品开发有较高追求的发展商、建筑师、策划师等也都是支撑老旧厂房用地成功向居住功能活化的主导力量。

所谓"融合"，是以居住空间建造与老旧建筑活化在空间上的"融合"为主要特征。该方式多以保留原有坚固结构、降低建造成本为主要目标。在此类实践中，建筑师多将原建筑视为"支撑体"，将新的居住空间视为"可分体"，在保留原建筑结构的基础上，以穿插、并置、包裹等方式将居住空间植入其中[1]。这种改造方式常见于保障性住房、宿舍、公寓、酒店等居住类型中，如1991年建筑师鲍家声主持的南京工艺铝制品厂房改造为绒庄街住宅的项目，以及上海市的若干改造实践。较为遗憾的是，老旧厂房的居住功能置换缺乏对原建筑文化更为细致的挖掘，原建筑仅以结构载体的身份出现，文化要素的价值没有得到充分体现；但即便如此，以"融合"的方式对老旧厂房进行居住功能置换，对快速解决社会经济水平较低阶层的居住问题具有积极意义，显示出较高的社会价值，同时也顺应了建筑产业化发展的理念，达到低碳、高效的目的，如表8-13所示。

以"融合"方式进行老旧厂房居住功能植入的上海案例[2]　　表8-13

案例名称	建设年份	改造年份	使用现状	大致区位	原有产业	更新后用途
金金公寓	1990S	2006	使用	中心城区边缘	沪东造船厂	职工宿舍

[1] 杨侃，赵辰. 工业建筑空间再生法初探 [J]. 新建筑，2012，（2）：10-16.
[2] 孙淼，李振宇. 从 Loft 到社区——上海中心城区"城中厂"居住化更新的特征研究 [J]. 建筑遗产，2017（2）：69-77.

续表

案例名称	建设年份	改造年份	使用现状	大致区位	原有产业	更新后用途
振华港机公司宿舍	1992	2004	推出	中心城区边缘	矿泉水厂	职工宿舍
中环滨江128	1990S	2006	使用	核心城区边缘	远东丝绸印染厂	低租金公寓
半岛1919东侧廉租房	1980S	2010	使用	中心城区边缘	上海第八棉纺厂	低租金公寓
龙恒公寓	1960S	2014	使用	核心城区边缘	印刷类工厂	低租金公寓
迪凡公寓	1960S	2014	使用	核心城区边缘	印刷类工厂	低租金公寓
三林青年汇公寓	未知	2012	使用	核心城区边缘	未知	低租金公寓
东方公寓	1960S	2000S	使用	核心城区	上海良工阀门厂	低租金公寓
家连家公寓	未知	2008	使用	核心城区	未知	低租金公寓
瞿溪路公租房	未知	2010	使用	核心城区	卢湾区豆制品厂	公租房
众鑫白领公寓	1980S	1999	使用	核心城区	建筑升降机厂	低租金公寓
嘉善坊涉外公寓	1950S	2010	使用	核心城区	内衣针织厂	高租金公寓
Base公寓	1980S	2012	使用	核心城区	缝纫机厂	高租金公寓

（2）"分离"方式的挑战与应对

对于采取"分离"方式的居住功能植入而言，如何协调新与旧之间的关系是其面临的主要挑战，需要从以下三方面予以应对。

其一，将后工业语汇与现代住宅语汇相融合。居住区开发要将老旧厂房的工业建筑语汇在当代消费语境中进行转换，将其作为一种文化符号予以利用，并且随着开发策略逐渐成熟，工业文化的转化力度也要随之增强。例如前文所提及的天津水晶城、武汉金域华府和长沙紫台是先后于2001年内、2008年和2010年开发的项目，虽然不同的城市语境决定了其居住产品定位属性的差异化，但是这些项目在历史工业建筑活化方面已形成越来越成熟的规划设计策略。具体而言，已经在材料、色彩、开窗方式、加固手段、新旧材料搭配的方式上形成相对成熟的手法，能够使各类工业要素所组成的文化意象日趋完整、精致；在此基础上，新建建筑在以上各方面主动与原有建筑相呼应，试图向后工业语汇进行靠拢，在老与新之间形成相互界定、相互阐释的文化意涵。

其二，将老旧厂房活化与居住功能配套相结合。利用居住功能配套为遗存建筑赋能，实现老旧厂房的活化运营可持续。例如，天津水晶城通过在旧有厂房框架之中穿插了许多居住配套的功能模块，如网球场、乒乓球馆、健身中心、游泳池、餐厅、咖啡馆等公共服务功能，并且在形体穿插与老工业建构之间创造了许多介于半室外的灰空间，使得整个吊装车间的改造呈半开放式。

案例 25——天津水晶城[1]

水晶城现址原为天津玻璃厂厂址，总用地面积40公顷，如图8-26所示。在天津玻璃厂迁至滨海新区后，原厂区为水晶城的建设遗留下了丰富的现状资源，有400多棵成年的大树，有可改造利用的大跨度老厂房，有几条废弃的铁路以及许多极具特色的消防栓、灯塔、铁架等。水晶城规划设计自始至终关注着现状资源的利用，这种因地制宜的设计带来的最直接的利益便是使难得的现状资源在小区新的场景中展现其沧桑的魅力。竣工后的现场效果证明，这种被精心保留下来的、活生生的、沉淀着历史遗迹的元素——原厂区的主要道路、原厂区卫生院的繁茂树林、废弃铁路、被改造为社区会所的原吊装车间，其被重新焕发出的价值远远超出人们预先想象。

图 8-26 天津水晶城

其三，将老旧厂房活化与项目开发引导相结合。不可否认，在居住区开发中，商品房的使用功能当处于首位，但老旧厂房活化与居住产品塑造之间不能简单定义为主次关系或是依附关系，应将历史建筑活化定义为推进项目开发的重要触媒。例如，武汉金域华府项目将原有大跨度厂房的结构保留，并平移至场地边缘临城市道路一侧，与仓筒等老构筑物共同限定出特色化的公共区域，形成展示项目文化价值的标志性场所；长沙紫台项目将历史工业建筑的活化改造安排在开发首期，与项目展示区建设的结合也更为紧密，成为开展城市公共活动的重要空间，大大提高了项目的知名度和影响力，同时也让老旧厂房的活化参与到居住空间生产的全过程。

（3）"融合"方式的挑战与应对

对于采取"融合"方式的居住功能植入而言，需要面对空间尺度的契合、室内物理环境的提升、相关设备的改造优化三方面问题。

---

[1] 朱光武，李志立. 天津万科水晶城设计 [J] 建筑学报，2004（04）：34-39.

在空间尺度的契合方面,需要注意既有厂房尺度与居住建筑尺度的适应性。工业建筑设计考虑的是与生产功能相匹配的机器尺寸及生产活动的需求,而居住空间考虑的是人的日常活动需求。既有厂房改造为居住空间的过程实质上就是将原有适应于机器生产的空间尺度转换为能够满足人的日常行为需求的空间尺度,要考虑原有建筑空间改造后在开间、进深、层高三个方向上的高效利用,这些因素会影响改造的具体内容乃至经济性。为此,需要结合已有厂房空间尺度的模数化体系,构建居住单元、居住套型和居住组件的模数化[1]。厂房空间特点与居住空间改造的适宜性如表 8-14 所示。

厂房空间特点与居住空间改造的适宜性[2] 表 8-14

已有厂房类型	空间特点	适用于居住需求的改造手法	改造的经济性
容纳大型设备的车间厂房	内部空间开阔,层高大	内部设夹层进行空间竖向分割,增加楼板;增加竖向交通设施;横向增加隔墙,新增结构	需增设楼板、电梯、隔墙等较多建筑部件配件改造费用高
轻型工业厂房、仓库等建筑,大多为框架结构的多层建筑	高度和跨度适宜	需要增加少量隔墙分割平面,特定位置增设电梯间	不需增设楼板,节省土建费用,改造较经济
特殊的生产功能要求,其建筑形式比较特殊,例如冷却塔	形态特殊,采用钢筋混凝土整体浇筑成型,不利于开门窗洞口	与居住建筑功能改造最难以契合,但国外也有改造成功案例	改造难度大,经济性差

在室内物理环境的提升方面,相较而言,工业建筑对室内物理环境的要求较低,居住建筑对于保温、采光、通风、隔声的更高要求,因此在向居住功能改造过程中要考虑提高外墙的保温性能、保障新增隔墙的隔声性能、优化室内窗地比等一系列的改善措施。以保温为例,一般工业建筑多采用框架结构或框架剪力墙结构,用砖或砌块进行填充,由于钢筋混凝土容易形成冷桥或者热桥,因此需要增加相应的保温隔热层,以达到室内环境的居住热舒适性要求。

在相关设备的改造优化方面,应符合居住建筑设备管线集中布置的特点。举例而言,住宅设备系统大多需要竖向穿越楼板布置,但是工业建筑的楼板多为预制板,在现场打洞方面会有安全和尺寸的限制。由于排水管的管径较大,同时难以在预制板上开设诸多洞口,需要利用厂房层高较高的优势采取同层排水,即在原有楼板以上统一设置垫层形成走管空间,以此将污、

[1] 安艳华,赵越佳. 基于模块化理论的工业建筑居住化改造——以北京市青年公寓为例[J]. 沈阳建筑大学学报(社会科学版),2018,20(5):444-451.
[2] 陈纲,牟健. "对接"——一种契合保障性住房的工业建筑遗产再利用模式探讨[J]. 工业建筑,2014,44(S):12-16.

废水干管的最终出口设在原有的卫生间或其他隐蔽之处^[1]。

8.4   流程性关键问题

就老旧厂房以及园区更新的过程而言，在各阶段均存在诸多关键问题需要应对。在更新活动前段，要应对更新可行性研究、保护与开发的权衡、用地环境评价与生态修复、用地权属复杂与违规使用的问题。在更新活动中段，要思考建筑空间更新、建筑结构优化、建筑物理环境提升、场地设施更新的方法适宜性与决策问题。在更新活动后段，要面对如何加强后期运营水平，开展更新效果评估的问题。

8.4.1   更新前段的关键问题

1. 前期的可行性研究

充分分析老旧厂房的现有状况，是对其进行更新改造可行性研究的基础，主要包括基地整体现状分析和建筑综合质量评估^[2]。

基地整体现状分析的内容一般包括现状基地及建筑使用状况、场地环境现状、现状景观构成三个方面：1）现状基地及建筑使用状况是了解基地及建筑的现实状况，判别该地区是结构性衰落、功能性衰退还是产业布局调整需求，以及相应程度如何；此外还涉及道路、给水排水、供电、通信等基础设施状况，并制定对此充分利用的经济高效提升方案。2）场地环境现状是分析基地的现状环境，明确用地内河道、各类交通设施、开敞空间的情况，以及这些内容与周边城市环境的相互关系，为更新改造的使用方向做出评价和指导；3）现状景观分析是识别基地现状空间环境的特色界面，标明用地内部的标志性建筑、高大建筑物以及视线可达景域的特色，为景观环境的更新设计打下基础。

建筑综合质量评估一般包括建筑的结构鉴定、建筑支撑系统（例如水、电、暖）鉴定、建筑与环境文脉的关系、建筑形态特色、建筑历史价值等内容：1）建筑结构鉴定的主要内容包括使用年限、结构类型、原有设计荷载、现状可承受的荷载、结构损坏情况、地基承载力等。我国建筑改造专家朱伯龙教授在其著作《建筑改造工程学》总结了一般历史建筑的结构鉴定报告的内容，包括建筑的基本结构概况（包括建筑的体量尺寸、层高、总建筑面积、结构类型、地基等）、现场的结构与材料检测及鉴定、改建方案及结构可行性分析、鉴定结论（根据现场检测与分析计算结果，提出结构改造的

［1］李江淞. 旧工业建筑再利用为居住类建筑问题研究及对策［D］. 上海：同济大学硕士学位论文，2009.

［2］王建国. 后工业时代产业建筑遗产保护更新［M］. 北京：中国建筑工业出版社，2008.

要求或限定条件）。2）建筑支撑系统鉴定是为了能够在充分利用原有设施基础上进行优化升级，从而缩短工期、节约资金。主要内容涉及原有各类设施及管线的走向及布置方式，设备管线的材料及破损情况、各类市政设施及管线的容量。3）建筑与环境的文脉分析关注于用地空间范围内个别环境因素与环境整体之间的时空连续性。判别建筑单体与整体环境文脉的和谐程度，是衡量该建筑在环境中的意义与重要性的尺度。在更新活动中，对某一建筑的取舍、更新目标的确立和改造设计方式都是以这方面分析为重要参考。4）建筑形态评价应从景观特色方向着手。工业建筑具有与其他建筑类型显著不同的造型特征，或是巍峨高耸的烟囱、水塔、冷却塔，或是连绵的钢架与管道，亦或是体量庞大的车间、车站、码头、仓库等都会对观察者带来特殊的心理感受。5）在建筑历史价值方面，可根据建造的历史时期、建筑所反映的形式特征、所代表的建筑技术成就，以及与著名历史事件或历史人物的联系来确定。如若建筑的历史价值较低，则改造的灵活性较大，设计过程中可充分利用其经济价值。

2. 保护与开发的权衡

（1）权衡准绳尚不明确：国内工业遗产评估体系有待完善

在更新实践中，并非所有的老旧厂房都是工业遗产，也并非所有的老旧厂房都可以毫无保护地进行推倒重建开发，例如前文所提到的"非紫非保"问题。这需要构建老旧厂房分级保护、分类开发的相关依据或准绳，为明晰老旧厂房保护与开发的矛盾提供支撑。然而，我国目前仍不完善的工业遗产价值评估体系、尚不明晰的保护策略、严重缺失的保护机制，已成为阻碍老旧厂房实现有效保护与合理开发的"三座大山"。特别是人们对工业遗产的认知不足，保护意识薄弱，从地方政府到项目开发者对工业遗产保护的态度大多是被动为之。相关依据的缺乏，导致一些老旧厂房的保护性改造难以实施。除一些区位条件较好、且能显露出明显经济价值的工业遗产能得到合理更新改造以外（例如广州红专厂、TIT、太古仓、深圳华侨城 OCT），其他处于城市边缘但具有工业遗产价值的老旧厂房往往得不到充分关注。即便在规划阶段，规划设计师能够认识到保护性改造的必要性与科学性，但在实施阶段多因支撑体系缺乏或保护动力不足而无法按照原有规划保护要求实施。例如，广州水泥厂的更新就是具有遗产潜质的工业建筑群难以得到保留性改造而遭受拆除重建命运的典型案例[1]。

（2）权衡机制有待健全：城市更新机制对工业遗产保护不力

对承载城市文脉和历史传统的建筑保护不力，不仅与过于追求项目开发的利润最大化和保护意识不足有关，而且与城市更新过程中缺乏有效的产权

[1] 罗鹏. 广东省"三旧"改造中旧厂房更新改造研究 [D]. 广州：华南理工大学硕士学位论文，2012.

人权益保障和文化保护平衡机制密不可分[1]。在城市更新机制上,地方政府、开发商以及产权人往往在不同利益诉求和价值取向的指引下展开博弈。开发商参与更新的目标主要是追求经济利益最大化。产权人是理性的经济人,其是否赞同对所属社区进行更新的主要标准是利益补偿能否达到预期。破旧的建筑和恶劣的生活空间,往往是促使产权人产生更新意愿的动因,但是这些意愿缺乏了对城市历史与文化传统的保护与认同。地方政府往往以"无私者"的角色成为更新活动的主导,其对工业遗产保护的态度是更新过程中能否对工业文化充分重视的关键。事实上,政府的角色是复杂的,政府的行为具有多元化价值追求:一方面,政府作为公共利益的代表者,其任务是使更新活动的公共利益最大化,例如政府对广州红专厂"修旧如旧"的决定,是为了尽到保护工业遗产与实现工业文化传承的责任;另一方面,政府决策往往也像公司经理人一样是有自利动机的"理性经济人",会偏向追求土地出让以及产业税收所带来的经济利益,从而与利益导向的资本方结成城市增长同盟来主导城市更新进程,使得经济利益和效率导向成为更新的主基调[2]。除此之外,公众或者社会组织等其他主体在城市更新中的参与权和话语权缺乏应有的保障,也会造成城市开发与文化保护之间缺乏有效监督,对城市工业遗产的保护非常不利。

(3)现阶段的应对路径:积极开展保护与再开发研究

立足于开发建设者视角,在政策准绳缺乏与保护机制不健全的当下,在具备城市文化传承的责任感与使命感的同时,要以积极态度对更新过程中的遗产保护问题予以重视。这样往往能获得社会的认可,从而得到相应的政策支持并提高在公众中的影响力,有益于项目经济利益的实现。因此,在项目前期,重视历史价值导向下的项目保护与再开发研究尤为必要,其重要性在一些案例中得到了充分展现。例如,广州太古仓案例(广州后航道仓库码头区更新项目),如图8-27所示。为了能在新一轮城市建设与再开发中进一步提高工业遗迹保护的预见性和主动性,丰富城市文化内涵,提高项目的文化品位和魅力,在更新前期便开展了保护与再开发的深入研究[3],从而制定行之有效的更新策略;广州珠醍珠江啤酒厂更新项目,通过前期评估不仅明确了延续现有珠江啤酒厂场所精神和文化特征的规划构思,根据旧有建筑的分布区位、建设条件与空间特点,对能够展示特色工艺环节、特色形态的建

[1] 陈鹏. 时间的正义:城市更新中权益保障与文化保护的平衡 [J]. 北华大学学报(社会科学版), 2019, 20(3):89-95.

[2] 朱一中,涂紫琼. 社会生态系统分析框架下改自旧厂房的文创园区研究——以红专厂为例 [J]. 华南理工大学学报(社会科学版), 2019, 21(3):99-107.

[3] 罗超. 城市老工业区更新的评价方法与体系——基于产业发展和环境风险的思考 [M]. 南京:东南大学出版社, 2016:245-251.

筑进行现状保留，对建筑质量好但特色不够鲜明的建筑进行改建，并植入商业、展览、办公等功能，从而凸显了工业遗产的文化表达，实现了将琶醍打造为广州城市新名片的目标[1]。

图 8-27　广州太古仓（后航道仓库码头区）

案例 26——广州琶醍珠江啤酒厂更新

琶醍的前身是老广州人更熟知的珠江啤酒厂，自 2015 年底全面停产、2016 年进行改造、2019 年完工，被誉为广州产业"退二进三"的标杆之作。旧厂地块占地面积为 24.3 万 m^2，交由政府收储用地达到 17.4 万 m^2，剩余 6.9 万 m^2 由珠江啤酒厂自主开发，进行三旧改造。为延续城市记忆，更新改造将工业风和创意文化相结合，打造全新的琶醍啤酒文化创意艺术区，如图 8-28 所示。在得到政府同意支持珠江啤酒厂以更新改造方式就地建设企业总部后，建设方把琶醍啤酒文化创意艺术区和啤酒博物馆保留优化，融合啤酒工业文化，将旧工厂整体改造为集休闲、娱乐、展示等功能于一体的嘉年华综合体，原啤酒生产车间则被改造为啤酒体验中心及设计创意区、国际品牌旗舰店、艺术画廊，成为时下羊城年轻人夜生活的网红打卡地和广州旅游休闲观光"新名片"。

图 8-28　广州琶醍珠江啤酒厂

[1] 周详. 广州珠江琶醍——啤酒文化创意艺术区 [C] // 中国城市科学研究会. 中国城市更新发展报告. 北京：中国建筑工业出版社，2018：350-361.

棕地：

　　是指由工业经济活动后留下的土地。该词于 20 世纪 90 年代初期开始出现在美国联邦政府的官方用语中，美国国家环保局（EPA）对棕地有一个比较明确的定义：" 棕地是指废弃的、闲置的或没有得到充分利用的工业或商业用地及设施，在这类土地的再开发和利用过程中，往往因存在着客观上的或意想中的环境污染而比其他开发过程更为复杂 "。根据污染源的不同，可将棕地分为物理性棕地、化学性棕地、生物性棕地；根据土地污染程度的不同，可将棕地分为轻度污染棕地、中度污染棕地和重度污染棕地。

　　棕地管理的焦点是使土地在城镇或区域中恢复 " 元气 "，制定棕地政策是政治、科学、技术各方面的结合，必须同时处理好环境问题和空间规划问题。目前在该领域，国内外已较为重视并积累了很多成功经验。

3. 用地环评与生态修复

（1）用地环评与生态修复的必要性

多数工业类型在生产过程中会产生污染，对生态环境带来危害。原国家环境保护总局科技标准司于 2001 年组织开展了 " 典型区域土壤环境质量状况探查研究 "。通过研究发现了各工业用地土壤的重金属污染特征，例如，炼焦厂的主要异常元素为锌，磷肥厂主要为铜、铅、镉、汞、砷，炼油厂主要为镍，钢铁厂主要为铅、镉、汞。这些遗留在城区内的珍贵土地，大多存在受工业污染的风险，如果不对其进行环境评估与生态修复，会对使用者乃至周边地区人群产生严重的安全隐患。例如，造成辽宁铁岭市丽盾住宅小区苯污染事件的原因是该小区毗邻造纸厂旧址，由于造纸厂用地已被苯污染，造成小区的饮用水和取暖用水自备井被污染；北京红狮涂料厂 " 毒地出让事件 " 是将原本受 " 六六六 " 和 DDT 严重污染的土地，在未经相应污染治理的情况下，便进行向住宅用地与商业用地的转换与出让；除此之外，还有深圳、南京、沈阳等城市也出现过类似的 " 毒地出让 " 事件。

我国各地区均有一定数量的老工业基地分布，老工业基地内工业用地分布密集，影响涉及面较大，理应更重视老旧厂房更新前期对用地的环评与生态修复工作。世界银行 2005 年发布的《中国固体废弃物管理：问题和建议》指出，我国至少有约 5000 个棕地分布于各个老工业基地，并以较快的速度增加。举例而言，粤港澳大湾区的工业发展经历了劳动密集型消费品产业发展阶段、以电子信息产业为代表的新兴产业崛起阶段、装备制造业和重化工业的成长阶段。长期的传统工业生产方式，会给土壤和地下水带来严重的污染。这方面问题在早期没有得到相关部门的重视，许多外迁厂房用地没有经过严格的土壤质量检测就用于新的城市建设。尽管目前环保部门已经开始介入到老旧厂房更新的用地环评工作，提出 " 工业用地转型必先治土壤污染、不达标不动工 " 的要求，但是相关检测及治理工作尚未形成一定的标准。

（2）政策导向积极与机制短板并存

原国家环境保护总局曾发出通知，要求各地环保部门切实做好工业企业搬迁过程中的环境污染防治工作：所有产生危险废物的工业企业、实验室和生产经营危险废物的单位，在结束原有生产经营活动改变原土地使用性质时，必须经具有省级以上质量认证资格的环境检测部门对原址土地进行检测分析，发现土壤污染问题，当地环保部门尽快制定污染控制实施方案。按照此要求，具有省级以上质量认证资格的环境检测部门在对迁出企业原址土地进行检测分析后，需要报送省级以上环保部门审查，并依据检测评价报告确定土壤功能修复实施方案，当地环保部门主要负责土壤功能修复工作的监督管理。

即便如此，在旧工业用地的治理与再开发实践中，对污染治理仍缺乏关注。相较于西方国家的棕地治理与开发实践，我国在法律法规、政府 - 开发商 - 非盈利机构之间协作机制等方面有待完善。以相关法律法规缺乏为例，近年来，相关部门为管理污染土地先后出台《关于切实做好企业搬迁过程中环境污染防治工作的通知》（2004 年）、《关于加强土壤污染防治工作的意见》（2008 年）、《污染场地土壤环境管理暂行办法（征求意见稿）》（2009 年）等政策文件或规定，但缺乏在法律层面上保障实施的机制；同时，目前我国旧工业区治理的主要法律依据是《中华人民共和国环境影响评价法》，规定了"建设项目的环境影响报告书中应包括建设项目周围环境现状"，其评价的侧重点是对规划和建设项目实施后可能造成的环境影响进行分析、预测和评估，并提出建议，这在本质上是对环境影响的一种预防手段，对于如何前置性地处置城市土壤中已经存在的污染或危险物并没有明确的规定；此外，《中华人民共和国城乡规划法》在规划审批管理程序中也没有明确如何与《中华人民共和国环境影响评价法》相协调，从而在实施制度安排上造成缺乏合理合法的保障实施程序。

为应对这种情况，需要迅速建立工业用地更新前的环境影响评价制度，确定更新开发的适宜性标准。对于在搬迁企业原厂址上已经开发或正在开发的项目，且存在环境污染潜在风险的，要尽快制订环境调查、勘探、监测方案，对项目用地范围内的污染源进行清理，制订工作计划和环境功能恢复实施方案，尽快消除环境污染。

（3）用地的环境评估技术应对

正如前文所言，我国现有的环评体系重点针对的是新建项目，是分析项目建成投产后是否对环境产生的影响，提出污染防治的对策和措施。对新建和扩建项目而言，这一体系是比较完备的，也已形成相对完善的技术标准和规范。但老旧厂房用地属于历史遗留问题，建设早期没有环境评估制度，也缺乏有效的污染控制手段，其工业使用场地的污染和危害是既成事实。现有的环境评估制度对此方面的监管尚不完善，场地现存环境问题在规划前期研究中往往被忽视，因此规划方案的制定往往缺乏立足环境基底条件的理性判断，赋予用地新功能时的主观性较大，存在城市安全隐患，也将极大影响城市开发建设的经济性。

对标英国，一旦用地被质疑为受过污染，便立刻开展环境评估工作。在评估过程中会根据进度安排对各阶段都设定评估目标，并且都要形成详尽的评估报告，以此作为土地出让、银行贷款、规划设计的重要参考文件。一旦用地被纳入"污染用地"的范畴，那么该用地内所有的建设活动都要被纳入一套完备的监管体系，接受继续监督。特别是当原工业用地被开发为住宅用地时更为严格，要进行更为精确的处置方法选择，同时判断开发目标是否具有经济可行性。由英国的做法不难看出，"棕地"更新改造需要政府环境部门的全过程参与和监督，通过严格的环节控制来保证用地开发的安全性，以及规划方案对此问题的针对性。对开发商而言，如果拿到在规划前期未经过严格环境评估的用地，则需要在取得土地开发权后弥补规划前期所遗漏的工作，并进行有针对性的生态修复。例如，在前文所提及的北京红狮涂料厂案例中，开发企业在获取该用地的更新开发权之后，通过对 7.9 公顷用地的监测调查，准确计算出用地内约有 14 万 m^3 的土壤受到污染，于是耗资约 1 亿元将有毒土壤挖掘运走并进行焚烧——此举应是每一个参与"棕地"开发企业均应具备的基本责任观，也是每一个参与"棕地"开发的企业在开发建设前必须要做的准备工作。

（4）用地的生态修复技术应对

所谓生态修复是对被污染的环境或土地借助工程技术手段，采取物理、化学、生物等方法，去除环境污染或使污染物的浓度降低至能够被重新使用的要求。对受污染的土地进行生态修复，是发达国家"棕地"更新最先关注的焦点问题，经过数十年的发展，相关技术已取得较大进展，而且随着技术的不断进步，治理成本也已大幅度下降。本文将相关的技术方法予以归纳，便于在实践中参考借鉴。

总体而言，对污染物的处理有三种不同方式，分别为挖掘清除、防泄漏、治理。挖掘清除是将污染物或有害物质从一个地方搬到另一个地方扔掉或者填埋，有些有害物质也可以通过焚化灭除，其灰烬按规定的方式进行处理；防泄漏是防止现有污染的进一步恶化，可采用封堵的方式在原地对污染物进行隔离，但这种处理方式的结果是污染物依然留在原地；治理是采用生物、化学、物理、固化和热力系统等方式，将场地恢复到无污染的状态。由此可见，挖掘清除和防泄漏并没有从根本上消除污染物，而是要么将污染物运出场地进行进一步的处理，要么采用封堵方法将其控制在场地中避免扩大污染范围，治理是从根本上对污染物的消灭，从而达到对用地的生态修复目的。

基于生物技术的治理方法是采用土壤中的天然微生物来分解有毒或有害物质。生物修复之所以能起作用，是因为大多数有害废物是由有机化合物所组成的，微生物有机体可将其作为食物。该方法对多种常见的污染物是有效的，包括一些人造化合物，但也并非对所有的污染物均有效果，因此需要在选择生物治理方式之前了解污染物的属性、位置和浓度。

基于化学技术的治理方法是利用氧化、还原、中和、水解等方式来改变有害物的成分，降低其毒性和流动性，或者产生惰性混合物。许多化学处理工艺要求土壤为浆状，或者污染为可流动的液态介质（如地下水），因此不太适合大规模使用。

基于物理技术的治理方法是取出土壤中的污染物，将其集中起来进行进一步的安全处理。该过程不会破坏污染物，因此仅作为初步处理技术。较为常见的物理处理方法有土壤清洗、蒸汽剥离、土壤蒸气抽取或排气、电动修复等。

基于固化系统的治理方法是利用无机黏合剂（例如水泥基、火山灰基、石灰基、液体硅酸盐等或玻璃化技术）或有机黏合剂（例如热塑性微胶囊技术和热固性材料），将液体或者淤泥转换成具有良好物理特性的固体，从而降低污染物的活动。

基于热力系统的治理方法是指利用焚烧、汽化或者热解高温处理污染物的方法。其理论基础是所有有机物和无机物均有明确的蒸发点，在这个温度点上，化合物会从固态转变成气态，如果再加注氧气就会发生氧化作用。该方法适用于大多数土壤类型。

成本是项目开发中重要的问题，但生态修复治理的有效性对"棕地"开发而言同等重要。在实践中，对较大规模用地进行生态修复，通常采用多种方法综合治理，以实现经济上可行、技术上有效的目标，达到环境和经济效益的最佳组合。与此同时，随着技术手段的进步，土地污染治理的成本呈现出大幅度下降趋势，这更有利于项目决策对治理成本和有效性的综合考虑。

4. 用地权属复杂与违规使用

（1）产权复杂与违建现象普遍存在

老旧厂房更新是既有利益格局下对土地发展权利进行重构，必然涉及对现有土地产权的梳理，产权配置成为更新活动中必然要面临的问题。在现实情况中，工业发展遗留下来的大量老旧厂房用地权属复杂，且违建现象普遍存在。例如，广州市国有老旧厂房用地面积占总量的42.1%，集体老旧厂房用地面积占总量的50.6%，混合产权老旧厂房用地面积占总量的7.3%[1]；深圳的旧工业区有57%的土地开发没有经过合法手续，建筑物权属来源不清[2]。这些问题的普遍存在为更新工作顺利推进带来巨大阻碍。

深圳的产权关系"乱象"问题比较典型。自20世纪80、90年代以来，无论是集体土地，还是国有土地，都在市场力量驱动下以异乎寻常的速度开发，大量建设行为缺少完善的产权手续和报建手续；加之深圳在历次城市化转地过程中并没有完全按照政策规定完善用地手续，未理清集体用地转征过程的各种法律关系，从而导致产权关系非常混乱。《中国城市更新发展报告（2018—2019）》对深圳的产权关系"乱象"进行了详细阐述，可简要归纳为以下四种情况。

其一，由原村集体"卖地"所形成的权属关系。20世纪末，深圳大量

[1] 杨宵节. 基于产业转型的广州旧厂更新模式研究 [D]. 广州，广东工业大学硕士学位论文，2018.
[2] 郗昂，邹兵，刘成明. 由"单一"转向"复合"的深圳旧工业区更新模式探索 [J]. 规划师，2017，33（5）：114-119.

"三来一补"企业与村集体以"租地协议""土地转让协议""土地合作开发协议"等形式在集体土地上建厂房。这类厂房中，只有极少数者具有完整的产权登记和报建手续。在城市更新权属核查和项目申报过程中，由于行政审批部门往往需要村集体配合出具土地经济利益关系理清手续，村集体常常以此为由主张土地权益，从而造成村集体与土地现阶段"所有者"之间的土地权益分歧。

其二，政府、村集体和企业代征地形成的权属关系。在 20 世纪 80、90 年代，由于国有建设用地指标不足，政府或企业需要建设用地，多数是与村集体签署三方协议。由企业代政府向村集体支付征地补偿费，将集体土地征转为国有土地。在此过程中，政府本应完善土地收储和出让手续，企业则应该向政府申请完善国有土地使用权出让手续。但现实中，该类用地行为大多没有完善集体土地转为国有土地的征转手续，或是没有完善用地出让手续。

其三，城镇化转地过程中政府没有理清补偿关系。在历次城镇化转地过程中，政府为村集体安排了一定比例非农建设用地和征地返还用地。这些用地从指标审批到用地手续的完善均有复杂流程，且用地指标并没有落实到相应地块。村集体在获得土地后通常转让给开发商或者与开发商合作开发。因此存在用地手续待完善和用地指标待批复等问题。

其四，国企改制和国有土地利用不规范导致的复杂权属关系。改革开放初期，政府曾经将大片土地交付国有企业开发利用。国企甚至代替国土部门决定这类土地使用权的出让或转让。但在国企改革过程中，这类土地中有相当一部分没有办理土地使用权出让或划拨手续，却一直被企业占有、使用和开发。也就是说，这类土地的利用往往并没有按照规划用途实施，甚至没有报建手续，既涉及在政企分离和国企改制过程中如何认定土地资产归属问题，也涉及地上建筑物的权属认定问题。

（2）要善用行政司法手段予以应对

面对上文所述如此复杂的权属或违建问题，政府应充分发挥行政司法手段的调控能力，企业则应密切关注政府的制度创新，形成与政府的良好互动协同。深圳就在一直创新土地和建筑物的确权路径，以拆除重建类更新单元中的合法用地比例为例，其经历了不断"松绑"的过程[1]：早在 2012 年《深圳城市更新办法实施细则》出台后，不成文的规定拆除重建类更新项目的合法用地面积至少占项目总用地面积的 70%；其后 2014 年的《关于加强和改进城市更新实施工作的暂行措施》对这一条件适当放宽，提出拆除范围内权属清晰的合法土地面积不应少于总用地面积的 60%，对综合整治类旧工业区更新而言，权属清晰的合法土地面积只需占申报范围用地面积的 50%；2016

---

[1] 司马晓，岳隽，杜雁，等. 深圳城市更细探索与实践 [M]. 北京：中国建筑工业出版社，3019.

年的《关于加强和改进城市更新实施工作的暂行措施》继续对此进行松绑，特别是对于政府主导的重点更新单元，合法用地比例进一步降低为不低于30%。此外，以合法外用地的应对为例，深圳也经历了由"先确权再更新"向"改造确权"的创新："先确权再更新"是主要依据政府颁布的"两规"处理和"三规"处理政策，采取现状确权的方式，通过对不同建筑产权属性的确定，借助补缴地价和补交罚款的做法，明晰土地权益，降低产权交易成本[1]。这种方式在项目开发的时间周期和程序便利性方面存在弊端，因此并不受欢迎。"改造确权"是在 2010 年《深圳市人民政府关于深入推进城市更新工作的意见》明确要求在城市更新中加快土地历史遗留问题处理的推动下开始展开探索的。2012 年《关于加强和改进城市更新实施工作的暂行措施》首次提出历史用地处置规则，针对因历史原因未征未转用地，采用如下法则处理：对于符合一定条件要求纳入城市更新的未征未转土地，将这些用地拿出 20% 无偿交给政府，剩下的 80% 土地与其他合法用地按不低于 15% 的要求贡献公共利益用地，同时对纳入改造的这 80% 土地进行处置，按 110% 基准地价计收。这种方式极大地创新了更新实践中合法外用地的处置路径。

8.4.2　更新中段的关键问题

1. 建筑空间的更新方式及其适宜性

（1）对原有空间进行活化

对厂房原有空间的再利用，应根据现有空间特征来确定改造的可能途径，主要分为空间功能替换和空间重构两种方式。

空间功能替换较为简单，即"老瓶装新酒"，用空间需求大致相同的使用功能将原有建筑改作他用。其特点是不对原有建筑进行整体结构方面的增减，只需要进行必要加固，修缮破损部位。其改造主要集中于开窗、交通组织、内外装修与设施更新。例如，将大跨度、大空间的建筑改造为剧场、礼堂或博物馆；将层高较低的建筑（如多层厂房）改造为购物中心、办公空间等。

关于空间重构，可以再细分为化整为零、联零为整、局部增建、局部拆除和局部重建等方式。

化整为零是根据新功能需求，采用垂直分层或水平划分等方式将较大空间改造成较小空间。垂直分层方法是将高大空间划分为尺度适宜的若干层空间，该方法应注重原有建筑结构与新增结构之间的协调，新增部件应不对原有建筑基础和受力构件造成损害，大多采用高强轻质的材料（例如受力材料多用钢材，墙体分隔多为石膏板或加气混凝土），上海城市雕塑艺术中心就

---

[1] 司马晓，岳隽，杜雁，等. 深圳城市更细探索与实践 [M]. 北京：中国建筑工业出版社，3019.

是采用该方式对钢厂厂房进行空间活化的案例[1]。水平分隔是在原有主体结构不做改动的前提下，水平方向增加分隔墙体，使开敞空间转化为多个小型空间，例如将空间开敞的多层厂房改造为住宅或公寓，例如前文所提的南京绒庄街70号项目就是将工艺铝制品厂房改造为职工住宅。

联零为整是将若干相对独立的建筑联结在一起形成相互可以流通的空间。其联结的主要方式为：1）打通建筑的连接部位，该方式是将两栋紧靠在一起的建筑，在紧邻部位增设联系空间，例如在墙上增开门洞；2）建筑间增加连廊，即以增设连接廊或天桥的方式使相邻建筑物之间能够彼此贯通，例如在瑞士苏黎世蒂芬布鲁纳面粉厂改造中，通过在厂房和仓库两栋建筑间建造了三层高的玻璃连廊，使得原来两个相互分离的建筑成为一个整体；3）建筑间封顶联结，即将相邻的建筑物加顶封闭，使原来相互分离的若干单体成为一个整体。这样一来，原本相互分离的若干单体联结为一个整体，同时将室外空间纳入室内不仅增加了使用面积，而且产生了极具趣味性的共享空间。

局部增建是根据新的功能需求，在建筑原有空间内局部增建新的空间或设施（例如电梯、楼梯、共享空间等）。局部拆除是将墙体、楼板、梁、柱、甚至是部分建筑予以拆除，以实现增加采光通风、满足新的功能要求等目的，例如加拿大多伦多皇后码头仓库改造为商业综合体时，将部分楼板和结构柱有选择地取消，从而形成共享大厅。局部重建是由于长期自然侵蚀或人为损害，对原有建筑构件（例如屋顶）进行修复重建，例如英国伦敦南岸区OXO码头的某多层厂房改造，对8层以上的建筑破损进行了重建，并借此机会对建筑空间重新布局。

（2）对原有空间进行扩建

扩建是在原有建筑结构基础上或与原有建筑密切相关的空间范围内，对原有建筑空间进行补充或扩展。在此过程中，需要考虑扩建部分自身的功能和使用要求，同时处理好与原有建筑的内外空间联系，使其成为一个整体。其扩建方式主要有垂直加建（包括向地下扩建）和水平扩建。垂直加建是在占地面积不变的情况下，增加建筑面积，以提高容积率满足经济性需求。这种方式对建筑结构有较高要求，设计中需要考虑原有结构的承载力以及结构加固的可行技术；同时会影响建筑形式，能够改变建筑原有的轮廓线。水平扩建是邻近或紧靠原有建筑加建新建筑，将新老建筑形成一个整体。在此过程中，应注意新老建筑之间功能以及空间的联系，以及新建筑建设时对已有建筑结构的影响，做好保护性方案。此外，还要从建筑风格上注意新旧之间的对比与协调。

---

[1] 王林. 城市记忆与复兴——上海城市雕塑艺术中心的实践 [J]. 时代建筑, 2006（2）, 100-105.

案例 27——汉堡易北河音乐厅

易北河爱乐音乐厅位于德国汉堡易北河上的一座半岛端头，它是世界上规模最大，声学最先进的音乐厅之一，于 2017 年初正式开幕，如图 8-29 所示。

图 8-29　汉堡易北河音乐厅

原有的 8 层红砖仓库高约 37m，其体量过于巨大，且平面呈三角形，以至于汉堡人对其都不是很喜欢。建筑师巧妙运用了垂直加建的方式，在整体保留下的仓库之上建造了一座"漂浮"的建筑，实现了新旧的对比融合。该建筑被设计为一个文化和住宅综合体，但其最为核心的功能为音乐厅，此外还包含住宅公寓及酒店等功能。建筑最高处约为 110m（26 层），总建筑面积约为 12 万 m^2。

当然，为实现该极具创意的设计方案，在结构设计、建设周期及资金投入上也付出了极大代价。考虑到原有建筑基础远远不能承受新建功能的重量，方案在底部建造了 1761 个水下钢筋混凝土支撑柱，大幅增加了项目造价；2007 年初计划的建造周期为 3 年，后延长至 10 年；建造费用也几经修正，从最初的 7700 万欧元增至 5.75 亿欧元。

（3）不同类型厂房的空间更新方式

根据建筑空间与结构特征的差别，老旧厂房可划分为三种类型，并分别对应三类厂房空间再利用方法，如表 8-15、表 8-16 所示。

基于空间特征的厂房类型　　　　　　　　　　　　　　　　　表 8-15

类型	空间特征
第一类	具有高大内部空间的建筑，其支撑结构多为巨型钢架、拱、排架等，往往形成内部无柱的开敞大空间。大多为容纳大型机械设备以及生产维修大型重工业产品的单层车间厂房，粗放大体积物品的仓库或装卸大厅等
第二类	其空间较前者为低的轻工业厂房、仓库等，其空间特点是开敞宽广，大多为框架结构的多层建筑
第三类	一些特殊形态的构筑物，例如煤气仓、储粮仓、发电站的冷却塔、船坞等。此类构筑物大多结构坚固，富有特征的外形，具有典型的历史见证价值

各厂房类型的空间更新方式[1]   表 8-16

			第一类	第二类	第三类
原有空间活化		空间功能替换	○	○	○
	空间重构	化整为零 垂直分层	○	○（空间高度允许时）	○
		化整为零 水平分隔	○	○	○
		联零为整	○	○	○
		局部增建	○	○	○
		局部拆除 拆除墙体	○	○	○
		局部拆除 拆除梁柱	×（非结构性材料除外）	○	×（非结构性材料除外）
		局部拆除 拆除建筑体量	×	○	○
		局部重建	○	○	○
原有空间扩建		水平扩建	○	○	○
		垂直加建	×	○	○

注：表中"○"表示可行；"×"表示基本不能如此。

2. 建筑结构的优化方式及其决策策略

（1）结构优化的基本方式及要求

为支撑建筑功能的转变，需要对建筑结构进行升级优化。从新增结构与原有结构体系的空间关系角度，可将结构优化划分为外接、增层、内嵌和下挖等思路[2]。所谓外接是为实现建筑空间的扩建，在原有结构周边进行加建，可分为独立外接和非独立外接。前者是新建结构体系与原有结构体系相互分离，彼此没有连接或搭接，而后者与前者截然相反，新建结构体系与原结构体系存在连接或搭接。增层是为了实现对在高大空间进行垂直划分或对原有建筑的垂直加建，结构体系做相应的改变，具体表现为内部增层和上部增层两种方式：内部增层，即为在原建筑内部增加楼层，将新增的承重结构与原有结构连接于一起共同承担建筑增层后的总荷载；上部增层，即在原有建筑结构主体上直接加层，此方式充分利用了原有建筑结构及地基的承载力，新增加的荷载会通过原有承重结构传至基础或地基。内嵌也是为了实现在原有建筑空间内进行垂直划分而进行加层，其与内部增层所不同的是与原有主体结构无连接，设置了独立的承重系统，与周围建筑完全脱开。下挖是在原有建筑内部进行下挖，形成部分地下空间。建筑结构优化的基本方式如图 8-30 所示。

[1] 王建国. 后工业时代产业建筑遗产保护更新［M］. 北京：中国建筑工业出版社，2008.

[2] 李慧民，裴兴旺，孟海，等. 旧工业建筑再生利用施工技术［M］. 北京，中国建筑工业出版社，2018.

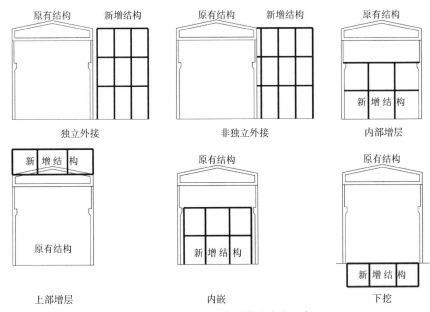

独立外接   非独立外接   内部增层

上部增层   内嵌   下挖

图 8-30 建筑结构优化的基本方式示意

在现实中，砌体结构和混凝土结构是老旧厂房最为常见的结构类型；增层是结构优化过程中对结构安全影响较大的方式。因此，本文主要针对这两种结构方式阐述增层优化的基本要求。

就砌体结构的增层优化而言，由于砌体结构主要采用黏土砖和砂浆砌筑而成，抗拉、抗弯、抗剪强度均较低，呈现明显脆性特征，整体性较差，因此进行增层改造具有一定难度。首先，应根据功能要求进行综合技术经济分析及可行性论证，并按照现行国家标准及规范进行现场调查及增层鉴定，经综合评判适宜者方可进行设计改造，不应在地基有严重隐患的地区进行增层改造。其次，在增层结构设计时，一方面应根据建筑物的重要程度按照现行国家标准确定其安全等级，考虑对相邻建筑物的不利影响；另一方面在材料选用上要从严要求，并尽量采用轻质材料。此外，在对原有建筑进行上部增层改造时，增层后的建筑总高度、层数限值、最大高宽比在满足建筑抗震设计规范要求的基础上，应考虑建筑加固后的结构性能不如新建结构体系优良，需要根据实际情况适当降低。砌体建筑的总高度与层数限值如表 8-17 所示。

砌体建筑的总高度与层数限值   表 8-17

抗震设防烈度 建筑类型	6		7		8	
	高度	层数	高度	层数	高度	层数
底层框架砌体结构	19	6	19	6	16	5
多排柱内框架砌体结构	16	5	16	0	14	4
单排柱内框架砌体结构	14	4	14	4	11	3

注：摘录于《建筑抗震设计规范》GB 50011—2010

就混凝土结构的增层优化而言，因功能改变、荷载增加等因素，已不能按原有设计准则继续承载，多数情况下会用到混凝土加固技术，例如增大截面法、外包钢加固法、预应力加固法、改变结构传力途径加固法、植筋技术以及碳纤维加固技术等。此外，由于混凝土结构的抗震性能一般优于砌体结构，因此砌体结构的增层方法基本上都适用于混凝土结构如表8-18所示。

混凝土结构增层优化的基本要求 表8-18

序号	基本要求
1	建筑物增层前，应根据增层目标和建筑物本身情况，在符合城市规划要求的前提下，进行综合技术分析及可行性论证
2	为进行技术和经济方面细致深入的分析和论证，首先要收集既有建筑的原始资料，包括各专业的图纸、结构设计计算书、地基勘察报告、竣工验收报告等文件；还需对既有建筑现在进行调查，委托有资质单位对结构安全性进行检测鉴定；然后根据新功能要求、既有建筑现状和潜力、抗震设防烈度、场地地质条件、检测鉴定结果和规划要求等因素进行增层改造设计
3	当建筑需要加固时，进行加固设计。一般顺序是先加固再增层，也可根据实际情况边加固边增层
4	增层工程的建筑设计、结构设计以及增层后结构整体的安全性应满足现行国家设计规范相关规定
5	在建筑设计方面，有别于新建工程，既需要顾及结构的安全性，又要照顾立面造型的美观，还要与原有建筑及周围环境相互协调，最大限度满足城市形象要求
6	建筑增层后应满足日照、防火、卫生、抗震等现行国家设计规范要求

（2）结构优化方案的决策策略

结构优化方案的决策是较为复杂的过程，涉及结构的可靠性、使用年限、加固改造技术水平、投资费用等诸多因素，综合来看需要基于以下三方面的决策判断[1]。

其一是基于功能活化利用的结构优化决策。简而言之，是要求经过优化改造后的结构体系能够承担后续使用年限内可能遭遇的所有外部作用，实现空间功能变更后的安全使用。通常情况下，原结构构件的抗力水平会因使用功能改变而发生变化，这就更要求改造后的结构必须具备一定水平的可靠度。为此，基于功能活化利用的结构优化原则是使加固改造后的结构构件具有新建结构构件的可靠度水平，以此保证整个结构满足国家相关规范或标准，其关键在于针对现结构的现状及特点，选择适宜的加固改造方法，使结构改造后的使用效益达到最佳。

其二是基于外部侵蚀应对的结构优化决策。由于外部侵蚀介质的不利影

---

[1] 李慧民，裴兴旺，孟海，等. 旧工业建筑再生利用结构安全检测与评定［M］. 北京：中国建筑工业出版社，2017.

响，在结构使用若干年后，结构构件强度就可能达到其承载能力的极限状态。一般在不同结构部位所发生的腐蚀程度可能相差较大，当仅有个别构件截面强度可能达到极限强度而致使整个结构使用功能失效时，对其强度约束进行加固改造是较为经济合理的处理方法。针对确定的受腐蚀结构，当其加固改造时机、后续使用时间以及可靠度已知时，可先计算结构加固改造的重要性系数，并按此系数修正荷载分项系数，再根据现役结构的几何特征计算结构控制内力，设计结构加固改造的各控制截面，调整结构构件截面尺寸，使该截面配筋设计达到满意水平，并且要经过多次断面尺寸及其配筋的修正，来获得加固改造的最优方案。

其三是基于技术与经济兼顾的结构优化决策。可以说，结构优化方案的决策既是技术问题，又是经济问题。技术问题意为选定的方案应能够提高原有结构的承载能力，保证结构满足设计使用功能需求；经济问题意为选择合理的方案，使项目投资达到最佳的使用状态。老旧厂房更新的结构优化不仅要从工程技术角度来考察结构的设计水平和服务水平，确定加固处理后结构的综合性能是否可靠、是否经久耐用，还要从经济上考虑其效益的高低，也就是工程决策者的优选方案应以功能和成本的合理控制为依据，正确处理好功能与成本的关系。

3. 建筑物理环境的提升要点

大部分老旧厂房围护结构的保温性能和隔热性能均比较差，门窗洞口相对面积较大，并且框材用料和玻璃基本不考虑保温隔热性能和断冷热桥措施。对此如果不加以改造处理，要满足在极端气候条件下的热舒适性，耗费能量巨大，因此需要在更新中进行适当的节能改造。相关技术应用得当与否将直接影响更新改造的成功和后续使用。在改造对象得以明确的基础上，需要从空气质量、声、光、热四个角度来分析环境提升的具体方式[1]。

（1）室内空气质量的控制

研究表明，影响建筑室内空气质量的因素纷呈繁杂，主要为建材、家具、电器、办公设备、新风量和新风质、空调系统、室内湿度等。然而，在老旧厂房更新实践中，主要采用以下三种途径提升室内空气质量。

其一是合理选择更新改造的材料及方式。提倡接近自然的改造更新，尽量使用无害化绿色建材，并在改造设计中研究气流运动方式，改善通风环境，在空间重构过程中注重采用被动式的通风方式。

其二是尽量利用开窗来通风换气。开窗通风换气可以始终保持室内具有良好的空气质量，是改善建筑室内空气质量的关键。一般来说，厂房内部空间相对高大，外部围护表皮具备不错的通风换气条件，而改造更新大多会对

[1] 宋德萱，何满泉. 既有工业建筑环境改造技术 [J]. 工业建筑，2010,40（6）：45-47.

宽敞高大的内部空间进行分隔和布置，这就要求在相应的外表皮处理中充分预留可开启窗洞的空间，并利用"诱导"通风方式，强化室内热压通风，以改善风环境，保证室内有良好的通风和换气。

其三是注重空气处理和净化设备的利用。在改造更新中，合理地进行空调安装布局并使用一些相关设备，确保室内的污染物能够得到有效过滤。

（2）室内声环境的控制

在厂房改造过程中，还要重视内外墙体的隔声性能，选择隔声效果好的材料及构造措施。其一是要切断和阻隔噪声源，通过调查和分析周围环境的噪声分布情况，研究并实施降低噪声源，可选择绿化植被及实体墙等隔声屏障来阻隔室外噪声。其二是分析原有结构的传声和隔声特性，不少既有工业建筑在设计建造中就综合考虑了相关使用要求，在动静分区、声学特性方面会有较为人性的设计，在改造过程中应因地制宜加以整改或加强，创造适宜的声环境。其三是选择适宜的材料和构造措施。根据改造后不同功能空间的使用要求，对声环境要求不同的区域进行分区，选用相应的隔声材料、吸声材料，并保证隔声吸声构造措施不影响调整后的空间格局。

（3）室内光环境的控制

需要进一步基于绿色节能目标来控制室内光环境，最大效率地利用自然采光。首先要分析原有的自然采光状况，充分利用日照分析软件对既有工业建筑进行模拟和光照分析，总结加强和优化自然采光的应用措施；其次要调整采光入口，合理选材，对相应采光入口（门、窗、洞口）在不影响原有结构基础上进行采光面积的适当调整，选用透光率适宜的材料，从而改善自然采光条件；最后要利用人工照明进行合理补充，应优先选用节能型灯具，尽可能结合日光照明。

（4）室内热环境的控制

影响人体舒适的环境因素一般包括温度、相对湿度、风速、平均辐射温度等。在合理分隔和调整原有室内空间的基础上，满足热环境的健康、舒适、节能目标，应优先使用被动式设计。《建筑气候区划标准》规定了我国建筑气候分区及对建筑设计的基本要求，因此老旧厂房改造要从总体上做到合理利用气候资源，防止气候对建筑的不利影响，这是工业建筑改造对热环境予以控制的基础。

在温度控制方面，首先要注意改善极端气候条件下室内温度相关措施的合理性，尽量采用"被动式"策略体系。例如，严寒地区和寒冷地区应考虑冬季的采暖措施；夏热冬冷地区需要兼顾夏季制凉和冬季采暖措施；夏热冬暖地区则主要考虑夏季制凉措施。以上海地区老旧厂房改造为例，既要考虑综合遮阳体系、自然通风、太阳能空调系统等"被动式"策略来应对夏季制凉需求，又要采用维护结构保温、太阳能采暖等措施，改善阴冷冬季的室内

被动式设计：

是指通过建筑设计手段（例如建筑保温、遮阳、体型系数、自然通风、窗地比等）而非机械设备，来满足使用空间的物理环境品质，从而达到降低能耗节约能源的目的。

热环境。

其次，关于采暖控制的"被动式"措施，主要包括太阳能采集与利用、围护结构保温。太阳能采集是指利用透过门窗等部位直射进入室内的太阳光、围护结构吸收的太阳能、新增太阳能构件来吸收和转化太阳能等。在老旧厂房的改造过程中，由于外墙、屋面均会进行较大程度调整，空间余地较大，采用被动式太阳能供暖系统较为可行。围护结构的保温措施主要是利用成熟的保温材料构造，尽可能阻止室内热量扩散和渗透到室外，减小供热能量损失。现有老旧厂房的改造活动，大多因各种原因对屋面和墙体保温性能考虑不足，造成改造后的使用能耗巨大，成为影响建筑持续使用的主要原因。未来的更新实践需要对此应给予足够重视。

最后，关于"被动式"制凉措施，主要包括遮阳措施、自然通风应用、围护结构隔热、增加可控中庭等。在改造中应优先考虑自然通风及"诱导"通风的设计应用，在有条件的地方，采用太阳能空调系统，既节能又环保、自然的与环境相融合；针对围护结构的隔热薄弱部位进行相应隔热构造处理，能够有效减小外部热量的大量侵入；遮阳措施除了传统的遮阳构建外，太阳能一体化构建遮阳、屋面绿化、墙面绿化的应用越来越普遍；增加可控中庭是针对厂房开间、进深较大所带来的通风采光弊端，在中间位置适当设置中庭来改善自然采光及室内的热舒适性。

在湿度调节方面，对于北方干冷干热地区，应增加相应的加湿设备，满足冬夏两季的热舒适要求；对于南方湿热湿冷地区，应通过建筑设计手段，有效利用房间的自然通风除湿，局部辅以相应的除湿设备。

在风速调控方面，通过可开启洞口面积及位置分布来予以控制。为此，在外围护结构改造中，应充分考虑合理的开口及彼此间的位置关系，夏季可利用"烟囱效应"来强化风速，冬季利用门窗洞口的关合来控制风流，做到冬夏两季的平衡。

4. 场地市政基础设施的更新要点

老旧厂房所在园区的市政基础设施是其更新改造的重要支撑，需要在充分检测的基础上进一步组织优化。具体而言，主要涉及给水排水、电力、供热、燃气和通信五个方面。

（1）给水排水系统的优化设计

在给水管网系统优化方面，要关注管网适宜性、管道设计流量和用水压力三个方面。首先，工业厂区原有给水管网一般管以枝状管网为主，为提高园区更新后的用水安全，给水管网应优化为环状管网或与城镇给水管连接成环状网，环状给水管网宜采用"双管进水"，即与城镇给水管的连接管不少于两条。其次，由于管道设计流量是管网管径确定的主要依据，厂房更新后会在用地强度和使用人口数量上呈倍数增长，因此总用水量将大大提高，管道设计流量将相应提高，从而要增大管网的管径。最后，随着更新后建筑层数的增加或建筑高度的增长，不管是一般性生活用水还是消防用水的压力通常会难以适应新的使用要求，需要根据改造后的建筑高度配置相应的给水加压泵站。

在排水管网系统优化方面，要兼顾排水体制和工程设计两方面内容。就排水体制而言，由于大多数的老旧厂房更新是对用地和建筑物的全面改造，因此在排水系统组织上应按分流制进行控制。就排水管网优化的工程设计而言，规划雨水管的走向应顺应道路系统的调整，并根据调整后雨水管的汇水面积、地面类型等重新确定雨水管管径、坡度及管底设计标高等；其一，汇水面积应将规划区范围全部纳入并适当扩大，避免周边原有排水系统由于排水能力不足或淤积堵塞等原因造成规划区排水不畅；其二，老旧厂房更新后，其所在场地的情况也将有较大改变，应结合更新规划方案的场地竖向设计、绿地组织情况等因素合理确定地面集水时间和径流系数；其三，提高雨水管网的设计重现期，避免极端暴雨天气所带来的内涝影响。

（2）电力系统的优化设计

不同老旧厂房所在园区的用电负荷情况差别很大，其所在区域的电力系统向园区供电的组织方式应考虑原有电力系统的规划与现状、更新后园区电力负荷中心的位置、建设投资、运行费用、网损率等方面因素。在送电网的设计方面，送电网要能接受电源点的全部容量，并能满足供应变电所的全部负荷。当园区负荷密度不断增长时，增加变电所数量可以缩小供电片区面积，降低线损，当用地内现有供电容量严重不足或者旧有设备需要更新改造时，可采取电网升压措施。在配电网的改造方面，其规划设计方案应有更大的适应性，并且应该不断加强网络结构，尽量提高供电的可靠性，以适应扩大用户连续用电的需要[1]。

（3）供热系统的优化设计

供热系统优化包括供热管网改造和室内采暖系统改造两方面内容。在供热管网更新中，要改变敷设方式（应以无补偿直埋敷设为主要方式）、重新敷设更换管网、加装平衡阀及楼栋热量表，同时更换保温、补偿器及阀门等设备。特别是要尽量减少补偿器数量，降低事故隐患，注意阀门连接方式，减少泄露风险。在室内采暖系统改造中，要更新采暖设备、直管改跨域管、加装温控阀等，使室内采暖系统具备温度调控的条件。

（4）燃气系统的优化设计

燃气系统的技术改造需要严格遵循现行的燃气规范、规程和企业标准，

---

[1] 李慧民，李文龙，李勤，等. 旧工业建筑再生利用项目建设指南［M］北京：中国建筑工业出版社，2019.

统筹考虑。其一，在原有旧燃气管道旁边重新敷设一根新管道（鉴于拆除成本较大，大部分项目对原有管道予以保留），并要保证新建管道与其他管道的安全距离满足规范要求，或尽量维持与现状其他管道的相对关系，以方便管道切接线，降低工程总投资。其二，燃气引入口应采用户外地上引入方式，以此解决引入口阀门在室内存在漏气隐患，提高燃气设施的安全性。其三，燃气立管一般采用镀锌钢管、无缝钢管等。在选取管材及改造方式后，需通过计算以确定管材、管径、改造方式选择的正确性。

（5）通信系统的优化设计

在通信管道方面，应加大"光进铜退"的实施力度，减少电缆网络对管道管孔的占用率，同时要坚持统一规划、统一建设、统一投入使用的原则，避免重复建设，要立足实际，采用同沟同井方式或同沟不同井的方式。在杆路建设方面，应秉承共建思想，积极采用共杆分线方式来推进杆路架设，最大限度实现资源共享。在箱体选择方面，要尽快实现多合一箱体，以利于落实多网合一、入户线共建共享。

8.4.3　更新后段的关键问题

1. 后期运营水平有待强化

（1）后期运营的基本模式及特点

对非拆除重建类项目而言，老旧厂房（园区）更新后的运营模式主要为产权方独自改建运营、运营方承租改建运营，以及产权方与外部机构合资运营三种模式。这三种模式均有各自的优缺点，具体如下。

其一，产权方独自改建运营模式是指从改造到运营的各个环节都由企业自身筹建和组织管理。换言之，老旧厂房（园区）的产权方承担项目改造的出资与运营角色，自主对厂房（园区）进行设计改造和运营管理。这样一来，租金、活动场地租赁、文化展览门票收入等均为企业的收益来源。此模式的优势是系统化较高，有助于产业链的延伸，同时在项目更新过程中更能注重遗产保护前提下的再利用，有利于传承企业文化与历史积淀。但是，其劣势也较为明显，主要表现为对人才的专业化水平要求较高，既懂开发又懂运营管理的人才是该模式发展的重点和难点。因此，这种模式适宜于资金筹措能力和资源整合能力兼备的产权方。

案例 28——北京 751 时尚设计广场

北京 751 时尚设计广场正是采用了产权方独自改建运营模式。751 时尚设计广场为正东集团所属，曾经是国家"一五"期间重点建设的大型工业项目之一，主要为北京提供生产生活煤气。2006 年，集团决定将 751 转型升级为文化创意产业区，成立"751 时尚设计广场"并由其子公司迪百可文化发展有限公司运营管理，如图 8-31 所示。经过不断摸索，751 已转变了最初主要依靠空间租赁盈利的模式，先后举办了中国国际大学生时装周、国际设计节，创办了 751D·LAB、图书馆，开设设计私房课，除此之外，还定期举办或承办具有社会影响力和文化引领作用的多项活动，逐步形成了"空间＋物业＋产业＋商业"的发展路径。

图 8-31　北京 751 时尚设计广场

其二，运营方承租改建运营模式是指产权方将老旧厂房（园区）的改造权和运营权移交第三方独立机构，产权方通过收取租金的方式获得利润。这种模式适用于期望获得稳定租金收益的产权方。其优势是运营方基于自身业务需求选择项目定位，发展方向更加明确，避免了改造后运营不佳的情况。缺点是改造时容易过度注重空间资源而忽略维持原有特色，减弱了原有的工业气息。位于北京东城区的 77 文创园是该模式的典型案例，其产权方是北京胶印厂，由专业文化资产运营团队"北京东方道朴文化资产运营管理有限公司"进行整体运营，自 2012 年 9 月起经过近两年的规划和改建，于 2014 年 4 月全新亮相，转型为主题文创园，既保留了工业遗址，又聚集了大量核心文化资源。

其三，产权方与外部机构合资运营模式是指产权方与外部机构成立合资公司作为更新后项目的运营方。该模式比较适合需要资金或者产业资源支持的产权方。其优势是项目资金比较充裕，或者具备带动性较强的产业内容、产业平台。缺点是需要建立有效的合作机制，否则大量的沟通协调工作会影响决策和管理效率。由北京华北无线电联合器材厂改建而来的 798 艺术区正是采用这种模式：2000 年，六家工业单位整合为北京七星华电科技集团有限责任公司；最初，七星集团将空余的厂房进行出租，以低廉的租金吸引了一大批艺术家租下厂房并进行改造；2007 年，七星华电科技集团有限公司与北京新兴产业区综合开发有限公司等企业合资成立了北京 798 文化创意产业投资股份有限公司，开始对 798 艺术区施行专业管理，如图 8-32 所示。

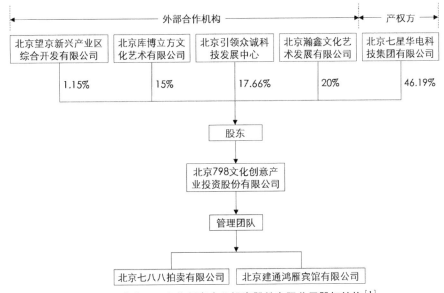

图 8-32　北京 798 文化创意产业投资股份有限公司股权结构[1]

（2）后期运营的主要问题

拿来主义思想下的发展定位模糊是国内老旧厂房（园区）更新后运营难题的根本原因。老旧厂房（园区）更新的理论发展与实践在西方国家发展较早，出现了诸多成功案例，例如前文归纳的德国鲁尔工业区改造、美国纽约的 SOHO 区改造等，在这些成功实例的影响下，国内一些开发商在缺乏对城市独特文化考察下便直接照搬照抄，特别是在一些二三线城市的老旧厂房（园区）被改造为公园、艺术区等项目中，盲目模仿的做法较为普遍，使得项目改造后无法很好融入所在城市的文化、历史、景观，甚至与公众的渴望和实际需求大相径庭。这种先天不足为后期运营带来重大阻滞，无法吸引人们的到访，不仅经济拉动能力有限，而且也带来了社会资源的浪费[2]。即便是国内知名的北京 798 艺术区也同样存在规划定位不清晰的问题：早期的 798 是由一批创意人士率先落户，通过口口相传才吸引越来越多艺术家和设计师进行自发性改造；虽然经过多年经验发展，但由于缺乏统一规划和定位，其艺术氛围逐渐变淡，使得游客体验感大大降低。

此外，运营专业人才的匮乏也是影响运营成效的重要原因。对于功能植入型的老旧厂房（园区）改造而言，大多数开发者更关注于"如何改"，例如建筑的改造方式、相应的技术支撑、更新后的功能选择等。但是对改造

---

[1] 吴雪. 废旧工业厂区改造再利用发展模式及综合效益研究 [D]. 北京，北京建筑大学硕士学位论文，2017.

[2] 岑贝. 北京城市工业遗产空间特征与保护对策研究 [J]. 北京联合大学学报，2019，33（4）：30-37.

后如何运营的关注颇为不足，从而导致计划与现实差距过大，实际运营能力受到折损。据相关研究调查，存在诸多文化创意类项目由于缺乏专业人才以及专业机构的参与运营造成盈利方面的较大欠缺。仍以北京 798 为例，2014～2016 年，在有政府项目补贴的情况下其年营业利润依然连续为负值，究其根本，不专业的运营团队成为其连年亏损的重要原因。其核心管理团队及员工基本均来自原工厂，这些做电子类产业的管理者，在运营文化产业项目时会明显表现出专业化不足的问题。

（3）提升运营水平的基本策略

其一，要统筹规划、精准定位。在更新规划之初要遵循城市的整体规划，把握产业的精准定位，以目标为导向，以效益促改造，体现项目的特色与亮点，改变类似于"文创园模式雷同"的公众印象。譬如，当前以文创产业为主导的运营方式是老旧厂房更新的主流方式，但是一个城市对文创产业的容纳度和需求是有限的，如果一味进行多点复制，在达到饱和状态以后的更新利用便成为一种资源浪费。

其二，要依赖专业管理团队的引领。为避免重走部分老旧厂房更新后园区管理专业化不足的老路，在新项目开展之初便应当着手组建专业化的管理团队，以此来提升老旧厂房（园区）更新后的运营管理效率。在招募符合公司定位和需求的专业人才同时，还要对其他相关人员进行专业培训，学习其他园区管理的成功经验。

其三，要坚持招商与服务并重。当下，全方位的服务已经成为产业园区运营的核心竞争力、生命力、生产力，而招商则是园区良好服务体系的外在表现形式，也是园区运营中至关重要的环节。因此，服务应贯穿园区运营的始终，常态化的招商更应列入园区服务的范畴，只有招商与服务并重，才能在激烈的市场竞争下生存与发展，也是对园区同质竞争的重要应对。

其四，要注重物质性服务向综合性服务拓展。发展初期，服务应从基础的物质服务开始，包括交通、环境、配套等硬件设施建设，无论是商业性配套还是生活性配套，均需要秉承便利的基本原则，为入驻企业创造良好无忧的发展环境。在各方面物质配套逐步完善的情况下，综合性服务便成为下一阶段运营工作的重点。特别对于规模较小的企业，在其生产发展的各阶段，所入住的园区能否提供全方位的服务至关重要。为此，应从基础型服务、引导型服务、产业型服务三方面入手。在企业初创阶段为其提供创业辅导等基础型服务；在企业运营的全方位环节上给予专业指导意见等引导型服务，帮助企业梳理运营管理过程中的即时性问题；在企业逐步发展壮大后，提供产业型服务，实现企业、园区的双赢。而提供综合性服务的前提是上文提及的"专业管理团队"的专业性、包容性、高效性等基本素质。只有在与入驻企业的共同成长发展中，理清运营管理与建立情感的轻重关系，才能在服务管理好入驻企业的同时获得良好运营回报，实现共同发展[1]。

2. 更新效果评估缺乏重视

（1）进行更新效果评估的必要性

为确定更新项目的预期效益是否实现，总结成功经验或失败教训，及时有效反馈信息，提升未来项目的开发水平；或为项目投入运营中出现的问题提出改进意见和建议，达到提高投资效益的目的，均需对更新后的效果进行评估。具体而言，其必要性体现在以下四个方面[2]。

首先，为提高项目决策的科学化水平服务。项目前期的可行性判断需要已有项目的效果评估来分析和支撑。通过建立完善的评估制度和科学的评估体系，可以通过项目效果评估所反馈的信息，及时纠正项目决策中存在的问题，从而提高未来项目决策的科学性。

其次，为政府制定和优化相关政策提供参考。更新效果评估所总结的经验教训，往往涉及政府经济管理中的相关问题，相关部门可根据所反馈的信息，来合理确定和调整投资规模与投资流向，协调各产业部门之间的协同关系，修正某些不适当的经济政策，或者完善必要的法规、法令，以及构建相关制度和机构。

再次，为提高项目监管水平提供建议。更新项目管理是一项十分复杂的活动，会涉及政府、业主或开发商、设计、施工、招商运营等诸多部门，如何进行有效协调管理需要在项目过程中不断摸索完善。通过效果评估对已完成项目进行分析研究，总结项目组织管理方面的先进经验和失败教训，为未来的项目管理活动提供借鉴。

最后，有利于促进项目运营状态的正常化。在进行效果评估时，对项目投产初期和达产时期的实际情况进行研究，比较实际状态与预期目标的偏离程度，并分析其内在原因，提出切实可行的改进措施，有利于促进项目运营状态的正常化，提高项目的经济效益和社会效益。

（2）更新效果评估所关注的内容

尽管由于区域间经济发展不均衡和地方社会认知参差不齐而导致的老旧厂房更新的开发差异，以及难以形成统一有效的衡量标准去评价项目的综合水平，但是经济影响、社会影响和环境影响是对更新效果予以评估的基本维度[3]。

在经济影响方面，足够的经济效益是投资方开展项目的重要前提。对于

---

［1］苏航. 天津市工业建筑遗产改造与利用策略分析——以天津市中心城区为例［D］. 天津，天津理工大学硕士学位论文，2019.

［2］李慧民，田卫，张扬，等. 旧工业建筑再生利用评价基础［M］. 北京：中国建筑工业出版社，2016.

［3］李慧民，陈旭. 旧工业建筑再生利用管理与实务［M］. 北京：中国建筑工业出版社，2015.

项目经济效益的衡量一般是通过财务评价得以实现（公益项目或政府主导项目需进行国民经济评价），如内部收益率（效益率）、经济净现值、净现值率、投资回收率、投资回收期、经济效益费用比等定量指标。同时，对于一般项目而言，其经济效益在很大程度上还受国家宏观发展政策、税收政策，以及投资决策时所采取的融资方式和制定的项目投资计划等因素的影响；对于老旧厂房更新而言，还受所选用的加固技术和建造技术的先进性和经济性影响。然而，这些影响因素一般不能直接以数据形式得以呈现，需要从定性的角度予以分析，运用数学工具将其转化成定量值后再用于评估。

在社会影响方面，良好的社会反响是项目开展不可忽视的重要内容。在构建和谐社会的大背景下，任何地区的工程项目建设如果与当地居民的意愿背道而驰，不良的社会影响必然会导致投资方所预想的经济收益无法实现。相反，如果项目建设的社会反响很好，必然会对投资方的经济效益有所提升。衡量老旧厂房更新社会效益的指标多为定性指标，如对地域经济发展的影响能力，为当地提供就业机会的能力，与当地社会环境的协调统一程度，对自然、历史、文化遗产的保护程度等。

在环境影响方面，绿色环保已经成为工程项目建设的时代要求。随着"绿色生态""低碳生活"等意识理念的普及，创建环保节约型社会已成为社会共识。在此背景下，工程项目建设的环境表现能够直接影响项目自身的经济效益和社会效益，三者之间可谓息息相关。与此同时，工程项目在我国已经进入绿色建设时代，例如《绿色建筑评价标准》已经提出了大量可供老旧厂房更新评估所参考的指标，这些指标主要关注对可再生能源的利用程度、对可再生或可循环材料的使用程度、节能措施对总能耗的降低程度、对土地资源的合理利用程度、节水及优化水资源的能力、对各种污染源的防治和绿色建筑运营管理表现等。

更新项目的开发建设一定要平衡好各种影响因素之间的相互作用，过于侧重某一方面的效益，则必然会导致其他方面的反作用。也就是说，需要达到经济效益、社会效益和环境效益之间的统一与平衡。在此基础上，构建相应的指标体系是落实项目更新效益评估的重要步骤，田卫曾在其博士论文中专门对此进行研究，并提出了老旧厂房更新效果评估指标体系[1]，为相关实践提供了重要参考，如图8-33所示。

（3）更新效果评估的基本方法

鉴于更新效果评估指标体系既有定性类指标又有定量类指标，需要定性与定量相结合的技术方法来实现更新效果的全面评估。定性类评估主要是根据评价者自身的经历和经验，并结合现有文献资料，综合考察评价对象的表

---

[1] 田卫. 旧工业建筑再生利用决策系统研究 [D]. 西安：西安建筑科技大学博士学位论文，2013.

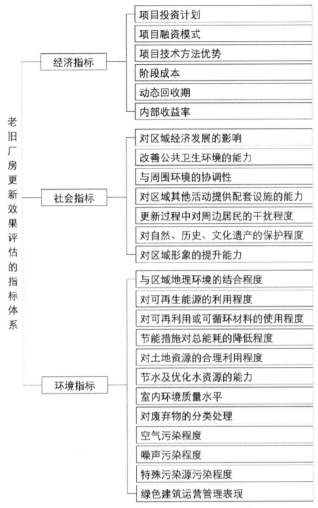

图 8-33　老旧厂房更新效果评估的指标体系

现和状态，直接对其做出定性的结论或判断。定量类评估主要是采取某种数学方法，通过收集和处理数据资料，对评价对象做出定量结果的评价判断。进一步而言，实现这两类评估指标的技术方法主要有专家评分法、德尔菲法、层次分析法、模糊综合评价法和人工神经网络法[1]。

专家评分法是利用专家的经验、智慧等隐性知识，直观判断工程项目在各单因素影响下所呈现出的效果，并确定相应的值（假若取 0～1 之间的数，0 代表效果完全不理想，1 代表效果最佳）。同时，要给定每个效果评价指标的权重，将各指标权重与相应效果评价值相乘后加和即为项目的综合效果评估值，进而与预先制定的标准进行比较，以确定项目的成败以及需采取的应

[1] 樊胜军. 旧工业建筑（群）再生利用项目后评价体系的应用研究 [D]. 西安：西安建筑科技大学博士学位论文, 2008.

对措施。该方法虽然易于操作、分析结果易于理解，但是有主观性较强的缺点。在历史数据缺乏、指标难以量化等情况下可以考虑应用。

德尔菲法与专家评分法类似，但更为精确合理，主要通过与专家反复调研问函讨论，汇总专家一致看法作为预测结果。但该方法的最主要缺点是不能与所有专家进行当面交流，容易出现由于缺乏沟通而造成信息不对称，进而产生错误意见。

层次分析法是一种广泛应用于管理学、经济学以及社会学等领域的方法。该方法可将难以量化的指标按大小顺序区分开来得到多层级指标[1]。首先，需要将复杂系统按一定关系分解成各个组成因素，然后将这些因素按支配关系再次分组，最终形成阶梯层次结构；继而通过对每个层级所包含的因素进行两两比较，以此确定因素间的相对重要程度，并结合决策者的判断来确定因素间相对重要程度的总排序。该方法一方面很好地将定性分析与定量分析相结合，并能体现出研究者的综合分析能力；另一方面通过对复杂多变的因素进行排序，找出对总体目标影响较大的因素，适合对多目标系统进行决策。其不足之处是权重确定也需要依靠专家评分，同样受主观因素的影响较大。

模糊综合评价法是针对项目效果评估中存在大量难以定量评价的指标，基于模糊数学理论中的综合评价法，利用专家的知识经验以及历史数据资料，对其采用非精准（模糊）的语言或变量予以描述。其基本思路是：结合考虑各评估指标的相对重要程度，并通过设置权重来区分所有因素的重要性，建立模糊数学模型，计算出项目实施效果的各种优劣程度的隶属度，其中隶属度值最大项即为项目实施效果水平的最终确定值[2]。同前三种方法类似，确定各因素的权重主要依赖于专家的经验判断，同样存在主观因素较大的缺点。

人工神经网络法是通过模仿人类大脑处理信息的基本方式来解决复杂问题的方法。一个人工神经网络是由相互连接的神经元构成的集合，这些神经元不断从它们的环境（数据）中学习，以便在复杂的数据里捕获本质的线性和非线性趋势，以期能为新的情况提供可靠性预测。基于人工神经网络的项目效果评估一般是通过应用神经网络不断地训练大量样本，寻找或拟合输入数据（评价指标值）与输出结果（项目实施效果水平）之间的关系，以期对后续类似项目进行有效评估或预测[3]。

［1］叶鹤飞. 深圳旧工业厂房改造模式的研究［D］. 天津：天津大学硕士学位论文，2016.

［2］王珏，李慧民. 基于多层次模糊综合评判法的旧工业建筑再生利用项目社会影响评价研究［J］. 建筑技术开发，2009，36（6）：67-69.

［3］郭良. 基于人工神经网络的旧工业建筑结构安全评定研究［D］. 西安：西安建筑科技大学硕士学位论文，2014.

综上所述，由于各地经济、文化、地理环境的差异，以及由于历史原因导致的老旧厂房原始资料缺失，项目实施过程中的不确定因素复杂繁多，大多数评估指标难以实现定量分析。在实践中，应根据每项指标的特点，结合项目具体情况，选择相对适宜的方法或评估思路，力争实现对项目效果予以科学合理地评价。

第 9 章　历史街区

历史街区是城市系统中最复杂、最具有内涵的地区之一。历史街区的更新改造是城市功能演进、迭代进化的重要内容。与老旧小区、厂房不同，历史街区更新中面临更为复杂的问题。

本章首先对历史街区及相关概念进行辨析，理清历史街区更新的建设范围；在此基础上，根据历史街区更新的三大要素，详细论述历史街区的更新内容和方法；然后，对居住类、商业类、旅游类和文化类等四类历史街区的更新模式进行了重点研究；最后，探讨了历史街区更新的实施模式。

9.1　基础研究

历史街区相关保护范围关系复杂，不同保护范围的开发限制不尽相同。本节主要回答历史街区的相关概念和保护范围，并通过梳理相关法律法规，明确历史街区的保护要求。

9.1.1　历史街区相关概念辨析

1. 核心概念

"历史街区"首次出现完整说法是在 1986 年国务院在《国务院批转建设部、文化部关于请公布第二批国家历史文化名城名单报告的通知》，关于四川阆中的简介中提到"古城内有许多会馆等古建筑，还保留着主要的历史街区"。1997 年 8 月，建设部将"历史文化保护区"正式列入我国的历史文化遗产保护内容。此后，我国遗产保护体系的重心由宏观（即历史文化名城）、微观（即文物建筑）逐步转向中观层次（即历史街区）[1]。但直至 2002 年，历史街区并没有明确地被定义，不同的研究者对历史街区的定义也不尽相同[2]。2002 年，随着修订后的《中华人民共和国文物保护法》的颁布，"历史文化街区"正式成为我国遗产保护体系中观层面具有法律效力的概念[3]。历史街区定义辨析如表 9-1 所示。

历史街区定义辨析　　　　　　　　　　　　　　表 9-1

研究者	定义
名城规划委员会 （1991）	历史保护地是指那些需要保护好的具有重要文化、艺术和科学价值；并有一定的规模和用地范围；尚存真实的历史文化物质载体及相应内涵的地段
吴良镛（1998）	历史街区是指在某一地区（主要指城市）历史文化上占有重要地位，代表这一地区文化脉络和集中反应地区特色的建筑群，其中或许每一栋建筑都不是文物保护建筑
丁承朴（1999）	历史街区是指在某一地区（城市或者村镇）历史文化上占有重要地位，代表这一地区历史发展脉络和集中反应该地区经济、社会和文化等方面价值的建筑群及其周围的环境
陆翔等（2001）	历史文化街区（又称历史地段或历史街区），指反映一定历史阶段的社会、经济、文化、生活方式、传统风貌和地方特色的城市或乡村的地段、街区、建筑群
李德华（2001）	历史地段同城称作历史街区，它是保存有一定数量和规模的历史建筑物、构筑物，且对风貌相对完整的地段
林翔（2003）	历史街区是保存着一定数量和规模的历史遗存切历史风貌较为完整的城市生活街区

[1] 李晨. "历史文化街区"相关概念的生成、解读与辨析 [J]. 规划师，2011，27（04）：100-103.
[2] 戴湘毅，王晓文，王晶. 历史街区定义探析 [J]. 云南地理环境研究，2007（05）：36-39.
[3] 中华人民共和国文物保护法 [EB/OL].

续表

研究者	定义
杨钊（2004）	历史文化街区指能显示一定历史阶段的传统风貌、社会、经济、文化、生活方式及地方特色的街区
杨新海（2005）	历史街区是保存有一定数量和规模的历史遗存、具有比较典型和相对完整的历史风貌、容忽然一定的城市功能和生活内容的城市地段

　　本书的研究对象"历史街区"即"历史文化街区（historic conservation area）"：是经省、自治区、直辖市人民政府核定公布的保存文物特别丰富、历史建筑集中成片、能够完整和真实地体现传统格局和历史风貌，并具有一定规模的历史地段[1]。

2. 划定标准

　　根据《历史文化名城保护规划标准》（GB/T 50357—2018），历史街区应具备下列条件：应有比较完整的历史风貌；构成历史风貌的历史建筑和历史环境要素应是历史存留的原物；核心保护范围面积不应小于 1 公顷；核心保护范围内的文物保护单位、历史建筑、传统风貌建筑的总用地面积不应小于核心保护范围内建筑总用地面积的 60%。

3. 相关概念

　　文物保护单位（officially protected monuments and sites）：经县级及以上人民政府核定公布应予重点保护的文物古迹。

　　历史建筑（historic building）：经城市、县人民政府确定公布的具有一定保护价值，能够反映历史风貌和地方特色的建筑物、构筑物。

　　传统风貌建筑（traditional style building）：除文物保护单位、历史建筑外，具有一定建成历史，对历史地段整体风貌特征形成具有价值和意义的建筑物、构筑物。传统风貌建筑是历史地段的重组成部分，甚至可能是历史地段的主要组成部分。从保护的重要性和价值而言，传统风貌建筑低于文物建筑与历史建筑。但传统风貌建筑组成的街巷格局、片区肌理和相应的景观环境，是历史地段传统风貌的集中反映。

　　文物古迹（historic monuments and sites）：人类在历史上创造的具有价值的不可移动的实物遗存，包括地面、地下与水下的古遗址、古建筑、古墓葬、石窟寺、石刻、近现代史迹及纪念建筑等。

　　历史地段（historic area）：能够真实地反映一定历史时期传统风貌和民族、地方特色的地区。历史地段是国际通用概念，可以是文物古迹比较集中连片的地段，也可以是能较完整体现历史风貌或地方特色的区域。历史文化街区是历史地段的一种类型。历史地段内可以有文物保护单位，也可以没有

---

[1] 历史文化名城保护规划规范 GB 50357—2005 条文说明第 2.0.4 条。

文物保护单位。

历史城区（historic urban area）：城镇中能体现其历史发展过程或某一发展时期风貌的地区，涵盖一般通称的古城区和老城区。本标准特指历史范围清楚、格局和风貌保存较为完整、需要保护的地区。

9.1.2　历史街区相关范围界定

1. 历史街区的保护范围

历史街区保护范围分为：核心保护范围和建设控制地带。

核心保护范围内有大量文物保护单位和历史建筑，以保护和修复为主，可以改造的余地小；建设控制地带是在核心保护范围与新的建设地区之间，形成景观和风貌必要的缓冲与过渡带。建设控制地带是历史街区更新改造的主要区域。历史街区的核心保护要素包括文物保护单位和历史建筑，应当进行重点保护。

文物保护单位的保护范围：是指对文物保护单位本体及周围一定范围实施重点保护的区域[1]。文物保护单位的保护范围，应当根据文物保护单位的类别、规模、内容以及周围环境的历史和现实情况合理划定，并在文物保护单位本体之外保持一定的安全距离，确保文物保护单位的真实性和完整性。

文物保护单位的建设控制地带：是指在文物保护单位的保护范围外，为保护文物保护单位的安全、环境、历史风貌，对建设项目加以限制的区域[2]。

历史建筑的保护范围：历史文化街区内历史建筑的保护范围应为历史建筑本身。历史文化街区外历史建筑的保护范围应包括历史建筑本身和必要的建设控制地带[3]。

2. 相关概念的空间关系示意

与历史街区相关的概念较多，如历史城区、历史保护建筑、紫线等。

历史城区：即城镇中能体现其历史发展过程或某一发展时期风貌的地区。历史城区范围一般通过综合分析城市不同历史时期的空间格局，根据保护格局和延续风貌的要求而划定[4]，一般由历史文化街区保护范围和环境协调区构成。

历史建筑保护：通常有两种情况，一种情况位于历史街区内部，保护范围是历史建筑本身；另一种情况位于历史街区保护范围外，包括历史建筑和历史建筑建设控制地带，如图 9-1 所示。

环境协调区：是在历史街区的建设控制地带之外，划定的以保护自然地

［1］中华人民共和国文物保护法实施条例　第九条。
［2］中华人民共和国文物保护法实施条例　第十三条。
［3］历史文化名城保护规划规范标准 GB/T 50357—2018 第 3.2.4 条。
［4］历史文化名城保护规划规范标准 GB/T 50357—2018 条文说明第 3.2.1 条。

形地貌为主要内容的区域，体现古城独特城址环境的山川形胜与河湖水系[1]。

城市紫线：是指国家历史文化名城内的历史文化街区和省、自治区、直辖市人民政府公布的历史文化街区的保护范围界线，以及历史文化街区外经县级以上人民政府公布保护的历史建筑的保护范围界线[2]，如图 9-2 所示。

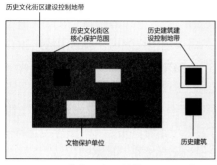

图 9-1　历史街区各保护范围关系示意

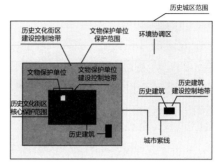

图 9-2　历史街区、城市紫线、环境协调区和历史城区空间关系示意

9.1.3　法律法规及保护规定解读

1. 历史文化街区的相关规定

历史文化街区核心保护范围内建筑物、构筑物应当分类保护。核心保护范围内禁止大规模拆除建设，拆除历史建筑以外的建筑物、构筑物或者其他设施，需要经过批准。核心保护范围内标志牌、招牌设置需与历史风貌相协调。在核心保护区范围内除确需建造的、必要的基础设施和公共服务设施外，不得进行新建、扩建、改建活动。新建、扩建必要的基础设施和公共服务设施需要经过审批。

建设控制地带的新建、扩建活动要严格管控，要与历史街区风貌相协调。

2. 文物保护单位保护范围的相关规定

文物保护单位进行分级保护，报不同级别政府备案。各级文物保护单位应作出标志说明、建立档案。文物保护单位需要有专门负责人修缮，并报相应文物行政部门批准。文物保护单位的保护范围和建设控制地带内不得进行建设工程，除非经过审批。文物保护单位应尽可能原址保护，全国重点文物保护单位不得拆除，原址重建文物保护单位、特定情况下需要拆除或迁移文物必须经过审批。

文物保护单位不可转让、抵押。文物保护单位经过审批后可以使用或改变使用功能。

---

[1] 历史文化名城保护规划规范标准 GB/T 50357—2018 条文说明第 3.2.1 条。
[2] 城市紫线管理办法 第 2 条、第 6 条。

3. 历史建筑保护范围的相关规定

城市、县人民政府应当对历史建筑设置保护标志，建立历史建筑档案。历史建筑的保护、改善、改造、迁移、拆除、改变使用性质均需要经过批准。建设工程选址，应当尽可能避开历史建筑；因特殊情况不能避开的，应当尽可能实施原址保护。

在历史建筑核心保护范围内禁止影响历史建筑保护的行为。支持和鼓励历史建筑的合理利用。市人民政府应当制定促进历史建筑合理利用的具体办法，通过政策引导、资金资助、简化手续、减免国有历史建筑租金、放宽国有历史建筑承租年限、减免历史建筑土地使用权续期费用等方式，促进对历史建筑的合理利用。

9.1.4　我国历史街区的更新历程及趋势

1. 我国历史街区的更新历程

（1）阶段一：保护体系初步构建期（1990年之前）

我国历史街区保护概念提出在19世纪80年代，最初的关注点在于文物保护单位和历史建筑单体的保护，后期逐渐发展到对历史文化名城的保护。1986年国家公布第二批历史文化名城时，提出"历史文化保护区"概念。同年，黄山屯溪老街保护规划实施，成为我国最早的历史街区保护实践案例。这一时期，各级地方政府也开始了历史街区相关保护条例的编制和保护实践工作，此时，我国历史街区保护体系初步构建。

（2）阶段二：保护体系逐步完善期（1990～2010年）

20世纪90年代中国经济迅速崛起，快速的城市建设使得历史街区面临存亡危机。大量历史街区因城市重心的转移而衰败，又在粗暴的拆迁和古董式的保护中被破坏，成为城市发展的牺牲品。从20世纪初开始，国家开始对历史街区的面临的严重危机问题开始了进一步的干预。2002年新修订的《中华人民共和国文物保护法》和相关条例陆续颁布，明确了"历史文化街区"的法律概念。2004年《城市紫线管理办法》对历史建筑和历史街区的管理保护提出了要求，并且更加明确了历史街区保护控制的空间边界。2008年《中华人民共和国城乡规划法》正式实施，同年《历史文化名城名镇名村保护条例》执行，历史街区保护和更新得到了进一步的法律保障。

（3）阶段三：标准化、精细化管理期（2010年以后）

在几十年的历史街区保护更新过程中，各级城市展开了广泛的实践工作，经历过不同尝试之后历史街区的保护越来越精细化，同时开始关注历史街区更新后的社会问题。2010年《历史文化街区保护管理办法》（征求意见稿）发文。同时，各级政府陆续发布当地的历史文化名城保护管理办法，历史街区基本形成"法制-管理"的保护体系。至今，相关部门和专家建议各地历史文化街区保护和管理更加标准化、精细化，历史街区更新发展更加完善优化。

2. 我国历史街区的更新原则

（1）原真性保护，延续街区风貌和当地文脉

认真推敲建筑中包含的历史文化信息，复原真实历史风貌。拒绝拆掉真古董，再造假古董的破坏性行为。重点保护历史街区中的各个风貌组成要素，尊重街区原有的格局和空间形态，延续原有尺度关系。

（2）整体性保护，尊重历史和生活的真实性

历史街区不仅保护建筑物本身，还包括整体居住环境的格局和其所承载的居住人文氛围和社会结构。积极完善基础设施，提高居住环境质量。保证一定比例原住居民，尊重当地传统文化习俗，延续原有邻里关系和本地组织。提高街区经济发展水平，增加居民安居乐业的就业岗位，维持街区活力。

（3）多元化参与，广泛地公众共建共治共享

探索多元参与机制，鼓励社会资本和民营资本的引进，充分激发市场活力。鼓励广泛的公共讨论和公共参与，调动居民保护的主动性和积极性，整合社会有效资源，建立政府、市场、市民、社会的协同机制，保障各方权益，增加居民认同感和归属感。

（4）动态可持续，渐进式的有机更新

历史街区更新是一个持续不断、生生不息的过程，即便是已经完成当前阶段的更新，仍然需要持续升级。有机更新是在有限制的条件及范围里，通过小规模的空间调整，在保持原有街区特征的基础上，逐步提高环境品质，适应现代生活需求。

3. 我国历史街区的更新趋势

（1）从重视"物质层面"的保护到"社会结构"的延续

对于历史街区而言，物质空间和社会生活结构的协调发展才能保证根源上的可持续。这意味着，在保证原有风貌和生活空间品质优化的基础上，适应现代需求，延续历史街区内的邻里关系网络和民生诉求才是历史街区发展的根本动力。

（2）从"外部功能"的置入到街区"内部活力"的培育

在以往的历史街区更新中，由于保护成本高，资金投入巨大，历史街区成为资本生长的土壤。历史街区更新引发的周边地区高效益的开发，也从侧面影响到了街区的传统肌理形态和内部功能，加剧历史街区的绅士化。

为了延续历史街区本身的特质，历史街区空间形态改造过程中，更加重视对街区本身基因的理解，从原住居民的需求出发，适应新的市场需求，完善基本的公共服务设施和生活配套设施，强化提升历史街区内原有产业的竞争力。

（3）从"片面静止"的改造到"渐进式小规模"的更新

在历史街区改造过程中，由于对现状认识不足，更新手法往往过于粗暴，

比如大拆大建推倒重来，或者类似于博物馆的静止式保护，使得历史街区原有的历史文化资源无法发挥其应有的价值，甚至湮灭在迅速的街道翻新中。

渐进式小规模的更新更能适应历史街区复杂的前提条件，随着认知的加深，历史街区原有的历史文化资源能够得到更加细致的保留，其本身的价值能也能更好地转化。同时渐进式小规模更新也能分解漫长的更新周期，每一阶段的建设周期较短，易于筹措资金，也能把前期的更新改造经验直接用于后期的更新中，取得更好的实施效果。

（4）从"自上而下"的保护开发到"多元参与"的自主营造

随着对历史街区价值认识的加深、公众意识的加强，以往由政府或者企业主导的更新向多元参与主体转变。越来越多的公共群体参与到历史街区更新保护的进程中，拓宽了历史街区保护的价值观，历史街区呈现出了更加丰富多样的形态，有利于提高市民对历史街区的保护意识。在实施过程中，本地居民等多方参与，使得保护更新规划真正建立在广泛的群众基础上，参与更新过程能够增强居民对街区的历史认同感、构筑良好的邻里关系网络，也能获取部分社会资本，确保项目顺利推进。

9.2　更新内容和方法

本节将历史街区更新内容分为三大类：建筑的保护与整治、整体风貌的延续和基础设施的提升，并对各类更新要素和方法进行重点介绍。

9.2.1　建筑的保护与整治

历史街区中的建筑可分为"保护类建筑"和"非保护类建筑"，根据不同建筑的保护方式，历史街区内建筑的改造主要分为修缮、维修改善、整治三种[1]，如表9-2所示。

建筑分类保护和整治方式　　　　　　　　　　　　　　　　表9-2

分类	保护类建筑			非保护类建筑	
	文物保护单位	历史建筑	传统风貌建筑	其他建筑物、构筑物	
保护与整治方式	修缮	修缮维修改善	维修改善	与历史风貌无冲突的其他建筑物、构筑物	与历史风貌有冲突的其他建筑物、构筑物
				保留维修改善	整治（包括拆除重建、拆除不建）

---

[1] 历史文化名城保护规划规范标准 GB/T 50357—2018 第 4.3.2 条。

1. 修缮：针对历史建筑和文保单位

建筑修缮包括日常保养、防护加固、现状修整、重点修复等。参考《历史建筑修缮图纸（第一版）》，建筑修缮主要为地面、墙体、屋面、门窗和装修五大部分，如表9-3所示。建筑修缮的具体方法可以通过常见的破坏类型，对应到具体的修缮措施。

建筑修缮内容 表9-3

	地面	墙体	屋面	门窗	装修
修缮具体内容	地砖 特色楼梯	墙体 装饰线条 批荡 特色阳台	瓦 老虎窗 山头 檐口	门 窗	栏杆 落水管 铁艺 雕塑/彩画

（1）常见破坏类型如表9-4所示。

常见破坏类型汇总表 表9-4

不当加建 在原有建筑的基础上增加新的空间，造成原建筑空间格局不恰当的改变	 住宅屋顶加建	不当改建 在原有基础上改造建设，造成了原建筑空间格局不恰当的改变	 建筑外墙面开洞口
不当拆除 拆除原建筑的一部分，造成了原建筑空间格局不恰当的改变	 拆除庭院景观	后加、更替饰面 在原墙体或建筑构件表面附加或替换与原饰面不同的材料，产生不恰当的影响	 住宅一层后加饰面层
整体移位、倾斜 墙体的整体倾斜、偏移或明显变形	 木结构倾斜	坍塌 建筑结构整体或局部倒塌	 结构与墙体部分倒塌
后加构件 在原墙体或建筑构件的表面附加新的构件，产生不恰当的影响	 后加入口雨篷	构件替换 新构件替代原建筑构件，产生不恰当的影响	 普通瓷砖替换花阶砖
构件移位 建筑构件的整体倾斜、偏移或明显变形	 红砂岩檐柱构件移位	构件缺失、缺损 建筑构件的遗失或部分破损	 窗构件部分缺失、缺损

续表

中空 专指木构件被白蚁蛀空的情况	 木瓜柱蛀空	植物入侵 植物和微生物在潮湿环境下对墙体或建筑构件的侵蚀	 屋顶植物入侵
开裂 墙体或构件表面产生线性裂缝	 木檩条开裂	断裂 构件断开，失去承载力	 木檩条断裂
松动 建筑构件相互连接的部位不牢固，可使构件发生位移	 建筑转角砖块松动	剥落 墙体或建筑构件的饰面层结合不紧密，饰面层成片掉落，使结构层直接暴露在外	 建筑装饰剥落
腐朽 专指木构件在长时间自然因素（风、雨、水汽、日晒、微生物等）的破坏后发生朽烂	 木梁腐朽	表面污染 墙体或建筑构件表面长时间积累污渍、人为污染或不当涂刷	 建筑外墙不当涂刷
泛盐 墙体、地面等建筑构件中的硅酸盐遇到水分产生的氢氧化物，从构件表面析出，致使表面结碱，继而使构件表层涂料或油漆等无法黏附表面而造成掉皮、脱落等现象	 砖墙表面泛盐	锈蚀 专指金属建筑构件在空气与水汽作用下发生缓慢氧化作用，产生多种氧化物覆盖在构件表面	 楼梯铁艺栏杆锈蚀
空鼓 墙体或建筑构件的表面的批荡部分鼓起，产生空气层	 墙面批荡空鼓	风化侵蚀 墙体或建筑构件表面由于物理、化学或生物作用，产生崩解或分解	 砖墙风化侵蚀

（2）地面的修缮

地砖：下方楼板需修缮，需保护性拆除；后加饰面，需人工凿除；构件替换，需人工凿除或重铺地砖；构件缺失，需重铺地砖；构件开裂或断裂，需补修地砖；构件松动，需重铺地砖；表面污染，需清洗花阶砖。

特色楼梯：不当加建，需一般性拆除；后加饰面，需人工凿除；整体移位、倾斜，需扶正、加固木楼梯；构件中空，需填补构件；构件开裂，填补裂缝；表面污染，需清洗构件；构件替换，需一般性拆除、重做构件；构件缺失、缺损，需重做构件。

（3）墙体的修缮

墙体：不当加建、改建，需一般性拆除；后加饰面，需人工凿除；整体移位、倾斜，需墙体扶正；坍塌，需局部重砌；后加构件，需人工清理；构件缺失、缺损，需局部修补、局部重砌；开裂，需局部填补；松动，需补砌；植物入侵，需化学清除；泛盐，需无损排盐；风化侵蚀，需局部剔补；表面污染，需清洗；构件替换，需人工清除、局部重砌。

批荡：后加饰面，需清除后加饰面；剥落，需局部重做；开裂，需人工部分揭开、局部重做；表面污染，需清洗；空鼓，需人工部分揭开、局部重做；植物入侵，需化学清除、局部重做；不当加建，需一般性拆除；饰面更替或缺损，需重做批荡。

装饰线条：后加饰面，需人工凿除；表面污染，需清洗；构件缺失、缺损，需重做或修补构件；后加构件，需一般性拆除。

特色阳台：不当改建，需一般性拆除；铺砖缺失、缺损，需重新铺砖；后加饰面，需人工凿除；构件缺失、缺损，需一般性拆除、修复构件。

（4）屋面的修缮

瓦：整体移位、倾斜，需揭瓦重铺屋面；构件缺损，需局部抽换屋面；构件缺失或残损，需重做或修补构件；植物入侵，需屋面除草；表面污染，需清洗；构件开裂、断裂，需黏接构件。

老虎窗：屋面、天沟渗漏，需修补屋面；窗扇残损，需修补构件。

山头：后加饰面，需人工凿除；表面污染，需清洗构件；构件缺失、缺损，需重做或修补构件；植物入侵，需化学清除；不当改建、加建，需一般性拆除。

檐口：整体移位、倾斜，需保护性拆除、重做檐口；坍塌，需重做檐口；构件移位或松动，需修补檐口；构件缺失，需补配构件；腐朽中空，需防腐防虫；开裂或断裂，需修补构件；表面污染，需清洗构件。

（5）门窗的修缮

门：构件残损，需修补小木构件；油漆剥落或后加饰面，小木构件重新上漆；后加构件，需一般性拆除；构件替换，需一般性拆除、局部重做。

窗：木窗框残损，需修补木窗框；油漆剥落或后加饰面，需木窗框重新上漆；构件松动，需加固玻璃窗；玻璃残损，需修补玻璃；玻璃缺失，需补配玻璃；不当改建，需一般性拆除；构件替换，需一般性拆除、局部重做。

（6）装修

栏杆、落水管：不当加建、改建，需一般性拆除、重做构件；后加饰面，需人工凿除；表面污染，需清洗；开裂、断裂或缺损，需修补构件；构件缺失，需局部重做；植物入侵，需化学清除；构件替换，需一般性拆除、局部重做。

铁艺：表面锈蚀污染，需清洗；构件锈蚀残，需修补构件。

雕塑：构件缺失，需新做构件；表面污染，需人工清洗；褪色，需补色；构件缺损，需修补构件；后加饰面，需人工凿除；构件替换，需一般性拆除、局部重做。

彩画：彩画缺失，需重绘彩画；彩画缺损，需修补彩画；彩画开裂，需修补裂缝；泥层酥碱、空鼓，需加固构件；表面污染，需人工清洗。

2. 维修改善：针对其他建筑

建筑维修改善都是在不改变建筑外部特征的情况下，对建筑进行提升，包括维修和改善：建筑维修，即对建筑物、构筑物进行的不改变外观特征的维护和加固；建筑改善即对建筑物、构筑物采取的不改变外观特征，调整、完善内部布局及设施的保护方式。

维修改善一般包括，地面、外墙、屋顶、门窗、楼梯、结构、空调、给水排水消防和环保十大方面，如表9-5所示。

建筑的十大方面维修改善方法汇总表　　　　　　　表 9-5

类型	改善方法
地面	提升地面热工性能
外墙	（1）增设外墙保温隔热构造
	（2）构建通风隔热墙
	（3）构件外墙遮阳系统
	（4）沿用传统遮阳构造
屋顶	（1）屋顶通风、隔热
	（2）屋顶被动蒸发隔热
	（3）屋面浅色反射涂料隔热
	（4）屋顶设保温层
门窗	（1）保持建筑传统的门窗开启方式
	（2）改善玻璃保温隔热性能
	（3）改善门窗框的保温隔热性能
楼梯	改善扶手和踏步
结构	加固和改造
空调	（1）采用小型、紧凑、高效的空调机组，适应负荷变化
	（2）选用高效、部分负荷适应性较好的冷水机组替换原有旧机组
	（3）对于有稳定热水需求的改造对象，增加空调冷凝热回收系统，用作预热热水
给水排水	（1）合理选择给水排水系统形式，实现水资源综合利用
	（2）实现用水管网三级计量，降低管网漏损

续表

类型	改善方法
给水排水	（3）实现不同性质用水分项计算
	（4）选用节水器具
	（5）均匀布置集水渗透井和渗透沟、设置雨水收集池或将雨水就近排入景观水体
	（6）设置雨水收集回用系统
	（7）结合人工湿地和生物处理技术，实现中水回用
	（8）采用太阳能集热系统、水源热泵系统解决生活热水供应
消防	（1）确定消防量和疏散指标
	（2）整治历史建筑周边通道，以利于消防疏散与扑救
	（3）历史建筑内不宜新增厨房、明火壁炉等用火房间
	（4）配备基本消防设备
	（5）整治用电线路
	（6）充分利用原管井、壁柜等重新布置管线
环保	（1）应合理设计垃圾清运、隔油池位置、排气排油烟设备位置等后勤流线及设施的布局
	（2）厨房达标后排至室外总体排水系统，并优先考虑采用二级隔油处理
	（3）应采用低烟无卤清洁型电缆和导线
	（4）根据工艺和使用要求进行消声与隔振设计，采用低噪声动力设备

具体维修改善方法

（1）地面：提升地面热工性能，在建筑首层混凝土地面在混凝土下方做保温防潮层。

（2）外墙：通过外墙的保温隔热、通风隔热墙和外墙外遮阳等措施实现，加强外墙的热工性能，实现外墙的节能。绝大部分的历史建筑，其主要或沿街外立面作为价值要素，不宜采用外保温技术；应根据查勘或检测鉴定结论对渗漏损坏部位进行修补，做好密封和防水构造设计。

（3）屋顶：屋顶应当通风、隔热，可以通过被动蒸发和涂装浅色反射涂料隔热。同时屋顶可以采用导热系数小，蓄热系数大的保温材料设保温层。

（4）门窗：外窗的节能设计是建筑节能的重要环节。可以通过外窗材料、遮阳设施和控制窗墙比等方式进行节能设计；保持建筑传统的门窗开启方式；改善玻璃保温隔热性能；改善门窗框的保温隔热性能。

（5）楼梯：加固栏杆、栏板及扶手，栏板栏杆高度应满足防护高度及防攀爬要求。采用防滑耐磨的面层材料修复流体踏步；增加踏步防滑条；加固楼梯梯级。

（6）结构：砖木混结构的加固，应尽量保留原有结构构件及其历史信息，减少不必要的拆除及更换。加固和改造方法都有各自的适用性，设计时应全面考虑各种因素，结合结构杆件的受力特点选取最合适的加固补强方法。

（7）空调：采用小型、紧凑、高效的空调机组，适应负荷变化；选用高效、部分负荷适应性较好的冷水机组替换原有旧机组；对于有稳定热水需求的改造对象，增加空调冷凝热回收系统，用作预热热水。空调系统特征汇总如表9-6所示。

空调系统特征汇总表　　　　　　　　　　　表9-6

空调主机	特性分析	推荐程度
常规中央水冷机	传统机组，综合效率较低，需要较大面积的制冷机房和室外冷却塔空间。对于原来没有集中空调的改造对象，很难布置	☆
高温冷水机	与溶液除湿搭配综合效率高，但运行灵活性相对较差，可在建筑面积大，空调使用相对集中的改造对象中应用。高温冷水机组最小容量为800kW，服务的建筑面积至少达到20000m²，但是也存在很难布置制冷机房和冷却塔的问题	★
直接蒸发冷水机组	目前有成熟产品，效率较高，且可以利用小容量机组模块化布置，提高主机的负荷应对能力。主要问题是机组也需要室外空间布置，而且冷水循环水泵需要布置专门的水泵间	★★
水冷VRV	主机效率较高且运行较灵活，但较难与溶液除湿搭配运行，双重除湿将导致湿度过低且难以控制，应与普通热回收新风系统搭配使用，并且需要室外空间布置冷却塔	★★
风冷VRV	主机效率较高且运行较灵活，应与普通热回收新风系统搭配使用，如蒸发式热回收或全热回收	★★★
商用变频分体机	主机效率也较高，运行最灵活。应与普通热回收新风系统搭配使用，如蒸发式热回收或全热回收	★★
高温风冷多联机	主机效率高，运行最灵活，可与溶液除湿搭配运行。但目前只有个别厂家正在开发中，目前尚无适用的成熟产品	☆☆☆
太阳能空调机组	系统效率较低，产品不成熟，只能小规模示范应用，需要布置太阳能集热板	★

（8）给水排水：合理选择给排水系统形式，实现水资源综合利用；实现用水管网三级计量，降低管网漏损；实现不同性质用水分项计算；选用节水器具；均匀布置集水渗透井和渗透沟、设置雨水收集池或将雨水就近排入景观水体；设置雨水收集回用系统；结合人工湿地和生物处理技术，实现中水回用；采用太阳能集热系统、水源热泵系统解决生活热水供应。

（9）电气：选用节能型电气设备；采用高效节能灯具与照明节能控制方式；采用电力监控，实现用电分项计量；采用太阳能光伏一体化设计，自发电量并入低压电网。

（10）消防：确定消防量和疏散指标；防火间距，整治历史建筑周边通道以利于消防疏散与扑救；历史建筑内不宜新增厨房、明火壁炉等用火房间；配备基本消防设备；整理用电线路；消防管道的敷设应充分利用原管井、壁柜等布置管线。

（11）环保：应合理设计垃圾清运、隔油池位置、排气排油烟设备位置等后勤流线及设施的布局；厨房达标后排至室外总体排水系统，并优先考虑采用二级隔油处理；应采用低烟无卤清洁型电缆和导线；根据工艺和使用要求进行消声与隔振设计，采用低噪声动力设备。

3. 整治：针对与风貌冲突的建筑

建筑整治分为两类：与历史风貌无冲突的建筑，通过外内部和扩建进行改造[1]；历史风貌有冲突的建筑被拆除或重建。按照位置和改造方式，分为外部风貌改造、内部空间更新、扩建、拆除或重建四种形式。

（1）外部风貌改造

外部风貌改造一般是针对风貌特征不明显或是风貌破旧价值不高的建筑，其目的是加强建筑的风格特征或协调建筑的整体风貌，主要可以分为立面改造和屋顶改造两种形式。

1）立面改造

立面改造主要可以分为外包立面、更换立面墙体饰面材料和完全更换三种形式。

① 外包立面就是在原来立面的基础上再外加一层建筑立面，常见做法是外包轻质幕墙。

② 立面饰面材料更换这种做法主要是在不改变建筑原有立面洞口位置和建筑立面的基本构成形式的情况下，通过新饰面材料的组合，把原有立面进行视觉上的重构，包括调整建筑的尺寸、比例等。这种处理一定程度上可以达到调整立面效果的目的，使得调整后的建筑与周边历史建筑保持视觉上的一致。另外，它还具有造价较低、工期短等优点。

③ 外立面完全更换这种做法的前提是建筑立面与建筑的支撑结构为不同的体系，是建立在建筑体系和支撑结构不变的基础上的。建筑立面的完全更换不仅使得建筑物的外部形象发生了根本性的变化，而且建筑的空间品质也发生了相应的变化。整体更换立面成功与否的关键所在就是建筑物原有支撑结构、功能组织和建筑体型的配合。

案例 29——米兰阿克纳迪办公楼

位于米兰的阿克纳迪（Arconatil）办公楼改造项目采用了很多先进的设计方法，包括空间规划、减少能耗、智能管理等，其中最具特色的是运用创新型材料构筑了一座向城市开放的渗透性建筑。设计保留了建筑的原有结构，去除了建筑冰冷刻板的外观形象，通过干挂瓦施工工艺将玻璃幕墙与极具地中海特色的陶瓦元素相结合，将现代工艺和当地特色完美融合。

---

[1] 林卓文. 从空间形态的角度看历史街区的保护与再生［D］. 华南理工大学，2012.

整幢建筑采用新式透明玻璃幕墙，达到建筑向城市开放的目的，巨大的屋顶露台体现了建筑内部与外部的联系，使人们在欣赏城市风景的同时，增加相互交流与互动的机会。阿克纳迪办公楼改造前后对比如图9-3所示。

图9-3 阿克纳迪办公楼改造前后对比

2）屋顶改造

屋顶改造应是在建筑结构许可的情况下进行，其中"平改坡"是最常见的屋顶改造模式，这种做法将多层建筑物的平屋面改造成坡屋顶，一方面是为了改善建筑物的外观效果，使其与周边环境协调；另一方面，这种做法也有利于改善建筑物的热工性能，特别是保温隔热和防水方面。

屋顶应当通风、隔热，可以通过被动蒸发和涂装浅色反射涂料隔热。同时屋顶可以采用导热系数小，蓄热系数大的保温材料设保温层。改造后的屋顶，有效地避免了屋顶在雨天的渗漏和"顶晒"问题。

案例30——青岛老城区红屋顶改造

红砖红瓦，是许多人对青岛老城建筑的第一印象，它塑造出了青岛城区是历史风貌，与中国其他城市青砖灰瓦的配色、井字形的棋盘式布局形成了鲜明的对比。青岛老城区红屋顶如图9-4所示。

图9-4 青岛老城区红屋顶鸟瞰

2020 年，青岛市由市住房城乡建设局牵头，启动了"红瓦修复工程"，对信号山等主要观景点视线范围内的"黑补丁"，采用工程手段予以恢复，在修复过程中对屋顶基层、结构重新进行检修加固，同时更换落水管、维修檐沟、修复屋面老虎窗等，以此提高红瓦质量和增强历史风貌效果。

（2）内部空间更新

内部空间更新应考虑保留原建筑最具特色的部分，其他的部分则可以根据新的功能要求进行适当的改造，包括设备的更新、空间及材料的变化。根据空间改造的强度和利用的方式，可分为功能置换、功能重构两种方式。

内部空间功能置换：在保持原有空间基本框架不变的情况下，对建筑结构进行不同程度的拆除和新建，并对新的空间进行划分，以适应新的功能需求，如图 9-5 所示上海新天地改造。

图 9-5　上海新天地改造实景

内部空间功能重构：保持原有建筑的主体结构不变动，而对建筑的内部空间进行划分，使得开敞的大空间转化为适合新功能需求的小空间。

案例 31——荷兰新莱克兰村水塔改造

新莱克兰村水塔始建于 1915 年，坐落在村外的一条河堤上，是荷兰重要的工业遗迹。在塔上可以欣赏令人心旷神怡的风景，一侧可以俯瞰整个莱克河，另一侧可以远眺典型的荷兰圩田风光和风车。

设计师在不影响结构稳定性的基础上，通过原有结构体系的各个结构要素的增减或重组，从而获得新的内部空间来满足新功能要求。改造后的水塔被分为三个部分：底层是双层挑高的花园房，上面叠加着两个居住单元。每个居住单元都另有不同的景观，顺着旋转楼梯漫步穿过塔楼，可以观赏到周围景观的全景，如图 9-6、图 9-7 所示。

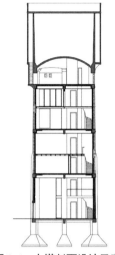

图 9-6 水塔剖面设计示意　　　图 9-7 水塔改造后实景图

（3）扩建

按照历史建筑扩建与原有建筑的关系，扩建改造的形式大致可以分为水平扩建、垂直加建和嵌入式扩建三种形式，如图 9-8 所示。

水平扩建　　　　　　垂直扩建　　　　　　嵌入式扩建

图 9-8 历史建筑扩建的三种形式示意

1）水平扩建

水平扩建最大特征就是新、老建筑是连为一体的，由于新建部分一般紧靠着原有建筑物，因此在扩建的过程中应注意新老建筑物之间的空间及功能联系。假如新建建筑对原有建筑结构有影响的，应对原有建筑制定保护性施工方案。

2）垂直加建

垂直加建是指在占地面积不变的情况下，通过原有建筑物垂直方向的加建，从而达到增加建筑面积和提高建筑容积率的目的，包括顶部加建、地下扩建两种模式。

3）嵌入式扩建

嵌入式扩建可以分为两种在建筑内部扩建、在建筑外部扩建两种形式。

① 在旧建筑的内部建造新建筑。主要是针对风貌保存较好，同时内部空间较为宽敞的建筑，按空间的大小规模可以采取内部空间重新划分、在室

内空间建造新建筑两种形式。

② 在旧建筑的外部营造新建筑。一般是新的建筑体量把历史建筑完全包含在内，从而起到保护历史建筑的目的，但这种扩建方式对技术和施工工艺也有较高的要求。

案例32——法国 LOUD·PARIS 历史建筑改造

项目位于巴黎市中心，设计通过对现代建筑构成手法的熟练运用，让本项目在内部衔接、空间品质、历史建筑保护和环保性能四个方面取得了完美的平衡，四座历史建筑经过设计后融入至一栋新落成的办公建筑中。

为了简化整个建筑群的内部空间，其 45% 的面积被拆除重建。建筑师调整了建筑的外立面和楼板结构，并设计了一个新的开放式布局的建筑体如图 9-9 所示。建筑上层部分共 6200m² 被彻底地改造，而地下部分的改造面积更是达到了 11000m²。在立面处理上，建筑外墙的窗户为严格统一尺寸的方窗，建筑顶部的三层逐层后退。干净的立面材质让整个街区显得精致而文雅，如图 9-10 所示。

图 9-9　历史建筑与周边协调示意

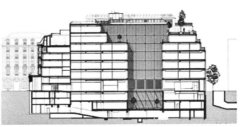

图 9-10　历史建筑内部及外部空间改造示意

（4）拆除或重建

1）拆除改建

拆除改建主要是针对一些新建建筑，这类的建筑物由于高度过高、体量过大，与历史街区的整体风貌不相符。这类建筑改建的手段包括两种：采用退台式改造方法，使行人在街道中行走时，该建筑物的视觉效果上不过于突出；整体性改建，使新建建筑与周边的历史建筑高度、体量、风格上保持一致。

2）拆除不建

拆除不建主要是针对一些需要拓展的空间或者开辟道路所影响的建筑，这类建筑应该是历史价值不高、质量较差的旧建筑或者新建筑，将建筑物拆除之后，不再进行新的建设，而是置换为公共活动空间或者新的街巷路径。

3）拆除重建

拆除重建针对一些具有历史价值，但建筑质量差、维修有难度的建筑物，但对拆除后新建建筑有严格的规定。如恩宁路历史文化街区保护规划规定："进行改建、修缮和危房原址重建活动的，不得增加具有合法产权的原有房屋的建筑高度。"

9.2.2　整体风貌的延续

历史街区风貌的延续是保存历史街区特色、传承历史文化的重要载体。街区风貌的延续主要体现在空间肌理、街巷空间、自然环境、街区风貌等四个方面。

1. 空间肌理

（1）保护抽象建筑肌理

建筑肌理是传统空间形态特质的延续。关注具有历史文化价值及地域特色的建筑群体，根据历史街区所在的环境、当地文化以及居民的生活习惯，归纳总结出重要的肌理特质和空间模型，保存有活力的公共活动空间，从整体上保存历史街区空间肌理的原真性。

案例 33——北京菊儿胡同改造[1]

随着北京城市的快速发展，造成北京传统城市肌理的破坏，人们越来越意识到保留传统建筑所代表的城市历史记忆的重要性。

1990 年左右，吴良镛主持的北京菊儿胡同改造工程是典型的运用 " 保留 " 手法对旧城肌理进行保护的更新实践。改造顺应旧城肌理，避免全部推倒重来，维持原有的"胡同－院落"体系，形成"单元楼＋四合院"的空间组织，不但实现了较高的容积率，还通过院落形成相对独立的邻里结构，如图 9-11 所示。

---

[1] 徐玮蓬. 北京东城菊儿胡同规划设计：建筑类型学在社区有机更新中的运用[J]. 北京规划建设，2021，02：119-123.

图 9-11 菊儿胡同改造后的"胡同—院落"空间示意

（2）延续、强化路网格局

历史街区改造中首先对路网进行梳理，保证交通顺畅，强化道路通行能力；并对原有特色模糊、布局混杂的建筑进行风格及结构的强化，在保持原有肌理基础上，构建快慢分离、职能清晰的道路系统；最后，结合肌理的整体特征，强化开放空间之间的联系，形成系统的公共空间网状结构。点、线、面多层次的控制，形成细致有序的街区肌理，达到强化整体肌理形态的目的。

案例 34——南京南捕厅街区改造[1]

南捕厅街区是清代时期的历史街区，是南京历史文化名城重要的组成部分，至今仍保存着丰富的历史文化遗产和富有江南典型风格的传统民居。该改造项目主张保留历史文脉、沿袭传统建筑空间，尊重传统城市肌理，改造方案将道路路网在保持原有肌理的前提下进行系统的分级，以串联当地的历史文化，重新塑造了三条街巷步行空间。街区整体肌理以通道为骨架，融合了江南住宅"棋盘里弄"和徽州民居"鱼骨"式两种街巷体系，构建了层次分明的街巷空间。南捕厅改造如图 9-12、图 9-13 所示。

图 9-12 南捕厅街区改造后实景 　　图 9-13 南捕厅改造鸟瞰效果图

[1] 杨俊宴，谭瑛，吴明伟.基于传统城市肌理的城市设计研究——南京南捕厅街区的实践与探索[J].城市规划，2009（12）：87-92.

（3）织补街区公共空间

"织补"强调对历史街区局部空间的调整和修复，反对"大拆大建"，在沿袭街区原有肌理形态的基础上，通过多个地段的修补整治，重塑适应现代生活需求的公共交流场所。织补街区公共空间时，要把握好空间虚体与建筑实体之间的比例关系，织补形成的节点尺度应适合原有建筑界面的高度与宽度，保持良好的空间围合感[1]。

案例 35——武汉户部巷改造

户部巷是武汉市重要的历史文化街区，街区内建筑布局以条块状为主，无法产生围合式的公共活动空间。在更新改造中通过对现有建筑进行部分的拆除重组，拓宽原有的街巷形成内部活动空间，增大商业临街面，并在公共空间中种植绿化等景观小品，提升空间环境品质、增强趣味性。空间转换处的建筑采用拐角式退台，增强景观视线，提升整体环境，如图 9-14 所示。

图 9-14 户部巷公共空间改造后实景

2. 街巷空间

（1）保持空间的比例与界面的连续性

街巷的比例和尺度是影响人对历史街区感知的首要要素，应该重点保护[2]。D/H是衡量空间尺度与感受的重要指标。另外，底界面和侧界面是与人的行为关系最紧密的界面，在街道中其起着组织人们活动、界定街道不同空间的作用，也是历史街区更新中重要的工作内容。在历史街区更新中，通过统一的石材铺装底界面，连续的建筑立面和有节奏的重复装饰点缀来实现街巷侧界面的连续性。

（2）保持街巷空间的标志性和可识别性

传统的街巷空间有着非常丰富的节点，这些节点既是私密生活的延伸，又是公共活动的据点，同时标志着街巷与住宅空间的转换，可以通过放置标

D/H（街道宽高比）：

即街道的高宽比，将街道的宽度设为 D，街道两侧建筑外墙的高度设为 H，两者之间的比例关系为 D/H。芦原义信在其著作《街道的美学》中认为，宽与高之比（D/H）为 1 时，街道空间是最亲切舒适的；当比值增大远离感越强，当大于 2 时，会产生空旷的感受；相反比值越小接近感越强。

---

[1] 万舸，刘晨阳. 基于嵌入织补理论的历史风貌街区更新策略——以武汉市户部巷历史风貌街区为例 [C]. 2019 中国城市规划年会论文集（02 城市更新）2019: 1328-1339.

[2] 丁慧. 古城历史地段可持续保护与更新研究 [D]. 南京林业大学, 2010.

志物和丰富节点空间形式，增强节点的可辨识性。典型的形式包括：放置醒目的石碑等标志物，增强空间的可识别性；空间转折处营造特殊的建筑形态，丰富空间组织的形式，增强不同分段的空间意象。

案例 36——德国柏林施潘道历史街区[1]

施潘道社区位于柏林米特区，面积约 2km²，是柏林市内以文化艺术为特色的历史街区。柏林在历史街区的更新过程中，主张保持现状城市肌理，在该历史街区内形成了尺度丰富的街巷和院落空间，给居民和游客不同的步行体验，提高了街区的活力。施潘道街区内空间尺度对比如图 9-15 所示。

科研交流庭院，D/H 为 1～2 之间

艺术创意庭院，D/H 为大于 2

城市商业街道，D/H 为 1～2 之间　　社区内部街道，D/H 为小于 1

图 9-15　施潘道街区内空间尺度对比示意

3. 自然环境

对自然环境的保护，主要目的是"显山、露水"。特别是在山地历史街区中，应控制山上建筑高度，保证山体体量的清晰。建筑布置顺应山体走向，建筑形态与风格也应与周边的环境相结合。同时，历史街区的天际线与自然山脊线应呈现交相呼应的层次感与纵深感，保证山体的连续性。建筑群体应呼应自然山脊线的流线特征，顺应山势起伏。

临水地区的历史建筑遵循"前低后高、高低错落"的原则，形成建筑的错落式排布，保证临水空间的可见。若历史街区中标志性文物建筑（如古塔），应当围绕标志性建筑物组织道路、公共空间和整体建筑肌理，保证历史建筑的主体地位。

案例 37——苏州寒山寺周边地区更新

寒山寺位于苏州市姑苏区，有着 1400 多年的历史。其坐落于古城边缘，

---

[1] 陈晓懿，蔡永洁. 从邻里庭院到城市庭院——柏林内城更新中的矛盾与策略 [J]. 建筑师，2014（06）：50-56.

与运河相邻，有着别具一格的江南特色，并与周边环境完美融合。寒山寺景区规划在保护生态环境的同时，将运河、钟楼、古城与周围现状融为一体，景区内建筑与自然环境彼此呼应，形成相得益彰的江南特色景区，如图 9-16 所示。

图 9-16 苏州寒山寺周边地区空间协调示意

4. 街区风貌

（1）维持环境协调区的空间尺度

环境协调区的建筑高度直接影响整体空间形态和使用者的空间体验，控制环境协调区的建筑高度，使历史街区到现代城区之间保持平滑的空间韵律。如根据历史街区中重点空间要素（如古塔），明确标志性景观统领地位，限定周边建筑高度不得突破标志物限定高度，且周边建筑的高度应以标志物为制高点，呈现往四周趋降的趋势；针对现代楼宇型城市高层，在高层建筑与山体相接部分应控制一定距离的平缓过渡地带，延续山势自然轮廓特征。历史街区周边天际线协调如图 9-17 所示。

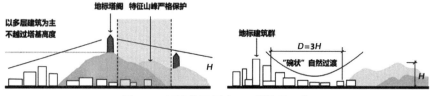

图 9-17 历史街区周边天际线协调示意

除了从天际线对建筑高度进行控制之外，对于核心区历史建筑与风貌协调区建筑高度落差较大的，还可以运用一定的建筑改造手法进行处理。例如，运用建筑退台的方式，对两者的天际轮廓线进行重新整合，缓解两区间高差较大带来的不协调感。

（2）主要路网的延续和协调

在顺应当地城市发展的要求下，通过规划保持历史街区与环境协调区两者的整体性。延伸主要轴线，对新旧衔接处设置过渡缓冲景观节点或文化活动场地，让历史街区与环境协调区的轴线脉络和谐一体[1]。当历史街区与其环境协调区的路网形态有较大差异，需要在中间区域进行过渡性的路网协调。根据新旧路网形态的特征，进行路网过渡，以达到不同路网格局的共生式协调。

（3）景观环境和基础设施共生

环境协调区的景观环境应当以整洁卫生为前提，遵循保护历史景观风貌的原则，与传统景观格局形成呼应。在景观环境的细节方面，应对历史街区的景观构成元素进行提炼、回应。环境协调区的景观铺地细节，可以从色彩、材质、风格、形状大小方面注重与历史街区的整体协调。

在市政基础设施的建设中，可以添加地域历史文化符号进行美化协调。首先需要对历史街区的符号元素进行提取，简化运用到基础设施的设置中，从观感上体现出现代性和新奇性。如日本札幌市的市政窨井盖设置中，其图案设计融入了地域历史和城市象征标志，形成了具有地域展示性的"井盖文化"；西安曲江芙蓉园街区采用"脸谱斑马线"的创意设计，既体现出了西北文化遗产—秦腔，又提升了行人过街的趣味感，如图9-18所示。

图9-18 艺术化的市政及交通设施

9.2.3 基础设施的提升

基础设施是历史街区居住生活的重要支撑。由于历史原因，街区内的基础设施落后，设施不完善，严重影响了居民的生活质量。本节从道路交通、市政设置、消防安全和服务配套四个方面总结了历史街区基础设施所存在的主要问题，提出主要的解决措施。

1. 道路交通

（1）构建步行主导的慢行交通

进行历史街区的交通详细规划，划定特色慢行区，禁止机动车及非机动车驶入，形成步行交通保护区。内部巷道需严格按照原有布局，有机更新，实现内部巷道的通达。

改善历史街区慢行环境，整治车辆乱停乱放，禁止占用非机动车道及人

[1] 郑函武. 基于共生思想的历史古镇外围风貌协调研究 [D]. 西南交通大学，2018.

行道。规范历史街区慢行环境，完善步行空间，人行道空间不小于5m，最小值为3m。加强步行、自行车交通系统管理，设置必要的停车空间，在富余空间设置行人座椅。

（2）公共交通优先，提高片区交通服务水平

增强历史街区及周边地区轨道及公交运力，需加大节假日公交运力的投入。新增支线公交，加大片区接驳能力，提高公交服务范围，设置公交站点乘客排队系统。将次干道调整为慢行＋公交复合道，仅允许行人、非机动车与公共交通通行。

针对历史街区现状，重点建设旅游大巴接驳点、旅游交通休闲走廊、有轨电车道，开行特色旅游观光车，增设特色旅游光线路，提升街区片区交通服务水平。

（3）街巷交通安宁化

通过树池、铺装减速带等方式对道路进行优化，同时加强道路精细化管理，如分时段分类型车辆限时禁行、分区段限时停车梯度收费等交通组织和管制措施，使街区安宁化。

（4）适度增加停车位

历史街区内有许多现代建筑的庭院有足够的空间，有条件允许的情况下可以自家开发利用用于停车。还有许多风貌较差庭院需要拆除重建，可以考虑停车位的布置，新建停车位既可以考虑机械式的停车位，也可以考虑地下停车空间。

除此之外，还可以通过机械式停车位，增加历史街区内的路边停车。或在历史街区外新建停车场，向政府申请临时或永久停车用地，新建地上立体式停车位或者半地下升降式停车位。

案例38——北京老城西四北地区改造[1]

北京西四北地区是北京老城区重要的形象名片，代表着优秀的传统胡同文化。但是西四北地区不能适应现代人民的出行需求。为了适应人们的多种交通需求，规划根据胡同的不同宽度，赋予不同的交通职能，并进行针对性的改造，如图9-19所示。

宽度3m以下的胡同：以步行为主，非机动车可以适量通行。宽度较小街巷不适合新加过多街道家具，例如休闲座椅，路灯标识。绿化主要以窄薄垂直绿化为主，节约空间。路灯监控尽量避免过多竖杆设置，贴合街巷侧界面安装，为窄小街巷营造安静温馨的氛围。

3～5m宽的胡同：适当增加景观绿化。虽然不能通行车辆，但是可以间

[1]刘晗. 北京老城西四北地区街巷空间品质提升研究［D］. 北京建筑大学，2020.

隔一定距离布置非机动车停放区域，防止非机动车的乱停乱放。

5～7m 的胡同：进行品质提升，设置绿化和座椅，允许单方向的行驶和停车，缓解停车困境。

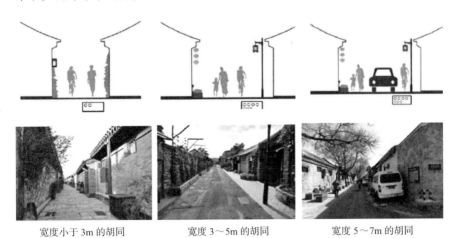

宽度小于 3m 的胡同　　　　宽度 3～5m 的胡同　　　　宽度 5～7m 的胡同

图 9-19　不同宽度的胡同利用模式示意

2. 市政设施

历史街区内市政设施的改造主要包括以下主要措施。

（1）基础设施逐步向街区外转移

危险的设施（如变电站）、有一定污染的设施（如垃圾中转站）、大型管线（如城市干管、高压电缆等）等极易对脆弱的历史文化街区造成损害、风貌上难以和街区相适应，建议布置在街区保护范围以外。

（2）结合巷弄宽度，选择合理的管线与替代方式

保障居民日常生活的管线包括给水、污水、雨水、燃气、电力、通信缆线、热力管线、路灯照明等，8 种管线同埋下一般需要 8m 以上宽度，由于巷弄宽度限制，在管线选择上需要做取舍与替代。必需的管线包括给水、电力、污水管三种，其他管线在必要时当加以合并、替换、舍弃。

雨水管方面，管径较大、敷设间距较宽，采用明沟或暗沟方式替代，雨量不大的地区可以采用地表径流，院落当中挖掘集水井来存蓄渗漏水，从而减缓峰值并供消防、园林绿化使用。

铺设污水管是居民改造厨卫的前提，可替代性不高，对于无法直排生活污水到管网的住户，可以多户合建一个地埋式无动力污水处理装置或者设置分散式化粪池从而改善污水处理能力，空间有限时可以采用雨污水双层敷设的施工工艺减少路由的占用，量较小的地区雨污管线可以合流。

通信缆线方面，铺设光缆不便的街区可以引入 5G 技术，实现无线上网；燃气管线由于铺设间距大、安全性较低，无法铺设的街区建议以电代气，具体做法是加大规划用电容量，地方政府通过宣传教育和提供用电补贴等方式

助推实现。

供热方面，可以用电采暖、燃气采暖替代；路灯照明方面，必要时沿建筑外墙挂设灯具并沿墙壁隐蔽处埋设管线，从而减少沿街巷敷设独立电缆、设置变压器等设施的空间。

案例39——杭州嘉定西大街改造[1]

嘉定西门历史文化风貌区地处嘉定老城西部地区，是上海划定的44片历史文化风貌区之一。改造前，西大街周边区域市政基础设施不足，居民抗灾能力和生活环境质量均较差。街区改造中，根据不同的街道布设市政管线，确保在有限的空间内满足多种管线的建设需求，如图9-20、图9-21所示。

4m以上街巷：给水、雨水、污水、电力、燃气、信息六类管线一次埋设。

2～4m街巷：优先布置给水、污水、雨水、电力、信息管线。燃气管通过周边街巷解决，为其他市政管线敷设留出空间，确保每个地块有燃气接口。

2m以下街巷：优先安排给水、污水管，雨水采用边沟排放的形式排放。

图9-20　街巷宽度示意

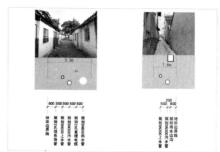

图9-21　街巷管道布局示意

（3）利用街巷体系巧妙设计管线路由

历史文化街区虽然巷弄狭窄，但是巷弄通到每户门前，所以可以通过减少单条巷道内的管线种类和数量，通过多条、多方向的街巷分别敷设不同专业的市政管线，由不同的方向分别接入院落，共同为院内居民提供基础设施管线服务。这种管线交错敷设，敷设方式尤其适用于街巷宽度普遍在4m以下，但平行或网格状密集分布（一般两条平行街巷间为一组或两组院落）的街区。

[1] 孟华. 探求历史文化街区市政基础设施规划提升改造之路——以嘉定西大街改造区为例 [J]. 上海城市规划，2016（03）：114-117.

（4）采用新工艺、新材料从而缩减管线的安全距离

历史街区内部一般没有高压和有毒害的管线，在正常输送状态下可能产生相互干扰的只有电力和电信管线，二者最小水平和垂直净距均为 0.5m。缩小二者净距的方法主要有三种：1）在通信电缆附近平行敷设屏蔽线，或在通信电缆外套装金属管道的方法进行电磁屏蔽保护；2）使用电磁屏蔽电缆、电磁屏蔽塑料多孔管等新材料；3）通信线缆采用完全不受电力线电磁场干扰的光缆。能因泄漏造成安全影响的管线主要是给水管、排水管和燃气管，《规范》所规定的垂直与水平间距已经将管线泄漏状态下相互影响的安全距离考虑在内，如要求的与给水管道间水平净距 1.0m 的要求。

近年，高性能聚乙烯管材、金属防腐工艺、相关施工工艺发展迅速，如高密度聚乙烯（HDPE）塑料给水、排水与燃气管材的力学性能和防腐、防水能力已经远超传统管材。其管材长度增加，接头数量大大减少，加上管线连接、密封等施工工艺的进步，不但可以减少各类检查井的数量，还可以大幅缩小管线之间的水平与垂直净距。

3. 消防安全

由于历史街区街巷狭小、建筑密集，又加上不断地违章加建导致历史街区内人口密度和建筑密度过大，原有的火巷和疏散通道容易阻塞。同时，建筑大多数采用传统木质材料，街巷空间狭窄曲折，出现火灾难以制止，极易迅速蔓延[1]。历史街区的消防安全主要包括以下措施。

（1）围绕巷弄体系，构建防火分隔与疏散通道

在防火分隔上，当防火分隔落到街巷时，应拆除街巷中的违章建筑，保持街巷的宽度与通畅度，种植防火树木（如银杏、杨树、刺槐、冬青、杨梅等）或对街巷两侧建筑进行防火处理；当防火分隔落到建筑上，需结合建筑风貌设置防火墙、防火檐等；在开敞空间方面，需要布置防火绿地，减少易燃景观小品的布置。

此外有条件的可以对文保单位、人流密集的公共建筑设置环形防火分隔。另外，在消防通道布局中，一是要充分利用街区的外围城市道路，构建主要消防疏散通道，减少对内部街巷的依赖；二是选取宽度适合、路径合理的街巷组织消防回路；三是打通阻塞巷弄，疏通疏散通道和消防回路，与紧急避难场地相连接。

（2）结合开敞空间，布置应急避难场所

选取街区内外现有的开敞空间进行设置，包括学校操场、停车场、街区的广场、绿地、小游园等场地，如日本在防灾避难场所的建设中，将面积为 500m² 左右的街头花园作为应急避难场所，并在灾难中发挥了积极作用。对

[1] 孙辉. 宜居视角下居住型历史文化街区保护策略研究 [D]. 苏州科技大学，2019.

于有效疏散时间内无法覆盖的范围，可以设立室内避难所。

（3）利用河道与水井，设置消防取水口

在河道边设置间距合适的取水口或码头；做好对古井的保护，恢复被湮没遗忘的古井，在应急时充当取水口；可以参照古代，在院落或节点空间摆放太平缸，一方面可以当作应急水源，另一方面可以烘托街巷历史文化气息。

（4）结合风貌保护提升建筑防火能力

修缮烽火山墙，它通过砖或琉璃材料把檩、椽、枋等木制构件包裹在内，墙面上较少开窗，从而形成密闭、阻燃的墙体，可以有效缓解火势蔓延。做好门窗的防火处理，外围包裹一层砖石等阻燃材料，对陈旧的木制门窗进行耐火处理，涂刷防火涂料。

恢复防雷措施，雷公柱和高大树木防雷一般出现在等级较高、体量较大的建筑上，它们可以将电流引到安全的方向或路线上；鸱吻则是在琉璃构造内部加入金属导电物质，从而让击中的电流减弱。

4. 服务配套

（1）大处着眼，让街区周边地块分担部分公共服务负担

结合区域更新统筹规划，在较大层面进行统一协调，将亟需的、体型较大的公共服务设施（如商场、中小学、体育活动中心、医院等）布置到临近街区或者核心保护区以外。

（2）因地制宜，置入社区服务设施和小型服务功能

针对建筑的历史文化价值、保存现状、风貌特征、现状利用等情况，将建筑分为几种类型，设定符合其空间容量的功能与用途。引入现代生活的配套服务功能，提高历史街区的可生活性。同时，结合居民生活的经济需求，通过适度的混合共用也可以补充完善街区的服务功能[1]。

案例40——北京福绥境胡同"微++"更新探索

福绥境胡同属于北京市白塔寺保护区之内，与宫门口三条、宫门口四条和安平巷相交，是北京历史最悠久的胡同之一。试点院落位于福绥境胡同50号院，是"微++"策略的第一次项目实践，探索历史街区内"设施植入"的微更新设计模式，以此补齐小型市政设施、公共服务设施短板，如图9-22、图9-23所示。

[1] 夏健，王勇. 从重置到重生：居住性历史文化街区生活真实性的保护 [J]. 城市发展研究，2010，17（02）：134-139.

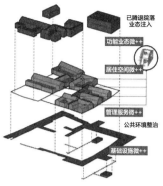

图9-22 院落微型服务设施改造后实景　　　图9-23 设施植入模式示意

（3）将空置房屋作为社区养老设施

历史街区以老年居住人口为主，养老设施缺失也是最突出的问题。同时，部分建筑长期处于"静态"保护的情况，长期处于空置状态。涉山门街是北京旧城25片历史文化保护区之一，曾是内务府衙门和内官监管辖的厂库等所在地，在街区改造中，采取小规模、渐进式的改造方式，将空置院落置换为敬老院为社区内的老年人服务设施[1]，实现了建筑保护和设施建设的双赢。

9.3 历史街区的更新模式

根据历史街区的主导功能，历史街区可分为居住类、商业类、旅游类和文化类四种，如表9-7所示。本节针对各类历史街区面临的主要问题，总结大量案例和更新经验，提出了相应的策略和具体的解决措施。

历史街区更新模式分类　　　　　　　　　　表9-7

	居住类历史街区	商业类历史街区	旅游类历史街区	文化类历史街区
主要特点	位于城市核心区，保留或发展居住功能，通过完善公共服务设施和对老旧房屋的改造，吸引新人口回流	位于城市核心区，通过恢复商业功能与周边现代商圈联动，重新成为城市中心	位于城市边缘，利用地区的历史特征、周围环境和场所感，导入旅游业吸引外来游客，重塑原有的形象	一般位于城市中心，街区文化氛围吸引新兴创意产业入驻，聚集艺术家和文化名人，与周边文化产业联动
典型案例	北京菊儿胡同 北京大栅栏	上海新天地 重庆磁器口	江苏乌镇 丽江古城	上海田子坊 北京南锣鼓巷
主要问题	人口老龄化、居民置换绅士化	过度商业化	本地居民与游客冲突	文化萧条、创意人、传统艺人流失
规划重点	满足现代生活需求的住宅、公共服务设施配套	商业化程度、业态比例、消费产品丰富度	交通设施、旅游服务、自然环境	典型文化特质、传统文化活动、特色文化产业

[1] 魏祥莉. 商业性历史文化街区保护性利用研究[D]. 中国城市规划设计研究院，2013.

续表

	居住类历史街区	商业类历史街区	旅游类历史街区	文化类历史街区
特色空间	住宅房屋：大宅、老胡同、院落、花园别墅、传统风格的新住宅 公服设施：综合服务中心、养老院等	特色商业：老字号商店、特色小吃街、茶楼、咖啡馆、手工小店、酒吧、市集等	旅游景点：名人故居、历史遗址 酒店：特色民宿、高档疗养院、青年旅社等	文创空间：艺术馆、博物馆、独立工作室、设计事务所、设计商店、影剧院等
形态特征	北京大栅栏	上海新天地	江苏乌镇	上海田子坊

9.3.1　居住类历史街区

1. 主要问题

（1）人口老龄化严重

居住型历史文化街区普遍呈现人口老龄化严重的特点，如李婧、李小康等人在对北京南锣鼓巷内 48 个公产院落中的 855 名居民调研后，发现 60 岁以上老人比例为 28.3%；苏州平江历史文化街区内 60 岁以上老人比例达 45%[1]。

（2）房屋老旧

历史街区内房屋房龄普遍达到几十年，由于建筑年代久远，设施老化，普遍缺少厨卫设施和现代化的配套设施，面临下水道堵塞、外墙管道破裂、外墙水泥、瓷砖年久脱落等问题。甚至有部分危房空置，没有得到良好的修复和使用，存在大量的安全隐患。

（3）社区邻里解体

原住居民是居住型历史文化街区文化传承的真正载体，邻里关系是居住型历史文化街区得以延续的前提。长期居住生活在历史街区的原居住民，他们的行为、习惯、风俗、相互关系等形成了街区居住历史文化的实体，真正体现该街区的历史文化风貌、人文风情。但在现实的居住性历史文化街区改造中，将历史街区中的居民大部或全部迁出重置，居住型历史文化街区原住居民的流失，使居民间原有的邻里关系和社会网络、长期以来形成的居住模式和居住文化遭到破坏，充满互助温情的熟人社区邻里关系逐渐被淡漠与疏远的现代邻里关系取代。

---

[1] 孙辉宇. 宜居视角下居住型历史文化街区保护策略研究 [D] 苏州科技大学, 2019.

2. 改造潜力

（1）中国老龄化加快，养老服务设施不完善，养老市场潜力大

据统计，2015 年 60 岁及以上人口达到 2.22 亿，占总人口的 16.15%。预计到 2020 年，老年人口达到 2.48 亿，老龄化水平达到 17.17%，2025 年，六十岁以上人口将达到 3 亿。目前中国养老产业已进入投资窗口期，伴随养老意识普及，需求还将进一步提升。经过前阶段高速发展，未来养老产业规模仍将扩大，但增速趋于平稳。2019 年中国养老产业市场规模预计将达到 7.5 万亿元，到 2024 年预计将突破 10 万亿元。

（2）国家全面开放养老市场，政府与社会资本合作养老

为应对老龄化的到来，国家最近几年出台了一系列政策，提出全面放开养老市场、加快发展居家和社区养老，鼓励运用政府和社会资本提供养老服务，如表 9-8 所示。

政府与社会资本合作养老政策列表　　　　　表 9-8

时间	名称	核心内容
2016 年 12 月	《关于全面放开养老服务市场提升养老服务质量的若干意见》	大力提升居家社区养老生活品质。推进居家社区养老服务全覆盖，提升农村养老服务能力和水平，提高老年人生活便捷化水平
2017 年 6 月	关于印发《服务业创新发展大纲（2017—2025 年）的通知》	全面放开养老服务市场，加快发展居家和社区养老服务，支撑社会力量举办养老服务机构，鼓励发展智慧养老
2017 年 8 月	关于运用政府和社会资本合作模式支持养老服务业发展的实施意见	鼓励运用政府和社会资本（PPP）养老服务业供给侧结构改革，加快养老服务业培育与发展
2017 年 11 月	关于确定第二批中央财政支持开展居家和社区养老服务改革试点地区的通知	确定北京市西城区等 28 个市（区）为第二批中央财政支持开展居家和社区养老服务改革试点地区
2019 年 2 月	加大力度推动社会领域公共服务补短板强弱项提质量促进形成强大国内市场的行动方案	要全面放开养老服务市场。到 2022 年，全面建成以居家为基础、社区为依托、机构为补充、医养相结合，功能完善、规模适度、覆盖城乡的养老服务体系

（3）历史街区环境适合老年人居住

老年人群反应能力与应变能力比较迟缓。住宅中的电梯、楼梯、光滑地面等环境对老年人有着潜在的威胁，穿越宽阔的马路以及路上强烈的灯光和噪声也会对老人造成刺激。

历史街区住宅以单层为主，街巷尺度小，没有现代化的交通工具穿越，较为安全的麻石路面对于老人来说更友好。同时历史街区中的院落、天井、檐廊、门廊等交流空间，能让老年人获得空间和心理的满足感。

3. 更新策略

（1）系统布局，构建适老型公共服务系统

1）公共服务设施适老化

街区改造中可以将一些原有的公共服务设施植入养老服务功能。如会所内设置适合老人使用的茶座、书画室、棋牌室以及一些小型运动器械，并设置床位、简单的医疗设施、医护人员；策划"共享厨房"，请街区内有厨艺的原居住民、老年人、年轻义工掌勺比拼。

室内应安装紧急呼叫装置、煤气报警、防盗防漏电等装置。老年人喜欢清静应使用一定的隔声材料，同时要考虑到良好的朝向日照通风采光和换气[1]。

2）注重老年人需求的细部设计

台阶踏步高不大于 120mm，踏面宽不小于 380mm，尽可能多地铺设软质地面。住宅内的地面材料要求防滑，排除高差和门槛，并在厕所和浴室内设置必要的辅助设施，门设置成推拉式。合理布置室内每件家具，尺寸要方便老人使用。

3）开通智慧养老管理系统

在服务模式方面，可以结合智慧社区管理系统，增加养老服务系统。通过开通养老服务热线、客户端口，整合养老机构、公益组织和服务商家等资源，通过就近派单的原则上门服务，吸引多方群体参与，为老人打造 10 分钟生活服务圈[2]。

（2）完善现代居住功能，延续生活真实性

1）用新居住形态或居住方式改造传统住宅

在北京大栅栏与白塔寺历史地段更新改造中，新锐建筑师们通过"微胡同""新杂院""微杂院"等多种方式，探索将院落打造成未来生活中心的一种新的可能性，如图 9-24 所示。

微胡同：采用稳定的钢材架构，实木贴皮材料的使用在色彩和空间搭配上与周边环境达成一致，通过五个错落的空间将民宅与社区、开放与私密融入同一空间，增添了社区人居舒适度，在狭小的胡同中创造出新型人居关系。

新杂院：在保持主建筑落架大修的基础上，对院内其他临时建房进行拆除与置换，并采用重组竹作为围护结构的表皮，营造了一种通透的装置效果和场所体验，其灵活的组装性能也大幅降低了改造时对周边居民的影响。院内按办公、休闲和居住功能划分，保证了各功能分区的私密性和独立性，也为使用者提供了开放的户外空间，动静结合的分区更贴近人的生活起居习

[1] 袁亚琦. 历史文化街区保护利用的老年住区模式研究——以南京门西地区为例 [J]. 现代城市研究，2010, 25（04）：63-68.

[2] 孙辉宇. 宜居视角下居住型历史文化街区保护策略研究 [D]. 苏州科技大学，2019.

惯，与原有杂院布局十分贴合。

微杂院：杂院指多户住宅围合组成的院落，也是北京住宅聚落构成的主要形式。"微杂院"项目围绕院内古树建造微型艺术馆和儿童读书空间等，增添杂院空间的文化性与艺术性，同时杂院的建筑布局也为社区公共空间的交流与互动带来便捷。

图 9-24 北京大栅栏社区改造示意

2）针对不同人群，改造不同类型的住宅

除了原居住民之外，历史街区由于区位好、房租便宜，也成为大学生、创意人群、初创人员的最佳居住地。在历史街区改造中，应该针对年轻人、创意阶层等不同人群的多类型的居住需求，设计不同类型的居住产品、增加专属人群的特色公共服务，如公共洗衣房、健身房等共享设施，提高居住型历史街区的活力。

案例 41——博洛尼亚旧城更新

博洛尼亚旧城以"反发展"作为其更新的规划理念，提出"一切城市开发都应以尊重历史"为前提，对城市、建筑、居民进行"整体性保护"。通过对现状历史建筑的梳理，根据建筑特征和利用可能性，将街区内的建筑分为 4 种建筑改造筑类型，如图 9-25 所示，并提出相应的建筑使用和改造指标，其中考虑到为平民提供低租金的住宅，将其中开间小、进深大的劳工者、工匠住宅改造为学生、单身者或年轻夫妇的平民住宅，尽可能地维护现有居民的生活与文化特征。老城区如图 9-26、图 9-27 所示。

四种建筑类型

类型 A——教堂、修道院、宫殿、大学等

类型 B——带中庭的贵族及上流阶层住宅

类型 C——16-18 世纪建成的劳动者、工匠住宅

类型 D——带有小院子的中产阶级住宅

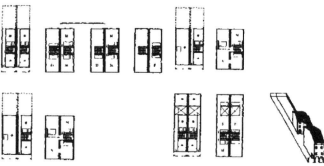

图 9-25 四种住宅类型示意

图 9-26 老城区鸟瞰

图 9-27 中产阶级住宅

9.3.2 商业类历史街区

1. 主要问题

商业类历史街区通常也是传统商业集中的区域。随着城市新中心的开发，街区原有功能外迁或原有结构无法适应新的经济需求，历史街区逐步衰弱并且日益边缘化，主要包括以下几个问题。

（1）原有发展动力减弱或消失

商业街的形成虽然是一个自发的动态过程。随着城市的发展，部分动力因素受到当前工业化发展、交通方式的改变、区位的改变、市场经济的影响，面临消失或衰退的情况[1]。

（2）多样性活动的消失

历史街区内通常有各种各样的商业建筑经营和文化活动形式，如行商、坐商、小摊贩和集市贸易。街区整治后的租金通常很高昂，很多与居民生活相关的传统商业逐步被一些旅游服务的商业业态取代。行商随着现代商贸方式的改变逐渐消失，小摊贩和集市贸易为方便管理也逐渐被取代。

（3）经营内容不恰当

商业类历史街区的利用离不开业态的支撑，但如果商业业态选择不合

---

[1] 魏祥莉. 商业性历史文化街区保护性利用研究 [D]. 中国城市规划设计研究院，2013.

理，不仅给街区本身会带来破坏，也会损坏街区的文化价值特色，使历史文化街区失去魅力，失去竞争力。大部分前来街区的人们也希望通过这些经营内容来了解街区的历史文化内涵，并体会到传统工艺文化。如在苏州山塘街对游客进行的调研访谈中了解到，大部分游客除了希望看到街区的真实风貌，还希望能体验传统手工艺与老字号。

（4）过度商业开发

部分街区在保护利用中，为了获取最大的经济效益，一些街区"被商业化""过度商业化"，过于强调文化和商业价值，引入过多的现代时尚元素等，丧失了原有的文化内涵，街区的真实性和生活延续性都不复存在。

2. 更新策略

（1）合理引导商业业态，适度商业开发

1）甄选适合历史街区氛围的商业业种

历史街区商业类型应积极适应街区文化内涵，适应区域及自身的功能互补，适应休闲业种的市场需求，适应街区业态的主题定位，适应街区的建成空间环境[1]。采取精细化过滤的方法，选择合适的商业业种，如表9-9所示。

业种评分细则参考 表9-9

	适应街区文化内涵		适应区域及自身的功能互补	适应休闲业种的市场需求	适应街区业态的主题定位	适应街区的建成空间环境
不适应（0分）	此业种无法适应历史街区文化内涵，无法塑造特色	此业种与区域业态完全相同，功能切法互补	此业种不能适应休闲化市场需求	此业种与街区主题定位无法适应	此业种与街区建成环境不相适应，会破坏街区环境	
适应（1分）	此业种能够与历史街区文化内涵相适应，且能体现街区传统特色	此业种与区域功能能够互补	此业种能适应休闲化市场需求	此业种能够适应街区的整体定位	此业种能够与街区建成环境相适应，有助于保护既有建成环境	
较适应（2分）	此业种能够传达历史街区文化内涵，富有一定的街区传统特点	此业种能较好适应区域功能互补，形式上适应街区形成特色	此业种本身具有休闲特点	此业种体现街区的主题定位，能够更加深刻地反应定位	此业种能够与建成环境充分融合，创造出更宜人的街区空间	

2）控制商业开发量，调整业态结构，保证特色业态比例

原居住民居住功能的延续对街区的发展来说，有助于创造一个"活力中

---

[1] 薛威. 历史街区商业发展的适应性规划策略研究［A］. 中国城市规划学会. 城乡治理与规划改革——2014中国城市规划年会论文集（08城市文化）［C］. 中国城市规划学会：中国城市规划学会，2014：10.

心"。居民的日常生活对街区活力具有决定性作用，对各类设施的形成也有很大的内在需求，还能丰富街区功能、提高用地的混合性。大部分游客都希望能看到真实的居民生活，获得更多文化体验。因此居住功能仍然是街区更新中非常重要的一项内容。在大栅栏和南锣鼓巷更新的过程中仍保留了主体的居住功能，且更新后的街区仍有较高的人口密度。

商业业态划分为零售商业、餐饮、旅馆、商务、文体、娱乐康体6个系列。从表9-10中的五个样本街区业态的类型结构可以看出，整体上零售和餐饮业态比例较为突出，零售业态在各样本中比例最高，餐饮业态次之；除三坊七巷、南锣鼓巷外，旅馆业态在各样本中比例均较高；商务设施、娱乐康体设施受街区类型影响，其占比波动较大；除三坊七巷外，文体设施在各样本中比例均相对较低。大栅栏、南锣鼓巷、三坊七巷、阆中、周庄的零售业态占比维持在50%左右，餐饮业态占比维持在40%左右。以旅游功能为主的街区其旅馆业态所占比例维持在30%左右。各样本的文体业态所占比例维持在5%左右，三坊七巷的比例较高，达到14.99%。

不同类型历史街区商业业态情况　　　　　　　　　　　　表9-10

	统计数据	大栅栏	南锣鼓巷	三坊七巷	阆中	周庄
基本信息	街巷长度（km）	13.2	8.3	7.0	10.0	8.3
	研究范围面积（公顷）	53.3	48.2	40.0	58.3	43.0
	路网密度	0.25	0.17	0.18	0.17	0.19
	业态界面比	0.47	0.35	0.66	0.85	0.50
类型结构	零售商业	53.46%	61.24%	43.88%	66.0%	50.72%
	餐饮	41.48%	55.01%	37.86%	42.34%	35.08%
	旅馆	30.21%	10.23%	2.77%	32.65%	33.47%
	商务	11.65%	4.40%	21.76%	5.34%	1.39%
	文体	5.98%	2.64%	14.99%	5.43%	3.89%
	娱乐康体	10.11%	13.99%	4.99%	22.91%	1.94%

零售商业、餐饮业态的发展与街区的活力息息相关，不宜过多，且应对餐饮的分布进行严格控制。应限制旅馆业态的发展，避免配套业态的激增。应结合文化特征积极培育商务业态，并对其数量进行控制。根据街区文化特色积极培植文体业态。应避免娱乐康体业态的过度发展，尤其如足疗、美容美发等类型的业态。

商业业态分为特色业态和普通业态两个类别，在调整商业业态结构时，既要考虑零售商业、餐饮、旅馆、商务、文体、娱乐康体的比例，也要考虑特色业态和普通业态比例，如表9-11所示。

五类历史街区品质结构表　　　　　　　　　　表 9-11

统计数据		大栅栏	南锣鼓巷	三坊七巷	阆中	周庄
品质结构	特色业态整体	38.45%	68.22%	74.25%	39.66%	22.69%
	零售商业	30.98%	51.85%	52.04%	16.90%	16.80%
	餐饮	24.81%	20.24%	71.68%	46.96%	26.44%
	旅馆	9.90%	68.73%	79.99%	32.79%	29.13%
	商务	31.62%	100%	58.35%	17.02%	0
	文体	100%	100%	100%	100%	100%
	娱乐康体	25.8%	50.27%	66.67%	3.96%	57.14%

3）优化沿街商铺，整合资源重新利用空间

合理布局各种类型业态的空间位置，充分调动业态之间的联系，促进商业业态良性互动。改变传统的"一层皮"的商业布局模式，强调商业空间与旅游空间、居住空间、产业空间协调并存，表现出"相对集中、适度分散"的特征。这种模式的优点是：尽量减少商业对居住社区内部的干扰，且集中的购物环境也符合人的心理需求；与旅游功能相结合，同时为居民提供必要的生活设施。历史街区商业空间改造前后对比如图 9-28 所示。

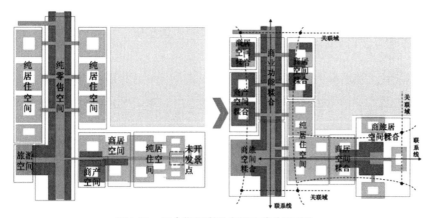

图 9-28　历史街区商业空间改造前后对比

4）构建商业经营"引 - 评 - 退"的管理机制

① 通过负面清单进行底线管理

商业业态负面清单是在对历史文化街区商业有效引导前提下，不失商业活力的有效管理办法。一方面，在业态的准入端，运用负面清单能够有效剔除与街区发展不符的业态，保障业态的内涵有所延续、特色鲜明；另一方面，负面清单能便于操作与管理。但负面清单是以底线思维进行管理的模式，不能作为管理历史文化街区业态的唯一标准。

② 体检机制

对业态应进行定期评价、动态监管，避免因管理力度不足导致有序的商业环境趋于混乱。运用信息技术手段实现动态监测，对经营内容、店铺风貌等内容定期考核，发现问题后应及时整治，避免因监管的不到位而给治理造成困难。

③ 退出机制

一方面，业态过度竞争、侵权、缺乏当地文化内涵等问题突出；另一方面，业态引入易退出难。样本街区中业态的退出以商业竞争为主，而利用管理手段退出不符合发展需求的商户较为困难。因此，切实可行的退出机制是营造有序的商业环境的重要保障手段。

（2）保持特色业态，传承街区文化特质

1）深入挖掘当地历史文化特色，传承特色商铺

历史街区商业化经营就是要寻求表现文化差异性的方式，寻求体现本地特色文化的途径。商业街区并不是"一层皮"的改造，还需要挖掘本土文化，发展地方特色，以内涵式发展实现以文兴商的目的。特色的商铺能集中体现历史街区中某些传统的生活方式，主题商业活动能够还原和营造历史氛围，增加历史街区文化体验。

2）保留原有的建筑布局特色，多种经商方式并用

传统商业通常具有小规模、个体化的商业主体、较专业的经营内容和"小、土、特"的商品种类，因此形成了"前店后坊、上住下店"的经营模式，构成了历史街区独特的建筑格局。历史街区改造中应保留了原有的建筑布局特色，为多元的经营模式提供一定的空间保障。特别是日常生活化的市集能体现商业街区特有的市井文化，它根生于街巷，带有商业倾向、通俗浅近、充满变幻而杂乱无章，反映着市民真实的日常生活状态，使街区充满了活力。这种市场购物体验是现代购物中心和规范化的商业运营所不能比拟的，这种无序化给都市人生活带来极大的乐趣[1]。

案例42——成都锦里历史街区改造

锦里是成都市著名步行商业街，评选为"全国十大城市商业步行街"之一，与北京王府井、武汉江汉路、重庆解放碑、天津和平路等老牌知名街市齐名，号称"西蜀第一街"，如图9-29所示。

锦里历史街区的改造主要有两点经验。

① 深入挖掘三国特色文化，融合多个时期生活元素。锦里与武侯祠博物馆一体规划，以蜀汉三国文化为背景，川西民风民俗为内涵，将历史与现

---

[1]魏祥莉. 商业性历史文化街区保护性利用研究［D］. 中国城市规划设计研究院，2013.

代有机融合，创造了崭新的休闲、体验、互动式旅游形态，形成一条体现成都特有休闲文化氛围的旅游休闲街区。

② 保留川西明清风格多层古街形式。为了营造古时街道尺度宜人的亲切感，临街建筑以二层居多，呈现出统一的川西风格，以灰、白为主色调，选用薄片青砖砌墙，木料装饰门窗，配以小青瓦和白石灰勾缝，运用马头墙、歇山顶、飞檐角、二楼飘廊、木板墙裙等要素真实地再现了成都明清时期的古朴建筑风貌，与武侯祠博物馆及园林取得了和谐的统一。

图 9-29　锦里历史街区改造效果示意

（3）增强体验性设计，强化活动和参与

1）通过商业界面设计，加强娱乐体验

灵活多变的商业界面可为街区带来不同的视觉与空间体验，引导游客游览路线，增添活动趣味性，提升街区活力，增加休闲娱乐功能。丰富的商业界面可吸引游客关注商业空间及商业产品，有效促进休闲消费。图 9-30 为福州市三坊七巷历史街区，通过建筑立面及挑出的屋檐等界定展示空间，在人的连续活动中起到媒介作用；图 9-31 为永庆坊文化区，游人可以随时进入，增强人的感官体验，强化商业街区的商业氛围。

图 9-30　福州三坊七巷　　　　　图 9-31　广州永庆坊

2）特色景观设施突出街区特色，添加互动参与设施

景观设施，装置艺术，当代艺术等新鲜元素，起到了烘托气氛，增添活力，丰富体验的作用，赋予历史街区新的功能，吸引更多游览者并带动街区

休闲消费。一些高科技的设施在商业步行街的空间设计中的运用，引发了消费者的极大好奇心，使其与空间发生互动，在满足消费者精神愉悦需求的同时，也激发了购物行为[1]。

（4）延续部分居住功能

1）保留原居住民，鼓励原居住民回迁

对街区的发展来说，有助于创造一个"活力中心"，居民的日常生活对街区活力有决定性作用，对各类设施的形成也有更大的内在需求，还能丰富街区功能、提高用地的混合性。大部分游客都希望能看到真实的居民生活，获得更多文化体验。因此居住功能仍然是街区非常重要的一项内容。延续居住功能，需要为本地居民提供必要的基础设施、生活需求，可发展社区活动中心等其他服务业类型。

2）完善生活配套服务，持续商业活力

在对街区的利用中，除了有反映当地文化的特色商品店铺外，应有能为原住人群提供生活配套服务的普通商业。尤其是对传统小商业店铺的保留，传统店铺一般是比较贴近人们生活的，满足居民日常生活需求的生活服务型商业。同时生活服务型商业的存在也能帮助街区内的居民就业。尤其是便利店、小超市、食品店等规模小、投资少、技能要求较低的业态，其经营业主和从业者多为本地居民，可利用部分自住房屋进行经营，延续了街区的活力。

如苏州平江历史街区内尚存的一家理发店，理发店内保留了老旧的座椅、老师傅用的剃头刀，屋里的老旧电风扇、电视机，还有主人留下的字画，都记载了过去人们的日常生活，成为历史街区与现代交流的重要载体。

9.3.3 旅游类历史街区

1. 主要问题

（1）相对内向的居住空间与游乐功能有一定冲突

历史街区内的文化体验场所和氛围、除了名人故居、历史景观之外，大多与街区居民的生活息息相关，如民居院落、风俗人情等。如果为游客提供深度的文化体验产品，必然需要开放一定的居民居住空间，建立游客与原居住民直接交流的渠道，而游客的进入必定对居民正常的生活秩序造成一定的干扰，带来交通拥堵、噪声、垃圾等问题，使街区居民的生活品质下降[2]。

---

[1] 王亚芸. 体验式消费背景下苏州古城商业步行街设计研究[D]. 苏州科技大学，2017.

[2] 李霞，朱丹丹. 谁的街区别旅游照亮——中国历史文化街区旅游开发八大模式[M]. 化学工业出版社，2013.

（2）旅游活动单一，旅游产品同质化显著

我国许多城市历史街区开发的产品都是单一的文化观光产品，在这种走马观花式的大众观光旅游中，游客停留时间很短，对地方文化的感受只能是肤浅的体验。当大众观光游客前往城市历史街区进行旅游消费时，他们只是一群匆匆的过客，一群没有准备也没有机会"介入到地方文化结构中的外来者"，他们身上并没有承载着对地方文化传统保护和传承的责任与义务，因此很容易对街区的生活氛围、地方性文化造成污染和破坏。

（3）街区原有生态遭到破坏

旅游发展给生态环境带来许多不利的影响。旅游产生的污染已经不容忽视。旅游者的吃、住、行、游、购、娱和旅游从业人员的生产生活，不可避免地对环境造成许多污染。旅游资源的开发与旅游业的发展给历史街区资源和生态环境带来了较大压力，大量旅游者的涌入使为旅游发展而建设的宾馆、客栈等旅游设施逐渐增多，导致了自然生态环境质量的下降和资源的破坏。

2. 改造潜力

（1）趋势一：中老年人旅游消费市场潜力巨大

中国老龄产业协会老龄旅游产业促进委员会与同程旅游联合发布了《中国中老年人旅游消费行为研究报告 2016》（下称《报告》），《报告》基于问卷调查和同程旅游大数据对 50 岁以上中老年人的旅游消费行为进行了系统分析。其中同程旅游 2015 年度服务人次超过 1 个亿，其中 46 岁以上的中老年用户超过 1000 万人，占比 10% 以上。

（2）趋势二：夜间旅游需求日益增强

根据《夜间旅游市场数据报告 2019》，夜间旅游主要呈现以下几个重要趋势。

1）夜间旅游参与度高、消费旺

中国旅游平均停留时间为 3 天，连续 3 晚有夜游体验意愿的受访者达到 26%，选择 2 晚的受访者占到 53%，不愿出游的受访者仅占 2%，人均夜游停留时间为 2.03 晚。说明未来一段时间内，游客夜游意愿强烈，夜游市场需求广阔，随着夜游产品的丰富多元和夜游环境的日臻完善，未来夜游需求将持续旺盛，市场潜力巨大。

中国夜间旅游参与度高，接受调查的游客中有过夜游体验的占比 92.4%。银联商务数据显示，2019 年春节期间中国夜间总体消费金额、笔数分别达全日消费量的 28.5%、25.7%，其中，游客消费占比近三成，夜间旅游已成为旅游目的地夜间消费市场的重要组成部分。第三方旅游平台夜游产品订单稳步增长。

2）夜游需求日益多元，文化体验为重要组成部分专项调查数据显示，游客对景色、活动、餐饮、休闲等夜游要素的诉求相对均衡，35.7% 的受访者人群关注可供欣赏的美景，夜晚活动、休闲氛围、安全保障、美食 / 夜市的诉求比例在 23%～28% 之间。愈发多元的夜间消费场景为城市的夜晚注入了活力。

以 90 后为主体的年轻一代是当下夜间旅游的主力军，占比分别达到 40.0%、19.8%，他们引领了夜游风尚，24 小时书店、院线电影等吸引了大批青年游客。自 2014 年起，以三联韬奋书店为代表的 24 小时书店不断涌现，成为流行文化中一种特立独行的存在。

3. 更新策略

（1）丰富历史街区的旅游产品结构

1）以 6E 模型为基础，打造丰富的旅游产品

依据游客活动和情感参与程度，游客的体验可分为表层、中度和深度体验三个层次。历史街区的产品策划，可运用"6E 模型"，实现游客的深度体验，如图 9-32 所示。如上海愚园路利用旅游热点的集聚效应，贯彻"全域旅游"的理念，增加了网红店、咖啡馆、餐厅与小吃等多种消费产品。尤其是上海 CREATER 创邑对愚园路进行的城市更新计划，举行艺术展览、建立社区美术馆等，使愚园路的文艺和艺术特性进一步加强。

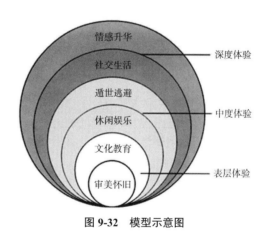

图 9-32　模型示意图

2）开发夜间旅游项目

相较于白天走马观花的景区打卡，夜晚的休闲调性更有助于游客对当地文化的感知与生活方式的体验。随着夜游产品的丰富多元和夜游环境的日臻完善，未来夜游需求将持续旺盛，市场潜力巨大。如新加坡由于气候湿热，长夏无冬，成为亚洲著名的不夜城。新加坡夜游是依托夜游带动夜间经济的典范，它具有丰富多样、相互联动的项目体系，例如图 9-33 所示商业街区、互动光影、夜间游船、实景演出、地标夜景等。

图 9-33　新加坡的夜间旅游项目

3）关注中老年市场，打造"慢旅游"产品

随着 50～60 岁的"新一代"老年人加入老年人群体，消费观念持续改变，老年人有钱有闲、收入稳定、时间也极为宽松灵活。老年游市场需求旺盛，在改善旅游产品的季节性、延长旅行时间、带动家庭亲子旅游等方面发挥着重要作用。历史街区改造中，应针对老年人的生理习惯及时代记忆，打造"慢旅游"产品。

如日本 Club Tourism 瞄准 60～70 岁的老年人群，推出精细化的老年人旅游产品，如短途疗养游、主题游、无障碍轮椅游等。除此之外，还结合老年人的社交需求，推行远足、寺庙、花卉、摄影、朝圣、美食、历史、温泉、残疾旅行等多个方面，以交友形式组织旅行活动，满足老年人的社交系统，提高老年用户黏性。

4）增强与周边旅游景点的相关协作

旅游类历史街区是城市旅游系统的一部分，不是孤立的存在，需要与周边的公园、景区等公共空间联系、互动，才能带来更多的人流、激起更多的消费活力。

案例 43——美国波士顿"自由之路"

美国波士顿的"自由之路"，是市政当局为游人设计的观光路线，在地面上用红砖和红色油漆标出，全长 3km，串联了 16 个反映殖民地时代及独立战争时期波士顿历史的重要景点，如图 9-34 所示。起点为波士顿公园，终点为邦克山纪念碑。自由之路是 1951 年时根据波士顿当地一位知名记者的构想规划而成，他希望将波士顿当地的名胜古迹通过导览步道结合在一起，让所有人以步行的方式畅游波士顿城市风光，进一步了解美国历史起源，如图 9-35 所示。

图 9-34 "自由之路"　　　　　　　　图 9-35 "自由之路"沿线主要景点
　　　　路径示意

（2）构建历史街区的韧性生态系统

1）保留疏通原有生态系统

尽量保护原有环境中的自然山体、水体等要素，通过一系列的生态措施净化水体形成稳定的水生生态系统，加强水体的自净能力，降低水体的维护费用。如图 9-36 所示日本老城区古川町中河流濑户川生态污染严重，居民运用生态手段对河流进行修复，美化河道周边环境，良好的生态环境成为该地区的重要品牌。

图 9-36 日本濑户川生态修复示意

2）结合雨水设施增加绿化景观

自然景观营造是旅游类历史街区环境营造的关键，也是保持景观特质的重要手段。在历史街区改造中，通过雨水公园、街巷网络和雨水循环系统，构成整个街区的雨水景观系统。雨水花园作为景观，可以营造良好的小气候环境，也减少了雨水流入污水管的量。

案例 44——底特律卡斯农场绿色小巷

卡斯农场绿色小巷位于底特律市中心的历史街区，巷道空间将雨水在地面水平空间的净化渗透与景观巧妙结合，场地面临的积水和径流污染问题得到了改善，也创造出宜人的慢行道环境，成为街区一个活跃的公共开放空间，如图 9-37、图 9-38 所示。

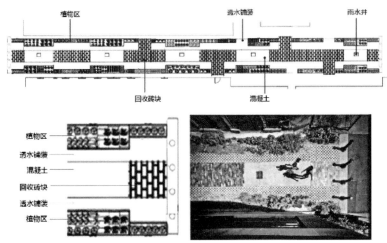

图 9-37　小巷绿色技术示意

图 9-38　小巷绿色铺装建成示意

9.3.4　文化类历史街区

1. 主要问题

（1）本地性文化特质湮灭

受到快速城市化的冲击，历史街区内的社会结构发生变化，原居住民迁出，外地居民迁入。同时，街区内居民的生产生活方式也更加现代化，居民更迭和流失、文化断层、新经营方式兴起等都使历史街区本地的文化特质与周边城区趋于同质，传统特质凋敝。

（2）传统艺人、创意人流失

历史街区发展初期，大量传统艺人和创意人的聚居带来历史街区文化的复兴。随着文化和历史街区融合，独特的氛围提升了街区的经济价值，吸引了开发商和中产阶级入住，抬高了街区租金和消费水平，使无法负担上涨的生活生产成本的传统艺人和创意人被迫搬离。

（3）文化持续发展动力不足

维护文化活力的关键在于常居艺术家、传统艺人等文艺工作者和相关文化产业的发展。然而，文艺工作者占常居人口的比例小，具有相对不稳定性，同时文化产业受到市场环境影响容易产生较大波动，产业爆发和衰弱周期短，影响历史街区文化发展的持续性。

（4）现有文化资源转化率低

历史街区常常存有大量的文化资源，如文物保护单位、历史建筑和传统习俗、传统节庆等非物质文化，由于文物保护单位和历史建筑无法满足现代生活需求，常常面临空置和被破坏的处境，加上历史街区人口流失严重，传统习俗和节庆难以完整传承和发扬等问题，导致文化资源难以发挥其价值。

2. 更新策略

（1）活化文物和历史建筑，留住历史空间元素

1）对文物建筑进行再利用

在历史街区更新中，通过保留提升或更新原有功能等方式实现对文物建筑的再利用，不但能更有效地保护文物建筑，同时也能为历史街区注入活力。

如上海的和平饭店，保留了其原有的餐饮住宿功能，使其成为上海重要的地标建筑，仍旧吸引着大量的游客；苏州的留园，在原有居住游憩功能的基础上进行提升，使其成为苏州园林博物馆，宣传园林文化；广州的陈济棠公馆，原本为总督陈济棠的官邸，改造为行政办公楼，使文物建筑焕发了新的活力。

2）活化老旧房屋

除了历史建筑之外，老旧房屋也是历史街区中最重要的空间要素，是历史街区空间格局的重要构成，利于好老旧房屋，能够极大地激发历史街区的活力。如大稻埕[1]是台北市的重要历史街区，2010年台北市推动"都市再生前进基地（Urban Regeneration Station，URS）"计划，通过对老旧房子与闲置空间加以修复、改造提升，使老旧街区重新拥有生命力，如表9-12所示。街区改造的重要手法是将"新文化"元素引入这些老旧房屋，活化它所在社区，形成了崭新且具有吸引力的空间功能与业态，带动整个街区的发展。如位于大同区延平北路二段27号的"城市影像实验室"，通过现代手法将城市文化底蕴与大稻埕地域特色通过影音方式创意展现，引领民众认识过去，畅想未来。

---

[1] 何亮. 文化导向下台北大稻埕历史街区复兴研究［D］. 华南理工大学，2019.

URS 建筑活化表　　　　　　　　　　　　表 9-12

基地编号	基地名称	经营单位	功能介绍	地方文化运用
URS 127	玩艺工厂	2014- 游龙艺术	当代工艺与艺术作品，结合传统产业形成交流互动艺术空间，展览，工作坊等	传统产业文化展示
URS 44	大稻埕共学堂	台湾历史资源经理学会	分享大稻埕的故事，举办创意活动；2017年转为大稻埕共学堂，继续整合历史与街区发展脉络	大稻埕历史，街区保存历程
URS 155	团圆大稻埕	CAMPOBAG	运用创意和地方石材，与周边居民一起烹饪，通过市集、分享圈、课程、好味食堂、沙龙等多元方式，引入文创能量	本土食材，如中药膳等
URS 329	稻舍	叶守伦	原本米粮售卖，现开办为注重台湾稻米及地方新鲜食材的餐厅	稻米文化及历史
URS 2W	城市影像实验室	义美公司与蒋渭水文化基金会	结合义美专业影像制作经验及基金会丰富文史研究资源，将城市文化底蕴与大稻埕地域特色通过影音方式创意展现，引领民众认识过去，畅想未来	大稻埕历史与特色文化

（2）营造新旧交融的多元文化氛围

1）传承、恢复原有节庆

历史街区内的节庆活动具有很强的地域特色和文化属性，并由本地居民的世代延续，是重要的非物质文化遗产，它与物质遗产空间共同构成街区文化保护的主体。以日本京都为例[1]，据不完全统计京都一年中有 497 个节庆，主要是由各寺院神社组织，周围居民都积极参与，包括"印章祭""腰带祭""针供养"等生活用品的祭祀。节庆活动为京都吸引了大量游客，是当地文化的重要展现，如图 9-39 所示。

图 9-39　日本京都内的传统文化活动

2）通过"五感"营造整体环境氛围

除了建筑和景观给人的"视觉"刺激之外，嗅觉、听觉等对历史街区的感知也同等重要，"五感"共同营造了复杂的环境氛围。

---

[1] 黄婕. 从日本京都看古都文化环境与地域经济发展[J]. 洛阳师范学院学报，2013，32（03）：84-87.

案例45——日本浅草寺历史街区

浅草寺是东京都内最古老的寺庙，其周边地区成为日本现存的具有"江户风格"的民众游乐之地、东京最热门景点的景点之一。浅草寺的设计主要是通过"五感"上的设计，带游览者带来丰富多元的感知体验，打动了来自世界各地的游客。

"五感"设计包括以下几个方面：① 视觉，色彩绚丽的浅草寺门和巨大的灯笼极具视觉冲击力；② 嗅觉，大量樱花作为景观树，游客可以细嗅樱花香气，清淡的香气引人入胜；③ 听觉，聆听浅草风铃，浅草寺屋檐下的风铃随风作响；④ 味觉，品尝特色美食，特色串烧美食，成为浅草寺旅游不可错过的部分；⑤ 触觉，抽取占卜神签，参拜后动手抽取神签，进行占卜和祈福。浅草寺的五感体验如图9-40所示。

| 视觉体验 | 嗅觉体验 | 听觉体验 | 味觉体验 | 触觉体验 |

图9-40 浅草寺的五感体验

3）策划"新文化"艺术活动

与传统文化相比，"新文化"艺术活动能满足现代人更高的精神文化需求，带动旅游经济的发展，提升街区的知名度，更能激发历史街区的活力。各地政府对大型文化活动的举办表现出了极大的兴趣。如巴黎玛黑区是巴黎最早的历史保护区之一，除了保留中世纪街区风貌和传统文化之外，玛黑区通过文化资源利用、文化设施建设、文化事件宣传、商业营销为一体的综合提升策略，为巴黎注入了新文化。玛黑嘉年华是玛黑区每年集中举办音乐会、美术展等一系列文化庆典活动的时期，将玛黑区杰出的建筑遗产从日常状态转化成文化实践场所。玛黑区还策划了各类文化活动事件，如巴黎沙滩节、音乐节、博物馆之夜等系列文化活动吸引大量游客，带动区域消费，推动片区经济发展。

（3）发展培育文化产业，注入经济活力

1）升级原有传统产业

历史街区内拥有众多的传统业态，包括特色餐饮、手工艺制作等。在街区改造中可对其升级改造，打造更有吸引力的产品。如"李亭香饼店"是大稻埕的百年老店，经过数次研发在口味和包装上均有了较大的调整，新产品增加了英文、日文的介绍，并开发新的销售渠道，将制作工艺全流程向顾客展示，吸引游客光顾。

2）引入文化创意产业

相较于此前提出的举办文化活动，历史街区更新还可以针对街区中的特色化空间，配合政府的相关政策，通过发展文化产业和引入创意阶级，创造出具有文化创意的经济效应，进而带动历史街区的产业转型。

（4）打造文化 IP，塑造特色文化品牌

1）推出文创产品，强化历史街区的文化内涵

文创产品是历史街区"文化溢出"的重要载体。将历史街区特有的文化资源应用到产品的开发与设计之中，推出文创产品，对于挖掘文化内涵、优化游客体验、提高历史街区形象具有重要的意义。如从 2013 年开始，北京故宫博物院围绕故宫文化，以年轻人为目标人群，围绕人群的需求，研发了 2000 种左右的文创产品，如故宫系列娃娃、康熙赐福笔筒、牌匾冰箱贴、故宫胶带等，受到年轻人的喜爱。

2）设计统一标识，强化视觉形象

历史街区是城市的名片，它的发展体现了城市的发展趋势。随着时代的变迁，部分人忽视了传统文化。因此，对历史文化街区进行品牌设计有着重要的意义。通过设计统一的街区标识，能够提炼历史街区的核心特色，通过一系列的标识设计，将传统文化与现代生活相融合，强化历史街区的识别性。

案例 46——常州青果巷[1]

常州青果巷历史街区是常州市区保存最为完好、最负盛名的古街巷。经过四年全封闭的保护与修缮，青果巷街区除了对破旧的房屋、凌乱的街区进行规划与再设计之外，还进行了一系列的品牌设计，让历史街区不仅保留了原有的复古风格，还焕发出有特色的、现代化的生机。包括以下几个方面。

① 提炼历史街区特色元素，形成文化品牌 logo。设计采用图形融合字体的设计方式，对"青果巷"三个字重新组合，运用简单的线条排列，营造江南花窗的感觉，另添加灯笼元素展现当地文化，如图 9-41 所示。

② 传统建筑与现代设计组合，形成宣传海报。常州青果巷海报的主体是建筑的摄影图片，周围用现代方式排列红色的标志和与常州青果巷相关的文字。

③ 水墨意境融合现代插画，形成手绘地图。将常州青果巷中的建筑、

[1] 刘婷，何佳. 大运河文化带文化遗产品牌设计研究——以常州青果巷历史街区为例[J]. 美术教育研究，2020（11）：86-87+98.

植物、路线等通过线描、填色的手绘方法进行演绎，作品形似中国古代水墨画，但又具有现代插画的意味。

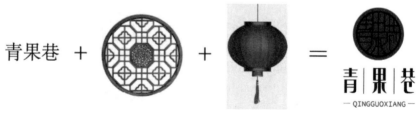

图 9-41　青果巷 LOGO 生成示意

9.4　更新实施

历史街区更新过程中会遇到许多复杂且具体的问题，影响实施推动的难度。本节总结了历史街区主要的实施模式，通过对相关利益主体诉求、历史遗留产权问题等多方面分析，提出利益平衡、产权分配、资金运作及运营管理等具体措施。

9.4.1　实施模式

根据实施主体的不同，历史街区更新主要有政府主导、市场主导、民主主导、多元主体合作四种实施模式。

1. 政府主导

（1）"政府主导＋居民迁出＋政府运营"模式

这种模式由政府进行统一规划、建设、运营，参与历史街区更新改造的全流程。首先需要对历史街区进行统一规划；然后对原居民进行资金补偿或者异地安置，整理出较大面积建设用地，进行整体改造；建成后由政府进行统一运营。这种模式由于原居住民的迁出、大面积的更新改造，对历史街区的文化传承和风貌破坏较为严重。如山西大同鼓楼东西街历史文化街区，由政府主导下的大规模拆除，并复建传统民居，改造为游憩型商业区。

（2）"政府主导＋居民参与"模式

此种模式为政府主导下的改善型改造，民众参与到街区更新中，不仅是更新方案的建议者和被告知者，更是实施工作的决定者和合作者。同时，政府在历史街区更新中的财政压力得以缓解，也保障了民众权益最大化。如杭州五柳巷历史文化街区采取"鼓励外迁、允许自保"的政策，尊重居民的去留意愿。规划设计对建筑采取"一幢一策"的处理方式，设计与实施过程中，建筑师和施工者与居民商议进行，户型等建筑方案经居民确认后形成规划方案。这种更新模式能基本保留原有院落街区的肌理和以传统工艺为主的功能业态，使历史街区的传统风貌与生活延续性得以保护。

2. 市场主导

（1）"政府授权＋企业商业运营"模式

该模式遵循"土地使用转让－人口外迁－拆除重建－商业开发"的过程性开发，建成后的街区建筑由开发商出售或进行商业运营，其街区风貌取决于政府意愿和开发商决策。如福州三坊七巷、苏州桐芳巷、成都太古里、北京前门大街、岭南新天地等都采取这种模式，通过商圈的统一运作与整体经营，由商业带动周边的公共设施、商务办公及居住功能的完善，具有良好的资本运作及商业盈利机制。

（2）"政府主导＋企业承办＋居民参与"模式

这种模式的实质是政府给予企业一定年限的土地使用权，在此期间企业自负盈亏，以减轻政府的财政资金压力，企业有权进行投资、开发建设与运营，期满后需交还给政府。如广州恩宁路永庆坊历史街区更新，政府主要负责政策出台、项目立项、组织实施、保障权益，在开发中处于主导地位。而企业则是在政府的主导下承办，主要负责出资对巷道、广场等公共空间环境品质进行提升；修缮建筑外立面、建筑内部空间改造；招商运营、推广营销及后续物业管理。居民在更新过程中可充分参与，享受微改造所带来的环境改善与房屋增值，并自主选择将私有物业出租给企业改造运营，或是自行改造自用或出租。

（3）国有背景企业主导实施模式

由国企背景的投资建设公司行土地熟化，并负责具体商业项目运作与实施，以保证充分发挥市场作用的同时拥有组织支撑。以杭州市小河直街更新改造为例，其由杭州市运河集团进行规划实施，市发改委、市建委等多个部门参加了项目的运作，不定期地以工作例会的形式协商解决有关问题。政府先期投入 2.5 亿元资金进行公共服务设施和基础设施的综合提升，改善整体环境品质，从而带动民间投资进入街区。工程实施中遵循杭州危旧房改造"鼓励外迁、允许自保"的政策，最终留下了约 30% 的原居住民。小河直街的更新较大程度上实现了原生态的生活街区与商业街区的结合共生，保留了运河文脉及水乡特色，形成自我生长的街区氛围。

3. 民众主导

这种模式主要由民众自行出资进行房屋修缮，主导街区更新实施。政府对公共服务、市政设施、道路设施等外部环境进行提升，并对民众建设行为进行引导。如杭州梅家坞是西湖风景区中的村落，土地产权关系较为明晰，政府先期进行了道路交通和基础设施的改善工作，并提出居民建房控制要求和技术支持。居民为改善居住条件，纷纷自发进行房屋修缮、临时搭建、院落环境整治等活动。街区整体环境的提升增加了居民自主更新的信心，激发居民自主更新的动力，从而逐步形成街区良性发展的循环。

4. 多元主体合作

此种模式主要是融合政府、市场、社会和居民等多方力量组建工作平台，使居民、专家学者、政府部门、运营公司、社会资本等形成合力，促进历史街区的保护和发展。

以北京市大栅栏历史街区改造为例。北京市大栅栏投资有限公司作为市、区两级政府改造建设大栅栏历史文化保护区的政策性投资载体，代表政府进行街区内市政基础设施和非盈利项目的投资建设。此外，大投组建了大栅栏跨界中心，通过充分整合社会资源、社会组织、社会平台，为杨梅竹斜街的更新提供理论、经济、文化、操作方式等多方面的支持。街区更新与"北京国际设计周"等知名活动进行合作，使街区内部形成产业经济与实体空间深度结合的文化品牌，推动创意设计产品、设计服务、设计版权交易，促进产业发展。不同主体在大栅栏历史街区改造中的工作分工如表9-13所示。

不同主体在大栅栏历史街区改造中的工作分工 表9-13

参与主体	实施内容／工作分工
政府	管理主体、主办方与支持者
大栅栏投资有限责任公司	负责改造具体事宜、协调控制项目进度；代表政府进行市政基础设施和非盈利项目的投资建设；改造部分居民房屋；组建大栅栏跨界中心
专家学者，艺术家及热心人士	提供研究理论、文化、经济、技术等多方面支撑，为街区增添活力，成为大栅栏街区更新的智库
商业街区管理科	引导业主把房产租给消费层次较高的企业，针对商业业态进行调整定位
街道	组建消防队、巡逻队；维护管理公共空间

5. 不同模式对比

通过对"原居住民搬迁""风貌协调""保护及更新方式"和"商业开发程度"四方面对不同更新模式进行了对比分析，发现："政府主导＋企业承办＋居民参与"的BOT模式、国有背景企业主导实施模式、多元主体合作更新实施三种是比较理想的实践模式。在风貌协调方面，历史街区的风貌都得到了较好的延续，原居住民也尽可能地保留；同时商业开发度比较合适，能取得良好的经济收益。不同实施主体的更新评价如表9-14所示。

不同实施主体的更新评价 表9-14

	更新模式	案例	原居住民搬迁	风貌协调	保护及更新方式	商业开发
政府主导	"政府主导＋居民迁出＋政府运营"模式	大同鼓楼东西街	原居住民整体迁出	不协调	大规模拆除后，复建传统民居	高

续表

	更新模式	案例	原居住民搬迁	风貌协调	保护及更新方式	商业开发
政府主导	"政府主导＋居民参与运营"模式	上海步高里	故里留住原居住民	较好	对传统民居建筑修缮、设施提升	低
		杭州五柳巷	故里外迁，允许自保	较好	小规模、渐进式的微更新	低
市场主导	"政府授权＋企业商业运营"模式	福州三坊七巷	原居住民整体迁出	不协调	除保留一栋建筑外，整体拆除建高层建筑	高
		苏州桐芳巷	原居住民整体迁出	一般	除保留一栋建筑外，整体拆除后复建传统建筑	高
	"政府主导＋企业承办＋居民参与"的BOT模式	广州恩宁路永庆大街	留住部分原居住民	较好	采取微更新的模式，保留老建筑与街区的肌理	中
	国有背景企业主导实施模式	杭州小河直街	鼓励留住原居住民	较好	对传统民居建筑修缮、设施提升、河道整治等改善型更新	低
		北京前门东区	鼓励留住原居住民	较好	对传统胡同民居保护基础上进行更新	中
民众主导	政府与产权人合作更新试点	苏州平江路	以居民为主体，留住原居住民	较好	对传统民居修缮、设施提升等改善型更新	低
		杭州梅家坞	以居民为主体，留住原居住民	较好	对传统民居修缮、设施提升等改善型更新	低
多元合作	多元主体合作更新实施	北京大栅栏	鼓励留住原居住民	较好	在保护传统建筑基础上置入混合业态功能	高

9.4.2 利益平衡

在历史街区的更新中，虽然涉的主体比较多，但核心主体是地方政府、开发商和居民三种。他们的诉求不尽相同，在实现的过程中会有非常多的冲突和合作，本节主要从政府、开发商和居民三方面分析利益诉求和利益实现方式，如表9-15所示。

不同利益主体更新诉求　　　　　　　　　　表9-15

利益主体类型		主体诉求类型
核心主体	地方政府	保留历史街区人文价值，提高城市品质
	开发商	利润最大化
	居民	获得较高的拆迁补偿和高标准安置
相关主体	行业协会	保证自身行业生存的微型经营空间

利益主体类型		主体诉求类型
相关主体	NGO 组织	注重历史街区的文化传承
	媒体	关注社会的公众利益，表达了民众的利益和愿望
	公众	参与规划的利益诉求

1. 地方政府行为范式

（1）利益诉求

作为城市土地再开发的行政主体，如何推动城市经济发展是地方政府关注的焦点。地方政府对城市空间更新的关注超越了物质空间形态的表面层次，更多指向城市空间发展背后的远期利益与社会公共利益。因此，地方政府对城市空间利益诉求的解决方式表现为：将城市空间作为控制手段，凭借掌握的政治权利对各种社会利益需求平衡与折中，进行社会价值权威的分配，如图 9-42 所示。

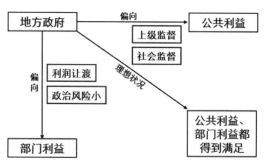

图 9-42　地方政府行为逻辑示意

（2）利益实现方式

政府凭借法律赋予的权利，对经济资源和空间资源的控制使其拥有的政治资源具有普遍性和强制性，这种空间行为能力的大小取决于该政府的行政级别以及政府所管辖的资源。由于政府财政是有限的，吸引外资或民营资本进行城市建设成为必要途径，这就要求政府必须满足开发商企业盈利的需求。

2. 开发商行为范式

（1）利益诉求

开发商作为城市再开发中的市场主体，通过其资本力量参与到土地再开发建设中。在市场经济环境下，开发商在城市土地再开发中的利益博弈始终围绕以较低成本占据最利于资本积累的优势区位空间，从而促进其在市场效率选择下的逐利行为。开发商空间逐利的结果具有双重性，一方面这种逐利行为成为推动城市经济和空间更新的重要动力，另一方面，如果缺乏有效的制约，其行为导致的负外部性也会损害社会公共利益，如图 9-43 所示。

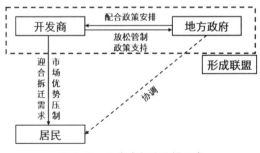

图 9-43 开发商行为逻辑示意

（2）利益实现方式

开发初期，开发商通过与政府的谈判获得有利的开发条件和政策。在规划编制过程中，寻找在规则限定下最大限度提高开发效益的方式，形成既能满足开发商意图又符合技术规范的方案。规划方案向行政部门申请行政许可中，通过多轮博弈争取利益较大的方案。

3. 居民 - 被拆迁人的行为范式

（1）利益诉求

被拆迁人的构成本身是复杂的，本文所指的被拆迁人是指城市再开发区域内被拆除房屋及其附属物的所有人，既包括个人也包括国有或单位集体等。由于与居住、就业、生产、经营等活动直接相关的城市再开发将直接影响到被拆迁人的切身利益，其利益行为选择首先是对自身经济利益不受影响的诉求，包括提高环境质量，增加公共设施，改善居住、生产设施，提高经济补偿等；其次是对参与城市空间更新的利益诉求，包括获得城市规划的知情权、参与权、决策权等，如表 9-16 所示。

被拆迁人的利益诉求与应对策略　　　　表 9-16

被拆迁人	主要利益诉求	应对策略
国有、单位集体	重新获得行政划拨用地，对国有资产的持续占用	积极配合、通过谈判达成
居民	获得较高的拆迁补偿和高标准安置	较为被动地维护自身利益，包括妥协或隐形的抵抗

（2）利益实现方式

在拆迁谈判中，被拆迁方还是可以通过策略性的谈判来为自己争取尽可能多的利益。如果拆迁人与被拆迁人就房屋拆迁安置补偿问题还未达成协议，被拆迁人可向当地政府请示裁决。政府部门会对房屋价值进行评估，对安置和补偿问题作出裁决。

4. 居民－社区组织的行为范式

（1）利益诉求

社区组织是形成多元平衡"政策网络"结构中的重要一环，也是对行政主体和市场主体发挥制约作用的主要社会主体。社区自治组织参与城市土地再开发的目的是追求社区整体空间利益的最大化，使分散的社区居民利益集中起来，并通过有效组织对城市政府的政策制定和执行产生积极影响，如图 9-44 所示。出发点主要是参与更新过程，维护并增强居住区网络的复原力，使社会网络得以延续和发展。

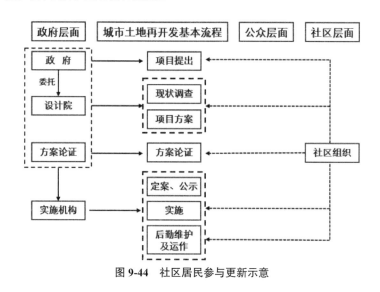

图 9-44 社区居民参与更新示意

（2）利益实现方式

社区的组织实力越大，对政府政策的制定和执行产生的影响越显著。社区组织可成为社区内被拆迁居民利益调节的有效主体，可以为被拆迁居民就有关改造后的安置政策提出争议以及对居民之间就规划政策的不同意见进行协调。这样可以提高社会管理效率，降低主体之间的交易成本。引入NGO、社区规划师、专家、媒体等组织机构，扩大利益相关主体，提高公众关注度。

9.4.3 产权分配

1. 产权问题

产权失灵是历史街区更新面临的主要问题，主要包括产权模糊、产权破碎、产权单一这三大方面。

（1）产权模糊，削弱了历史街区保护与更新的自发动力

一方面产权模糊降低了使用者的归属感和责任感，使其维护意识薄弱，加上相应惩罚条例与措施的缺失，客观上造成相关利益主体责权利混淆不

清，此外，内生激励机制的缺乏导致建筑和空间的过度使用与消费。另一方面政府或开发商虽有对街区进行更新的愿望，但因其中涉及的利益主体复杂、没有保障且容易引起法律纠纷，对地段的主动保护与更新行为要么简单粗暴，要么尽量撇清关系转向其他投资。

（2）产权破碎，增加了历史街区保护与更新的交易成本

历史街区通常集聚了大量边缘群体（多数为老人、穷人、外地人）在此居住。多次分割出租，加上乱搭乱建，使街区因使用权密度过高而趋于破碎。而不同等级的建筑分属于房管局、文物局与园林部门等，且城管、房管局与社区等不同部门所管辖的问题交错复杂，甚至不清楚有些问题到底属于哪个部门管。民居公房使用权的高度破碎，意味着单位建筑内产权量增多，即因保护需要而涉及和需考虑的利益主体增多，导致房屋使用人之间相互掣肘，使用者履行修缮义务时常受到来自所有权主体的限制或其他使用人的阻碍，增加了历史街区保护与更新的复杂性和困难度，从而增加了交易成本。而管理权的分散往往伴随着信息不流畅、不完全，增加了协调信息的成本。

（3）产权单一，降低了历史街区保护与更新的配置效率

多元产权主体的共存往往被认为是导致产权失灵的主要原因，普遍采取的解决方式是将街区内的产权关系"单一化"，要么是基本收归国有，要么是基本售给私人。产权公有制下曾一度出现原居住民与消费者之间的"空间置换"，文化主体的利益化造成古城环境污染、景观异化与文化消亡等一系列问题，保护效率大打折扣。私有化，利益的摩擦和文化的碰撞带来了许多社会问题，实施中大批原居住民被迫迁离。

2. 产权处理

基于产权失灵的问题，两种产权处理方式，包括产权重组和产权流转，如图 9-45 所示。

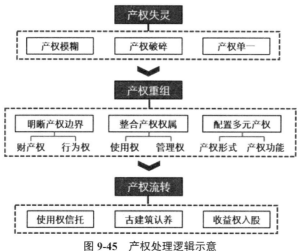

图 9-45　产权处理逻辑示意

（1）方式一：产权重组

产权重组是历史街区保护与更新的市场化前提。在历史街区更新中可以通过明晰产权边界、整合产权权属、配置多元产权三种方式进行产权重组。

1）明晰产权边界

产权明晰应包括两层含义：一是财产权的明晰，即所有权的归属是确定且唯一的；二是行为权的明晰，即两个以上平等的所有者之间、所有者与经营者之间及不同的经营者之间的权责利关系要明确。

明晰财产权。相关部门应对街区中各类房屋的产权人、面积等相关信息进行统计备案，利用法制办法对街区中模糊的产权进行逐一明晰。

明晰行为权。产权不仅仅指物体的所有权和使用权等，还包括由此带来的人们相互之间的权利和义务，每个人都必须遵守他与其他人之间的相互关系，或承担不遵守这种关系的成本。

2）整合产权权属

整合使用权在居住类历史街区较为棘手的是公房使用权高度破碎问题。公房已完成了当初保障居住的使命，应对使用权进行整合，以逐步恢复其原有的文化功能，并对被迁出的居民进行合理安置补偿。对民居公房使用权的整合有利于减少交易中的繁琐手续与问题，使外部效应内部化，促进历史街区保护与更新的市场化发展。

借鉴平江历史街区的做法，可设"产权交易委员会"，进行"一站式"产权交易管理。对街区中寻租、无序收购和出售等产权交易行为进行指导与约束；对暗箱操作等违法的产权交易和有可能导致历史街区中历史风貌受损的交易活动进行监督和检查；同时，加强公房的管理，不得转租、群租、乱租、分体出租，并提供需要交易的建筑名单。

3）配置多元化产权

"产权多元化"应当包括产权归属（公有、私有、共有）和产权所承载功能（营利性功能、非营利性功能）双重维度的多元化，如表9-17所示。如平江历史街区改造中根据社会需求按比例配置产权形式，而不是片面地从一种制度极端骤然跃进到另一种制度极端。

多元化产权配置表　　　　　　　　　　　表 9-17

	公有产权	公私共有产权	私人间共有产权	私有产权
非营利性功能	生活贫困的居民	—	即每家每户都拥有一部分的产权。私有的产权可以使房屋维护工作责任到人，对于公共院落的保持还可以互相监督	一些居民希望从政府那里买到产权与对自己长期生活的环境的眷恋，另一方面居民也希望房屋能够给自己带来直接的经济利益

续表

	公有产权	公私共有产权	私人间共有产权	私有产权
营利性功能	无力购买或者只想短期租用历史建筑，借助其取得经济收益的私人。营利的动机可以驱使承租人主动维护房屋，为政府节省资金	国家和私人可以共同经营一些营利性的项目，并通过公私合同的形式把一些协议固定下来	—	一些有能力的私人和企业的资本也会愿意向历史街区投资，用于营利性的用途

（2）方式二：产权流转

1）空置古宅：基于使用权流转的信托管理

历史建筑或是被商人和古建爱好者买下，或是原使用者已迁出。由于长期空置，建筑背后的文化内涵未得到充分挖掘，加上缺乏有效的管理和后续运作资金，造成资源利用效率低下。为提高这类空置古宅的利用率，可设信托机构进行管理，如图9-46所示。受托人按信托目的独立自主地管理、运营其受托建筑的同时，需要对建筑进行修缮和保护。

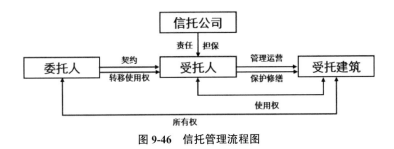

图9-46　信托管理流程图

2）民居公房：古建筑认养制度

所有权流转的认养保护对于力不从心的公房古建筑，国外政府通常通过招标，把建筑低价或者无偿过户给私人或企业，同时要求他们承担相应的古建筑日常维护修缮工作，即常说的古建筑认养制度。

在整合产权权属的基础上，可实行认养保护，对于自愿认养古民居的人需通过公告、认养人报名与专家评估等环节，并在遵守"不改变原状"及"修旧如故"的原则上确定修缮方案。一旦认养成功，认养保护人将对古建筑拥有约定期限的无偿使用权，其有权利运营认养建筑，但也有修缮保护认养建筑的义务，且认养制度并不意味着管理全盘外包，期间政府仍然掌握监督权，到约定期限经评估通过者可得到房屋所有权，未通过评估的由政府收回并继续寻找认养人。古建筑认养流程如图9-47所示。

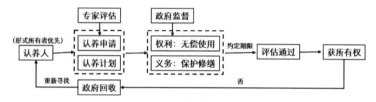

图 9-47 古建筑认养流程图

3）营利建筑：基于收益权流转的多元入股

营利建筑，可基于收益权流转采用多元合作入股的方法，即"所有者以建筑入股、政府以修缮费入股、民间以资本入股"，引进有能力的保护者参与历史街区中风貌建筑的保护、管理与利用。前期可实行保底分红，待赢利后实行按股份分红的经营机制，实现收益权的多元分配。这样在不改变原所有者的法律地位的情况下，既解决了资金筹措难的困境，又调动了居民及民间资本参与历史街区保护与更新的积极性。如表 9-18 所示姚东历史街区在更新改造中通过调查私宅、公共设施等使用状况和权属情况，制定不同的开发模式、经营模式和资金分担比例，确保各方利益。

姚东历史街区现状房屋产权类型与使用概况　　　　表 9-18

类型	私人	政府	油米厂	粮管所
使用概况	主要为原居住民，经济收入来自务农和外出打工	政府办公已迁出，房屋闲置	生产车间已迁出，遗留厂房、办公楼、员工宿舍用于出租	改制为粮食公司，粮仓闲置，办公和宿舍多用于出租
房产面积出让比例	31% 出让，69% 不出让	10% 出让，90% 不出让	15% 出让，85% 不出让	10% 出让，90% 不出让
开发模式	进行统一开发，降低成本，保持原有肌理进行更新改造	居住部分出让给个人，文保单位与开发商合作统一开发	由上级制定更新方案，统一开发，与周边景点协调配合，形成产业链	与政府合作，确定具体功能，粮仓结合进行整体开发，存表去里
经营模式	提高买卖、出租和自我经营门槛，需对历史保护有利	政府办公以出租方式经营，加强文保单位的资金投入，使街区提档升级	租赁模式，选择出租，引导客户向旅游产业方面发展	员工宿舍用于出让，大体量厂房作为公共服务设施，由政府购买公共服务
资金分担	改善房屋结构，产权人分担80%，补贴20%；厨卫改造，产权人70%，补贴30%；外装，产权人50%，补贴10%；内装，产权人负担100%；节能减排，产权人50%，补贴50%	改善房屋结构，开发商分担50%，补贴50%；公共设施，开发商30%，补贴80%；外装，开发商50%，补贴50%；内装，开发商50%，补贴50%；商业设施，开发商100%	改善房屋结构，产权人分担70%，补贴30%；公共设施，产权人30%，补贴70%；外装，产权人60%，补贴40%；内装，产权人负担100%；新建，产权人100%	改善房屋结构，产权人分担80%，补贴20%；公共设施，产权人70%，补贴30%；外装，产权人80%，补贴20%；内装，产权人负担100%；节能减排，产权人50%，补贴50%

9.4.4　资金运作

1. 资金来源

（1）国家历史文化名城专项保护基金

自 1982 年以来，国务院先后公布了 100 座国家历史文化名城，对保护我国城市优秀历史文化遗产起了重要作用。"十五"期间国家继续设立"历史文化名城保护专项资金"，专项用于补助国家历史文化名城中有重要价值历史街区的保护整治工作。

专项资金用于补助历史街区市政基础设施建设和环境整治。包括为保护街区历史环境所需的供水（含消防）、排水、供热、燃气、供电等基础设施的建设及改善；为恢复街区历史原貌所做的环境改善。

历史街区更新改造项目由省（自治区）计委、财政厅（局）、建委（建设厅）、文物局联合上报原国家计委、财政部、原建设部、国家文物局，项目所在地政府编制资金申报材料，由四部门共同对所报项目进行筛选、论证、审核，最后研究确定基金资助的项目及金额。

（2）国家其他形式资金

除国家层面之外，地方政府也出台《历史文化街区保护专项资金使用管理办法》，设立历史街区保护专项资金为历史街区保护更新与开发提供资金补助。2009~2010 年，江苏省共有 12 个历史文化街区（古村落）保护整治项目获得了江苏省历史文化街区保护专项资金补助，如表 9-19 所示。广东省中山市也推出了历史文化街区专项资金，主要针对历史建筑修缮和更新项目工程进行补贴，补贴力度较大，如表 9-20 所示。

《江苏省历史文化街区保护专项资金使用管理办法》补助政策　　表 9-19

相关政策
历史文化街区保护整治项目按投资额安排专项资金，苏南地区补助金额为投资额 5%，苏中苏北地区补助金额为项目投资额 10%。投资额包括基础设施建设费、历史建筑、传统建筑及其他历史文化遗存修缮费用
历史文化街区保护规划编制项目按保护规划区面积进行补助，其中苏中苏北地区及黄茅老区每公顷补助 1 万元，苏南地区不补助

《中山市历史文化街区保护专项资金使用管理办法》补助政策　　表 9-20

相关政策
市级财政根据历史建筑等级分类进行维护修缮资金补助：对 A 级历史建筑给予工程费用 50% 的资金补助；对 B 级历史建筑给予工程费用 30% 的资金补助
镇（区）级财政根据历史建筑维护修缮复杂程度、保护责任人能力情况，原则上给予工程费用 20% 的资金补助。保护责任人承担历史建筑维护修缮项目费用有困难，可向镇区政府申请全额资金支持

续表

相关政策
市级财政对历史文化保护区保护更新项目的补助：对历史文化街区给予工程费用 50% 的资金补助；对历史风貌区给予工程费用 30% 的资金补助
明确补助资金针对历史建筑维护修缮、历史文化保护区保护更新项目工程费用，主要包括方案设计费、工程设计费、预（决）算编制费、勘测费、监理费、建筑工程费、安装工程费以及场地有关的其他费用

2013 年，凤凰古城出台了《凤凰古城保护专项资金管理暂行办法》，明确了凤凰古城保护专项资金的来源以及用途；出台了《凤凰古城涉旅行业转移转型升级暂行规定》，侧重用政策的杠杆引导凤凰古城内旅游行业发展。两份文件详解了对凤凰古城历史街区发展的政府资金相关问题。凤凰古城保护专项资金来源与支出如图 9-48 所示。

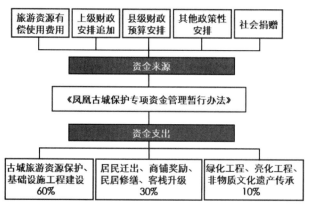

图 9-48 凤凰古城保护专项资金来源与支出示意

（3）土地使用权招标和拍卖

以招标和拍卖的方式筹集资金用于历史文化街区保护，是市场经济社会中对保护资金筹措方式的一种探索。

杭州河坊街历史文化街区的一期保护整治工程中，街区开发建设指挥部向土管局买断沿街建筑的土地使用权，进行统一拆迁、统一设计、统一施工，河坊街由原先的居住商业混合型功能置换为商业功能。在整治期间和工程完成后，由街区管理委员会将商铺分四批进行公开拍卖。

（4）国内外银行贷款

在杭州河坊街和阳朔西街的整治工程中，实施部门就争取到了一定数量的银行贷款用于基础设施的整治。2000 年 5 月阳朔西街整治工程结束后，当地政府还争取到国家开发银行贷款 6200 万元，用于西街周边地区的整治。此外还可探索通过合法有效的途径，实现建筑维修的银行贷款。绍兴就开始为城市环保建设项目申请世界银行贷款，其中包括古城五大片历史文化街区保护基础设施改造等工作所需的 3777 万美元的贷款内容。西安市在 1997 年争取到挪威外援署（RONAD 基金）提供的基金，并得到挪威理工大学的技术配合，对鼓楼历史文化街区实施了保护与整治。

（5）自筹资金

住户对房屋修缮的投资，增加了保护资金的数量，也使住户切身地参与到保护工作中，从根本上有利于历史文化街区的长久保存。开发商也可以向管理部门提出历史街区保护相关建设要求作为交换条件，为街区的保护争取到部分资金。

2. 企业盈利

（1）增加建设空间

1）与政府协商容积率转移[1]

奖励型容积移转：针对一些产权关系复杂、改造成本巨大等因素难以实施的历史街区，政府可以将这些历史街区在土地出让过程中与政府指定地区（如开发新区）进行捆绑、联合开发，同时通过税收、贷款等奖励手段鼓励企业对历史街区资金的投入，如图 9-49 所示。

协商型容积移转：在政府规定范围内自由交易的一种模式。开发商在历史街区土地出让过程中，获得余量容积，开发商可以在政府规定的规划范围内选择开发地块，如图 9-50 所示。

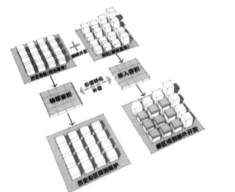 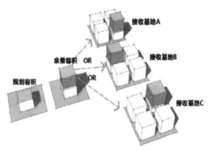

　　图 9-49　奖励型容积移转示意　　　　图 9-50　协商型容积移转示意

2）适当开发地下空间

由于历史街区风貌管控等原因，开发强度难以得到较大提高，增加地下空间的开发强度是增加企业盈利空间的手段之一。

---

[1] 刘珺. 基于开发权转移制度的广东省中小城市传统街区保护更新实施研究 [D]. 华南理工大学，2013.

案例47——杭州笕桥历史街区[1]

杭州笕桥历史街区地处杭州城东江干区，针对街区缺乏城市活力的现状，设计提出"街区共生型地下空间"的设计策略，作为解决笕桥现存问题的主要手段，如图9-51所示。通过抬高城市沿河绿地约1.5m，形成地形起伏的绿坡与对岸历史街区的沿河码头及临水建筑共同形成沿水的包围空间，半地下层主要设置博物馆、小型会展演出、餐饮会所等，成为周边居民文化消费的公共空间，如图9-52所示。

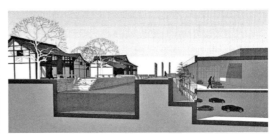

图9-51　笕桥历史街区现状　　　　图9-52　地下商业空间利用示意

（2）拓宽业务范围

企业可以拓展自身的业务领域，通过全权负责历史街区管理运营，包括商业地产运营、房地产产品开发和服务、招商工作、日常管理、营销推广等各项业务，提供全产业链、全流程的服务。除此之外，在历史街区改造中还可以通过成栋、成片的方式改造历史街区，分成不同的模块组合提供不同类型的室内产品组合，统一装修模式，改造使其成为吸引青年人的青年公寓出租，获取租金利润。

（3）节约投资成本

1）使用低影响开发技术降低改造成本

低影响开发的收益包括几方面：社会收益（城市防涝等）、环境收益（减少污染、补充地下水等）、经济收益（地产升值、减少建设费用等）、美学收益（城市景观等）。

道路项目LID开发成本较高的部分在于场地准备和景观美化，而其他部分的费用均低于传统开发方案。成本的降低主要源于对场地的保护性开发思路下更少或更简单的工程量，更短的排水管道，更少的场地平整费用，减少的清理和除植被费用等。

2）模块化的技术减少房屋改造成本

使用预制化模块建造系统，避免全拆重建，直接在室内进行模块搭建，

［1］都铭. 街区共生型地下空间——城市历史地段的保护再生与活力激发［J］. 华中建筑，2013，31（03）：85-90.

预制模块化建筑能耗减少约 20%、节水 80%、节能 70%、节地 20%。在完全保留原有的老建筑的同时，提升了使用者的生活质量。

9.4.5　运营管理

1. 引入社区规划师，构建多方参与机制

社区规划师作为历史街区更新中起沟通、协调的重要桥梁，发挥四大方面的作用：

协调各方利益：充分挖掘各方诉求，让利益相关方都参与到发展定位、规划编制、方案制定与项目实施的讨论中，达成共识；

提供技术支持：挖掘现状问题，了解各方诉求，提出针对性发展策略，引导街区未来发展，提供专业技术指导；

促进更新实施推进：制定出可操作性强的方案并在参与活动后有序推进各项工作，利于获得居民与公众支持并提高居民在实施过程中的参与度；

长期管理与反馈机制：通过公共参与管理平台的搭建实现多部门联动协作，了解社区问题，汇集诉求，促进问题的解决并保障后续运营。

社区规划师实施机制如图 9-53 所示。

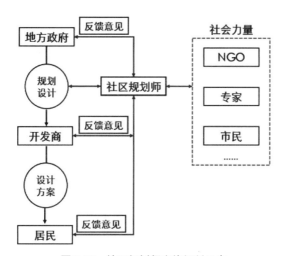

图 9-53　社区规划师实施机制示意

案例 48——北京史家胡同更新[1]

史家胡同位于北京市东城区，保留了明清至今较为完整的建筑和街巷格局，居民原生生活方式尚存，且有较高知名度。为促进地区的更新，社区成

[1] 徐玉，刘晓玮，雷盼. 多元主体"参与式规划"在历史街区更新中的实践——以史家胡同更新改造为例［A］. 中国城市规划学会、重庆市人民政府·活力城乡 美好人居——2019 中国城市规划年会论文集（02 城市更新）［C］. 中国城市规划学会、重庆市人民政府：中国城市规划学会，2019：9.

立了"史家胡同风貌保护协会",并选择"责任规划师"为项目实施的专属顾问,形成了以基层政府、社区居委会、居民及产权单位为主体的三级主干结构。在胡同的有机更新过程中搭建了一个共同对话的平台,在现有制度框架下,促进信息互通,提高决策效率。

在院落公共空间改造中,社区规划师代表协会策划、主导历史街区改造设计,紧密围绕风貌保护和民生改善两大要点,推动更新规划实施,如图 9-54 所示。协会与社区共同筛选出 8 个居民呼声最高的典型院落进行试点改造,召集 6 家专业设计机构,以协会志愿者身份开展 8 个院落的参与式改造设计,制定了一套具体实施流程:改造预想—进行实地勘探和访谈—初步制定改造计划—改造施工—居民反馈。通过社区规划师的沟通协调,社区居民充分地参与到改造中去,提高了历史街区的更新改造效率和空间品质提升,如图 9-55 所示。

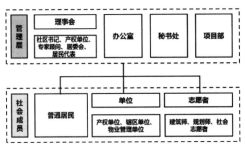
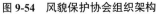

图 9-54 风貌保护协会组织架构　　图 9-55 居民参与规划方案讨论

2. 引入商业管理组织,建立商业促进区

（1）BID 平台的作用

商业促进区（Business Improvement Area,简称 BID）,是基于一个固定范围的商业区,由各方利益相关者组成管理机构。本质是由本地业主自筹费用用于区内建设的平台,目的在于在政府提供的基本公共服务基础之上,针对商业中心的运营需要,提供治安维护、基础设施、商业运营、空间治理等服务。

对于政府来说,BID 的资金大多来自区内的业主,在没有增加城市财政负担的情况下,补充了公共服务的不足,降低了公众参与、项目实施与协调的难度。同时,对于业主而言,BID 比单一开发商更看重地区长期的健康发展和空间质量。另外,对于开发商,BID 在提供与政府和用户合作平台的同时,也大大降低了管理和运营的资金压力。最后,BID 为保护居民的利益,常常会采取减免地价税等措施,让居民得到实惠。

（2）BID 的运行机制:理事会

理事会制度是 BID 运行的基本制度。区内除政府物业之外的所有业主,都需要向 BID 缴纳费用,BID 成员被分为业主、商户、居民和政府官员几个类型，每个类型的成员分别推选能够代表自身利益的代表组成 BID 理事会，由 BID 理事会对区内各项事务进行决策和管理。

案例 49——纽约时代广场 BID

1976 年，纽约市为了应对城市商业环境恶化和公共资源相对短缺的问题，开始了城市政府与本地业主合作维护商业地区的探索。1984 年，曼哈顿联合广场公园周边的业主共同发起成立了纽约第一个正式的 BID 组织。BID 的职责是对城市公共服务的补充，在城市提供的服务基础上，BID 可以根据需求进行额外的街道维护、公共卫生、市场推广和其他有利于地区发展的促进性工作。

BID 制度成功催生了如纽约时代广场这样的极具特色和吸引力的高质量城市空间，如图 9-56 所示。成立于 1992 年的时代广场联盟（TSA: Time Square Alliance）是纽约最成功的 BID 之一，除了履行一般 BID 的职责，TSA 还从多个方面对这种公私合营的城市治理模式进行了探索，如组织丰富的公共空间活动，定期出版年度报告和每月的市场报告，对区内人流量、商业和酒店的营业额等指标进行追踪。

TSA 是著名的"时代广场新年倒计时"等多项大型公共活动的发起方，其目的是增加片区的知名度和活力，促进商业和社会氛围的良性提升。2009 年，TSA 与纽约市政府合作的步行空间改造试验项目取得了巨大的成功，并于 2012 年将试验中的临时广场改造为永久步行空间。在 TSA 成立以来的 20 年时间里，时代广场地区的犯罪率大幅下降，空间质量得到整体改善，从城市的问题街区重新成为金融、商业、媒体、娱乐聚集地，恢复甚至超越了昔日的繁荣。

图 9-56 纽约时代广场

案例目录